第六批福建省职业教育精品在线开放课程配套教材

Java Swing 数据库实训项目教程

主　编◎孙小丹　赵佳旭　吴森宏

副主编◎孙　彬　翁舟洋

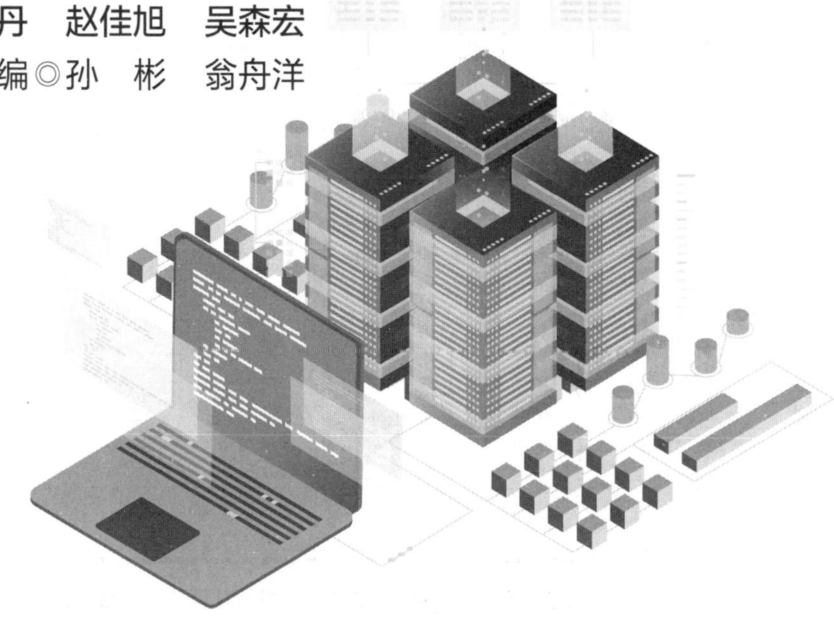

同济大学出版社
TONGJI UNIVERSITY PRESS
·上海·

内 容 提 要

本书由深耕高校教育数十年的教授，以及企业一线技术骨干精心编写而成，以企业真实生产项目“基金交易管理系统”为基础，采用典型工作任务法将内容分为10个模块，系统介绍了企业级Java桌面应用开发的项目流程和技术应用。同时通过任务驱动知识教学，将项目由易到难逐层分解。本书主要内容包括Java桌面应用开发环境搭建、Java面向对象编程、Java Swing技术、MySQL数据库、DBCP连接池技术、DBUtils JDBC封装库技术应用、MVC开发模式应用等。本书配备微课视频、案例实操视频、课程知识文档、案例实操文档、PPT课件等电子资源，可通过扫描相应二维码或登录智慧职教搜索“基于Java Swing的数据库管理项目实训”课程查看并获取。

本书可作为高职高专、应用型本科院校、软件开发培训学校Java开发技术的教材或实训指导用书，亦可作为期望从事Java开发的相关人员的参考用书。

图书在版编目(CIP)数据

Java Swing数据库实训项目教程 / 孙小丹，赵佳旭，吴森宏主编 ；孙彬，翁舟洋副主编. -- 上海 ：同济大学出版社，2024. 9. -- ISBN 978-7-5765-1375-2

Ⅰ. TP312. 8

中国国家版本馆CIP数据核字第2024UQ6655号

Java Swing数据库实训项目教程

主　编　孙小丹　赵佳旭　吴森宏　　**副主编**　孙　彬　翁舟洋

责任编辑　屈斯诗　**助理编辑**　韩　青　**责任校对**　徐逢乔　**封面设计**　渲彩轩

出版发行　同济大学出版社　www. tongjipress. com. cn
（地址：上海市四平路1239号　邮编：200092　电话：021-65985622）

经　销　全国各地新华书店
制　作　南京月叶图文制作有限公司
印　刷　常熟市大宏印刷有限公司
开　本　787 mm×1092 mm　1/16
印　张　19
字　数　462 000
版　次　2024年9月第1版
印　次　2024年9月第1次印刷
书　号　ISBN 978-7-5765-1375-2

定　价　68. 00元

前言

Java Swing 是一种用于创建图形用户界面(GUI)的 Java 库,其提供了大量的组件,以满足各种图形用户界面的软件开发需求,其中包括桌面应用程序、企业应用程序、数据可视化工具、教育和培训应用、游戏开发等。通过使用 Java Swing 提供的丰富组件和功能,开发人员可以创建出功能强大、界面美观和用户友好的应用程序。

本书以企业的真实生产项目为基础,采用典型工作任务法将内容分为 10 个项目,53 个任务,以先易后难的方式安排内容顺序,帮助读者掌握 Java 桌面应用开发技术。

全书系统地介绍了 Java 企业级桌面应用的开发过程,内容涵盖了项目环境搭建、Swing 窗口开发,以及具体的"基金交易管理系统"的设计与实现。书中的每个项目聚焦于一个特定功能或技术,包括 JDBC、GUI 设计,多线程、数据库操作等,由浅入深展开教学。本书内容从基础的环境配置到高级的系统优化和总结,结构清晰,旨在提供全面的实践指导,帮助读者掌握 Java 开发的各个关键环节。

本书是福建省精品在线开放课程"基于 Java Swing 的数据库管理项目实训"的配套教材。本书配备了微课视频、案例实操视频、课程知识文档、案例实操文档、PPT 课件等丰富的数字资源,带领读者由浅入深地学习 Java 桌面级开发相关技术,并配套完整案例代码,帮助读者更好地理解书中的内容。课件及源代码可直接扫描书中二维码获取。另外,还可通过注册并登录智慧职教在线平台(https://mooc. icve. com. cn/cms/courseDetails/index. htm? classId=e25bf705b592415eb2270 c03fd300553)或扫描本书封底的二维码访问本书的配套资源。

本书的编写和整理工作由福州职业技术学院和福建华研智合网络科技有限公司共同完成,由孙小丹、赵佳旭、吴森宏任主编,孙彬、翁舟洋任副主编,全书由孙小丹、吴森宏统稿。

尽管在编写过程中,编者尽己所能将优质内容呈现给读者,但也难免有疏漏和不妥之处,敬请读者不吝指正。若您在阅读本书时,发现任何问题,可以通过发送电子邮件(627200677@qq. com)的方式与编者联系。

编者

2024 年 5 月

目 录

前言

项目1 项目环境的搭建 …… 1
任务1 Java简介和JDK安装 …… 1
任务2 JDK的配置和Java程序执行 …… 5
任务3 关于Eclipse的基本操作 …… 11

项目2 Swing窗口开发简介 …… 16
任务1 Swing窗口开发简介(一) …… 16
任务2 Swing窗口开发简介(二) …… 23
任务3 WindowBuilder的安装和使用 …… 37

项目3 "基金交易管理系统"项目设计和创建 …… 43
任务1 "基金交易管理系统"项目简介 …… 43
任务2 项目的构建和包的设计 …… 45
任务3 项目数据库表的构建和ER图说明 …… 49

项目4 系统操作员功能模块设计和实现 …… 54
任务1 新增操作员——实体类和窗口构建 …… 54
任务2 新增操作员——操作员数据的获取和校验 …… 59
任务3 使用JDBC保存操作员数据 …… 63
任务4 系统登录操作的实现 …… 70
任务5 主窗口设计和实现 …… 77

任务 6　主操作员的列表展示 …… 81
任务 7　操作员信息的添加和删除 …… 88
任务 8　操作员信息的修改 …… 95

项目 5　基金类功能模块设计和实现 …… 101
任务 1　基金管理界面设计和数据显示 …… 101
任务 2　基金模拟数据生成和列表显示 …… 105
任务 3　新基金的设立 …… 111
任务 4　基金信息的修改 …… 117
任务 5　基金上市和退市操作 …… 123
任务 6　基金信息的删除 …… 126
任务 7　操作员权限控制 …… 131

项目 6　客户类功能模块设计和实现 …… 136
任务 1　客户信息列表窗口的设计和显示 …… 136
任务 2　客户信息的组合查询(一) …… 140
任务 3　客户信息的组合查询(二) …… 145
任务 4　客户开户窗口的构建 …… 150
任务 5　新增客户信息——录入校验和存储 …… 153
任务 6　客户信息的修改 …… 163
任务 7　客户信息的“伪删除” …… 171

项目 7　资金账户类功能模块设计和实现 …… 177
任务 1　资金账户的开设(一) …… 177
任务 2　资金账户的开设(二) …… 181
任务 3　资金账户业务及对应界面编制 …… 188
任务 4　资金账户的列表显示 …… 193
任务 5　资金账户的开设(三) …… 198
任务 6　资金账户的冻结和解冻 …… 203
任务 7　资金账户的销户 …… 211

项目 8　基金交易功能模块设计和实现 …… 218

任务 1　资金账户的交易前确认 …… 218
任务 2　出入金操作界面的设计和显示 …… 222
任务 3　出入金操作历史记录的显示 …… 226
任务 4　出入金操作底层业务实现 …… 230
任务 5　出入金操作的界面交互实现 …… 234

项目 9　主交易界面和基金交易模块的设计和实现 …… 242

任务 1　主交易界面的设计和显示 …… 242
任务 2　主交易界面相关交易数据显示 …… 245
任务 3　基金购买/赎回共用方法实现 …… 251
任务 4　基金购买的操作实现 …… 257
任务 5　基金赎回的操作实现 …… 264
任务 6　基金交易记录的存储 …… 271
任务 7　基金价格随机波动功能实现 …… 275
任务 8　客户资产实时趋势分析 …… 280

项目 10　项目调优和总结 …… 287

任务 1　数据库连接池技术和 DAO 层开发技术优化 …… 287
任务 2　项目总结 …… 294

参考文献 …… 296

项目 1　项目环境的搭建

任务 1　Java 简介和 JDK 安装

一、任务目标

1. 理解 Java 语言的运行机制。
2. 学习下载 JDK 的方法。
3. 学习安装 JDK 的方法。

二、任务要求

下载 Java SE Development Kit 9.0.4 和安装 JDK。

三、预备知识

知识 1：Java 语言概览

Java 是由 Sun 公司于 1995 年 5 月推出的 Java 面向对象程序设计语言和 Java 平台的总称。后来，Sun 公司被 Oracle 公司收购，Java 也随之成为 Oracle 公司的产品。

Java 分为以下三个体系：

(1) J2SE：Java 2 Platform Standard Edition，Java 平台标准版。

(2) J2EE：Java 2 Platform，Enterprise Edition，Java 平台企业版。

(3) J2ME：Java 2 Platform Micro Edition，Java 平台微型版。

之后，Java 的各种版本更名，取消其中的数字“2”，J2EE 更名为 Java EE，J2SE 更名为 Java SE，J2ME 更名为 Java ME。

知识 2：Java 语言特点

(1) 操作简单

一方面，Java 语言的语法与 C 语言和 C++很接近，大多数程序员很容易学习和使用；另一方面，Java 丢弃了 C++中很少使用的、很难理解的特性，如操作符重载、多继承、自动的强制类型转换等。Java 语言不使用指针，而提供了对象引用，对应对象的内存地址。此外，Java 提供自动分配和回收内存空间功能，使得用户不必为内存管理而担忧。

(2) 面向对象

Java 语言提供类、接口和继承等面向对象的特性，支持类与类之间的单继承、接口与接口之间的多继承、类与接口之间的实现机制（关键字为 implements）。Java 语言全面支持动态绑定,而 C++只对虚函数使用动态绑定。总之,Java 语言是一个纯的面向对象程序设计语言。

（3）面向分布式应用

Java 语言支持网络应用的开发。在基本的 Java 应用编程接口中有一个网络应用编程接口(Java net),它提供了用于网络应用编程的类库,包括 URL、URLConnection、Socket、ServerSocket 等。Java 的 RMI(远程方法激活)机制也是开发分布式应用的重要手段。

（4）健壮性强

Java 的强类型机制、异常处理、垃圾的自动收集等是 Java 程序健壮性的重要保证。指针的丢弃以及安全检查机制加强了 Java 的健壮性。

四、任务实施

子任务 1: JDK 下载

步骤 1: 输入网址(https://www.oracle.com/java/technologies/javase/javase9-archive-downloads.html),打开 JDK 官方下载网页后选择“jdk-9.0.1_windows-x64_bin.exe”,如图 1-1-1 所示。注意:选择的是开发者版本。

Java SE Development Kit 9.0.1

This software is licensed under the Oracle Binary Code License Agreement for the Java SE Platform Products

Product / File Description	File Size	Download
Linux	304.99 MB	jdk-9.0.1_linux-x64_bin.rpm
Linux	338.11 MB	jdk-9.0.1_linux-x64_bin.tar.gz
macOS	382.11 MB	jdk-9.0.1_osx-x64_bin.dmg
Windows	375.51 MB	jdk-9.0.1_windows-x64_bin.exe
Solaris SPARC	206.85 MB	jdk-9.0.1_solaris-sparcv9_bin.tar.gz

图 1-1-1　JDK 官方下载页面

步骤 2: 同意下载须知与协议,如图 1-1-2 所示。

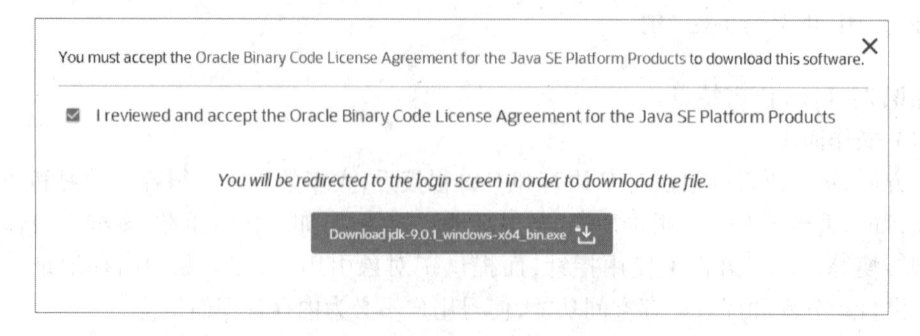

图 1-1-2　同意下载须知及协议

步骤 3: 点击下载后,如未登录则跳转登录界面,如图 1-1-3 所示。若已有账户,则输入用户名和密码即可登录。若为新用户,则点击“创建帐户”并根据提示创建,创建完成后,再输入用户名和密码即可登录。

子任务2:JDK安装

步骤1:打开下载的jd-k9.0.4.exe文件,点击“下一步”,如图1-1-4所示。

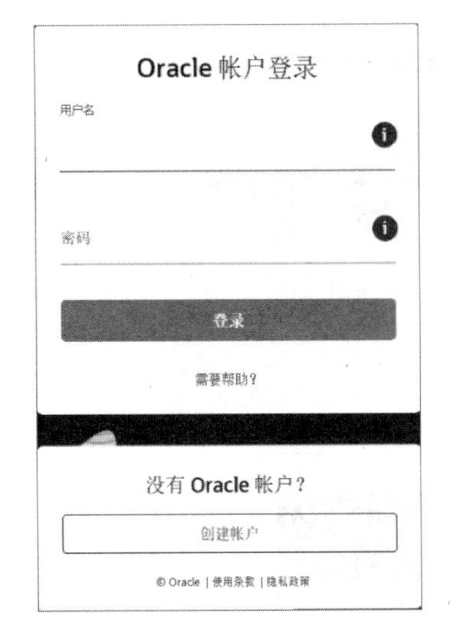

图1-1-3　“Oracle帐户登录”界面

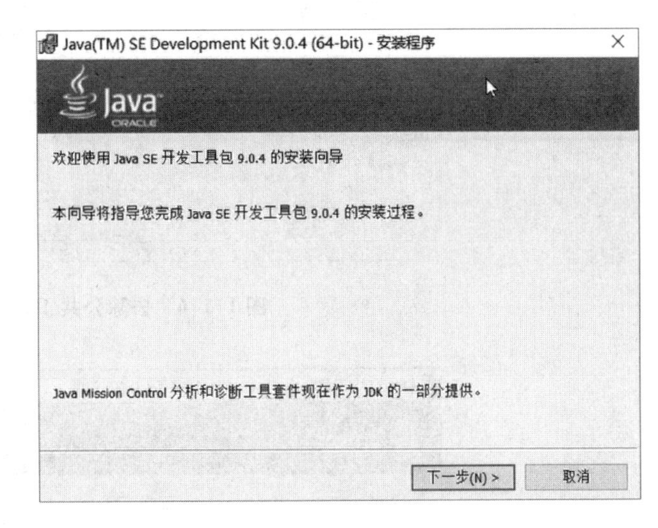

图1-1-4　JDK安装向导对话框

步骤2:定制安装。点击图1-1-5中的“更改”按钮,选择所要安装的盘符和文件夹位置。注意:安装地址最好不要有中文字符和空格,以免出现乱码等问题。

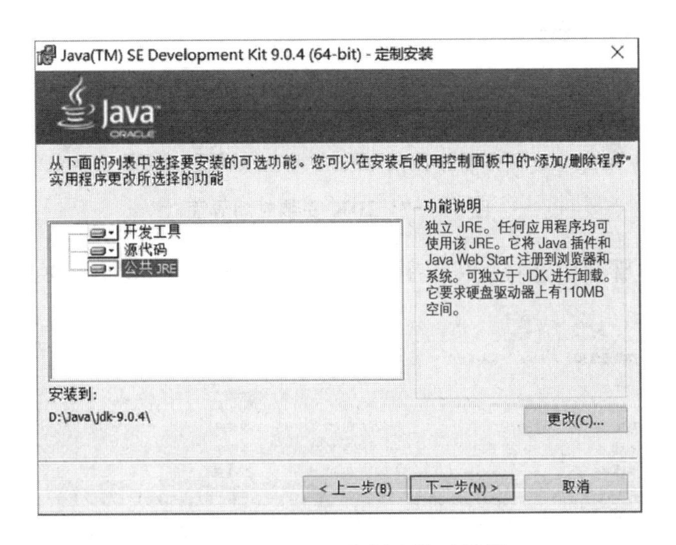

图1-1-5　JDK定制安装对话框

步骤3:由于JDK已经包含了JRE,所以可将公共的JRE去掉,如图1-1-6所示,完成后点击“下一步”。

步骤4:若安装成功,则出现如图1-1-7所示的界面。

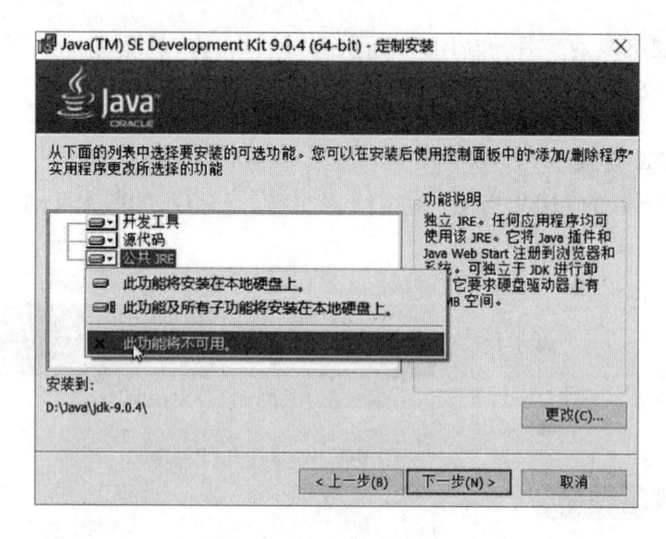

图 1-1-6　去除公共 JRE

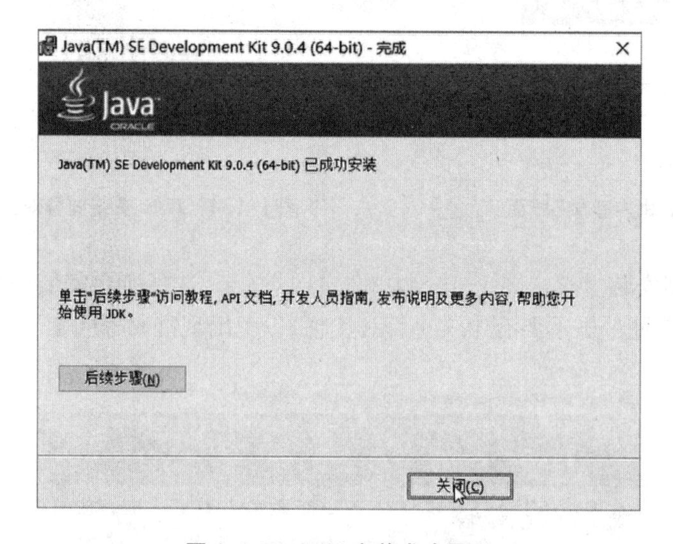

图 1-1-7　JDK 安装成功界面

步骤 5：打开步骤 2 中选择的安装路径，若出现如图 1-1-8 所示的文件夹，则表明 JDK 已经安装完成。

› 本地磁盘 (D:) › Java › jdk-9.0.4 ›

名称	修改日期	类型	大小
bin	2021/2/8 20:10	文件夹	
conf	2021/2/8 20:10	文件夹	
include	2021/2/8 20:10	文件夹	
jmods	2021/2/8 20:10	文件夹	
legal	2021/2/8 20:10	文件夹	
lib	2021/2/8 20:10	文件夹	
COPYRIGHT	2017/12/19 18:31	文件	4 KB
README.html	2021/2/8 20:10	Chrome HTML D...	1 KB
release	2021/2/8 20:10	文件	2 KB

图 1-1-8　JDK 安装路径下的文件夹窗口

任务2 JDK的配置和Java程序执行

一、任务目标

1. 了解环境变量的作用。
2. 配置运行环境。
3. 编译和执行Java程序。

二、任务要求

1. 配置环境变量,使用cmd窗口正确运行Java命令。
2. 对JDK执行环境做编译和执行测试。

三、预备知识

知识1:环境变量的作用

JDK安装完成后,要想在系统中的任何位置都能编译和运行Java程序,还需要对环境变量进行配置。通常来说,需要配置两个环境变量。

(1) PATH:用于告知操作系统到指定路径去寻找JDK。

(2) CLASSPATH:用于告知JDK到指定路径去查找类文件(.class文件)。

知识2:Java的运行机制

Java程序运行时,必须经过编译和运行两个步骤。

(1) 将后缀名为.java的源文件进行编译,生成后缀名为.class的字节码文件;

(2) Java虚拟机将字节码文件进行解释执行,并将显示结果。

四、任务实施

子任务1:环境变量的设置

步骤1:右键单击"此电脑",选择"属性"(图1-2-1),弹出系统窗口(图1-2-2)。

步骤2:在系统窗口中选择"高级系统设置",在弹出的"系统属性"界面(图1-2-3)中,选择"高级"选项卡。在该选项卡中,点击"环境变量",打开"环境变量"设置界面(图1-2-4)进行系统变量的设置。

图1-2-1 "属性"设置的快捷菜单

图 1-2-2　系统窗口

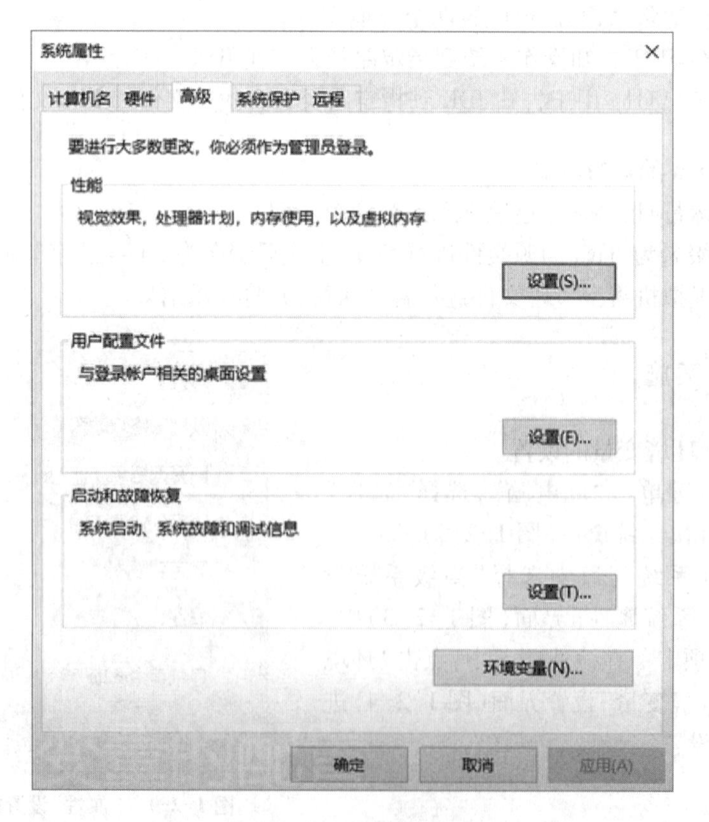

图 1-2-3　系统属性界面

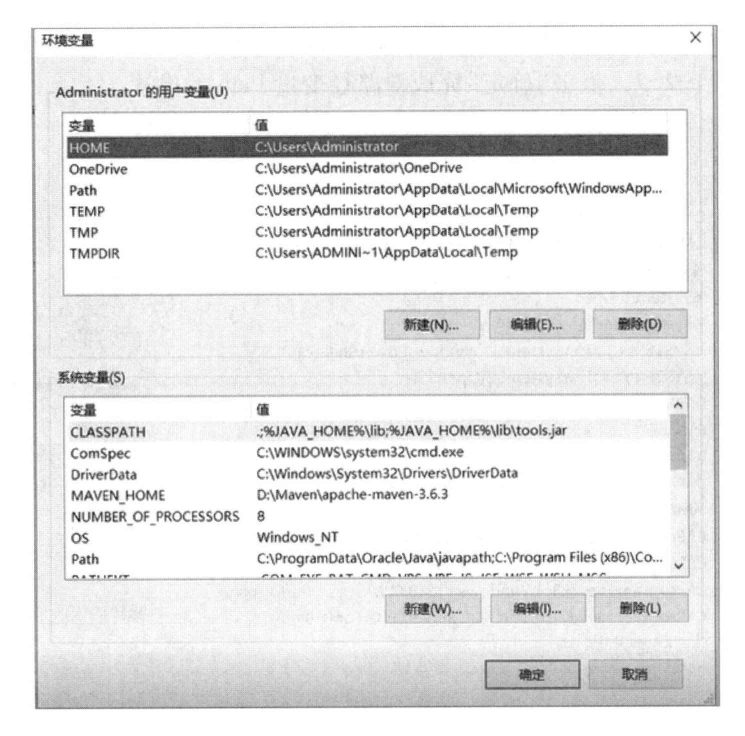

图 1-2-4　系统变量设置

步骤 3：点击图 1-2-4 中的“新建”，创建一个名为 JAVA_HOME 的系统变量(图 1-2-5)，变量值选择 JDK 的安装路径，点击“确定”。

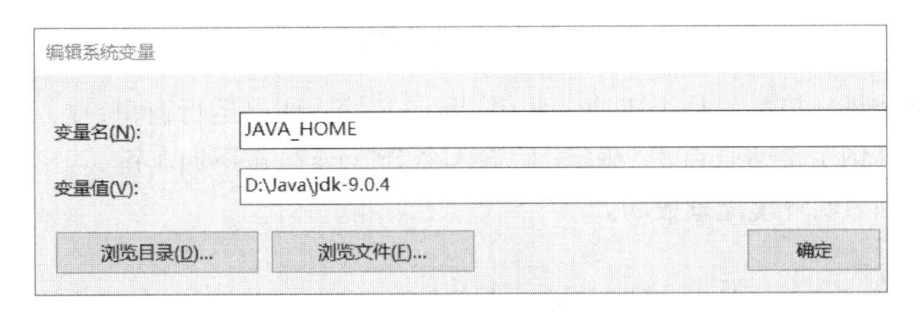

图 1-2-5　创建系统变量

步骤 4：选择系统变量中的路径变量“Path”，点击“编辑”(图 1-2-6)。

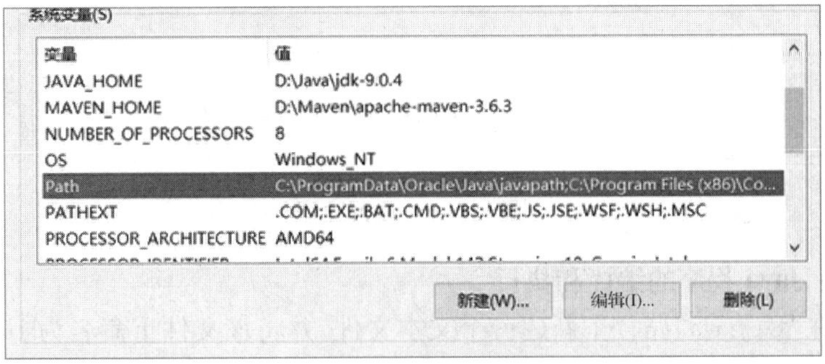

图 1-2-6　Path 变量

步骤 5：在编辑环境变量界面，点击“新建”按钮，新建一个环境变量，其值为%JAVA_HOME%\bin（图 1-2-7），点击“确定”完成对路径变量 Path 的设置。

图 1-2-7　新建变量值操作

步骤 6：测试环境配置是否成功。使用[Win+R]键，调出运行窗口，输入“cmd”打开命令提示符窗口（图 1-2-8），点击“确定”后输入命令“java”，按下回车键，若出现如图 1-2-9 所示的结果，则表明环境配置成功。

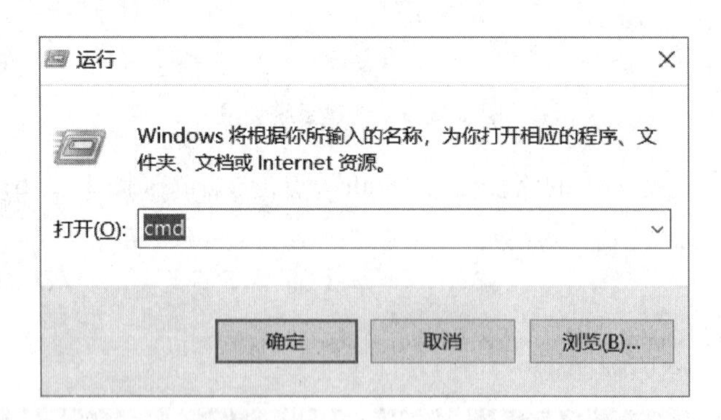

图 1-2-8　运行窗口

子任务 2：Java 程序的编译和执行

步骤 1：在“C:\java”路径下新建一个文本文件，并将该文件重命名为 HelloWorld.java，如图 1-2-10 所示。

```
Microsoft Windows [版本 10.0.18363.1256]
(c) 2019 Microsoft Corporation。保留所有权利。

C:\Users\Administrator>java
用法: java [options] <主类> [args...]
           (执行类)
   或  java [options] -jar <jar 文件> [args...]
           (执行 jar 文件)
   或  java [options] -m <模块>[/<主类>] [args...]
       java [options] --module <模块>[/<主类>] [args...]
           (执行模块中的主类)

 将主类, -jar <jar 文件>, -m 或 --module
 <模块>/<主类> 后的参数作为参数传递到主类。

 其中, 选项包括:

    -d32          已过时, 在以后的发行版中将被删除
    -d64          已过时, 在以后的发行版中将被删除
    -cp <目录和 zip/jar 文件的类搜索路径>
    -classpath <目录和 zip/jar 文件的类搜索路径>
    --class-path <目录和 zip/jar 文件的类搜索路径>
                  使用 ; 分隔的, 用于搜索类文件的目录, JAR 档案
                  和 ZIP 档案列表。
    -p <模块路径>
    --module-path <模块路径>...
                  用 ; 分隔的目录列表, 每个目录
                  都是一个包含模块的目录。
    --upgrade-module-path <模块路径>...
                  用 ; 分隔的目录列表, 每个目录
```

图 1-2-9 命令执行结果

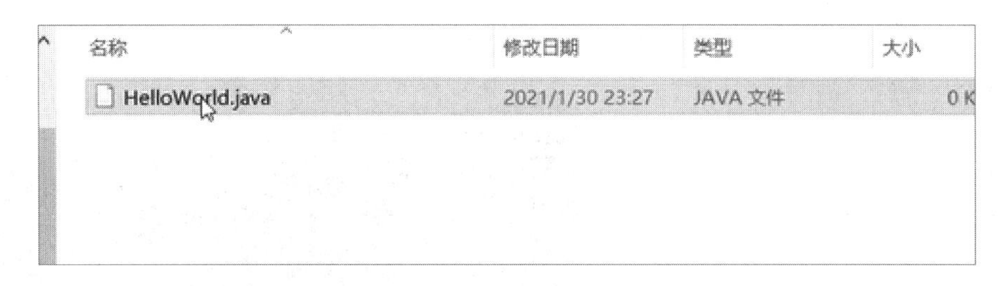

图 1-2-10 新建“HelloWorld. java”文件

步骤 2:点击文件夹窗口菜单栏中的“查看”按钮,并勾选“文件扩展名”,如图 1-2-11 所示。检查文件的扩展名是否显示完整。

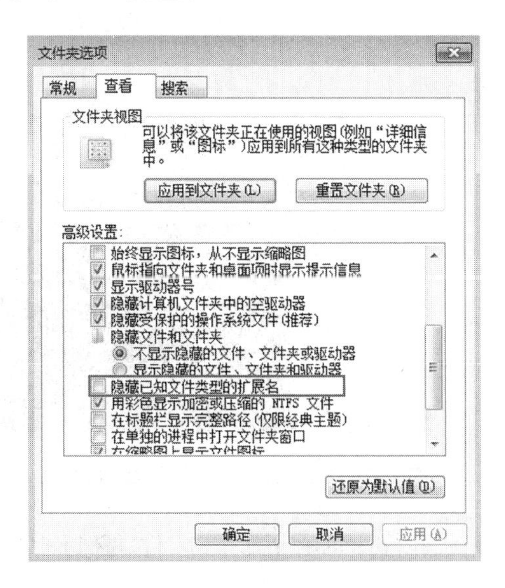

图 1-2-11 检查文件扩展名

步骤 3：双击“HelloWorld.java”，进入文件编辑窗口。编写 HelloWorld.java 脚本，代码如图 1-2-12 所示。

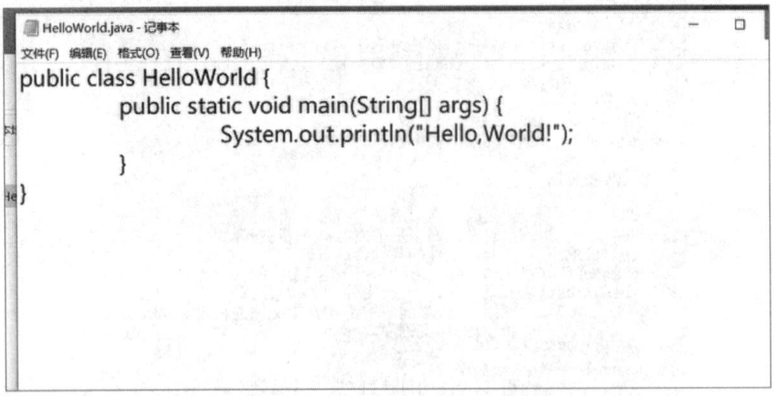

HelloWorld.java - 记事本

文件(F) 编辑(E) 格式(O) 查看(V) 帮助(H)

```
public class HelloWorld {
        public static void main(String[] args) {
                System.out.println("Hello,World!");
        }
}
```

图 1-2-12　HelloWorld. java 脚本代码

步骤 4：通过快捷键[Win+R]，打开 cmd 命令行窗口。在命令行窗口中，输入命令“cd C:\JAVA”，将路径跳转到 HelloWorld.java 脚本所在的文件夹，如图 1-2-13 所示。

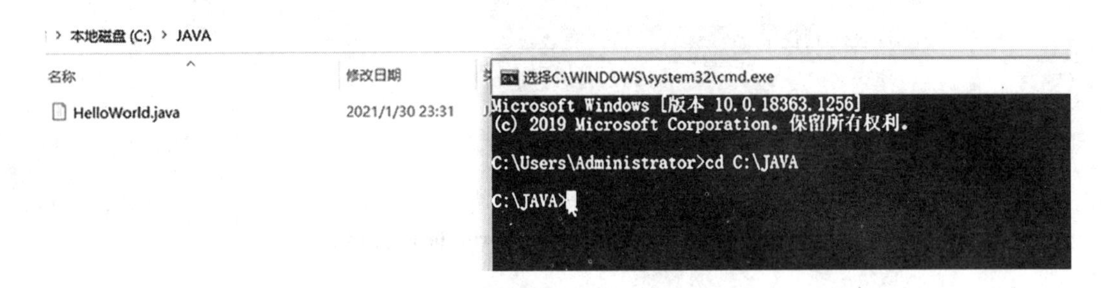

图 1-2-13　命令行窗口执行结果

步骤 5：使用 javac 命令编译 .java 源文件，编译后将会出现一个 .class 字节码文件，如图 1-2-14 所示。

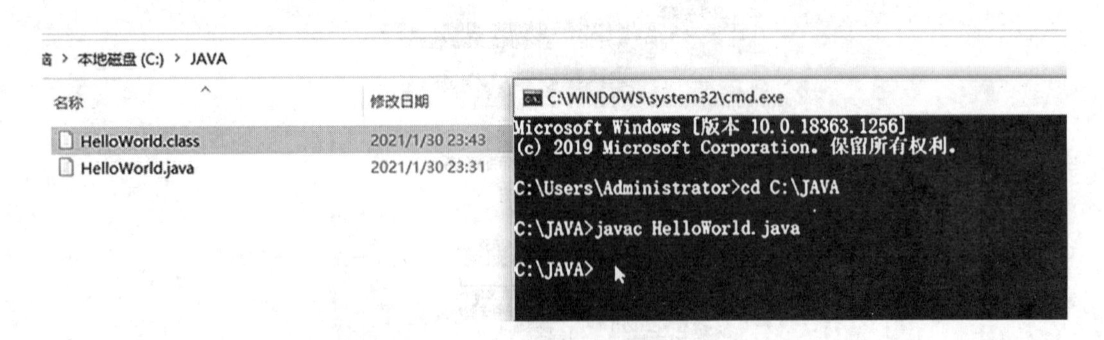

图 1-2-14　.java 源文件编译结果

步骤 6：使用 Java 命令运行 .class 字节码文件，窗口中即显示一行文本“Hello, World!”，如图 1-2-15 所示。

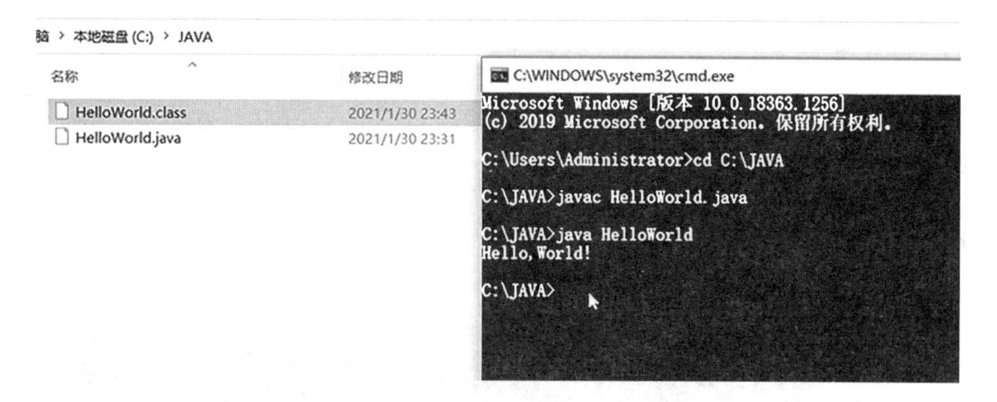

图 1-2-15　.class 字节码文件运行结果

任务 3　关于 Eclipse 的基本操作

一、任务目标

1. 掌握 Eclipse 的下载方法。
2. 掌握 Eclipse 的安装方法。
3. 掌握 Java 工程的创建方法。
4. 掌握简单 Java 脚本的编辑方法。
5. 掌握断点跟踪的原理和基本操作。

二、任务要求

1. 下载并安装 Eclipse JAVA EE win64 位版本。
2. 创建一个 Java 项目。
3. 实现断点跟踪操作。

三、预备知识

知识 1：Eclipse 软件简介

Eclipse 是一个开放源代码、基于 Java 的可扩展开发平台。就其本身而言，它只是一个框架和一组服务，用于通过插件组件构建开发环境。Eclipse 附带一个标准的插件集，该插件集包括 Java 开发工具。其最初是由 IBM 公司开发的替代商业软件 Visual Age for Java 的下一代 IDE 开发环境，于 2001 年 11 月贡献给开源社区，由非营利软件供应商联盟 Eclipse 基金会管理。目前，Eclipse 是使用最广泛的 Java 集成开发环境。它提供了代码编辑器、编译器、调试器以及其他一系列开发工具，使开发者能够更加高效地编写、测试和调试代码。Eclipse 还支持多种编程语言和插件，可以用于开发各种类型的应用程序，包括 Web 应用、移动应用、企业应用等。

四、任务实施

子任务 1：Eclipse 的下载和安装

步骤 1：访问 Eclipse 官网(http://www.eclipse.org)，在网页中查找并选择与计算机操作系统相匹配的 Eclipse 压缩文件下载链接，如图 1-3-1 所示，点击该链接，下载 Eclipse 软件压缩包。注意：尽量选择 Java EE 版本。

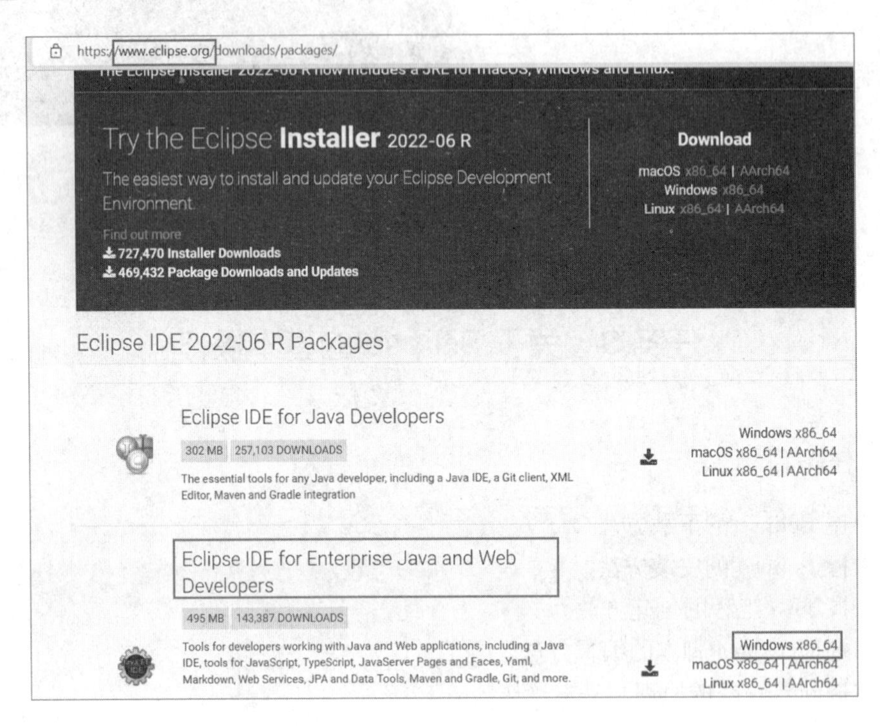

图 1-3-1 Eclipse 官网页面

步骤 2：Eclipse 软件压缩包下载完成后，把压缩文件 eclipse-jee-2022-06-R-win32-x86_64.zip 直接解压缩到合适的路径下，如“D:\eclipse”，如图 1-3-2 所示，完成 Eclipse 软件的安装。

电脑 › Data (D:) › eclipse

名称	修改日期	类型	大小
configuration	2022/6/9 12:03	文件夹	
dropins	2022/6/9 12:03	文件夹	
features	2022/6/9 12:03	文件夹	
p2	2022/6/9 12:02	文件夹	
plugins	2022/6/9 12:03	文件夹	
readme	2022/6/9 12:03	文件夹	
.eclipseproduct	2022/6/7 11:06	ECLIPSEPRODUC...	1 KB
artifacts.xml	2022/6/9 12:03	XML 文档	314 KB
eclipse.exe	2022/6/9 12:08	应用程序	521 KB
eclipse.ini	2022/6/9 12:03	配置设置	1 KB
eclipsec.exe	2022/6/9 12:08	应用程序	233 KB

图 1-3-2 Eclipse 软件压缩包解压结果

子任务 2：Java 项目的创建和执行

步骤 1： 双击图 1－3－2 中的 eclipse. exe 文件，打开 Eclipse 窗口，在窗口中，单击“File”→“New”→“Java Project”或在 Package Explorer 视图空白处单击鼠标右键，选择“New”→“Java Project”，如图 1-3-3 所示，即打开“New Project”对话框。

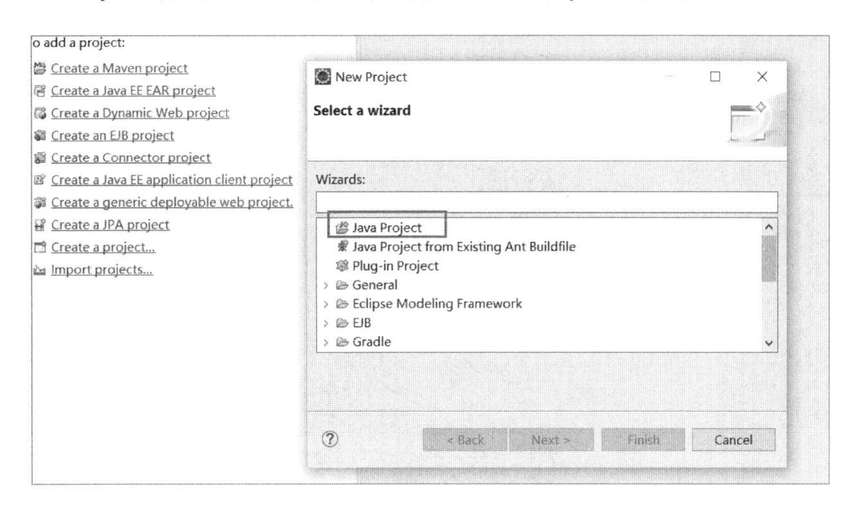

图 1-3-3　“New Project”对话框

步骤 2： 在“New Project”对话框中，输入项目名称“DemoPrj”，然后点击“Finish”按钮，创建一个 Java 项目，如图 1-3-4 所示。

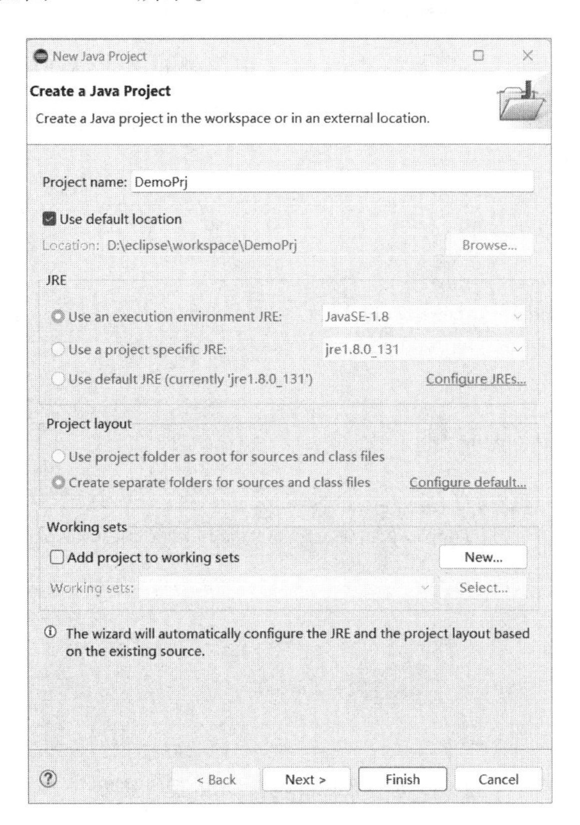

图 1-3-4　项目名称设置操作

步骤 3：构建一个名为“com.abc”的包和一个名为“Tester”的可执行类，如图 1-3-5 所示。

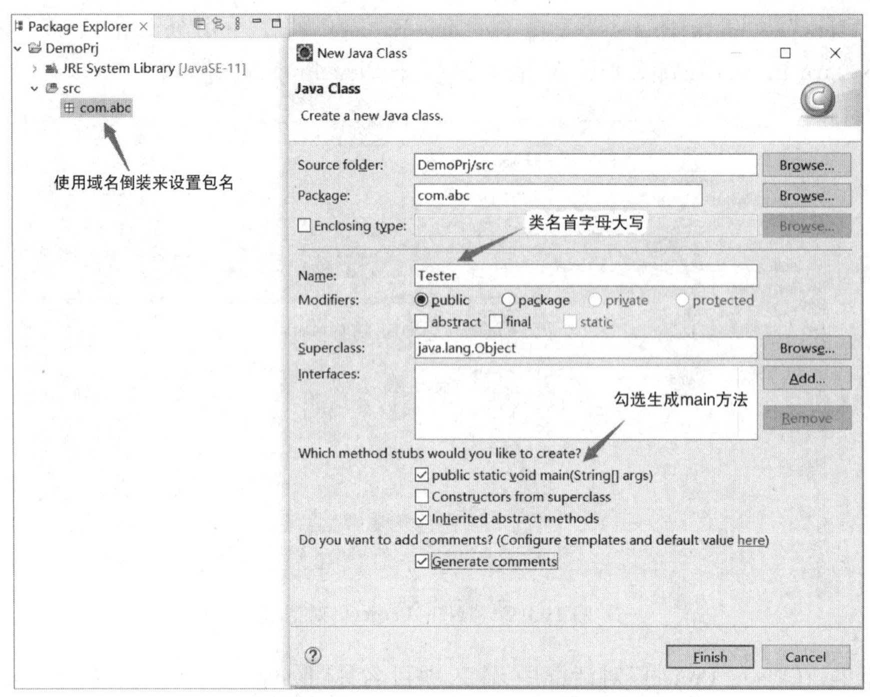

图 1-3-5　新建包和类对话框

步骤 4：在“Tester”类脚本的 main 方法中编制如下代码并运行。

```
package com. abc;
public class Tester {
    /**
     * @param args
     */
    public static void main(String[ ] args) {
        System. out. println(" hello world! ");
    }
}
```

运行结果将显示在 Console 窗口中，如图 1-3-6 所示。

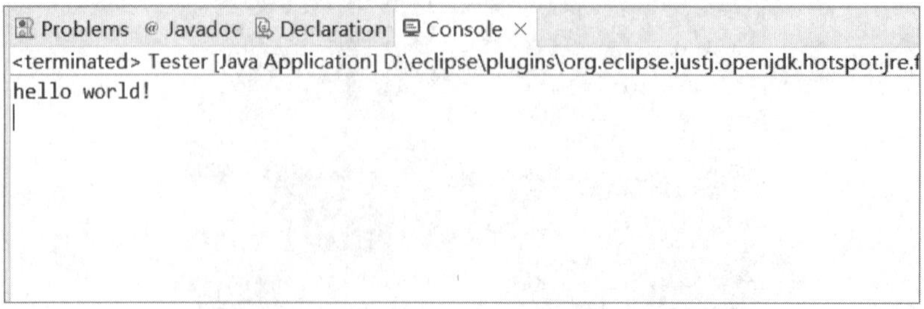

```
Problems  Javadoc  Declaration  Console ×
<terminated> Tester [Java Application] D:\eclipse\plugins\org.eclipse.justj.openjdk.hotspot.jre.f
hello world!
```

图 1-3-6　“Tester”类脚本的运行结果

子任务3：代码执行

步骤1：设置断点。在需要设置断点的代码左侧双击，设置断点，如图1-3-7中的第20行所示。

```
10 public class CalcScopedSum {
11
12⊖     /**
13      * @param args
14      */
15⊖     public static void main(String[] args) {
16
17         int sum = 0;
18
19         for(int i=1;i<=100;i++)
20 Line breakpoint:CalcScopedSum [line: 20] - main(String[])
21
22         System.out.println(sum);
23
24     }
25
26 }
27
```

图1-3-7　设置断点的操作结果

步骤2：单击快捷工具栏中的"Debug"右侧的下拉按钮，在弹出的菜单中选择"Debug As"→"Java Application"，在弹出的对话框中点击"Switch"，如图1-3-8所示，进入Debug模式。

步骤3：在Debug模式下，可查看变量的情况以及单步执行的结果，如图1-3-9所示。

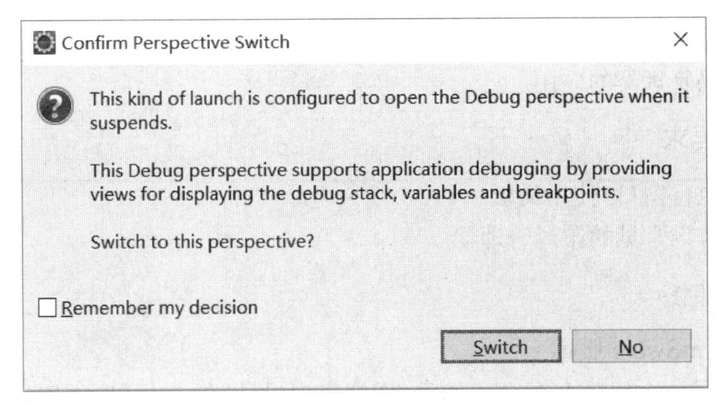

图1-3-8　"Confirm Perspective Switch"对话框

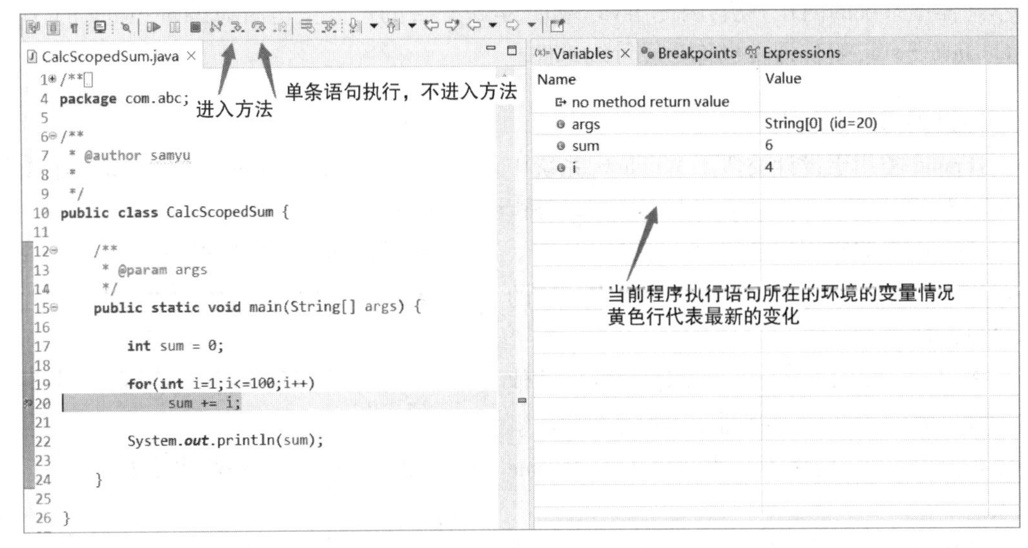

图1-3-9　Debug模式运行结果

项目 2　Swing 窗口开发简介

任务 1　Swing 窗口开发简介(一)

一、任务目标

1. 掌握窗口的构建方法。
2. 理解顶层容器和内容容器的基本概念。
3. 掌握常见的布局方式。
4. 掌握布局管理器的应用。

二、任务要求

1. 创建和执行窗口(使用面板)。
2. 设置和应用常见的布局管理器。

三、预备知识

知识 1：Java Swing 概述

Java Swing 是一个用于 Java GUI 编程(图形界面设计)的工具包(类库)。Java Swing 使用纯粹的 Java 代码来模拟各种组件(使用 Java 自带的作图函数绘制出各种组件),没有使用本地操作系统的内在方法,因此 Java Swing 是跨平台的。也正是因为 Java Swing 的这种特性,Java Swing 组件通常也称为轻量级组件。

知识 2：JFrame 类

JFrame 类用于设计类似于 Windows 系统中窗口形式的界面。JFrame 类是 Swing 组件的顶层容器,该类继承了 AWT 的 Frame 类,支持 Swing 体系结构的高级 GUI 属性。

JFrame 类的常用构造方法：①JFrame( ),构造一个初始时不可见的新窗口;②JFrame (String title),创建一个具有指定标题为 title 的不可见新窗口。

创建一个 JFrame 类的实例化对象后,其他组件并不能够直接放到容器上,因此需要将组件添加至内容窗格,而不是直接添加至 JFrame 对象。

使用 JFrame 类创建 GUI 界面时,其组件布局组织如图 2-1-1 所示。该图中显示"大家

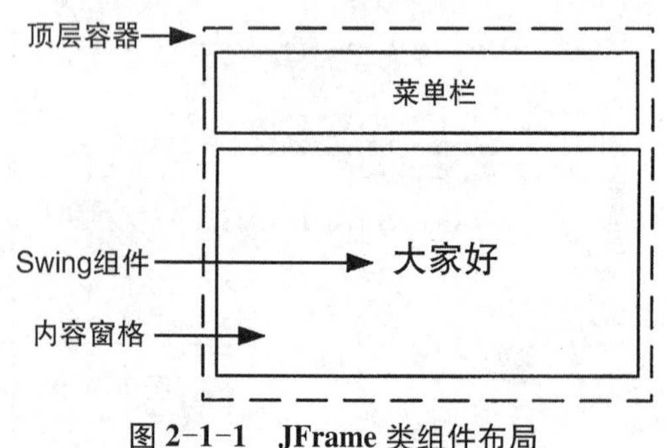

图 2-1-1　JFrame 类组件布局

好”的 Swing 组件放于内容窗格内，内容窗格放于 JFrame 顶层容器中。菜单栏可以直接放于顶层容器 JFrame 内，而不通过内容窗格。内容窗格是一个透明的没有边框的中间容器。

知识 3：JPanel 类

JPanel 类是一种中间层容器，能容纳组件并将组件组合在一起，但其本身必须添加到其他容器中才能使用。JPanel 类的构造方法如下：

① JPanel()：使用默认的布局管理器创建新面板，默认的布局管理器为 FlowLayout。

② JPanel(LayoutManagerLayout layout)：创建指定布局管理器的 JPanel 对象。

知识 4：常见布局管理器的使用

在使用 Swing 向容器添加组件时，需要考虑组件的位置和大小。如果不使用布局管理器，则需要先设置各个组件的位置并计算组件间的距离，再添加至容器中。虽然这样能够灵活控制组件的位置，但实现起来非常麻烦。

为了加快开发速度，Java 提供了一些布局管理器，它们可以将组件进行统一管理，这样开发人员就不需要考虑组件是否会重叠等问题。本节将介绍 Swing 提供的 6 种布局管理器，所有布局都实现 LayoutManager 接口。

(1) 边框布局管理器

边框布局(BorderLayout)管理器是 Window、JFrame 和 JDialog 的默认布局管理器。边框布局管理器将窗口分为 5 个区域，即 North、South、East、West 和 Center，如图 2-1-2 所示。其中，North 表示北，位于面板的上方；South 表示南，位于面板的下方；East 表示东，位于面板的右侧；West 表示西，位于面板的左侧；Center 表示中间区域，是东、南、西、北都填满后剩下的区域。

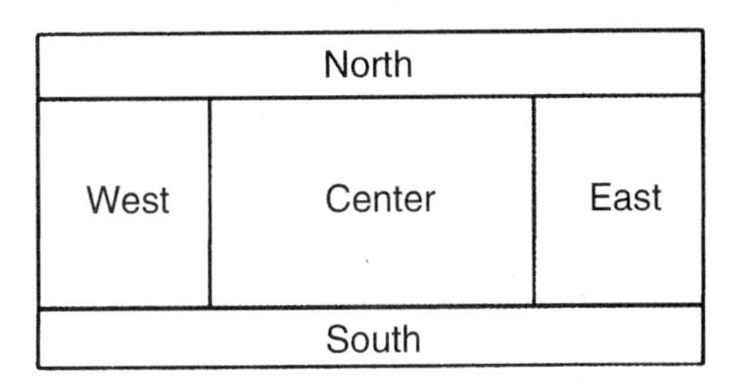

图 2-1-2　BorderLayout 布局图示

边框布局管理器的构造方法：

① BorderLayout()：创建一个边框布局管理器，组件之间没有间隙。

② BorderLayout(int hgap, int vgap)：创建一个边框布局管理器，其中 hgap 表示组件之间的横向间隔，vgap 表示组件之间的纵向间隔，单位为像素。

(2) 流式布局管理器

流式布局(FlowLayout)管理器是 JPanel 和 JApplet 的默认布局管理器。流式布局管理器会将组件按照从上到下、从左到右的放置规律逐行进行定位。与其他布局管理器不同的是，流式布局管理器不限制其所管理组件的大小，允许各组件有自己的最佳大小。

流式布局管理器的构造方法：

① FlowLayout()：创建一个流式布局管理器，使用默认的居中对齐方式和默认 5 像素的水平和垂直间隔。

② FlowLayout(int align)：创建一个流式布局管理器，使用默认 5 像素的水平和垂直间隔。其中，align 表示组件的对齐方式，对齐的值必须是 FlowLayout. LEFT、FlowLayout. RIGHT 和 FlowLayout. CENTER，指定组件在这一行的位置是居左对齐、居右对齐或居中对齐。

③ FlowLayout(int align, int hgap,int vgap)：创建一个流式布局管理器，并指定组件的对齐方式(align)、组件之间的横向间隔(hgap)和纵向间隔(vgap)，单位为像素。

(3) 卡片布局管理器

卡片布局(CardLayout)管理器能够帮助用户实现多个成员共享同一个显示空间，并且一次只显示一个容器组件的内容。卡片布局管理器将容器分成许多层，每层的显示空间占据整个容器的内存，但是每层只允许放置一个组件。

卡片布局管理器的构造方法：

① CardLayout()：构造一个新卡片布局管理器，默认间隔为 0。

② CardLayout(int hgap, int vgap)：创建卡片布局管理器，并指定组件间的水平间隔(hgap)和纵向间隔(vgap)。

四、任务实施

子任务 1：创建 JFrame 窗口

创建一个名为 JFrameDemo 的窗口类，其父类为 JFrame 窗口类，具体代码如下。

```
import javax. swing. JFrame;
import javax. swing. JLabel;
import java. awt. * ;
public class JFrameDemo extends JFrame
{
    public JFrameDemo()
    {   //设置显示窗口标题
        setTitle("Java 第一个 GUI 程序");
        //设置窗口显示尺寸
        setSize(400,200);
        //设置窗口是否可以关闭
        setDefaultCloseOperation(JFrame. EXIT_ON_CLOSE);
        //创建一个标签对象
        JLabel jl=new JLabel("这是使用 JFrame 类创建的窗口");
        //获取当前窗口的内容窗格
        Container c=getContentPane();
        //将标签组件添加到内容窗格内
        c. add(jl);
        //设置窗口是否可见
        setVisible(true);
    }
    public static void main(String[] agrs)
    {   //创建一个实例化对象
        new JFrameDemo();
    }
}
```

上述代码创建了一个 JFrameDemo 类，该类继承了 JFrame 类，因此 JFrameDemo 类可以直接使用 JFrame 类的方法。setTitle()方法用来设置窗口标题，setDefaultCloseOperation()方法用来设置响应方式,即当单击“关闭”按钮时退出该程序。在构造方法中使用 JLabel 类创建一个标签对象 jl,其参数是标签的文本提示信息。JFrame 框架 getContentPane( )方法获取内容窗格对象,并使用 add( )方法将标签添加至内容窗格。setVisible( )方法是从父类中继承的方法。上述代码的运行结果如图 2-1-3 所示。

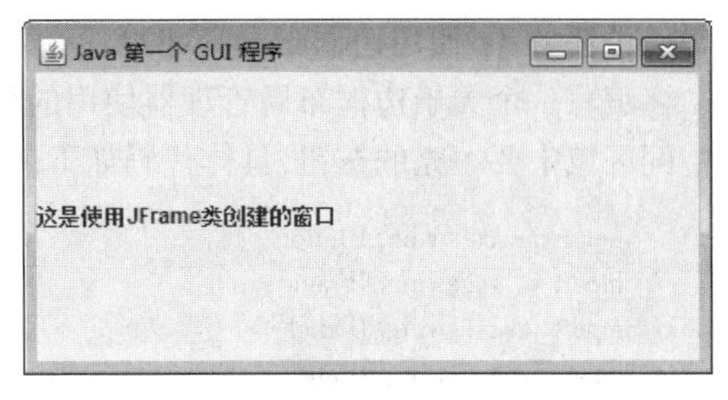

图 2-1-3　JFrameDemo 类脚本的运行结果

子任务 2: 创建一个 JPanel 面板

编写一个使用 JPanel 组件的窗口程序,要求设置标题为“Java 的第二个 GUI 程序”,然后向窗口中添加一个面板,并设置面板上显示文本“这是放在 JPanel 上的标签”,设置面板背景颜色为白色。具体代码如下。

```
import javax.swing.JFrame;
import javax.swing.JLabel;
import javax.swing.JPanel;
import java.awt.*;
public class JPanelDemo
{
    public static void main(String[] agrs)
    {   //创建一个 JFrame 对象
        JFrame jf=new JFrame("Java 第二个 GUI 程序");
        //设置窗口大小和位置
        jf.setBounds(300, 100, 400, 200);
        //创建一个 JPanel 对象
        JPanel jp=new JPanel();
        //创建一个标签对象
        JLabel jl=new JLabel("这是放在 JPanel 上的标签");
        jp.setBackground(Color.white);      //设置背景色
        jp.add(jl);      //将标签添加到面板
        jf.add(jp);      //将面板添加到窗口
        jf.setVisible(true);      //设置窗口可见
    }
}
```

上述代码首先创建了一个 JFrame 对象 jf,并设置其大小和位置,然后创建了一个 JPanel 对象 jp 表示面板,调用 setBackground( )方法设置面板的背景色;接着,创建了一个标签对象 jl,并调用 add( )方法将标签对象添加到此面板。JFrame 类的 add( )方法将面板对象 jp 添加至 JFrame 窗口。最后调用 setVisible( )方法将窗口设置为可见。

上述代码的运行结果如图 2-1-4 所示。

图 2-1-4　JPanelDemo 类脚本的运行结果

子任务 3：使用边框布局管理器

编写一个关于边框布局管理器使用的程序，分别指定边框布局管理器的东、南、西、北、中间区域中要填充的按钮，具体代码如下。

```
import javax.swing.JButton;
import javax.swing.JFrame;
import javax.swing.JLabel;
import javax.swing.JPanel;
import java.awt.*;
public class BorderLayoutDemo
{
    public static void main(String[] agrs)
    {   //创建 Frame 窗口
        JFrame frame=new JFrame("Java 第三个 GUI 程序");
        frame.setSize(400,200);
        //为 Frame 窗口设置布局为边框布局
        frame.setLayout(new BorderLayout());
        JButton button1=new JButton("上");
        JButton button2=new JButton("左");
        JButton button3=new JButton("中");
        JButton button4=new JButton("右");
        JButton button5=new JButton("下");
        frame.add(button1,BorderLayout.NORTH);
        frame.add(button2,BorderLayout.WEST);
        frame.add(button3,BorderLayout.CENTER);
        frame.add(button4,BorderLayout.EAST);
        frame.add(button5,BorderLayout.SOUTH);
        frame.setBounds(300,200,600,300);
        frame.setVisible(true);
        frame.setDefaultCloseOperation(JFrame.EXIT_ON_CLOSE);
    }
}
```

上述代码的运行结果如图 2-1-5 所示。

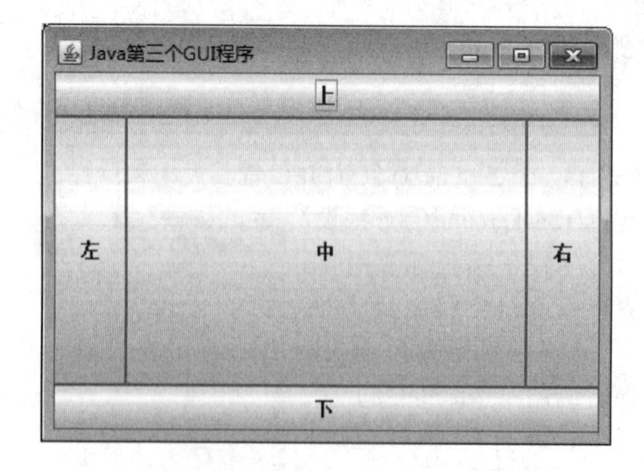

图 2-1-5　BorderLayoutDemo 类脚本的运行结果

子任务 4：使用流式布局管理器

创建一个窗口，设置标题为“Java 第四个 GUI 程序”。使用 FlowLayoutDemo 类对窗口进行布局，向容器内添加 9 个按钮，并设置横向和纵向的间隔都为 20 像素。具体代码如下。

```
import javax.swing.JButton;
import javax.swing.JFrame;
import javax.swing.JLabel;
import javax.swing.JPanel;
import java.awt.*;
public class FlowLayoutDemo
{
    public static void main(String[] agrs)
    {
        JFrame jFrame=new JFrame("Java 第四个 GUI 程序");    //创建 Frame 窗口
        JPanel jPanel=new JPanel();    //创建面板
        JButton btn1=new JButton("1");    //创建按钮
        JButton btn2=new JButton("2");
        JButton btn3=new JButton("3");
        JButton btn4=new JButton("4");
        JButton btn5=new JButton("5");
        JButton btn6=new JButton("6");
        JButton btn7=new JButton("7");
        JButton btn8=new JButton("8");
        JButton btn9=new JButton("9");
        jPanel.add(btn1);    //面板中添加按钮
        jPanel.add(btn2);
        jPanel.add(btn3);
        jPanel.add(btn4);
        jPanel.add(btn5);
        jPanel.add(btn6);
        jPanel.add(btn7);
        jPanel.add(btn8);
        jPanel.add(btn9);
        //向 JPanel 添加流式布局管理器，将组件间的横向和纵向间隙都设置为 20 像素
        jPanel.setLayout(new FlowLayout(FlowLayout.LEADING,20,20));
        jPanel.setBackground(Color.gray);    //设置背景色
        jFrame.add(jPanel);    //添加面板到容器
        jFrame.setBounds(300,200,300,150);    //设置容器的大小
        jFrame.setVisible(true);
        jFrame.setDefaultCloseOperation(JFrame.EXIT_ON_CLOSE);
    }
}
```

上述代码向 jPanel 面板对象中添加 9 个按钮，并使用流式布局管理器使按钮间的横向和纵向间隙都为 20 像素。此时，这些按钮按照从上到下、从左到右的顺序在容器上排列，如果一行剩余空间不足容纳组件，将会换行显示，最终运行结果如图 2-1-6 所示。

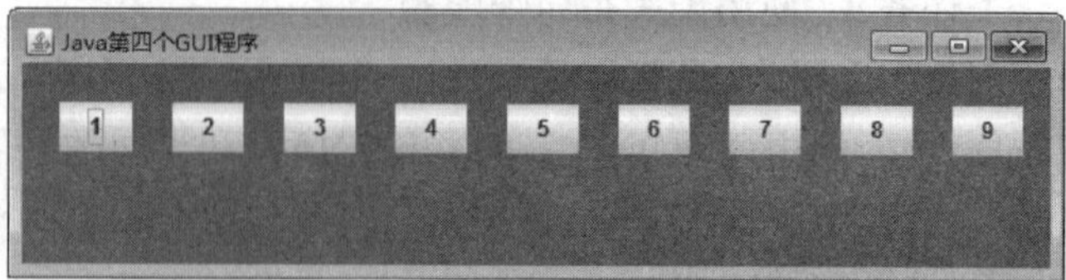

图 2-1-6　FlowLayoutDemo 类脚本的运行结果

子任务 5：使用卡片布局管理器

创建一个窗口，设置标题为“Java 第五个程序”。使用 CardLayoutDemo 类对容器内的两个面板进行布局。其中第一个面板上包括 3 个按钮，第二个面板上包括 3 个文本框。最后调用 CardLayoutDemo 类的 show( )方法显示指定面板的内容，具体代码如下。

```
import javax. swing. JButton;
import javax. swing. JFrame;
import javax. swing. JLabel;
import javax. swing. JPanel;
import javax. swing. JTextField;
import java. awt. * ;
public class CardLayoutDemo
{
    public static void main(String[ ] agrs)
    {
        JFrame frame=new JFrame("Java 第五个程序");      //创建 Frame 窗口
        JPanel p1=new JPanel( );      //面板 1
        JPanel p2=new JPanel( );      //面板 2
        JPanel cards=new JPanel( new CardLayout( ) );      //卡片式布局的面板
        p1. add( new JButton("登录按钮") );
        p1. add( new JButton("注册按钮") );
        p1. add( new JButton("找回密码按钮") );
        p2. add( new JTextField("用户名文本框",20) );
        p2. add( new JTextField("密码文本框",20) );
        p2. add( new JTextField("验证码文本框",20) );
        cards. add( p1,"card1" );      //向卡片式布局面板中添加面板 1
        cards. add( p2,"card2" );      //向卡片式布局面板中添加面板 2
        CardLayout cl=( CardLayout) ( cards. getLayout( ) );
        cl. show( cards,"card1" );      //调用 show( )方法显示面板 2
        frame. add( cards) ;
        frame. setBounds( 300,200,400,200) ;
        frame. setVisible( true) ;
        frame. setDefaultCloseOperation( JFrame. EXIT_ON_CLOSE) ;
    }
}
```

上述代码创建了一个卡片式布局的面板对象 cards，该面板包含两个大小相同的子面板对象 p1 和 p2。需要注意的是，在将 p1 和 p2 添加到 cards 面板中时使用了含有两个参数的

add( )方法,该方法的第二个参数用来标识子面板。当需要显示某一个面板时,只需调用 CardLayout 的 show( )方法,并在参数中指定子面板所对应的字符串即可。上述代码显示的是 p1 面板,其运行结果如图 2-1-7 所示。

如果将“cl. show(cards," card1")”语句中的" card1" 换成" card2" ,将显示 p2 面板的内容,此时运行结果如图 2-1-8 所示。

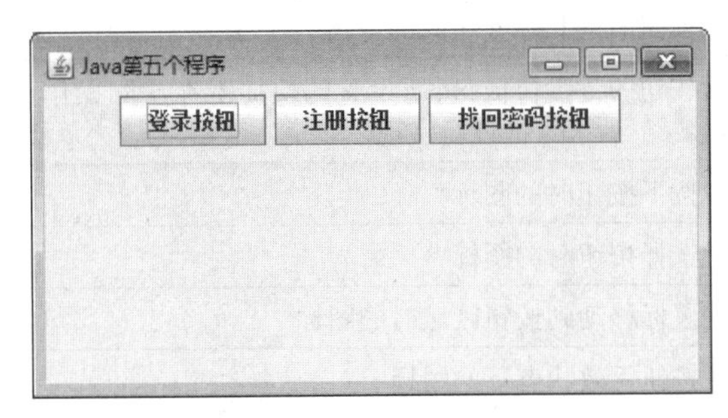

图 2-1-7　p1 面板的运行效果

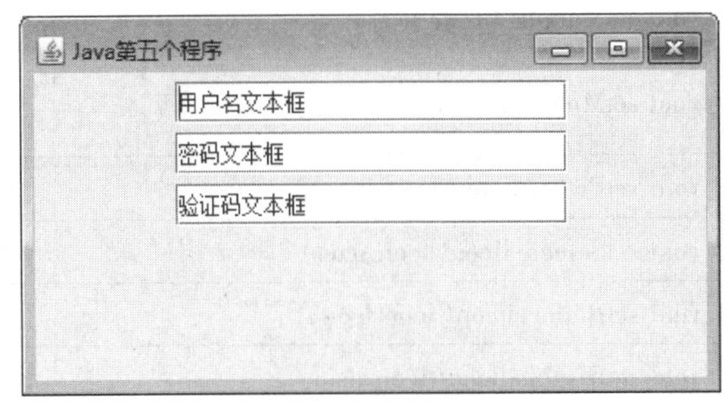

图 2-1-8　p2 面板的运行效果

任务 2　Swing 窗口开发简介(二)

一、任务目标

1. 掌握常见 UI 组件的使用方法。
2. 理解事件的概念。
3. 掌握常见的 UI 组件的事件响应处理方法。

二、任务要求

1. 创建按钮、文本输入框、单选、复选等常见组件。
2. 实现常见监听器的定义和应用。

三、预备知识

知识 1: 按钮

按钮是图形界面上常见的元素。在 Swing 中,按钮是 JButton 类的对象,JButton 类的常用构造方法如下:

(1) JButton( ): 创建一个无标签文本、无图标的按钮。

(2) JButton(Icon icon): 创建一个无标签文本、有图标的按钮。

(3) JButton(String text): 创建一个有标签文本、无图标的按钮。

(4) JButton(String text, Icon icon): 创建一个有标签文本、有图标的按钮。

JButton 类常用的成员方法见表 2-2-1。

表 2-2-1　按钮类常用的成员方法

方法名称	说明
addActionListener(ActionListener listener)	为按钮组件注册 ActionListener 监听
void setIcon(Icon icon)	设置按钮的默认图标
void setText(String text)	设置按钮的文本
void setMargin(Insets m)	设置按钮边框和标签之间的空白
void setMnemonic(int nmemonic)	设置按钮的键盘快捷键,所设置的快捷键在实际操作时需要结合[Alt]键进行实现
void setPressedIcon(Icon icon)	设置按下按钮时的图标
void setSelectedIcon(Icon icon)	设置选择按钮时的图标
void setRolloveiicon(Icon icon)	设置鼠标移动到按钮区域时的图标
void setDisabledIcon(Icon icon)	设置按钮无效状态下的图标
void setVerticalAlignment(int alig)	设置图标和文本的垂直对齐方式
void setHorizontalAlignment(int alig)	设置图标和文本的水平对齐方式
void setEnable(boolean flag)	启用或禁用按钮
void setVerticalTextPosition(int textPosition)	设置文本相对于图标的垂直位置
void setHorizontalTextPosition(int textPosition)	设置文本相对于图标的水平位置

知识 2：单行文本输入框

Swing 通过 JTextField 类实现一个单行文本框,它允许用户输入单行的文本信息。该类的常用构造方法如下：

(1) JTextField( )：创建一个默认的文本框。

(2) JTextField(String text)：创建一个指定初始化文本信息的文本框。

(3) JTextField(int columns)：创建一个指定列数的文本框。

(4) JTextField(String text,int columns)：创建一个既指定初始化文本信息,又指定列数的文本框。

JTextField 类常用的成员方法见表 2-2-2。

表 2-2-2　单行文本输入框类常用的成员方法

方法名称	说明
Dimension getPreferredSize( )	获得文本框的首选大小
void scrollRectToVisible(Rectangle r)	向左或向右滚动文本框中的内容
void setColumns(int columns)	设置文本框最多可显示内容的列数
void setFont(Font f)	设置文本框的字体
void setScrollOffset(int scrollOffset)	设置文本框的滚动偏移量(以像素为单位)
void setHorizontalAlignment(int alignment)	设置文本框内容的水平对齐方式

知识 3：单选按钮

单选按钮与复选框都有两种状态，不同的是一组单选按钮中只能有一个处于选中状态。Swing 中 JRadioButton 类实现单选按钮，它与 JCheckBox 类一样都是从 JToggleButton 类派生出来的。JRadioButton 对象通常位于一个按钮组（Button Group）中，不在按钮组中的 JRadioButton 也就失去了单选按钮的意义。

在同一个按钮组中的单选按钮，只能有一个单选按钮被选中。因此，如果创建的多个单选按钮其初始状态都是选中状态，那么最先加入按钮组的单选按钮的选中状态被保留，其后加入按钮组的其他单选按钮的选中状态被取消。

JRadioButton 类的常用构造方法如下：

（1）JRadioButton()：创建一个初始化为未选择状态的单选按钮，其文本未设定。

（2）JRadioButton(Icon icon)：创建一个初始化为未选择状态的单选按钮，其具有指定的图像但无文本。

（3）JRadioButton(Icon icon,boolean selected)：创建一个具有指定图像和选择状态的单选按钮，但无文本。

（4）JRadioButton(String text)：创建一个具有指定文本但为未选择状态的单选按钮。

（5）JRadioButton(String text,boolean selected)：创建一个具有指定文本和选择状态的单选按钮。

（6）JRadioButton(String text,Icon icon)：创建一个具有指定的文本和图像并初始化为未选择状态的单选按钮。

（7）JRadioButton(String text,Icon icon,boolean selected)：创建一个具有指定的文本、图像和选择状态的单选按钮。

知识 4：下拉列表

下拉列表的特点是将多个选项折叠在一起，只显示最前面的或被选中的一个。选择时需要单击下拉列表右边的下三角按钮，查看包含所有选项的列表。用户可以在列表中进行选择，也可以根据需要直接输入所要的选项，还可以输入选项中没有的内容。

下拉列表由 JComboBox 类实现，常用构造方法如下：

（1）JComboBox()：创建一个空的 JComboBox 对象。

（2）JComboBox(ComboBoxModel aModel)：创建一个 JComboBox，其选项取自现有的 ComboBoxModel。

（3）JComboBox(Object[] items)：创建包含指定数组中元素的 JComboBox。

JComboBox 类提供了多个成员方法用于操作下拉列表框中的选项，见表 2-2-3。

表 2-2-3　下拉列表类常用的成员方法

方法名称	说明
void addItem(Object anObject)	将指定的对象作为选项添加到下拉列表框中
void insertItemAt(Object anObject,int index)	在下拉列表框中的指定索引处插入项
void removeItem(Object anObject)	在下拉列表框中删除指定的对象项
void removeItemAt(int anIndex)	在下拉列表框中删除指定位置的对象项

（续表）

方法名称	说明
void removeAllItems( )	在下拉列表框中删除所有项
int getItemCount( )	返回下拉列表框中的项数
Object getItemAt(int index)	获取指定索引的列表项,索引从 0 开始
int getSelectedIndex( )	获取当前选择的索引
Object getSelectedItem( )	获取当前选择的项

JComboBox 对象能够响应 ItemEvent 事件和 ActionEvent 事件,其中 ItemEvent 事件的触发时机是当下拉列表框中的所选项更改时,ActionEvent 事件的触发时机是当用户在 JComboBox 对象上直接输入选择项并按回车键时。处理这两个事件需要创建相应的事件类并实现 ItemListener 接口和 ActionListener 接口。

知识 5：列表框

列表框与下拉列表的区别不仅仅表现在外观上,当激活下拉列表时,会出现下拉列表框中的内容,但列表框只是在窗口上占据固定的大小,如果需要列表框具有滚动效果,可以将列表框放到滚动面板中。当用户选择列表框中的某一项时,按住[Shift]键并选择列表框中的其他项目,可以选中两个选项之间的所有项目,也可以按住[Ctrl]键选择多个项目。

Swing 通过 JList 类来实现列表框,该类的常用构造方法如下：

（1）JList( )：构造一个空的只读模型的列表框。

（2）JList(ListModel dataModel)：根据指定的非 null 模型对象构造一个显示元素的列表框。

（3）JList(Object[ ] listData)：使用 listData 指定的元素构造一个列表框。

（4）JList(Vector<?> listData)：使用 listData 指定的元素构造一个列表框。

JList( )没有参数,使用此方法创建列表框后可以使用 setListData( )方法对列表框的元素进行填充,也可以调用其他形式的构造方法在初始化时对列表框的元素进行填充。常用的元素类型有 3 种,分别是数组、Vector 对象和 ListModel 模型。

知识 6：Swing 事件监听

事件表示程序和用户之间的交互,例如在文本框中输入、在列表框或组合框中选择、选中复选框和单选框,以及单击按钮等。事件处理表示程序对事件的响应,用户交互(即事件处理)由事件处理程序完成。

当事件发生时,系统会自动捕捉这一事件,创建表示动作的事件对象并将其分派给程序内的事件处理程序代码。这种代码确定了如何处理此事件,以使用户得到相应的回答。

（1）动作事件监听器

动作事件监听器是 Swing 中比较常用的事件监听器,例如点击按钮、选择列表框中的一项等。

与动作事件监听器有关的信息如下：

① 事件名称：ActionEvent。

② 事件监听接口：ActionListener。

③ 事件相关方法：addActionListener( )用于添加监听，removeActionListener( )用于删除监听。

④ 涉及事件源：JButton、JList、JTextField 等。

(2) 焦点事件监听器

除了单击事件外，焦点事件监听器在实际项目中应用也比较广泛，例如将光标离开文本框时弹出对话框，或者将焦点返回给文本框等。

与焦点事件监听器有关的信息如下：

① 事件名称：FocusEvent。

② 事件监听接口：FocusListener。

③ 事件相关方法：addFocusListener( )用于添加监听，removeFocusListener( )用于删除监听。

④ 涉及事件源：Component 以及派生类。

FocusEvent 接口定义了 focusGained( )方法和 focusLost( )方法，其中 focusGained( ) 方法是在组件获得焦点时执行，focusLost( )方法是在组件失去焦点时执行。

(3) 监听列表项选择事件

列表框组件 JList 会显示用户可选择项，在使用时通常会根据用户选择的列表项完成相应操作。

四、任务实施

子任务1：使用按钮组件

使用 JFrame 组件创建一个窗口，然后创建4个不同类型的按钮，再分别添加至窗口并显示。具体示例代码如下。

```
import java.awt.Color;
import java.awt.Dimension;
import javax.swing.JButton;
import javax.swing.JFrame;
import javax.swing.JPanel;
import javax.swing.SwingConstants;
public class JButtonDemo
{
    public static void main(String[] args)
    {
        JFrame frame=new JFrame("Java 按钮组件示例"); //创建 frame 窗口
        frame.setSize(400, 200);
        JPanel jp=new JPanel(); //创建 JPanel 对象
        JButton btn1=new JButton("我是普通按钮"); //创建 JButton 对象
        JButton btn2=new JButton("我是带背景颜色按钮");
        JButton btn3=new JButton("我是不可用按钮");
        JButton btn4=new JButton("我是底部对齐按钮");
        jp.add(btn1);
        btn2.setBackground(Color.YELLOW);//设置按钮背景色
```

```
            jp. add( btn2) ;
            btn3. setEnabled( false) ; //设置按钮不可用
            jp. add( btn3) ;
            Dimension preferredSize = new Dimension( 160, 60) ; //设置尺寸
            btn4. setPreferredSize( preferredSize) ; //设置按钮大小
            btn4. setVerticalAlignment( SwingConstants. BOTTOM) ; //设置按钮垂直对齐方式
            jp. add( btn4) ;
            frame. add( jp) ;
            frame. setBounds( 300, 200, 600, 300) ;
            frame. setVisible( true) ;
            frame. setDefaultCloseOperation( JFrame. EXIT_ON_CLOSE) ;
        }
    }
```

上述代码创建了 1 个 JFrame 窗口对象、1 个 JPanel 面板对象和 4 个 JButton 按钮,然后分别调用 JButton 类的 setBackground( )方法、setEnabled( )方法、setPreferredSize( )方法和 setVerticalAlignment( )方法设置按钮的显示外观。程序运行后,4 个按钮的显示效果如图 2-2-1 所示。

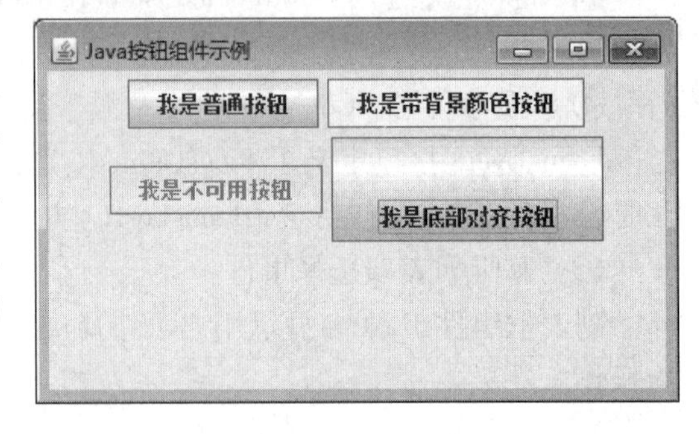

图 2-2-1　JButtonDemo 类脚本的运行结果

子任务 2: 使用单行文本输入框

使用 JFrame 组件创建一个窗口,然后向窗口中添加 3 个 JTextField 文本框对象。具体示例代码如下。

```
import java. awt. Font;
import javax. swing. JFrame;
import javax. swing. JPanel;
import javax. swing. JTextField;
public class JTextFieldDemo
{
    public static void main( String[ ] agrs)
    {
        JFrame frame = new JFrame( "Java 文本框组件示例" ) ;      //创建 frame 窗口
        JPanel jp = new JPanel( ) ;      //创建面板
        JTextField txtfield1 = new JTextField( ) ;      //创建文本框
        txtfield1. setText( "普通文本框" ) ;      //设置文本框的内容
        JTextField txtfield2 = new JTextField( 28) ;
        txtfield2. setFont( new Font( "楷体" ,Font. BOLD,16) ) ;      //修改字体样式
        txtfield2. setText( "指定长度和字体的文本框" ) ;
        JTextField txtfield3 = new JTextField( 30) ;
        txtfield3. setText( "居中对齐" ) ;
        txtfield3. setHorizontalAlignment( JTextField. CENTER) ;      //居中对齐
        jp. add( txtfield1) ;
        jp. add( txtfield2) ;
        jp. add( txtfield3) ;
        frame. add( jp) ;
```

```
        frame.setBounds(300,200,400,100);
        frame.setVisible(true);
        frame.setDefaultCloseOperation(JFrame.EXIT_ON_CLOSE);
    }
}
```

上述代码中，第一个文本框对象 txtfield1 使用 JTextField 的默认构造方法创建；第二个文本框对象 txtfield2 在创建时指定文本框的长度，同时修改文本的字体样式；第三个文本框对象 txtfield3 设置文本为居中对齐。程序运行后，窗口显示效果如图 2-2-2 所示。

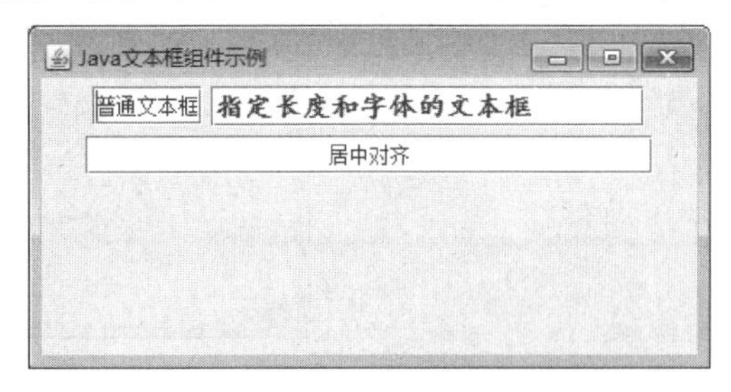

图 2-2-2 JTextFieldDemo 类脚本的运行结果

子任务 3：使用单选按钮

使用 JFrame 组件创建一个窗口，然后使用 JRadioButtonDemo 类创建一个单选按钮组。具体示例代码如下。

```
import java.awt.Font;
import javax.swing.ButtonGroup;
import javax.swing.JFrame;
import javax.swing.JLabel;
import javax.swing.JPanel;
import javax.swing.JRadioButton;
public class JRadioButtonDemo
{
    public static void main(String[] agrs)
    {
        JFrame frame=new JFrame("Java 单选组件示例"); //创建 frame 窗口
        JPanel panel=new JPanel();                    //创建面板
        JLabel label1=new JLabel("现在是哪个季节：");
        JRadioButton rb1=new JRadioButton("春天");  //创建 JRadioButton 对象
        JRadioButton rb2=new JRadioButton("夏天");  //创建 JRadioButton 对象
        JRadioButton rb3=new JRadioButton("秋天",true); //创建 JRadioButton 对象
        JRadioButton rb4=new JRadioButton("冬天");  //创建 JRadioButton 对象
        label1.setFont(new Font("楷体",Font.BOLD,16));  //修改字体样式
        ButtonGroup group=new ButtonGroup();  //添加 JRadioButton 到 ButtonGroup 中
        group.add(rb1);
        group.add(rb2);
        panel.add(label1);
        panel.add(rb1);
        panel.add(rb2);
        panel.add(rb3);
        panel.add(rb4);
        frame.add(panel);
        frame.setBounds(300, 200, 400, 100);
        frame.setVisible(true);
        frame.setDefaultCloseOperation(JFrame.EXIT_ON_CLOSE);
    }
}
```

上述程序创建了 4 个 JRadioButton 单选按钮,并将这 4 个单选按钮添加到 ButtonGroup 组件中。程序运行结果如图 2-2-3 所示。

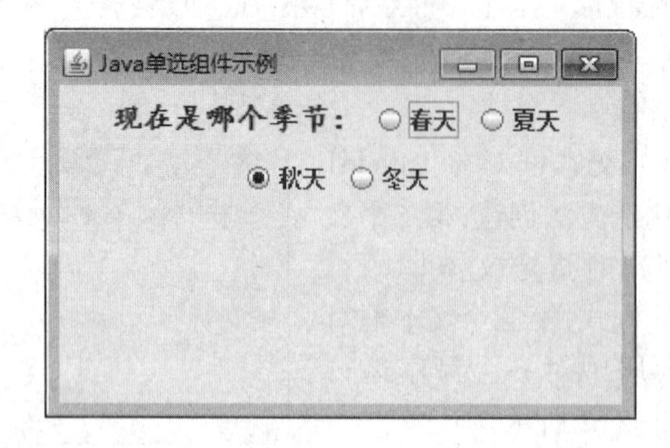

图 2-2-3 JRadioButtonDemo 类脚本的运行结果

子任务 4: 使用下拉列表

使用 JFrame 组件创建一个窗口,然后使用 JComboBox 类创建一个包含 4 个选项的下拉列表框。具体示例代码如下。

```
import javax.swing.JComboBox;
import javax.swing.JFrame;
import javax.swing.JLabel;
import javax.swing.JPanel;
public class JComboBoxDemo
{
    public static void main(String[] args)
    {
        JFrame frame=new JFrame("Java 下拉列表组件示例");
        JPanel jp=new JPanel(); //创建面板
        JLabel label1=new JLabel("证件类型: "); //创建标签
        JComboBox cmb=new JComboBox(); //创建 JComboBox
        cmb.addItem("--请选择--"); //向下拉列表中添加一项
        cmb.addItem("身份证");
        cmb.addItem("驾驶证");
        cmb.addItem("军官证");
        jp.add(label1);
        jp.add(cmb);
        frame.add(jp);
        frame.setBounds(300,200,400,100);
        frame.setVisible(true);
        frame.setDefaultCloseOperation(JFrame.EXIT_ON_CLOSE);
    }
}
```

上述代码创建了一个下拉列表对象 cmb,然后调用 addItem()方法向下拉列表中添加 4 个选项。程序运行结果如图 2-2-4 所示。

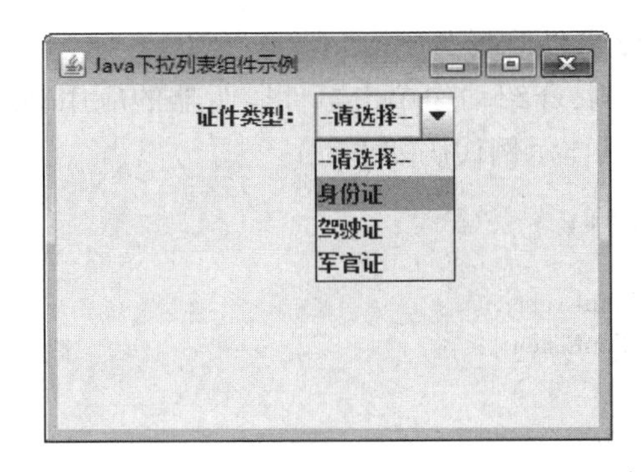

图 2-2-4　JComboBoxDemo 类脚本的运行结果

子任务 5：使用列表框

使用 JFrame 组件创建一个窗口，然后使用 JList 类创建一个包含 3 个选项的列表框。具体示例代码如下。

```
import javax.swing.JFrame;
import javax.swing.JLabel;
import javax.swing.JList;
import javax.swing.JPanel;
public class JListDemo
{
    public static void main(String[] args)
    {
        JFrame frame=new JFrame("Java 列表框组件示例");
        JPanel jp=new JPanel(); //创建面板
        JLabel label1=new JLabel("证件类型："); //创建标签
        String[] items=new String[]{"身份证","驾驶证","军官证"};
        JList list=new JList(items); //创建 JList
        jp.add(label1);
        jp.add(list);
        frame.add(jp);
        frame.setBounds(300,200,400,100);
        frame.setVisible(true);
        frame.setDefaultCloseOperation(JFrame.EXIT_ON_CLOSE);
    }
}
```

上述代码创建了一个包含 3 个元素的字符串数组 items，然后将 items 作为参数，创建一个列表框，程序运行结果如图 2-2-5 所示。

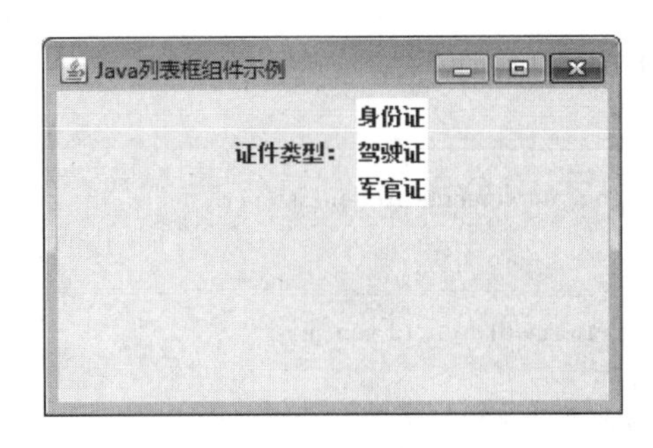

图 2-2-5　JListDemo 类脚本的运行结果

子任务 6：使用 Swing 事件监听器

以按钮的单击事件为例，介绍动作单击事件监听器的应用，此案例实现了窗口内按钮被单击次数的自动统计。具体示例代码如下。

```
import java.awt.BorderLayout;
import java.awt.Font;
import java.awt.event.ActionEvent;
import java.awt.event.ActionListener;
import javax.swing.JButton;
import javax.swing.JFrame;
import javax.swing.JLabel;
import javax.swing.JList;
import javax.swing.JPanel;
import javax.swing.border.EmptyBorder;
public class ActionListenerDemo extends JFrame
{
    JList list;
    JLabel label;
    JButton button1;
    int clicks=0;
    public ActionListenerDemo()
    {
        setTitle("动作事件监听器示例");
        setDefaultCloseOperation(JFrame.EXIT_ON_CLOSE);
        setBounds(100,100,400,200);
        JPanel contentPane=new JPanel();
        contentPane.setBorder(new EmptyBorder(5,5,5,5));
        contentPane.setLayout(new BorderLayout(0,0));
        setContentPane(contentPane);
        label=new JLabel(" ");
        label.setFont(new Font("楷体",Font.BOLD,16)); //修改字体样式
        contentPane.add(label, BorderLayout.SOUTH);
        button1=new JButton("我是普通按钮"); //创建 JButton 对象
        button1.setFont(new Font("黑体",Font.BOLD,16)); //修改字体样式
        button1.addActionListener(new ActionListener()
        {
            public void actionPerformed(ActionEvent e)
            {
                label.setText("按钮被单击了 "+(clicks++)+" 次");
            }
        });
        contentPane.add(button1);
    }

    class button1ActionListener implements ActionListener
    {
        @Override
        public void actionPerformed(ActionEvent e)
        {
            label.setText("按钮被单击了 "+(clicks++)+" 次");
```

```
        }
    }

    public static void main(String[ ] args)
    {
        ActionListenerDemo frame=new ActionListenerDemo( );
        frame. setVisible( true) ;
    }
}
```

上述代码调用 addActionListener( )方法为 button1 添加了单击动作的事件监听器,该监听器由 button1ActionListener 类来实现。button1ActionListener 类必须继承 ActionListener 类,并重写父类的 actionPerformed( )方法。在 actionPerformed( )方法内编写按钮被单击后执行的功能。

程序运行后,没有单击和单击后的效果如图 2-2-6 所示。

(a) 按钮未被单击时运行结果

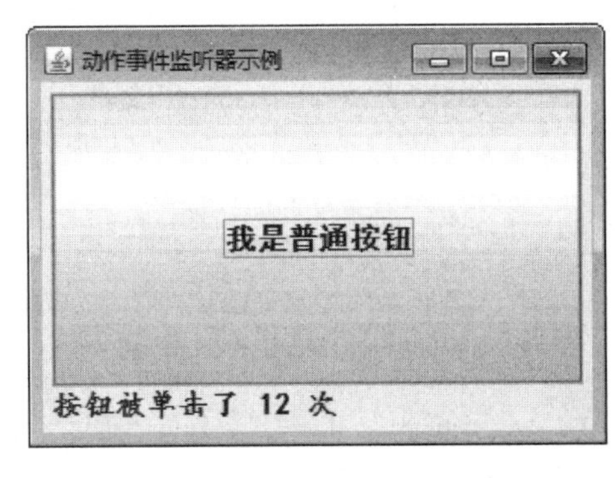

(b) 按钮被单击后运行结果

图 2-2-6　ActionListenerDemo 类脚本的运行结果

在本例中,使用内部类形式来定义按钮的监听事件。该事件也可以采用为按钮 buttonl 添加 ActionEvent 事件的处理程序进行定义,具体代码如下。

```
buttonl. addActionListener( new ActionListener( )
{
    public void action Performed( Action Event e)
    {
        label. setTextC 按钮被单击了 "+( ciicks++) +1 次") ;
    }
}
```

子任务 7: 使用焦点事件监听器

以文本框的焦点事件为例,介绍焦点单击事件监听器的应用。本案例的关键代码如下。

```
import java. awt. BorderLayout;
import java. awt. Font;
import java. awt. event. FocusEvent;
import java. awt. event. FocusListener;
```

```
import javax. swing. JButton;
import javax. swing. JFrame;
import javax. swing. JLabel;
import javax. swing. JList;
import javax. swing. JPanel;
import javax. swing. JTextField;
import javax. swing. border. EmptyBorder;
public class FocusListenerDemo extends JFrame
{
    JList list;
    JLabel label;
    JButton button1;
    JTextField txtfield1;
    public FocusListenerDemo( )
    {
        setTitle("焦点事件监听器示例");
        setDefaultCloseOperation( JFrame. EXIT_ON_CLOSE);
        setBounds(100,100,400,200);
        JPanel contentPane=new JPanel( );
        contentPane. setBorder( new EmptyBorder(5,5,5,5));
        contentPane. setLayout( new BorderLayout(0,0));
        setContentPane( contentPane);
        label=new JLabel(" ");
        label. setFont( new Font("楷体",Font. BOLD,16)); //修改字体样式
        contentPane. add( label, BorderLayout. SOUTH);
        txtfield1=new JTextField( );  //创建文本框
        txtfield1. setFont( new Font("黑体", Font. BOLD, 16)); //修改字体样式
        txtfield1. addFocusListener( new FocusListener( )
        {
            @ Override
            public void focusGained( FocusEvent arg0)
            {
                // 获取焦点时执行此方法
                label. setText("文本框获得焦点,正在输入内容");
            }
            @ Override
            public void focusLost( FocusEvent arg0)
            {
                // 失去焦点时执行此方法
                label. setText("文本框失去焦点,内容输入完成");
            }
        });
        contentPane. add( txtfield1);
    }
    public static void main( String[ ] args)
    {
        FocusListenerDemo frame=new FocusListenerDemo( );
        frame. setVisible( true);
    }
}
```

上述代码为 txtfield1 组件添加了焦点事件监听器，监听器使用了匿名的实现方式。在 FocusListener 接口的代码中编写了 focusGained( ) 方法和 focusLost( ) 方法的代码。最终程序运行效果如图 2-2-7 所示。

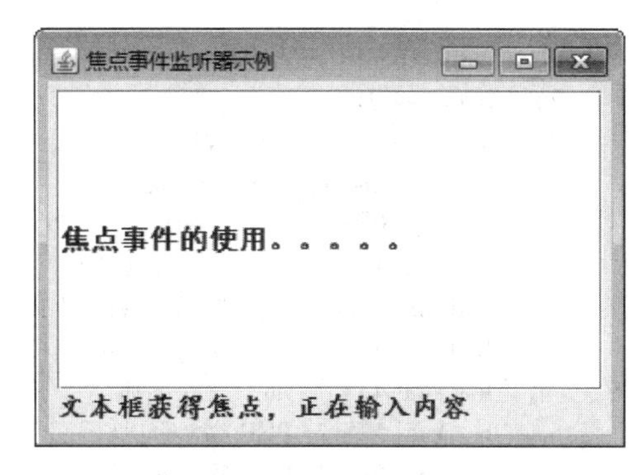

图 2-2-7 FocusListenerDemo 类脚本的运行结果

子任务 8：实现监听列表项选择事件

本案例将介绍如何监听列表项的选择事件，以及事件监听器的处理方法。

步骤 1：创建一个 JListDemo2 类，该类继承自 JFrame 类。

步骤 2：在 JListDemo2 类中添加 JList 组件和 JLabel 组件，并创建构造方法，具体示例代码如下。

```
import java.awt.BorderLayout;
import javax.swing.JFrame;
import javax.swing.JLabel;
import javax.swing.JList;
import javax.swing.JPanel;
import javax.swing.JScrollPane;
import javax.swing.border.EmptyBorder;
import javax.swing.event.ListSelectionEvent;
import javax.swing.event.ListSelectionListener;
public class JListDemo2 extends JFrame
{
    JList list;
    JLabel label;
    public JListDemo2(){};
    public static void main(String[] args)
    {
        JListDemo2 frame=new JListDemo2();
        frame.setVisible(true);
    }
}
```

步骤 3：在构造方法中为列表框填充数据源，示例代码如下。

```
public JListDemo2()
{
    setTitle("监听列表项选择事件");
    setDefaultCloseOperation(JFrame.EXIT_ON_CLOSE);
    setBounds(100,100,400,200);
    JPanel contentPane=new JPanel();
    contentPane.setBorder(new EmptyBorder(5,5,5,5));
    contentPane.setLayout(new BorderLayout(0,0));
    setContentPane(contentPane);
    label=new JLabel(" ");
    contentPane.add(label,BorderLayout.SOUTH);
    JScrollPane scrollPane=new JScrollPane();
```

```
        contentPane.add(scrollPane,BorderLayout.CENTER);
        list=new JList();
        scrollPane.setViewportView(list);
        String[] listData=new String[7];
        listData[0]="《一点就通学 Java》";
        listData[1]="《一点就通学 PHP》";
        listData[2]="《一点就通学 Visual Basic》";
        listData[3]="《一点就通学 Visual C++》";
        listData[4]="《Java 编程词典》";
        listData[5]="《PHP 编程词典》";
        listData[6]="《C++编程词典》";
        list.setListData(listData);
    }
```

步骤 4：为列表框组件 list 添加选择事件监听，代码如下。

```
list.addListSelectionListener(new ListSelectionListener()
{
    public void valueChanged(ListSelectionEvent e)
    {
        do_list_valueChanged(e);
    }
});
```

如上述代码所示，list 组件绑定了 ListSelectionListener 事件监听器，在触发该事件后调用 do_list_valueChanged()方法进行业务逻辑处理。

步骤 5：创建 do_list_ValueChanged()方法，将用户选择的列显示到标签中，具体代码如下。

```
protected void do_list_valueChanged(ListSelectionEvent e)
{
    label.setText("感谢您购买："+list.getSelectedValue());
}
```

步骤 6：运行程序，列表框选择前后的效果如图 2-2-8 所示。

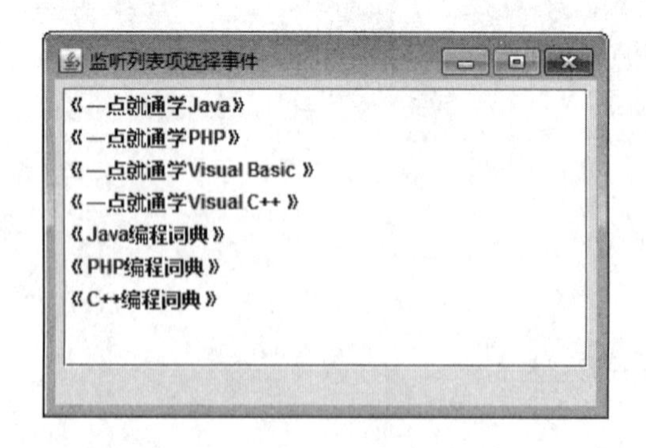

(a) 列表框选择前运行效果

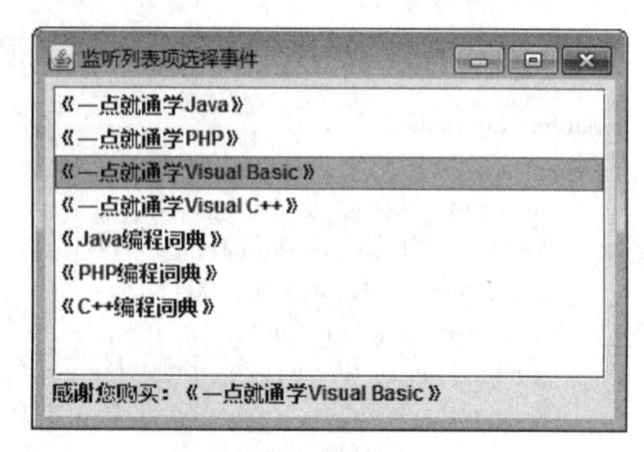

(b) 列表框选择后运行效果

图 2-2-8　列表框选择前后的显示效果

任务3 WindowBuilder 的安装和使用

一、任务目标

1. 掌握 WindowBuilder 的安装方法。
2. 掌握 WindowBuilder 的基础应用。

二、任务要求

1. 下载和安装 WindowBuilder。
2. 构建一个求数字和的 Swing 窗口程序。

三、预备知识

知识1：WindowBuilder 简介

WindowBuilder 是一个基于 Eclipse 平台的双向 Java 的 GUI 设计插件式的软件，具备 SWT/JFACE 开发、Swing 开发及 GWT 开发三大功能，可以避免编写大量的代码，是 Java 体系中的重要的 WYSIWYG 工具。

开发者使用 WindowBuilder 时，可以通过拖拽和放置组件、设置属性和布局管理器等方式来创建界面，而无需手动编写大量的代码。它提供了直观的可视化编辑器，支持实时预览和交互操作，使界面设计更加高效和可视化。

四、任务实施

子任务1：WindowBuilder 的安装

步骤1：访问 WindowBuilder 安装网站（https://www.eclipse.org/windowbuilder/）进入下载页面（https://www.eclipse.org/windowbuilder/download.php），选择最新版或与电脑相兼容的版本下载，如图 2-3-1 所示。为避免安装等待时间过长，可下载压缩包。

步骤2：开启 Eclipse，在菜单栏，选择"Help"→"Install New Software"→"Add"→"Local"，然后选中下载的文件 repository.zip，点击"Archive"，如图 2-3-2 所示。

步骤3：勾选安装所有的部件，如图 2-3-3 所示，点击"Next"。

步骤4：在许可证确认提示框点击"Accept All"。然后，点击"Restart Now"，确认重新启动，如图 2-3-4 所示。

	Download and Install		
Version	Update Site	Zipped Update Site	Marketplace
Current (1.9.8)	link	link	Install
Upcoming (1.9.9)	link	link	Install
1.9.8 (Permanent)	link	link	
1.9.7 (Permanent)	link	link	
1.9.6 (Permanent)	link	link	
1.9.5 (removed)	removed	removed	
1.9.4 (Permanent)	link	link	
1.9.3 (Permanent)	link	link	
1.9.2 (Permanent)	link	link	
1.9.1 (Permanent)	link	link	
1.9.0 (Permanent)	link	link	
Archives	link		

图 2-3-1 WindowBuilder 版本列表

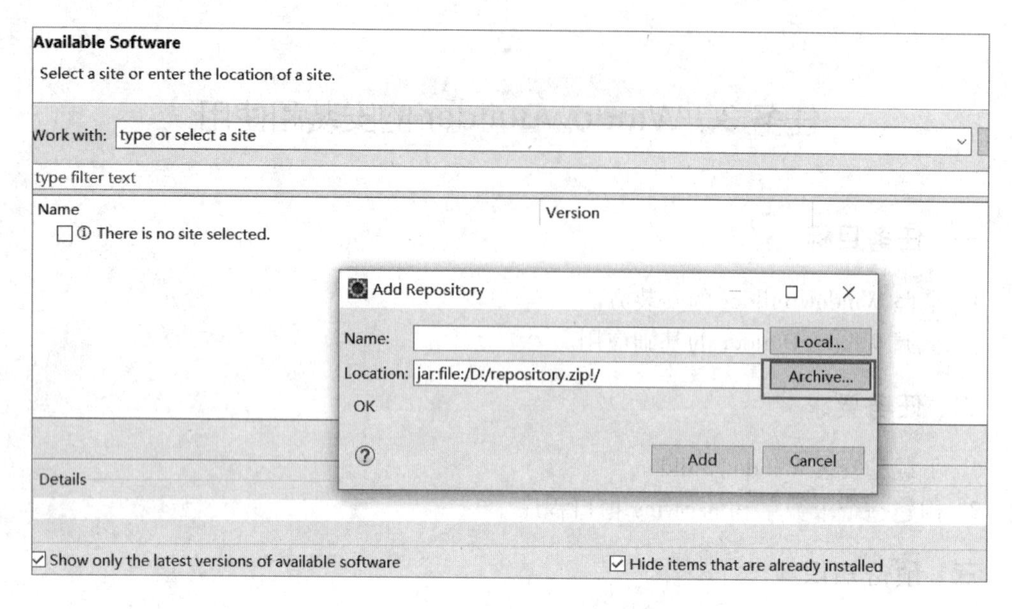

图 2-3-2　添加 WindowBuilder 插件的安装文件

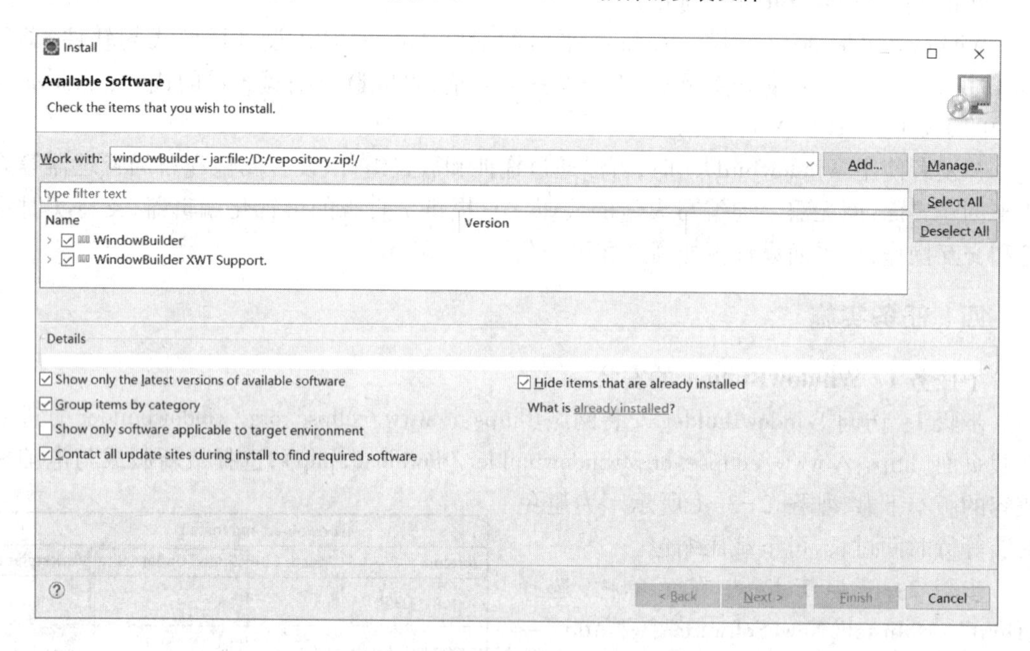

图 2-3-3　安装所有部件操作

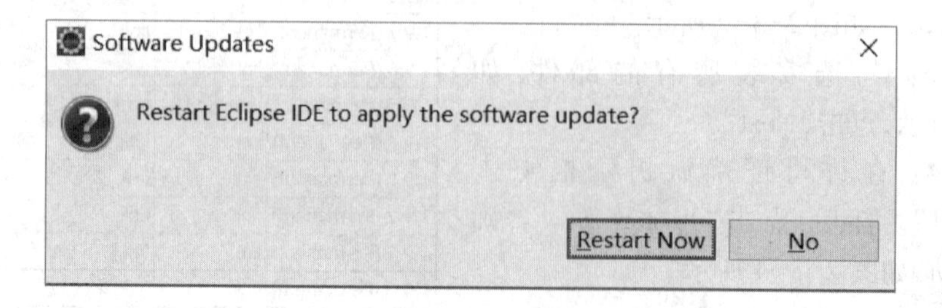

图 2-3-4　确认重新启动操作

步骤 5：在 Eclipse 中，开启新建操作，若在“Select a wizard”对话框（图 2-3-5）中能看到 JFrame，则表明 WindowBuilder 安装成功。

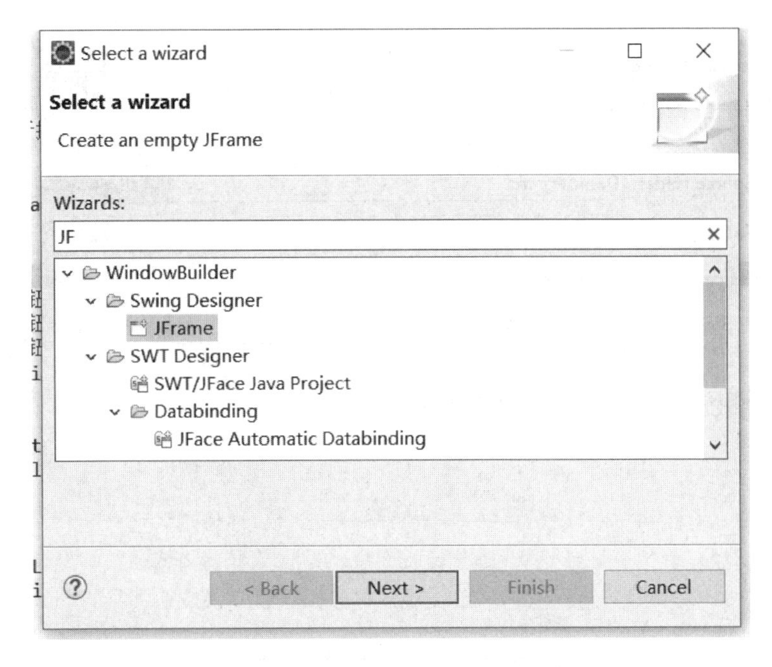

图 2-3-5　“Select a wizard”对话框

子任务 2：WindowBuilder 的基础操作

本任务要求使用 WindowBuilder 编制应用，计算某个范围的数字之和，其中开始范围和结束范围由用户输入，点击“计算”按钮后，显示计算结果。

步骤 1：设计主窗口。首先，在 WindowBuilder 中，选择“JFrame”组件，进行新窗口的创建，如图 2-3-6 所示。

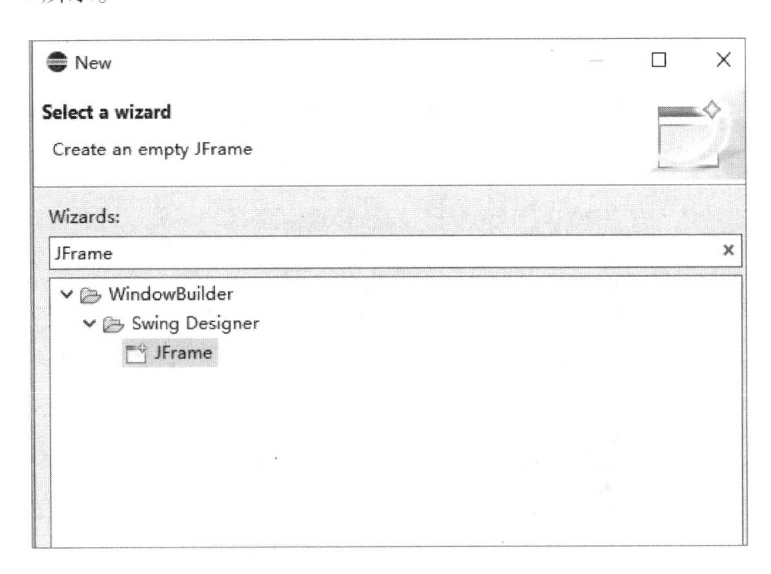

图 2-3-6　创建新窗口的对话框

其次,点击“Creat JFrame”,创建一个名为“CalcFrame”的窗口类,如图 2-3-7 所示。

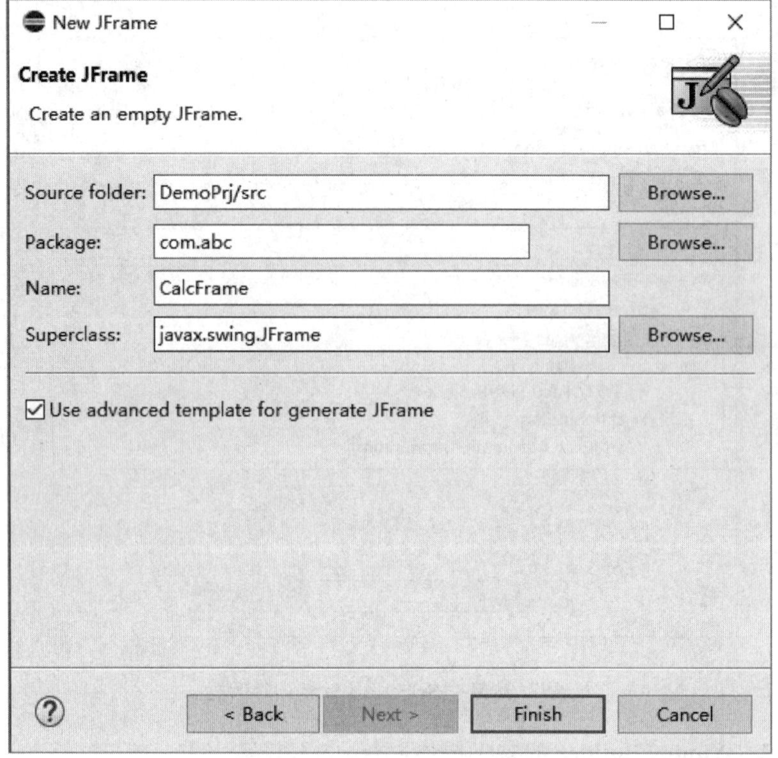

图 2-3-7　新建 CalcFrame 窗口类

选择“Design”,右边可展开相关控件,开始进行界面的可视化设计,如图 2-3-8 所示。

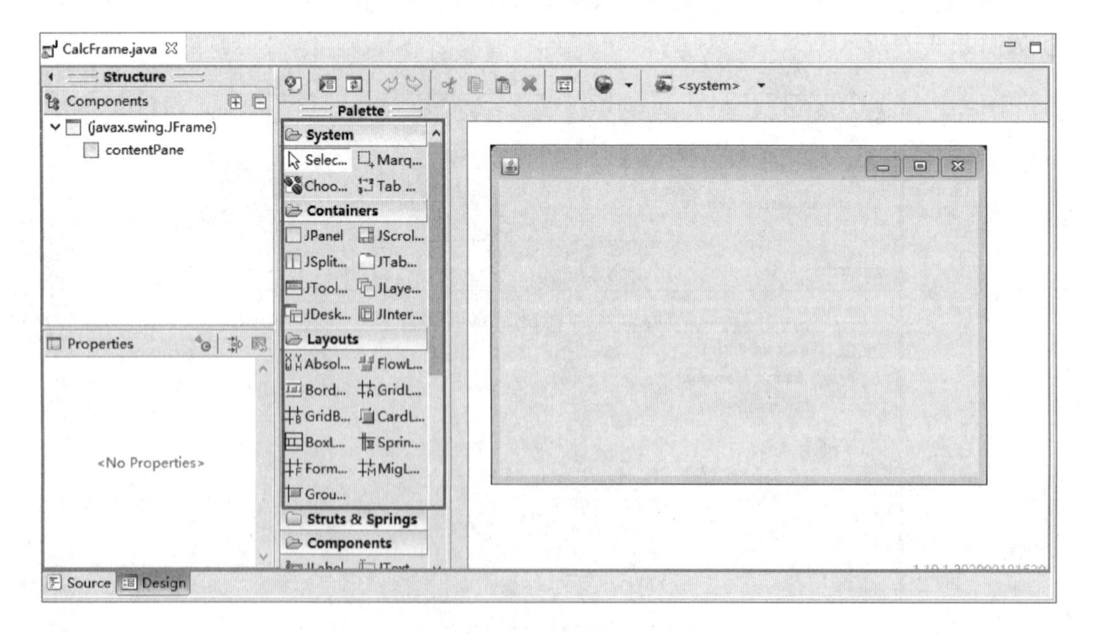

图 2-3-8　“设计”标签页

选中窗体，设置窗口标题为“数字和计算窗体”，如图 2-3-9 所示。

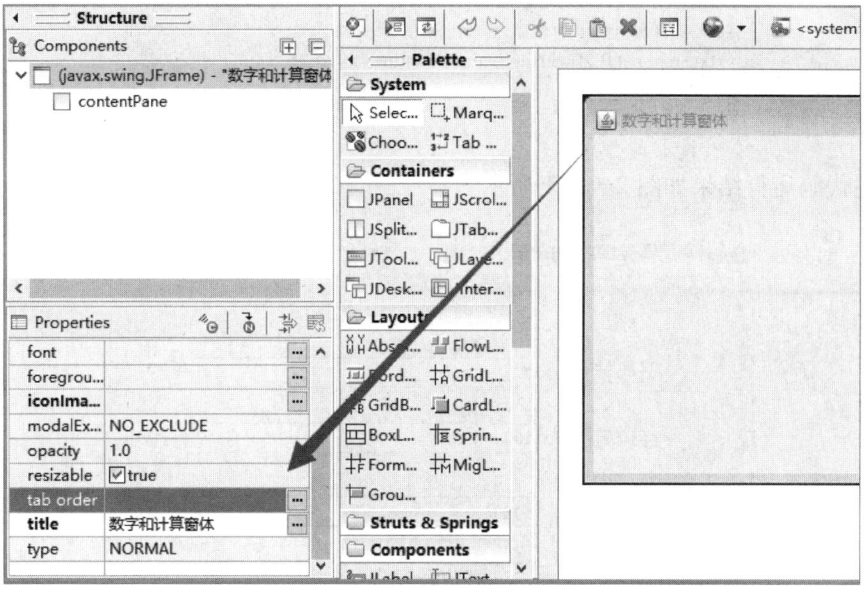

图 2-3-9　设置窗口标题

根据任务要求，使用 WindowBuilder 完成界面设计，命名所需变量为“开始范围”“结束范围”“计算和”“计算数字和”，如图 2-3-10 所示。

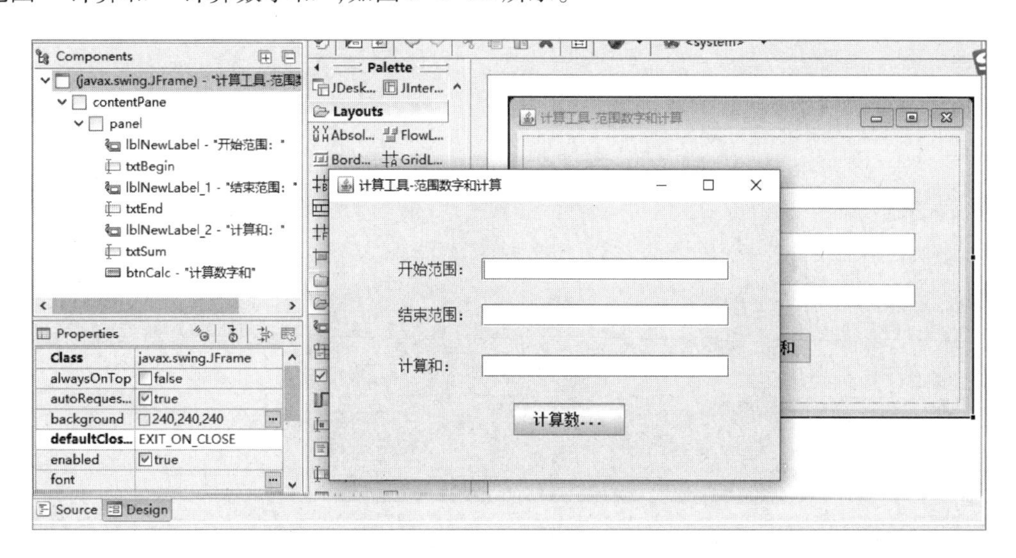

图 2-3-10　窗口界面设计效果

步骤 2：编制事件响应代码。为计算按钮添加事件处理代码如下。

```
btnCalc. addActionListener( new ActionListener( ) {
            public void actionPerformed( ActionEvent e) {
                int begin = Integer. parseInt( txtBegin. getText( ) ) ;
                int end = Integer. parseInt( txtEnd. getText( ) ) ;
```

```
                int sum=0;
                for(int num=begin;num<=end;num++)
                    sum +=num;
                txtSum.setText(String.valueOf(sum));
            }
        });
```

上述代码运行结果如图 2-3-11 所示。

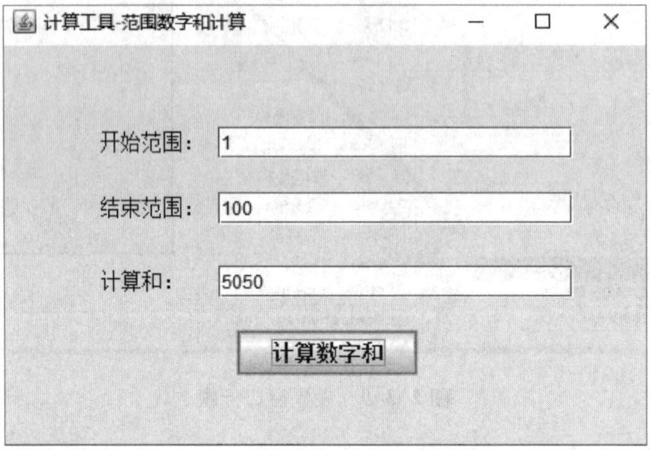

计算工具-范围数字和计算

开始范围： 1

结束范围： 100

计算和： 5050

计算数字和

图 2-3-11　CalcFrame 类脚本的运行结果

项目 3 “基金交易管理系统”项目设计和创建

任务 1 “基金交易管理系统”项目简介

一、任务目标

1. 了解项目的开发背景。
2. 了解基金交易管理系统的功能模块设计。
3. 能够结合系统的功能模块设计,对系统的需求进行分析。

二、任务要求

1. 根据项目的开发需求,完成基金交易管理系统的功能模块设计。
2. 结合系统的功能模块设计,分析系统的需求。

三、预备知识

知识 1:项目名称及开发背景

(1)项目名称:开放式上市基金交易管理系统。

(2)开发背景:随着我国经济持续发展,金融产品也相应地得到了持续创新与发展。经中国证券监督管理委员会批准后,开放式上市基金迅速发展,为了应对这一业务需求,建设银行某分行需要建立一个基金交易管理系统,以便银行窗口服务人员(本系统的操作人员)为广大用户提供基金交易的便捷服务。

四、任务实施

子任务 1:设计系统的功能模块

开放式上市基金交易管理系统应满足开放式基金的销售需求,便于基金销售人员与客户进行基金交易,以及管理基金产品、客户资料和客户资金账户。因此该系统应具备基金销售人员管理、基金产品管理、客户信息管理、客户资金账户管理、基金交易管理 5 个功能模块,如图 3-1-1 所示。

子任务 2:系统需求分析

围绕开放式上市基金交易管理系统的功能模块设计,分析系统需求。对于基金柜台操作人员来说,该系统需提供注册、登录和退出功能。

基金柜台操作人员还需能通过该系统对基金产品数据进行以下操作。

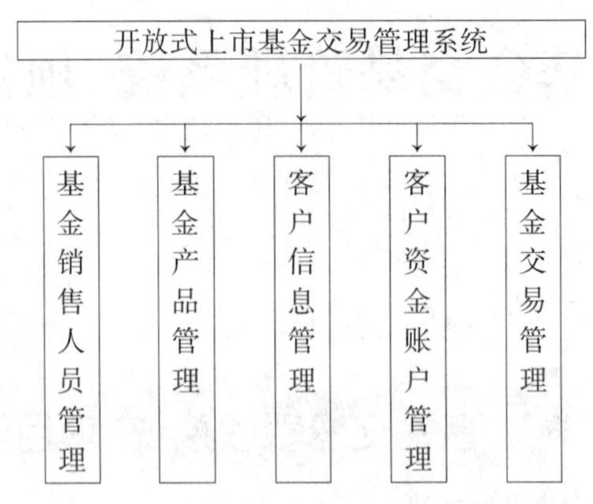

图 3-1-1　开放式上市基金交易管理系统的功能模块

(1) 添加基金产品：输入产品名称、产品价格或描述后，点击添加按钮，能添加基金产品。

(2) 查询基金产品信息：输入预查询基金的相关信息，列出所有的基金产品信息。

(3) 修改基金产品信息：能进行产品信息修改，输入修改的产品信息并确认后，系统更新该产品信息。

同时，基金柜台操作人员能通过该系统对客户数据进行以下操作。

(1) 添加新客户：输入客户信息(客户姓名、性别、身份证号码、电话、地址、E-mail、爱好等)后，系统添加客户信息。其中，客户唯一性的判断标准是身份证号码。

(2) 查询客户基本信息：通过输入的客户编号或身份证号码，进行查询，查询结果中将显示客户基本信息，包括客户编号、客户姓名、客户可用资产和客户总资产。

(3) 修改客户基本信息：输入需修改的客户信息后，点击修改按钮完成客户资料的修改。其中，客户编号不能修改。

(4) 查询客户详细信息：首先查询客户基本信息，然后点击详细信息按钮，查询客户详细信息，包括客户基本信息、资金账户信息、基金产品账户列表。

而且，基金柜台操作人员还能通过该系统对资金账户数据进行以下操作。

(1) 开立资金账户：输入客户编号、开户金额、账户密码和确认密码后，开立资金账户。

(2) 查询资金账户：输入资金账户号码，显示查询结果，包括资金账户号码、资金、开户时间、客户代码和客户名称。

(3) 追加账户资金：输入资金账户号码和追加金额，点击追加按钮，进行追加资金。

(4) 取出账户资金：输入资金账户号码和要取出资金的金额，确认后可取出相应资金。注意，只能从一个状态正常的客户的资金账户取出现金。

(5) 冻结资金账户：点击冻结账户按钮，系统将资金账户的状态修改为冻结。注意，状态正常的资金账户才能被冻结。

另外，基金柜台操作人员能通过该系统对基金数据进行以下操作。

(1) 赎回基金：输入基金产品号码、赎回数量、资金账户号码、资金账户密码，提交后进行基金赎回。

(2) 查询基金账户：输入基金账户号码，进行基金账户查询，显示包括产品名称、产品份额、产品购买单价、产品当前价格、账户状态、开户时间、资金账户号码等信息。

(3) 购买基金：点击购买基金链接，进行基金购买。选择上市基金，自动显示当前价格，输入购买数量、资金账户号码和资金账户密码，点击购买按钮进行购买。产品当前价格将由价格波动模拟线程随机生成。

任务2 项目的构建和包的设计

一、任务目标

1. 掌握 FundMgrSys 初始项目工程的构建方法。
2. 掌握 MySQL 8.x 数据库的安装、配置和执行方法。

二、任务要求

1. 构建 FundMgrSys 基础工程。
2. 下载、安装、配置和执行 MySQL 服务器。

三、预备知识

知识1：项目分层设计

项目分层指将各个功能按调用流程进行模块化，便于修改、切换及组合。例如，若要注册一个用户，流程为显示界面并经过界面接收用户的输入，然后进行业务逻辑处理，同时访问数据库。若将这些步骤按流水账的方式放在一个方法中编写，虽然可以执行，但当需要界面修改时，业务逻辑和数据库访问的代码可能遭到破坏。同样，当需要修改业务逻辑或数据库访问的代码时，其余部分的代码也可能遭到破坏。而分层就是将界面部分、业务逻辑部分、数据库访问部分的代码放在各自独立的方法或类中编写，避免出现“牵一发而动全身”的问题。分层设计还能方便各层切换，譬如若要将原先的 Swing 界面改为 BS 界面，则无需修改业务和数据访问的代码，只修改界面代码即可。

在软件设计中，分层的优点：

(1) 实现了软件之间的解耦；

(2) 便于进行分工；

(3) 便于维护设计；

(4) 提升软件组件的重用率；

(5) 便于产品功能的扩展；

(6) 便于适应用户需求。

知识2：项目的包管理机制

为了实现实训项目的所有功能，会编写许多的 Java 程序。为了便于脚本的编辑和管理，将根据实现功能的不同，把这些程序分别放置在7个项目包中，每个项目包保存了功能相似或相关联的若干个 Java 程序，具体说明如图 3-2-1 所示。

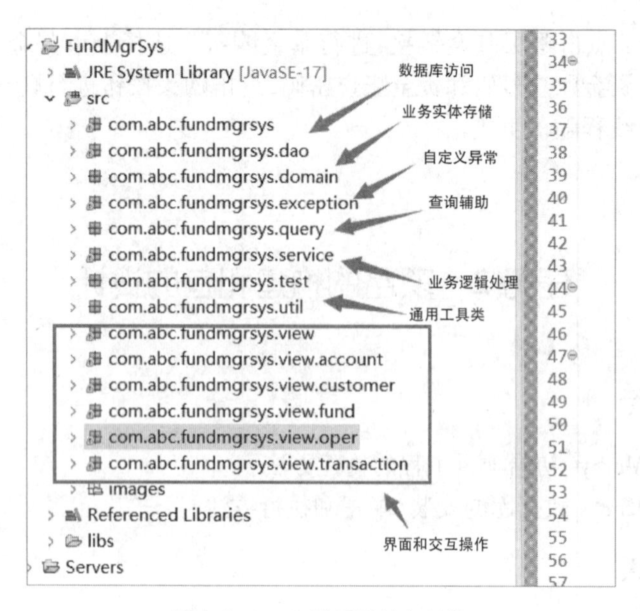

图 3-2-1　实训项目的包结构

知识 3：MVC 设计模式

MVC 是模型（Model）-视图（View）-控制器（Controller）的缩写，其设计模式，如图 3-2-2 所示。它是用一种业务逻辑、数据与界面显示分离的方法来组织代码，将众多的业务逻辑聚集到一个部件里面。在需要改进和个性化定制界面及用户交互时，不需要重新编写业务逻辑，从而减少编码时间，提高代码复用性，并使程序具有对象化的特征，也更容易维护。

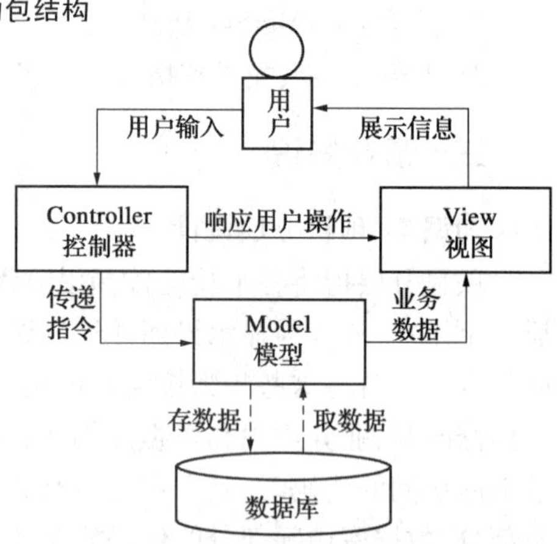

图 3-2-2　MVC 设计模式

知识 4：MySQL 数据库

MySQL 是一种开源的关系型数据库管理系统（RDBMS），它广泛应用于各种类型的应用程序和网站。MySQL 主要具有以下 8 项特点和功能。

（1）开源：MySQL 是开源软件，用户可以免费获得并自由修改其源代码，这也促进了 MySQL 全球开发社区的活跃和软件的持续改进。

（2）关系型数据库：MySQL 是一种关系型数据库，基于表格的结构存储和管理数据。数据以表格的形式组织，每个表格由行和列组成，行表示记录，列表示字段。

（3）跨平台性：MySQL 支持多个操作系统平台，如 Windows、Linux、Unix、macOS 等，因此它可以在不同的环境中使用和部署。

（4）容易使用：MySQL 提供了简单易用的命令行界面和图形化管理工具，便于用户创建、管理和查询数据库。

（5）高性能：MySQL 是一种高效和高性能的数据库管理系统，能处理大量的数据和复杂的查询，并具有优化的查询引擎和索引机制，以提供快速的响应时间。

（6）可扩展性：MySQL 可以轻松扩展以应对不断增长的数据量和用户需求。它支持主从复制、分区表、分布式数据库等技术，以实现数据的高可用性和水平扩展。

（7）安全性：MySQL 提供了强大的安全机制，如用户认证、权限管理、SSL 加密等功能，以保护数据库的安全和数据的机密性。

（8）多语言支持：MySQL 支持多种编程语言的接口和 API，如 Java、Python、PHP 等，开发人员可以使用熟悉的编程语言与 MySQL 进行交互和操作。

四、任务实施

子任务 1：构建 FundMgrSys 工程项目

步骤 1： 打开 Eclipse，构建一个名为 FundMgrSys 的 Java 工程项目，如图 3-2-3 所示。

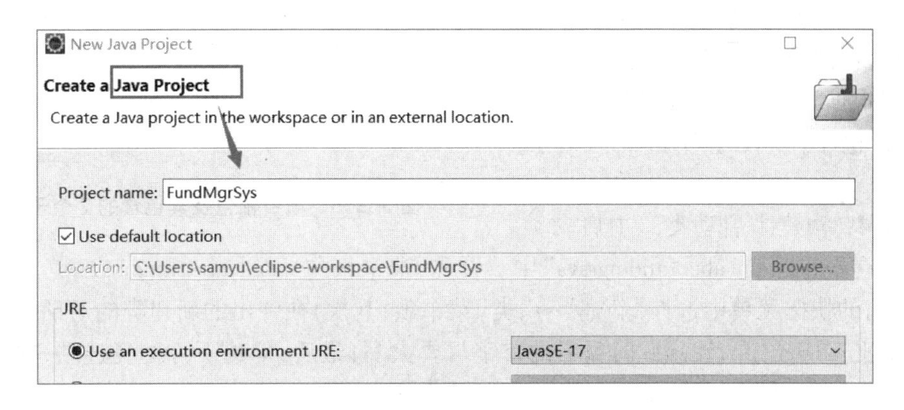

图 3-2-3　构建 FundMgrSys 工程项目

步骤 2： 构建 FundMgrSys 项目根包结构。选中新建项目的“src”文件夹并单击右键，在弹出的快捷菜单中选择“新建”→“Packages”菜单项，在弹出对话框中输入第一个包名“com.abc.fundmgrsys”（即项目的根包），输入包名时建议以“组织机构的域名倒装+应用程序名”构成该项目根包名，并注意所有的字母均为小写，不能包含中划线和下划线等字符。输入完毕后点击“Finish”按钮，完成根包的创建。

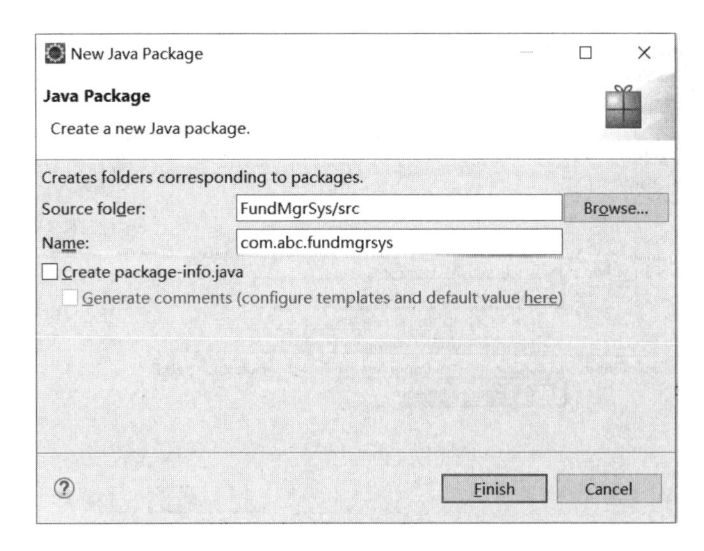

图 3-2-4　项目根包的创建

步骤 3：构建其他子包。创建第二个包“com.abc.fundmgrsys.dao”（该包为项目的子包），该包主要用于存放涉及数据库访问/操作的 Java 程序；创建第三个包“com.abc.fundmgrsys.domain”，该包主要用于存放关于实体类创建的 Java 程序；创建第四个包“com.abc.fundmgrsys.exception”，该包主要用于存放与项目业务相关的自定义异常类的 Java 程序；创建第五个包“com.abc.fundmgrsys.service”，该包主要用于存放关于项目业务规则服务类的 Java 程序；创建第六个包“com.abc.fundmgrsys.ui”，该包主要用于存放关于项目 GUI 界面设计的 Java 程序；创建第七个包“com.abc.fundmgrsys.util”，该包主要用于存放关于工具类定义的 Java 程序，工具类提供的功能可以被项目的其他类共享。完成后的界面如图 3-2-5 所示。Java 程序根据其实现的功能分别被放置到相应的包中，以便于项目的管理和开发。

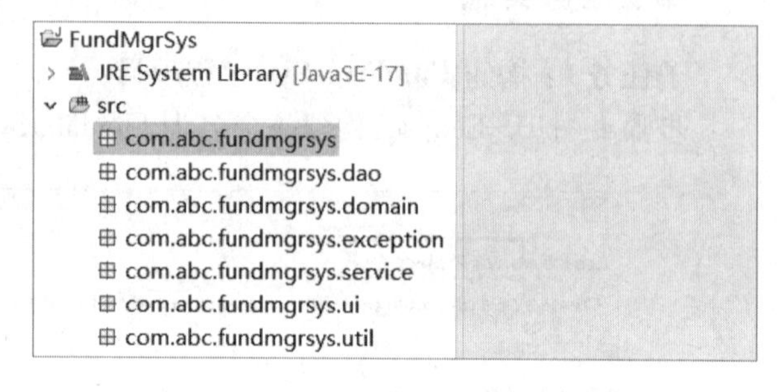

图 3-2-5　项目根包及其包含的 7 个子包

步骤 4：构建主启动类。主启动类需要定义在根包“com.abc.fundmgrsys”中。首先，选中根包“com.abc.fundmgrsys”并单击右键，在弹出的快捷菜单中选择“新建”→“类”菜单项；其次，在弹出的新建类的对话框中创建主启动类 FundMgrApp，注意此时类名的首字母要大写；最后，勾选下方的复选项，完成后点击“Finish”按钮，如图 3-2-6 所示。

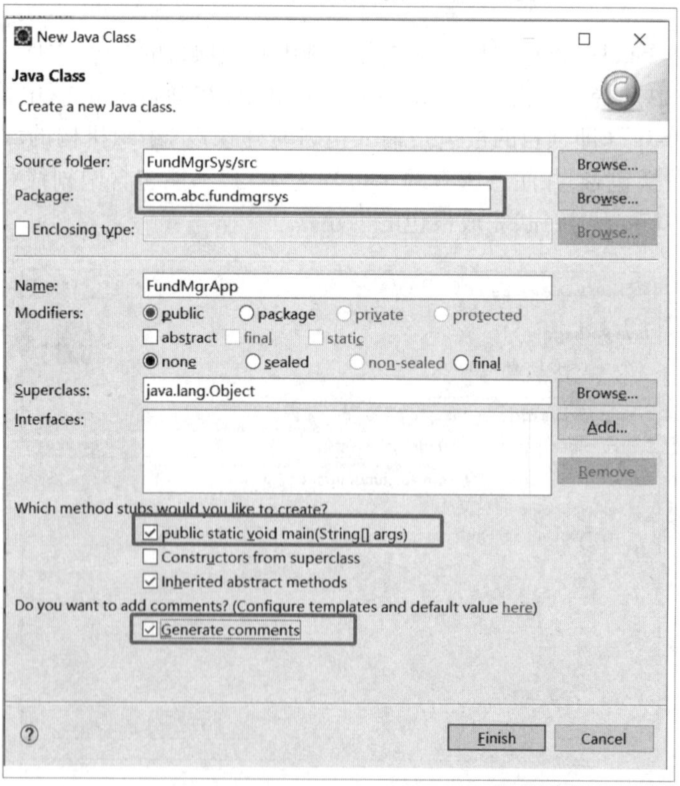

图 3-2-6　主启动类 FundMgrApp 的构建

步骤5：执行启动类代码，项目初始构建结束。在FundMgrApp类的主方法中编写一条输出语句，如图3-2-7所示，用于测试该类是否成功创建。脚本输入完毕后，保存并运行，若在控制台窗口中能显示正常运行结果，则表明主启动类FundMgrApp创建成功。

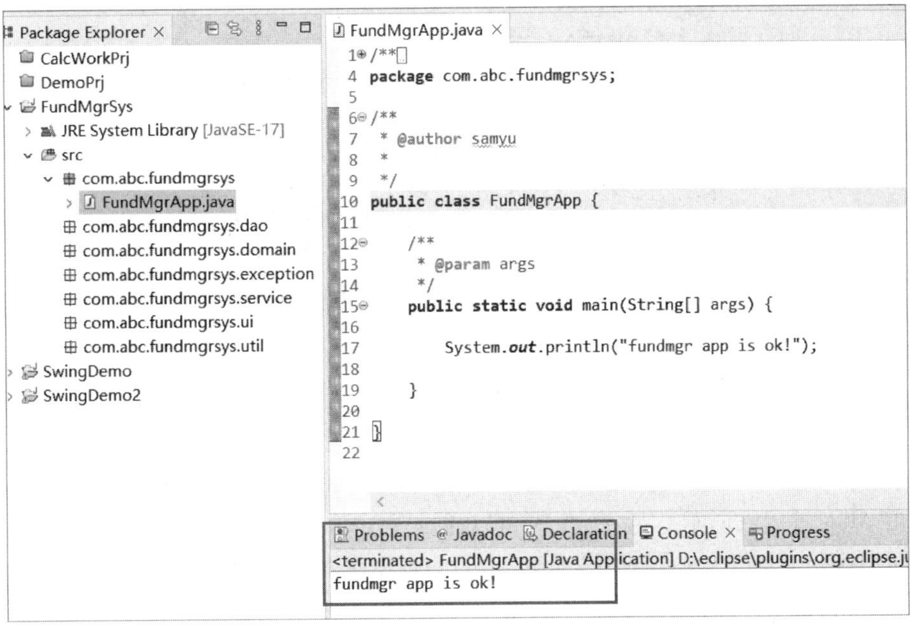

图3-2-7　FundMgrApp类的脚本代码和运行结果

任务3　项目数据库表的构建和ER图说明

一、任务目标

1. 掌握Navicat for MySQL工具的安装方法。
2. 掌握MySQL数据库的构建和管理员的创建方法。
3. 掌握数据库表构建和相关约束的配置方法。

二、任务要求

1. 下载和安装Navicat for MySQL。
2. 构建fund_db数据库以及管理账户的设置。
3. 构建fund_db各表，并绘制ER结构图。

三、预备知识

知识1：JDBC标准接口

JDBC是Java访问数据库的通用标准接口API，其不限定在任何数据库平台，只要对应的平台提供了JDBC接口的实现库，也就是JDBC驱动程序，Java即可访问这个数据库，如图

3-3-1 所示。通过对 JDBC 技术的开发,原程序无需经过太多改动便可在数据库层面进行移植。这种遵循某种接口的中间分层开发思路是多数系统常用的拓展思路。

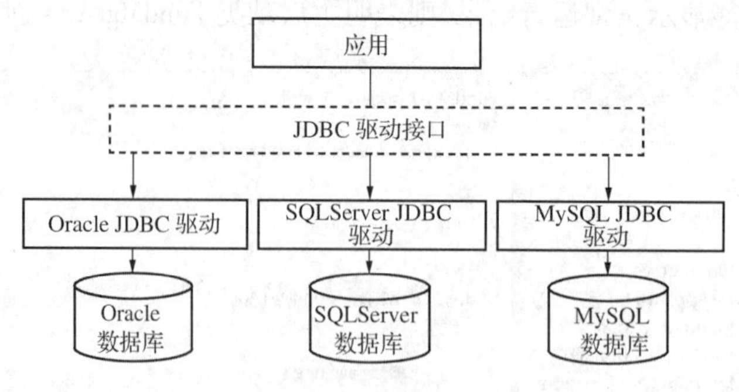

图 3-3-1　JDBC 标准接口示意图

知识 2：Navicat 软件简介

Navicat 软件是一套可创建多个连接的数据库管理工具,用以方便管理 MySQL、Oracle、PostgreSQL、SQLite、SQL Server、MariaDB、MongoDB 等不同类型的数据库,它与阿里云、腾讯云、华为云、Amazon RDS、Amazon Aurora、Amazon Redshift、Microsoft Azure、Oracle Cloud 和 MongoDB Atlas 等云数据库兼容。开发者可以通过 Navicat 创建、管理和维护数据库。Navicat 的功能可以满足专业开发人员的所有需求,并且对数据库服务器初学者来说简单易操作。

四、任务实施

子任务 1：Navicat for MySQL 软件的下载安装

步骤 1：访问 Navicat 官网(http://www.navicat.com.cn/download/navicat-for-mysql),网页中提供了支持不同操作系统的不同版本的 Navicat 软件,如图 3-3-2 所示。选择 Windows 64 位版本,下载 navicat160_mysql_cs_x64.exe。

步骤 2：双击 Navicat 软件的安装文件,根据安装向导完成安装路径的设置及软件的安装。

步骤 3：安装完毕后,执行程序。进入 Navicat 软件新功能的介绍页面,如果想了解该软件新功能,可以点击"下一步"按钮来浏览这些页面。浏览完后,点击"不共享"→"开始",进入软件操作界面,如图 3-3-3 所示。注意需要在"服务"窗口中启动 MySQL 服务后,才能进行数据库的相关操作。

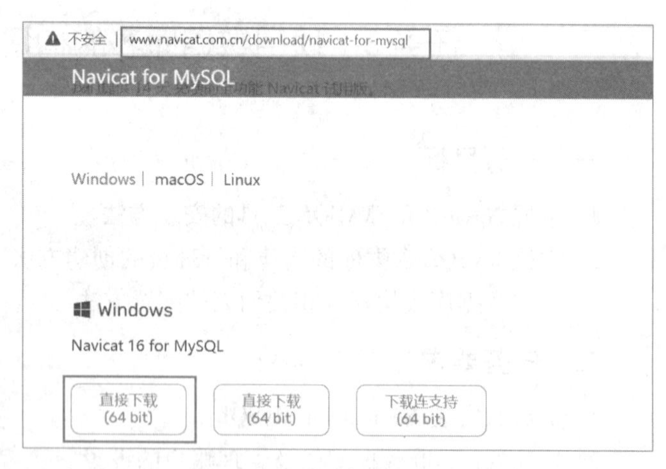

图 3-3-2　Navicat 官网页面

子任务 2：基金交易管理系统数据库的创建

步骤 1：用户及数据库的创建。创建当前应用程序所使用的数据库 fund_db,该库管理员为 fund,密码为 abc123,代码如下。

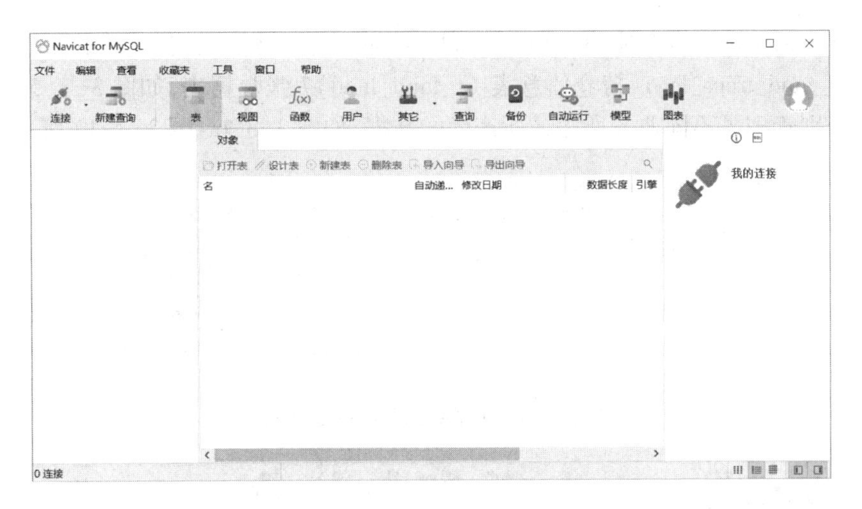

图 3-3-3 Navicat 软件窗口界面

```
mysql> create database fund_db;
Query OK, 1 row affected (0.03 sec)
mysql> create user fund identified by 'abc123';
Query OK, 0 rows affected (0.03 sec)

mysql> grant all on fund_db. * to fund;
Query OK, 0 rows affected (0.01 sec)
```

步骤 2：启动 MySQL 服务。选中“我的电脑”并单击右键，在弹出的菜单中选择“管理”菜单项，打开“计算机管理”窗口。在窗口中，双击“服务和应用程序”选项，然后再双击“服务”选项打开服务列表，在列表中查找“MYSQL80”服务，确认该服务处于启动状态，如果该服务处于暂停或未启动状态，则选中“MYSQL80”选项并单击右键，在弹出的菜单中选择“启动”。

步骤 3：使用 Navicat 进行数据库连接。重新打开 Navicat 的操作窗口。选择“文件”→“新建连接”→“MySQL”菜单项，打开“新建连接(MySQL)”窗口。在窗口中，连接名输入“fund_db_conn”，主机设置为默认值本地机，端口为 3306，用户名设置成新建管理员“fund”，密码为管理员密码“abc123”。勾选“保存密码”复选项，如图 3-3-4 所示。然后，点击窗口左下角的“测试连接”，测试连接有无问题，若显示“连接成功”，则点击“确定”按钮，完成数据库连接的创建过程，此时窗口的左侧区域将显示该连接的名字“fund_db_conn”，通过新建的连接，可以对数据库“fund”进行管理和维护。

图 3-3-4 新建连接(MySQL)对话框

步骤 4：根据业务需求，在数据库 fund_db 中依次构建相关数据表，即系统操作员表(t_oper)、基金信息表(t_fund)、客户信息表(t_customer)、资金账户表(t_capital_account)、交易信息表(t_trans_info)、基金交易日志表(t_fund_trans_log)、持仓信息表 (t_fund_hold)7 张数据表,如图 3-3-5 所示,这 7 张数据表分别管理了不同业务所需或所产生的数据,如图 3-3-6~图 3-3-12 所示。

打开表 设计表 新建表 删除表 导入向导 导出向导

名	自动递增值	修改日期	数据长度	引擎	行	注释
t_fund_hold	0		16 KB	InnoDB	0	持仓信息表
t_capital_account	0		16 KB	InnoDB	0	资金账户表
t_customer	0		16 KB	InnoDB	0	客户表
t_fund	0		16 KB	InnoDB	0	基金表
t_fund_tans_log	1		16 KB	InnoDB	0	基金交易日志
t_oper	0		16 KB	InnoDB	0	操作员表
t_trans_info	0		16 KB	InnoDB	0	账户交易信息表

图 3-3-5　7 张数据表的创建结果

名	类型	长度	小数点	不是 null	虚拟	键	注释
oper_no	char	6		☑	☐	1	操作员账号
oper_pwd	char	6		☑	☐		操作员密码
oper_name	varchar	30		☑	☐		操作员姓名
oper_type	char	1		☑	☐		操作员类型 (A-普通柜员 S-高管)
oper_ctime	datetime			☑	☐		操作员创建时间

图 3-3-6　t_oper 数据表的字段设置

名	类型	长度	小数点	不是 null	虚拟	键	注释
fund_no	char	6		☑	☐	1	基金编码
fund_name	varchar	50		☑	☐		基金名称
fund_price	decimal	5	2	☑	☐		基金当日价格
fund_desc	varchar	255		☐	☐		基金描述
fund_amount	int			☑	☐		基金份额
fund_status	char	1		☑	☐		基金状态 (A-未上市 B-已上市)
fund_ctime	datetime			☑	☐		基金创建时间

图 3-3-7　t_fund 数据表的字段设置

名	类型	长度	小数点	不是 null	虚拟	键	注释
idcard	char	18		☑	☐	1	客户开户编码 (身份证)
cust_name	varchar	50		☑	☐		客户姓名
cust_sex	char	1		☑	☐		客户性别
cust_phone	varchar	50		☑	☐		客户电话
cust_addr	varchar	100		☐	☐		客户地址
cust_ctime	datetime			☑	☐		客户创建时间
cust_create_man	char	6		☑	☐		客户创建操作员

图 3-3-8　t_customer 数据表的字段设置

名	类型	长度	小数点	不是 null	虚拟	键	注释
acc_no	char	8		☑	☐	1	资金账户账号
acc_pwd	char	6		☑	☐		账户密码
acc_amount	decimal	12	2	☑	☐		账户余额
acc_status	char	1		☑	☐		账户状态 (A-正常 B-冻结)
acc_owner	char	18		☑	☐		账户持有人
acc_ctime	datetime			☑	☐		账户创建时间

图 3-3-9　t_capital_account 数据表的字段设置

名	类型	长度	小数点	不是 null	虚拟	键	注释
trans_id	int			☑	☐	1	交易流水 (自增)
trans_type	char	1		☑	☐		交易类型'D'—存款 'W'—取款'O'—开户 'F'—冻结'A'—
trans_amount	decimal	12	2	☑	☐		交易金额
trans_acc	char	8		☑	☐		交易关联账户
trans_time	datetime			☑	☐		交易时间

图 3-3-10　t_trans_info 数据表的字段设置

名	类型	长度	小数点	不是 null	虚拟	键	注释
log_id	int			☑	☐	1	基金交易流水
trans_type	char	1		☑	☐		基金交易类型
acc_no	char	8		☑	☐		交易所属账户
fund_no	char	6		☑	☐		交易的基金品种
fund_price	decimal	5	2	☑	☐		基金单价
fund_amount	int			☑	☐		基金份额
trans_amount	decimal	12	2	☑	☐		交易金额
trans_time	datetime			☑	☐		交易产生时间
trans_oper	char	6		☑	☐		交易操作员

图 3-3-11 t_fund_tans_log 数据表的字段设置

名	类型	长度	小数点	不是 null	虚拟	键	注释
hid	int			☑	☐	1	持仓流水
acc_no	char	8		☑	☐		持仓所属账户
fund_no	char	6		☑	☐		所持有基金
fund_amount	int			☑	☐		所持有基金份额

图 3-3-12 t_fund_hold 数据表的字段设置

上述 7 张数据表可根据配套资源中的 SQL 脚本自动生成。具体操作过程：在数据库“fund_db”上单击右键，在弹出的菜单中选择“运行 SQL 文件”，在弹出的窗口中，将“文件”选项设置为“fund_db. sql”，编码设置保持默认选项，点击“开始”后，该脚本的建表命令被执行，数据表自动创建完成。

上述 7 张数据表之间的 ER 业务关系如图 3-3-13 所示。图中用连线来表示关联，表明连线连接的表中部分数据来自与其连线的表。“钥匙”图标的字段为主键。数据表之间的关联关系，是由该表数据所涉及的操作业务决定的，每张数据表与其他的数据表之间存在着直接或间接的关联关系。

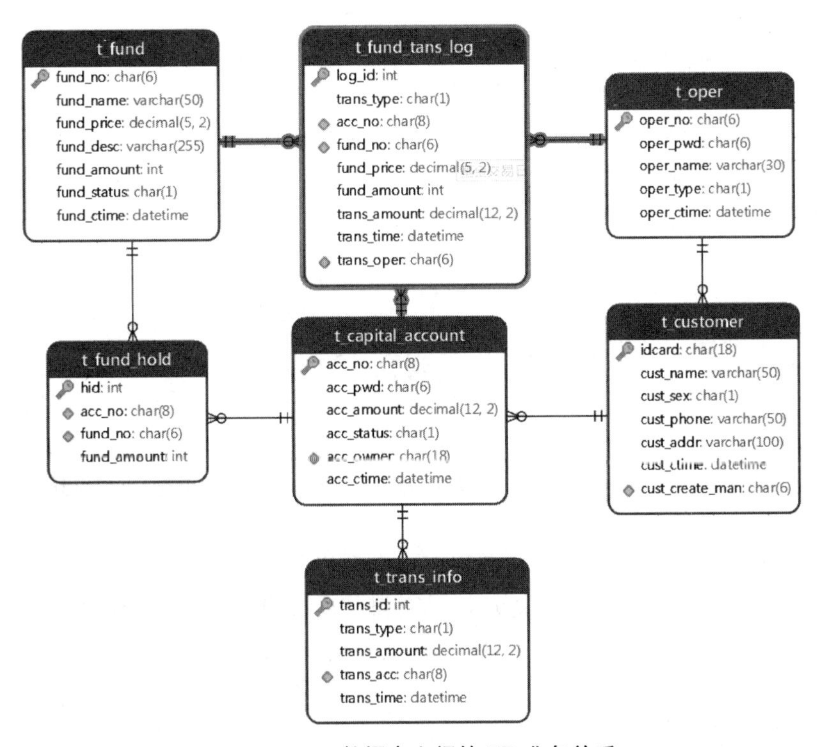

图 3-3-13 数据表之间的 ER 业务关系

项目 4 系统操作员功能模块设计和实现

任务 1 新增操作员——实体类和窗口构建

一、任务目标

1. 掌握操作员类的创建方法。
2. 掌握基本窗口创建方法。
3. 掌握密码输入域的设置技巧。

二、任务要求

1. 编制实体基类和操作员类。
2. 创建新增操作员业务窗口。

三、预备知识

知识 1：类的概念及定义

类是一种用于定义对象的模板或蓝图，它包含了对象的属性（数据）和方法（操作）。具体来说，类可以被看作是对一组具有共同特征和行为的对象的抽象描述。例如，学生有学号、姓名、性别、专业、班级等特征，还有学习、运动等行为。其中，共同特征为类的属性（也称为成员变量），共同行为为类的方法（也称为成员方法）。

类定义的语法格式如下：

```
[修饰符] class 类名 [extends 父类名] [implements 接口名]{
    //类定义代码(包括：成员变量和成员方法)
}
```

说明：

① 修饰符：决定了类的访问范围及访问方式，包括 private、protected、public 等。

② class：定义类的关键字。

③ 类名：首字母应为大写且符合标识符的命名规范。

④ extends：申明类所属父类的关键字，该关键字后应附上父类的名称，以实现类的继承。

⑤ implements：申明类为某一接口的实现类的关键字，该关键字后应附上接口的名称。

知识 2：实体类和基类

在 Java 中，实体类（Entity Class）表示数据的类，通常对应于数据库表中的一行记录或者是领域模型中的一个实体。在设计实体类时,可以选择一个基类作为所有实体类的父类,以提供一些通用的属性和方法。当实体类的基类为所有实体类的父类时,其为抽象类,禁止对其进行实例化,后续所有业务实体的共性方法都可以在这里统一定义,从而提高代码的共享率和代码编写的效率,减少代码冗余。

知识 3:操作员类 Operator 概念设计

(1) 操作员类的成员变量定义

① 操作员编号(operNo):字符串类型;私有;操作员信息的主键;值具有唯一性。

② 操作员密码(operPwd):字符串类型;私有;用于操作员登录系统。

③ 操作员姓名(operName):字符串类型;私有;用于记录操作员的姓名。

④ 操作员类型(operType):字符串类型;私有;用于标识每个操作员的类型。

⑤ 操作员创建实践(operCreatetime):日期类型;私有;用于记录操作员的注册时间。

(2) 系统操作员的成员方法定义

访问上述私有成员变量的方法,其定义格式为:set ×××(String/Date)或 get ×××()。

知识 4:JPasswordField 组件简介

JPasswordField 组件为 Java Swing 技术提供的密码框组件,该组件继承自 JTextField,能将用户输用的内容用特定的字符(例如 * 或●)替换显示,其他用法和 JTextField 基本一致。JPasswordField 组件的常用方法如下:

(1) getPassword:该方法返回用户输入在密码框组件中的密码,由于密码用其他字符替换显示,所以需要通过 String 类的构造方法返回密码对应的文本串数据。

(2) setText(String text):该方法用于设置密码框中的文本串数据。

(3) setEditable(Boolean):该方法用于设置密码框是否为可读或可编辑状态。若输入参数为 false,则密码框为可读状态;若输入参数为 true,则密码框为可编辑状态。

四、任务实施

子任务 1:创建业务实体基类(ValueObject)

输入以下代码,完成业务实体基类创建。该类为系统中所有实体类的父类,所有实体类中公用的成员可以定义在基类中。

```
/***   业务实体基类 **/
public abstract class ValueObject {

}
```

子任务 2:创建业务实体类(Operator)

步骤 1:在项目的 domain 包中新建一个名为“Operator”的类,如图 4-1-1 所示。

注意:类名首字母大写,属性名首字母小写,属性名和表的字段名最好形成下划线和驼峰命名的映射关系。

步骤 2:用“extends”命令将 Operator 类定义为业务实体基类(ValueObject)的子类,在该类中定义了 5 个私有的成员变量,这 5 个变量与操作员表 t_oper(图 3-3-5)中设置的 5 个字段一一对应。其中,前 4 个变量均为字符串类型,最后一个变量创建日期为日期型的数据。

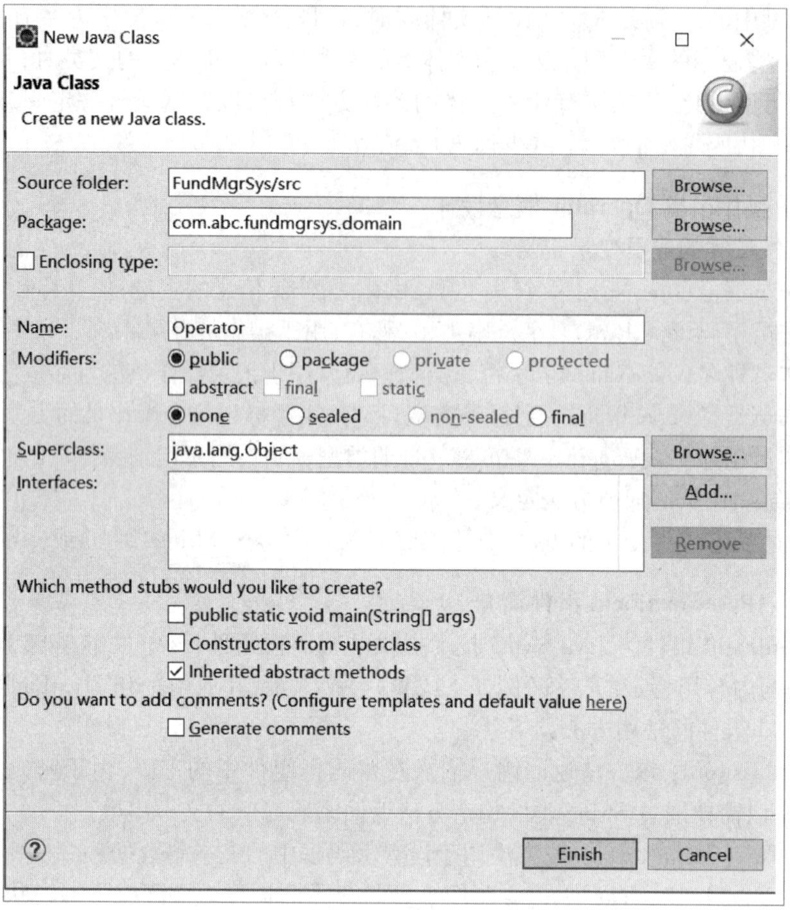

图 4-1-1　创建 Operator 类对话框

Operator 类的定义代码如下。

```
package com.abc.fundmgrsys.domain;
import java.util.Date;
/*** 操作员类 **/
public class Operator extends ValueObject {
    /** 编号 */
    private String operNo;
    /** 密码 */
    private String operPwd;
    /** 姓名 */
    private String operName;
    /** 类型 */
    private String operType;
    /** 创建时间 */
    private Date operCreatetime;
}
```

步骤 3：为私有属性生成访问方法。Operator 类中 5 个成员变量均为私有变量，需要设置变量的访问方法(即 set()和 get()方法)，快捷生成访问方法的步骤：在代码编辑区空白处单击右键,在弹出的菜单中点击“Source”→“Generate Getters and Setters”,在弹出的窗口中勾选所有的复选项并点击“确定”,即可生成关于 5 个私有成员变量的访问方法,如图 4-1-2 所示。

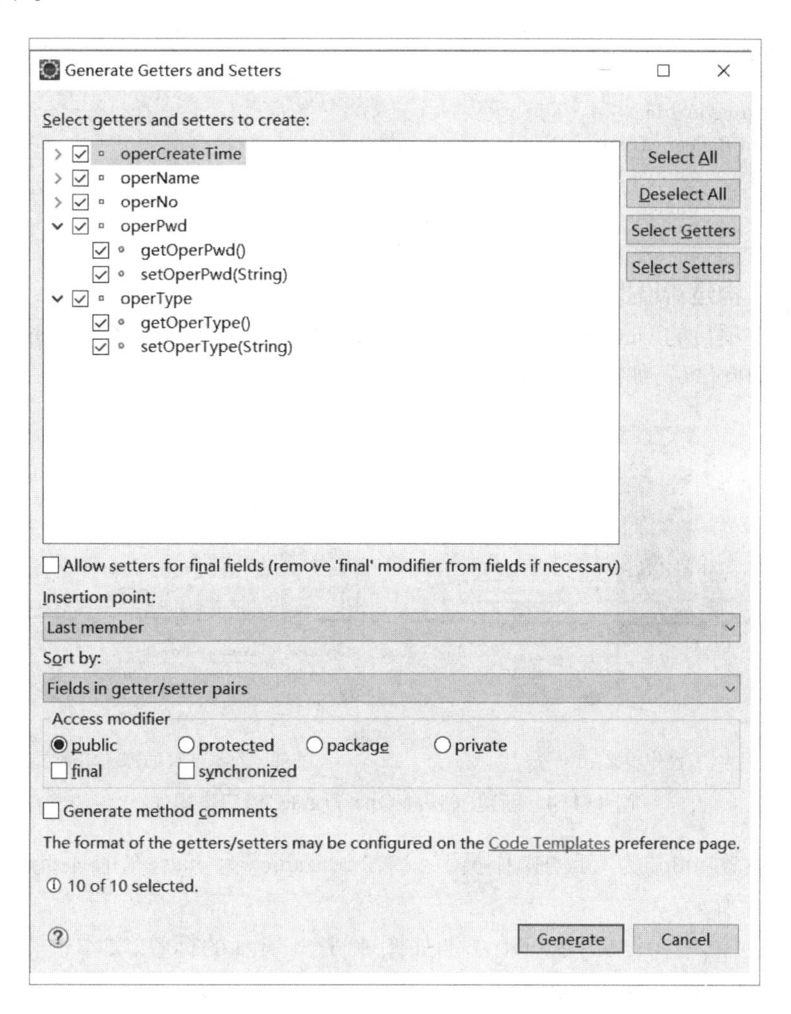

图 4-1-2　私有属性访问方法的生成

子任务 3：设置通用实体类属性显示输出方法

步骤 1： 在项目中导入“commons-lang3-3.0.1.jar”包,如图 4-1-3 所示,该包为基类 ValueObject 的 toString( ) 方法提供了反射机制。

步骤 2： 将“commons-lang3-3.0.1.jar”包提供的反射机制引入 ValueObject 类 toString( )方法,以使所有继承 ValueObject 类的业务实体类都能够调用 toString( ) 方法。具体代码如下。

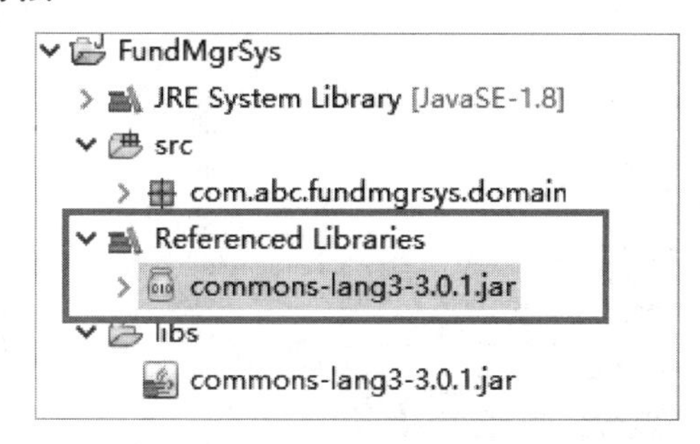

图 4-1-3　“commons-lang3-3.0.1.jar”包的导入结果

```
/ **** /
package com. abc. fundmgrsys. domain;
import org. apache. commons. lang3. builder. ReflectionToStringBuilder;
/ ***    业务实体基类  ** /
public abstract class ValueObject {
    @ Override
    public String toString( ) {
        return ReflectionToStringBuilder. toString( this) ;
    }
}
```

子任务 4：构建新增操作员窗口

步骤 1：在项目的 view 包中，结合 WindowBuilder 创建一个名为“CreateOperFrame”的窗口类，用于添加操作员，如图 4-1-4 所示。

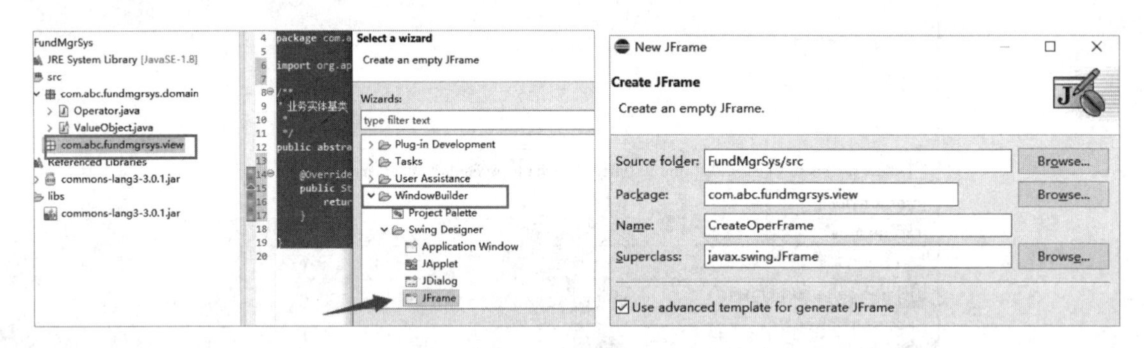

(a) 操作步骤一　　　　(b) 操作步骤二

图 4-1-4　新建“CreateOperFrame”窗口类操作

步骤 2：设置“title”为“新增操作员”，设置“resizable”为“false”，且不允许调整窗口大小，如图 4-1-5 所示。

步骤 3：在“新增操作员”窗口中添加如图 4-1-6 所示的标签、文本输入框、密码输入框、按钮、下拉列表框等组件。文本输入框、密码输入框用于设置操作员的账号、密码、姓名等，下拉列表框用于选择操作员类型（普通柜员、管理人员）。

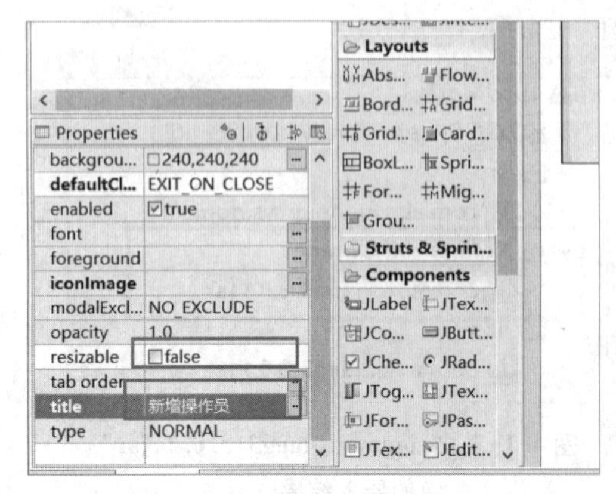

图 4-1-5　resizable 的设置操作

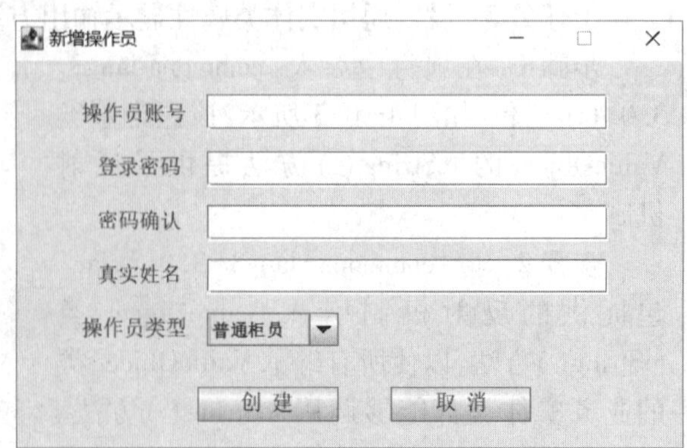

图 4-1-6　“新增操作员”窗口的设计效果

任务 2　新增操作员——操作员数据的获取和校验

一、任务目标

1. 掌握按钮点击事件的处理方法。
2. 掌握常用输入组件的数据获取和校验方法。
3. 掌握业务实体的数据封装方法。

二、任务要求

1. 完成新建操作员窗口数据的获取和校验。
2. 完成操作员实体对象数据的封装。

三、预备知识

知识 1：事件处理机制

Swing 组件中的事件处理机制用于响应用户的操作，如响应单击（双击）鼠标、按下键盘等。该机制的设计对象主要有以下 3 类。

（1）事件源：产生事件的组件，如下拉列表框、按钮、菜单等。

（2）事件对象：封装了 GUI 组件上发生的特定事件，每个事件对应用户的一次操作。

（3）监听器：负责监听事件源（即 GUI 组件上）发生的事件，并对各种事件作出相应处理，处理方法注册在事件源内。

事件处理流程如图 4-2-1 所示。Swing 常用的事件处理类有：窗口事件、键盘事件、动作事件、鼠标事件。

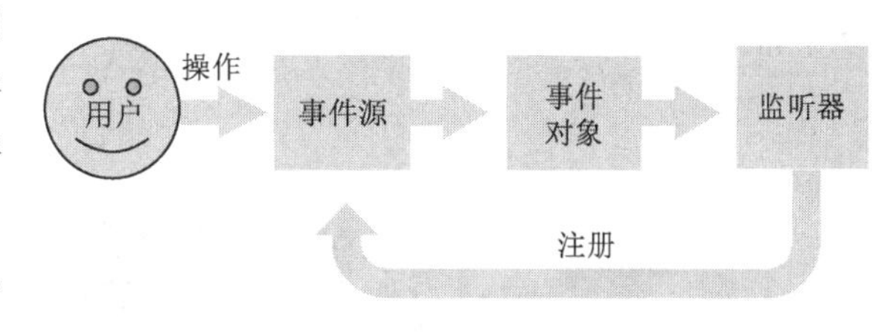

图 4-2-1　事件处理流程

知识 2：事件处理机制的关键步骤

（1）事件源创建

除常见的按钮、键盘等组件可以作为事件源外，包括 JFrame 窗口在内的顶级容器也可以作为事件源。

（2）自定义事件监听器

根据要监听的事件源创建指定类型的监听器进行事件处理，该监听器是一个特殊的 Java 类，必须实现×××Listener 接口（如 ActionListener 接口），该接口根据组件触发的动作进行区分，例如，WindowListener 用于监听窗口事件，ActionListener 用于监听动作事件等。

（3）为事件源添加监听器

使用 add×××Listener（）方法（如：addActionListener（）方法）为指定事件源添加特定类型的监听器。当事件源上发生监听的事件后，就会触发绑定的事件监听器，然后由监听器中的方法进行相应处理。

知识 3：StringUtils 类及其常用方法

StringUtils 类是 JDK 提供的一个关于 String 类型数据操作方法的补充类，定义在 commons-lang3-3.0.1.jar 包中，其是 null 安全的，即如果输入参数 String 为 null，则不会抛出"NullPointerException"，而是进行相应的处理。例如，若输入为 null，则返回值也是 null 等。StringUtils 类的常用方法有以下 3 种。

（1）isEmpty()

isEmpty()方法的定义：public static boolean isEmpty(String str)。该方法用于判断某字符串是否为空，为空的标准是 str==null 或 str.length()==0。

（2）isNotEmpty()

isNotEmpty()方法的定义：public static boolean isNotEmpty(String str)。该方法判断某字符串是否非空，其执行效果为！isEmpty(String str)的结果。

（3）trim()

trim()方法的定义：public static String trim(String str)。该方法用于去除字符串两端的控制符(control characters, char <= 32)，如果输入为 null，则返回 null。

知识 4：操作员数据获取和验证执行流程

操作员数据获取和验证的执行流程如图 4-2-2 所示，在新增操作员时，需要获取输入的账号、密码、姓名等数据并验证其有效性，验证工作包括验证数据是否为空和两次输入的密码是否一致。数据验证通过后，需要将操作员数据添加至数据库 fund_db 的操作员数据表 t_oper 中。

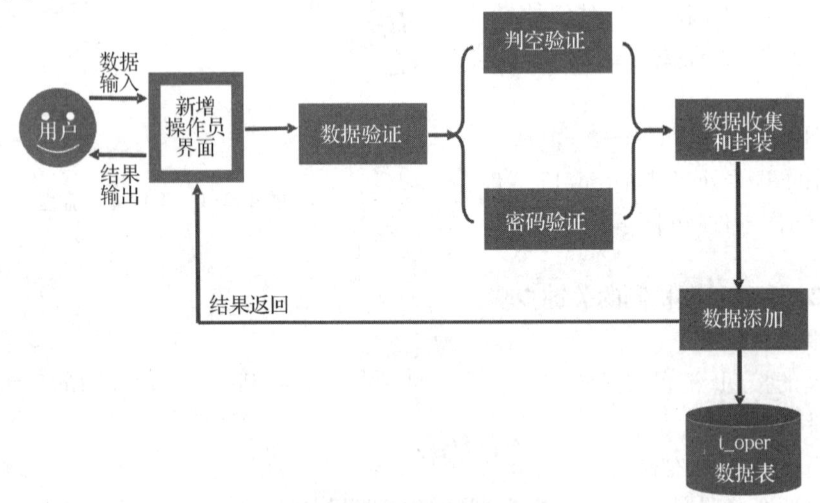

图 4-2-2　操作员数据获取和验证执行流程

四、任务实施

子任务 1：按钮点击事件的监听

步骤 1：双击界面上的"创建"按钮，WindowBuilder 将自动生成点击事件监听框架代码,在该方法中编写一条简单的输出语句,示例代码如下。

```
btnCreate. addActionListener( new ActionListener( ) {
                public void actionPerformed( ActionEvent e) {
                  //这里不能使用 this, 因为 this 代表的是内部类对象,而不是窗口本身
                    JOptionPane. showMessageDialog( CreateOperatorFrame. this, "you click me!" );
                }
});
```

在窗口中点击“创建”按钮,程序运行效果如图 4-2-3 所示。

图 4-2-3　点击“创建”按钮后的结果

步骤 2:双击“关闭”按钮,编制事件处理方法。关闭“新增操作员”窗口的代码如下。

```
btnCancel. addActionListener( new ActionListener( ) {
                public void actionPerformed( ActionEvent e) {
                    CreateOperatorFrame. this. dispose( ); //关闭当前窗口
                }
});
```

子任务 2:操作员数据的获取和校验

步骤 1:实现输入数据的获取和合法性校验。双击“创建”按钮,进入点击事件编辑区进行代码编辑,关键代码如下。

```
String operNo = txtOperNo. getText( );
                String pwd = new String( txtPwd. getPassword( ) );
                String pwdAgain = new String( txtPwdAgain. getPassword( ) );
                String operName = txtOperName. getText( );
                //空输入校验检查
                if( StringUtils. isEmpty( operNo) ) {
                    JOptionPane. showMessageDialog( CreateOperatorFrame. this, "操作员账号不能
为空!" );
                    txtOperNo. requestFocus( );
                    return;
                }
                //密码空输入校验
                if( StringUtils. isEmpty( pwd) ) {
```

```
                    JOptionPane.showMessageDialog(CreateOperatorFrame.this, "操作员登录密码
不能为空!");
                    txtPwd.requestFocus();
                    return;
                }
                //确认密码空输入校验
                if(StringUtils.isEmpty(pwdAgain)) {
                    JOptionPane.showMessageDialog(CreateOperatorFrame.this, "操作员登录确认
密码不能为空!");
                    txtPwdAgain.requestFocus();
                    return;
                }
                //操作员姓名空输入校验
                if(StringUtils.isEmpty(operName)) {
                    JOptionPane.showMessageDialog(CreateOperatorFrame.this, "操作员真实姓名
不能为空!");
                    txtOperName.requestFocus();
                    return;
                }
                //登录密码和确认密码的一致性校验
                if(! pwd.equals(pwdAgain)) {
                    JOptionPane.showMessageDialog(CreateOperatorFrame.this, "操作员登录密码
和确认密码不一致!");
                    txtPwdAgain.requestFocus();
                    return;
                }
```

代码执行时,首先对账号文本框数据进行获取,获取时要注意输入正确的文本框组件对象名。接着,结合分支判断语句,调用 StringUtils 类的判空方法对该数据做判空操作,如果该数据为空,则要弹出一个消息对话框提示“操作员的账号不能为空!”,然后关闭该对话框,输入光标,重新定位到账号的文本输入框。在编写代码时需要对 StringUtils 类、JOptionPane 类进行导入。另外,还需要测试账号数据验证功能是否设置成功。由于两个密码输入组件有屏蔽密码的功能,用户在输入密码时无法看见所输数字,所以需要用 String 将该组件获取的数据转换成字符串数据。首先对两次输入的密码进行判空验证,通过后还需要对比两次输入的密码,如果两次输入的密码不一致,就需要弹出一个消息对话框提示相关的信息。另外,姓名文本输入框的数据判空验证代码与账号数据的验证代码应一致。最后,运行新增操作员窗口,测试数据获取和验证功能是否正确。

步骤 2:数据的获取和封装。封装时,先从各个输入组件中获取数据,再封装成 Operator 对象,关键代码如下。操作员的类型需要根据窗口中下拉列表中用户选择的选项进行设置,如果为普通柜员,则返回该选项对应的编号 0,如果为管理人员,则返回编号 1,根据该编号将操作员对象的操作员类型设置为“a”(代表普通柜员)、“b”(代表管理人员)。

```
        Operator operator = new Operator();

            operator.setOperNo(operNo);
            operator.setOperPwd(pwd);
            operator.setOperName(operName);
```

```
            //注意对下拉框的选项的识别
            if(cbOperType.getSelectedIndex()==0)
            operator.setOperType("a");
        else
            operator.setOperType("b");
        operator.setOperCreateTime(new Date());
        System.out.println(operator);
```

代码运行效果如图 4-2-4 所示。

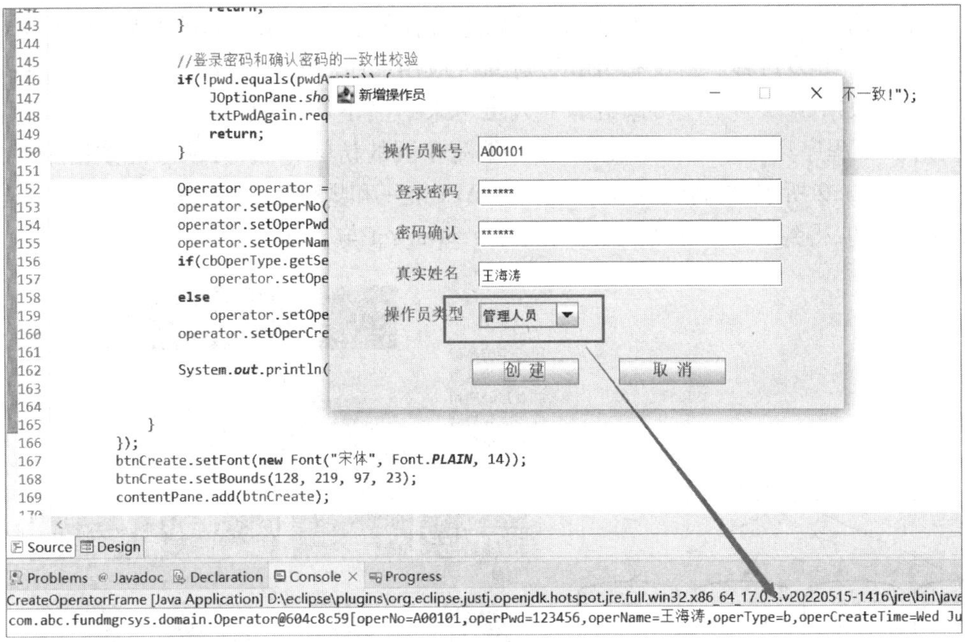

图 4-2-4　代码运行效果

任务 3　使用 JDBC 保存操作员数据

一、任务目标

1. 理解 JDBC 的概念。
2. 掌握数据库连接的构建方法和资源释放的方法。
3. 掌握使用 JDBC API 保存数据的操作方法。

二、任务要求

1. MySQL JDBC 驱动的下载和使用。
2. 数据库连接构建以及其资源释放。

3. 操作员数据的保存。

三、预备知识

知识 1：JDBC 技术概述

JDBC 是一个独立于特定数据库管理系统、通用的 SQL 数据库存取和操作的 API，定义了用来访问数据库的标准 Java 类库，使用这个类库可以以一种标准的方法，方便地访问数据库资源。

JDBC 为访问不同的数据库提供了一种统一的途径，为开发者解决了一些细节问题。JDBC 的目标是使 Java 开发者使用 JDBC 可以连接任何提供了 JDBC 驱动程序的数据库系统，大大简化了开发过程。若没有 JDBC，则 Java 应用程序需要针对不同的数据库编写不同的访问方法，如图 4-3-1 所示，这给编程人员带来诸多不便，降低编程工作的效率。若有 JDBC，则 Java 程序只要针对 JDBC 统一接口编写相同的访问方法，无须考虑数据库平台的不同，如图 4-3-2 所示，提高编程效率。JDBC API 统一和规范了应用程序与数据库的连接、执行 SQL 语句、得到返回结果等各类操作，并在 java. sql 与 javax. sql 包中声明。

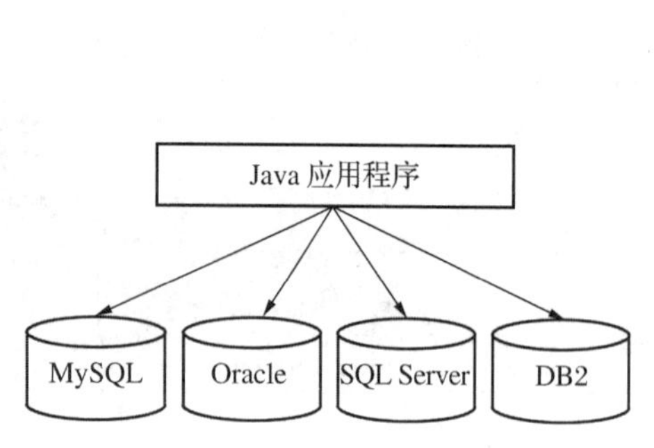

图 4-3-1　无 JDBC 技术支持的数据库访问示意图

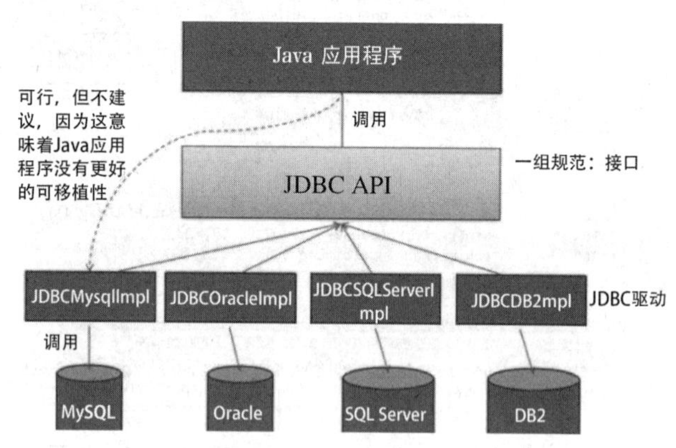

图 4-3-2　基于 JDBC 的数据库访问示意图

知识 2：JDBC 常用 API

（1）Driver 接口

Driver 接口是所有 JDBC 驱动程序必须实现的接口，该接口专门提供给数据库厂商使用。注意：在编写 JDBC 程序时，必须把所使用的数据库驱动程序或类库（数据库的驱动 jar 包）加载到项目的 classpath 中。

（2）DriverManager 类

DriverManager 类用于加载 JDBC 驱动及创建与数据库的连接，如图 4-3-3 所示。注意：在实际开发中，通常不使

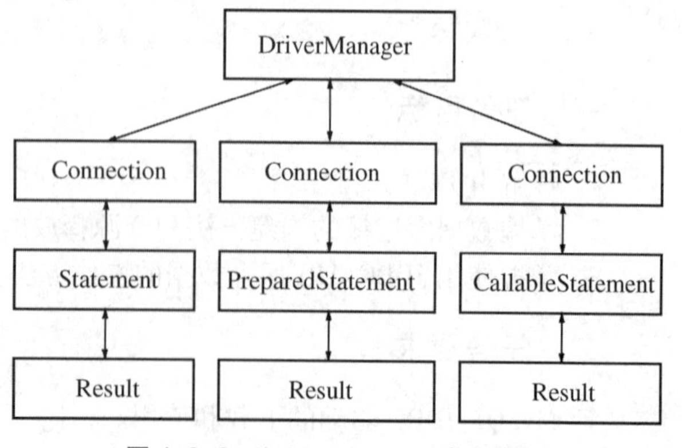

图 4-3-3　DriverManager 类示意图

用 registerDriver(Driver driver)注册驱动。因为 JDBC 驱动类 Driver 中有一段静态代码块,是向 DriverManager 注册一个 Driver 实例,当再次执行 registerDriver(new Driver())时,相当于实例化了两个 Driver 对象,所以在加载数据库驱动时通常使用 Class 类的静态方法 forName()来实现。

(3) Statement 接口

Statement 接口是 Java 执行数据库操作的一个重要接口,用于执行静态的 SQL 语句,并返回一个结果对象。Statement 接口对象可以通过 Connection 实例的 createStatement()方法获得,然后返回数据库的处理结果。

(4) PreparedStatement 接口

Statement 接口封装了 JDBC 执行 SQL 语句的方法,虽然可以完成 Java 程序执行 SQL 语句的操作,但是在实际开发过程中往往需要将程序中的变量作为 SQL 语句的查询条件,而使用 Statement 接口操作这些 SQL 语句会过于繁琐,并且存在安全问题。针对这一问题,JDBC API 中提供了扩展的 PreparedStatement 接口。

PreparedStatement 接口是 Statement 的子接口,用于执行预编译的 SQL 语句。注意:PreparedStatement 接口扩展了带有参数 SQL 语句的执行操作,应用接口中的 SQL 语句可以使用占位符"?"来代替其参数,然后通过 set×××()方法为 SQL 语句的参数赋值。

(5) ResultSet 接口

ResultSet 接口用于保存 JDBC 执行查询时返回的结果集,该结果集封装在一个逻辑表格中。在 ResultSet 接口内部有一个指向表格数据行的游标(或指针),ResultSet 对象初始化时,游标在表格的第一行之前,调用 next()方法可将游标移动到下一行。如果下一行没有数据,则返回 false。在程序中常使用 next()方法作为 while 循环的条件来迭代 ResultSet 结果集。

知识 3:基于 JDBC 编程流程

(1) 数据库驱动加载。

(2) 基于 DriverManager 类获取数据库驱动和数据库连接。

(3) 由一条 SQL 语句定义一个字符串变量,并根据该变量通过 Connection 对象获取 Statement 对象,引用 Statement 对象的方法执行字符串变量定义的 SQL 语句。

(4) 返回 Statement 对象方法的执行结果(ResultSet 结果集、整数等)。

(5) 关闭数据库连接,释放 Connection 接口、PreparedStatement 接口、ResultSet 三个核心对象占用的资源。

知识 4:INSERT 语句

由于在新操作员注册时,一次仅能注册一名,所以在每次成功注册后,需要使用 MySQL 的 INSERT 语句在数据库 fund_db 的数据表 t_oper 中添加一条新的操作员记录,该语句的执行需要在数据库连接成功后,通过 PreparedStatement 接口执行。INSERT 语句的语法格式如下:

```
INSERT INTO tablename(列名…) VALUES(列值…);
```

说明:

① tablename 为数据表名,如 t_oper。

② 列名为数据表中的字段名,如果添加的记录包含所有字段,则可以省略列名。

③ 列值为添加记录的数据,从左到右与列名一一匹配。

本项目在数据表 t_oper 中添加一条新的操作员记录的 SQL 命令为: INSERT INTO t_oper VALUES(?,?,?,?,?),占位符“?”根据新操作员注册窗口中用户输入的数据进行设置。

知识 5: 新增操作员数据保存的执行流程

新增操作员数据保存的执行流程如图 4-3-4 所示。首先,用户通过前端界面输入新增的操作员数据;其次,将通过验证的新数据用 Oper 对象进行封装;然后,通过 Oper_Service 接口将 Oper 对象封装的数据传输到 Oper_Dao 接口;Oper_Dao 接口通过 DBUtil 接口将 Oper 对象封装的数据添加到数据库中的操作员数据表 t_oper 中。

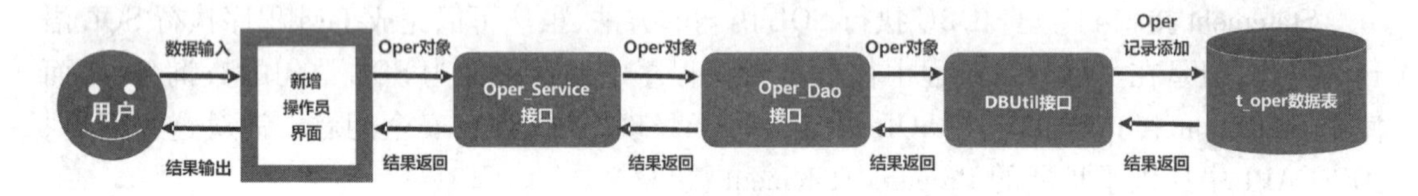

图 4-3-4 新增操作员数据保存的执行流程

四、任务实施

子任务 1: 下载 MySQL 驱动 jar 包并引用

步骤 1: 进入官网(https://dev.mysql.com/downloads/connector/j/)下载网络平台提供的 MySQL JDBC 驱动 jar 包,如图 4-3-5 所示。

步骤 2: 下载完毕,将解压出的 mysql-connector-java-8.0.30.jar 移至工程的 libs 目录,并关联到类路径中,以便在程序编制过程中引用该 jar 包, 如图 4-3-6 所示。

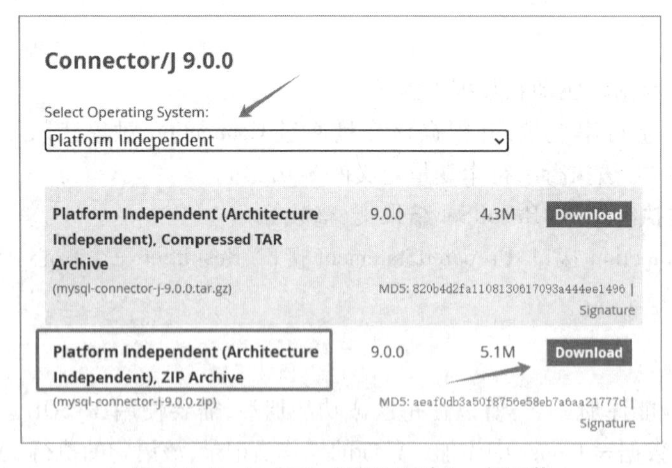

图 4-3-5 MySQL JDBC 驱动 jar 包下载

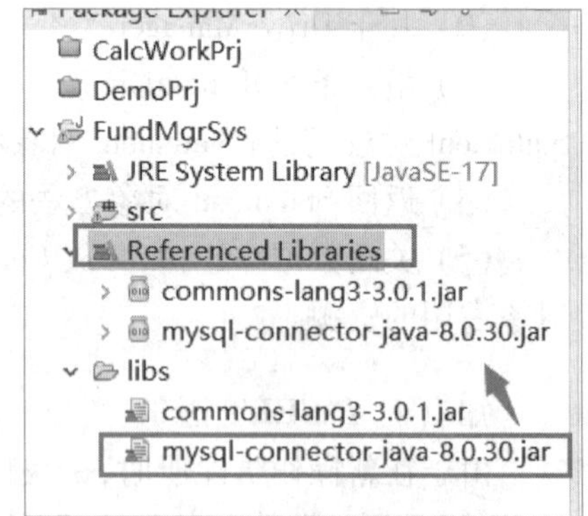

图 4-3-6 mysql-connector-java-8.0.30.jar 的导入结果

子任务 2: 创建数据库连接

步骤 1: 在 util 包中,构建 DBUtils 类,并编制 3 个常量。第一个常量保存访问本地机 MySQL 数据库的路径和访问时采用的编码制式,第二个常量保存访问数据库的用户名,第三个常量保存用户的密码。关键代码如下。

```
/**** 数据库工具类(负责数据库的连接获取和资源释放) ***/
public class DBUtils {
    private static final String CONN_STR =
"jdbc:mysql://localhost:3306/fund_db?useUnicode=true&characterEncoding=utf8&useSSL=true&serverTimezone=GMT%2B8";
    private static final String USERNAME = "fund";
    private static final String PWD = "abc123";

}
```

步骤 2：在 DBUtils 类中定义一个获取数据库连接的静态方法。编写代码时需要将 JDBC 驱动包中相关的类导入 DBUtils 类的 Java 脚本，并用异常处理框架对该代码进行设置。通过驱动管理器类获取连接的方法，方法的输入参数为之前定义的 3 个常量。如果连接成功，则会返回一个连接类对象；如果连接失败，则要进行相应的异常处理，并且返回的连接类对象为空。关键代码如下。

```
public static Connection getConn() {
        Connection conn = null;
        try {
            Class.forName("com.mysql.cj.jdbc.Driver");
            conn = DriverManager.getConnection(CONN_STR, USERNAME, PWD);
            } catch (ClassNotFoundException e) {
                System.out.println("mysql jdbc 驱动未加载!");
            } catch (SQLException e) {
                // TODO Auto-generated catch block
                e.printStackTrace();
            }
            return conn;
    }
```

步骤 3：测试数据库连接是否正常。新增一个测试子包，并在包中创建一个测试类，如图 4-3-7 所示。在该类 main()方法中调用 DBUtils 类获取数据库连接的静态方法，如果成功，则在 Console 窗口中显示连接类对象的相关信息。

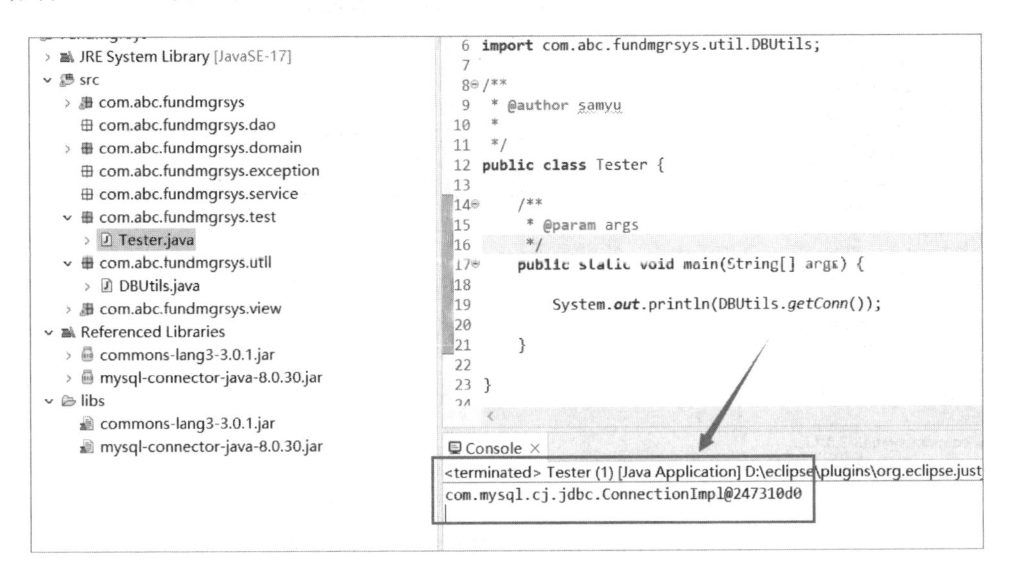

图 4-3-7 Tester 类脚本的运行结果

子任务 3：资源释放

在 JDBC 操作过程中，要占用 Connection、PreparedStatement、ResultSet 3 个核心对象，在操作过程中需消耗内存。因此，在数据库访问操作结束后，需要释放以上 3 个核心对象所占用的资源。此时，可以在 DBUtils 类中添加一个释放资源的静态方法，该方法有 3 个输入参数，分别为连接类对象、执行 SQL 语句类的对象、返回访问结果的集合类对象，需要注意三者释放的先后顺序。关键代码如下。

```
/**
     * 释放资源
     * @param conn
     * @param pstmt
     * @param rset
     */
    public static void releaseRes(Connection conn, PreparedStatement pstmt, ResultSet rset) {
            try {
                if(rset!=null) rset.close();
                if(pstmt!=null) pstmt.close();
                if(conn!=null) conn.close();
            } catch (SQLException e) {
                // TODO Auto-generated catch block
                e.printStackTrace();
            }
}
```

子任务 4：保存操作员信息

步骤 1：构建 Oper_Dao（即 OperatorDao）接口及其实现类。在新建 Oper_Dao 接口时，需选择接口选项，在接口中添加一个新增操作员的抽象方法，方法的输入参数为操作员类的对象，如图 4-3-8 所示。

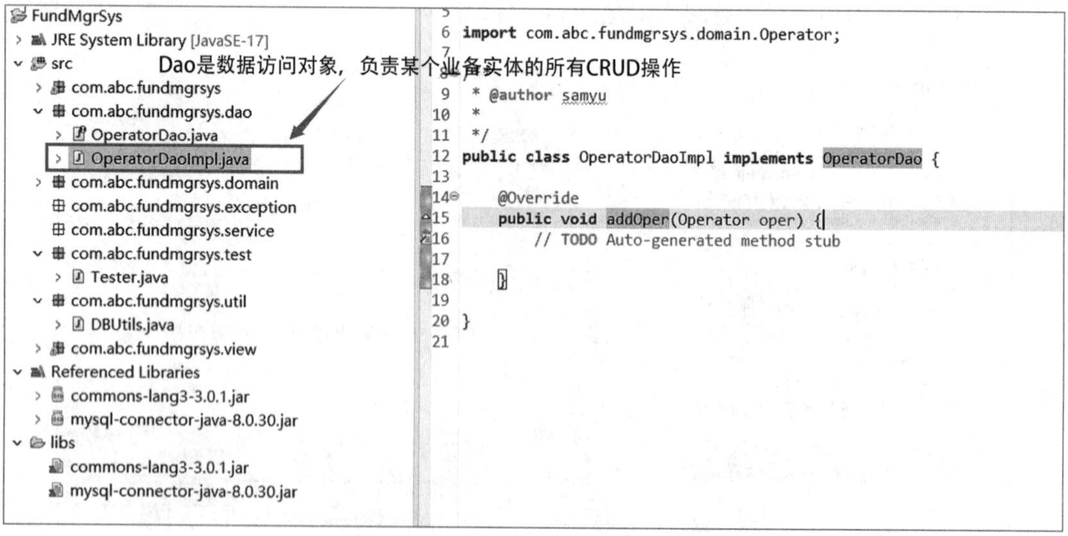

图 4-3-8　Oper_Dao 接口及其实现类的构建结果

步骤 2：将 Operator 类对象保存至数据库的数据表 t_oper。定义 Oper_Dao 接口的实现类 Oper_DaoImpl，该类需要实现 Oper_Dao 接口中新增操作员的抽象方法。方法中，首先调用 DBUtils 类中获取数据库连接的静态方法获得连接对象。然后，定义一个执行 SQL 命令类的对象，以及一个接收返回 SQL 命令执行结果的整型变量，该变量反映了受 SQL 命令影响的记录条数，关键代码如下。

```
public class OperatorDaoImpl implements OperatorDao {
    private static final String SQL_ADD = "INSERT INTO t_oper VALUES(?,?,?,?,?)";
    @Override
    public int addOper(Operator oper) {
        Connection conn = DBUtils.getConn();
        PreparedStatement pstmt = null;
        int cnt = 0;
        try {
            pstmt = conn.prepareStatement(SQL_ADD);
            pstmt.setString(1, oper.getOperNo());
            pstmt.setString(2, oper.getOperPwd());
            pstmt.setString(3, oper.getOperName());
            pstmt.setString(4, oper.getOperType());
            pstmt.setTimestamp(5, new Timestamp(oper.getOperCreateTime().getTime()));
            cnt = pstmt.executeUpdate();
        } catch (SQLException e) {
            // TODO Auto-generated catch block
            e.printStackTrace();
        } finally {
            DBUtils.releaseRes(conn, pstmt, null);
        }
        return cnt;
    }
}
```

上述代码中，首先，调用数据库连接类对象的 PrepareStatement 方法创建执行 SQL 命令类的对象 pstmt，方法的输入参数是字符串常量 SQL_ADD。然后，调用 pstmt 对象的 setString 方法分别对 5 个“?”数据进行填写。注意：在创建日期数据填写时，需要调用 JDBC 驱动包中提供的 Timestamp 类的构造方法将 Java 日期型数据转成 MySQL 可识别的日期型数据。最后，调用 pstmt 对象的 executellpdate()方法执行 MySQL 的添加记录命令，由于仅一次且仅添加一条记录，所以执行完该条命令后将返回整型数 1。在数据库访问操作结束后，需要释放相关的资源。

步骤 3：在新增操作员窗口设计代码中，补充“创建”按钮点击事件关于添加新操作员数据的相关代码。代码中通过调用 Oper_Dao 接口实现类对象的 addOper()方法来实现数据库 fund_db 中操作员数据表 t_oper 中新增操作员记录的添加，关键代码如下。

```
OperatorDao operDao = new OperatorDaoImpl();
int cnt = operDao.addOper(operator);
if(cnt==1)
    System.out.println("save operator to db is ok!");
```

步骤 4：运行新增操作员窗口脚本，输入合法的数据点击“创建”按钮，如果新增操作成功执行，则 Console 窗口中将显示添加成功的相关信息。用命令行窗口打开数据库 fund_db 中 t_oper 数据表，发现里面新增了一条操作员记录，如图 4-3-9 所示。

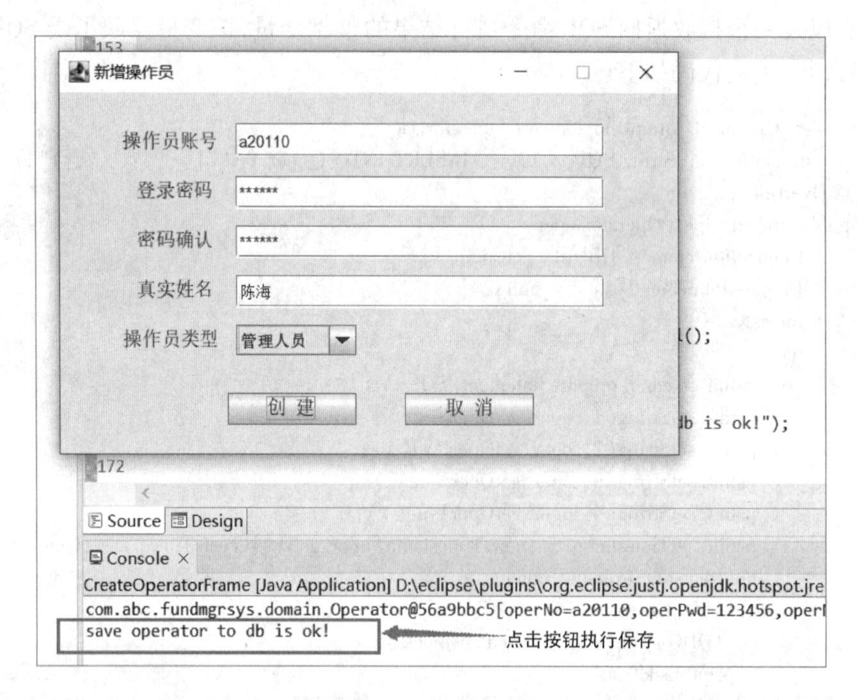

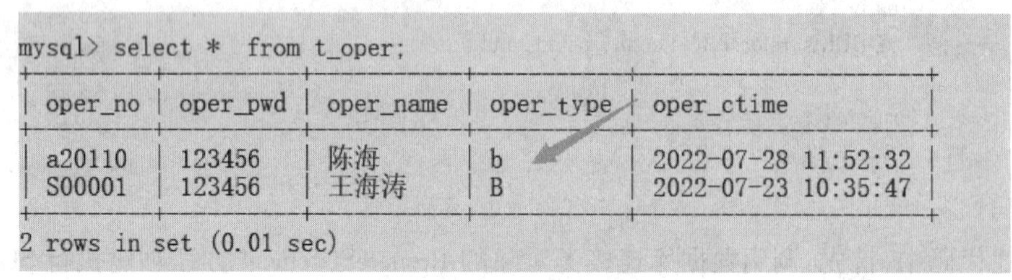

mysql> select * from t_oper;

oper_no	oper_pwd	oper_name	oper_type	oper_ctime
a20110	123456	陈海	b	2022-07-28 11:52:32
S00001	123456	王海涛	B	2022-07-23 10:35:47

2 rows in set (0.01 sec)

图 4-3-9 新增操作员操作的执行结果

任务 4 系统登录操作的实现

一、任务目标

1. 掌握图标和图片的放置方法。
2. 掌握对齐工具的使用方法。
3. 掌握基于 JDBC API 的数据查询操作方法。
4. 掌握使用异常来通知错误的操作方法。

二、任务要求

1. 设计主登录界面。
2. 实现登录操作的 DAO 层对应逻辑。
3. 实现主登录界面的按钮的事件响应。

三、预备知识

知识 1：DAO 层的定义及作用

DAO 层即数据访问层，属于项目的底层设计模块。DAO 层服务面向数据库，层中定义的接口/类主要负责实现 Java 程序中某个实体类对象访问后台数据库中某张数据表，对数据表记录进行增、删、改、查等操作。

知识 2：Service 层的定义及作用

Service 层即服务层，属于项目的中层设计模块。Service 层服务面向前端平台，层中定义的类/接口主要通过对一个或多个 DAO 类/接口进行再次封装而生成。基金交易管理系统中 Service 层和 DAO 层的定义方式基本一致，即先定义一个接口，再创建一个接口的实现类。

知识 3：接口及实现类的定义

接口指 Java 语言中的一种引用数据类型，为一组方法的集合。方法包括抽象方法（JDK 7 及以前）、默认方法、静态方法（JDK 8）和私有方法（JDK 9）。接口与类的定义方式相似，但接口使用 interface 关键字，定义接口的脚本也会被编译成 .class 文件。接口定义方法的语法格式（JDK 8 以上）如下：

```
[修饰符] interface 接口名 [extends 父接口 1,父接口 2,...] {
        [public] [static] [final] 常量类型 常量名 = 常量值;
        [public] [abstract] 方法返回值类型 方法名([参数列表]);
        [public] default 方法返回值类型 方法名([参数列表]){
// 默认方法的方法体
        }
        [public] static 方法返回值类型 方法名([参数列表]){
//类方法的方法体
        }
    }
```

说明：

① 接口中可定义多个抽象方法，但前面的两个修饰符必须是 public abstract，这两个修饰符可以省略性不写（省略时默认包含 public abstract）。

② 在接口内部可以定义多个常量，定义常量时可以省略 public static final 修饰符，接口会默认为常量添加 public static final 修饰符。常量必须进行初始化赋值。

③ 在接口中可定义多个 default 默认方法和 static 静态方法，定义这两类方法时可以有方法体，而且可以省略 public 修饰符，省略时系统会默认添加。

接口的实现类即指定义一个类，该类用于实现接口中定义的抽象方法。如果这个类是抽象类,只需实现接口中的部分抽象方法,否则需要实现接口中的所有抽象方法。接口中定义的抽象方法和默认方法只能通过接口实现类的实例对象来调用,而接口中定义的静态方法则通过“接口名.方法名”的形式直接调用。接口实现类定义的语法格式如下:

```
[修饰符] class 类名 [extends 父类名] [implements 接口 1,接口 2,...] {
    ...
}
```

说明:

① 一个类可通过 implements 关键字同时实现多个接口,接口间用英文逗号隔开。

② 接口之间可通过 extends 关键字实现继承,且一个接口可同时继承多个接口,不同父接口之间用英文逗号隔开。

③ 一个类可在继承一个类的同时还实现一个或多个接口。此时,extends 关键字必须放在 implements 关键字之前。

知识 4: SELECT 语句

在用户登录基金交易管理系统时,需要将用户在登录窗口输入的账号和密码的合法性进行验证。验证通过后,需要将账号和密码与数据表 t_oper 记录的数据进行比对,若一致,则登录成功。此时,需要采用 SQL 的查询语句 SELECT 来实现比对操作,其语法格式如下:

```
SELECT
{ * | <字段列名>}
[
FROM <表 1>, <表 2>…
[WHERE <表达式>
[GROUP BY <字段>
[HAVING <expression> [{<operator> <expression>}…]]
[ORDER BY <字段>]
[LIMIT[<offset>,] <row count>]
]
```

说明:

① { * |<字段列名>}: 包含星号通配符的字段列表,表示所要查询字段的名称。

② <表 1>,<表 2>…: 表 1 和表 2 表示查询数据的来源,可以是单个或多个。

③ WHERE <表达式>: 可选项,如果选择该项,将限定查询数据必须满足该查询条件。

④ GROUP BY<字段>: 查询结果的显示方式,并按照指定的字段分组。

⑤ [ORDER BY<字段>]: 查询结果的显示顺序,可以进行的排序有升序(ASC)和降序(DESC),默认为升序。

⑥ [LIMIT[<offset>,]<row count>]: 查询结果的显示条数。

知识 5: 系统登录操作的执行流程

系统登录操作的执行流程如图 4-4-1 所示。用户首先通过登录界面输入账号和密码,账号数据通过 Oper_Service 接口、Operator_Dao 接口传输至 DBUtil 接口,该接口依据账号数据在数据库中的操作员数据表 t_oper 中进行查找，若找到相关记录，则需要将查找到的记录数据封装成 Oper 对象并传输到 Oper_Service 接口，然后执行密码核对，最终将核对结果显示在前端登录界面；若找不到相关记录，则需要在前端登录界面显示“输入账号有误”的提示信息。

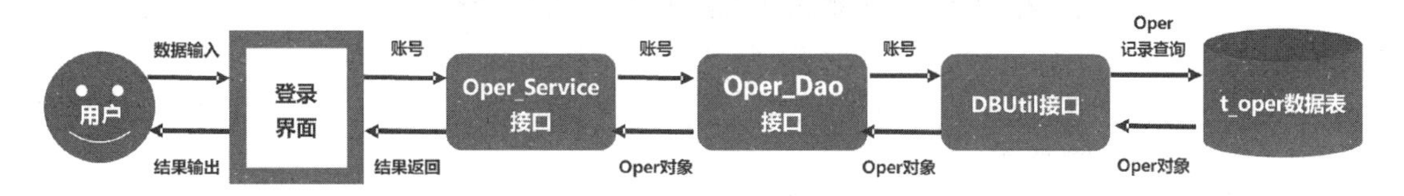

图 4-4-1　系统登录操作的执行流程

四、任务实施

子任务 1：登录界面的构建

步骤 1：设置产品 Logo 图片。创建 LoginFrame 窗口，设置整体窗口布局为 AbsoluteLayOut，窗口的大小为 580 像素×386 像素，窗口的标题为“基金管理系统”，窗口中设置 Label 标签来加载图片。

构建 images 包放置图片，然后将图片放置在 Label 标签中，如图 4-4-2 所示。

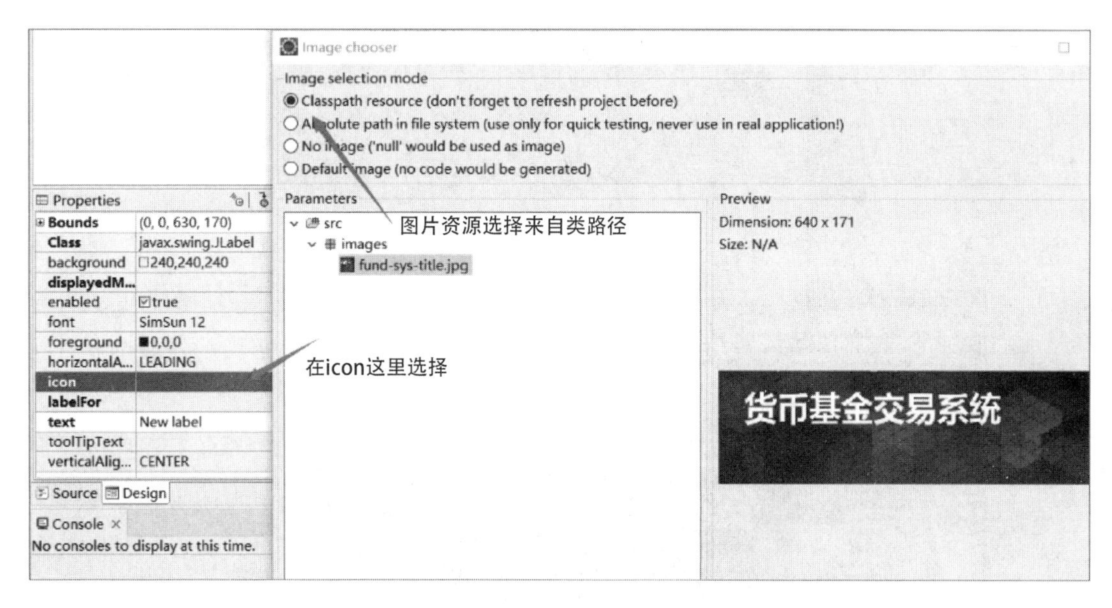

图 4-4-2　在 Label 标签中放置图片操作

Label 标签的大小要和图片大小保持一致，如果对于图片大小效果不满意，可以微调 Label 组件的大小，最后设置效果如图 4-4-3 所示。

步骤 2：设置登录界面。使用系统提供的对齐和均分工具，设计登录界面，效果图如图 4-4-4 所示。

为使窗口能相对屏幕在水平、垂直方向上居中显示，需在窗口代码中增加代码“this.setLocationRelativeTo(null);”，代码运行效果如图 4-4-5 所示。

图 4-4-3　图片设置效果

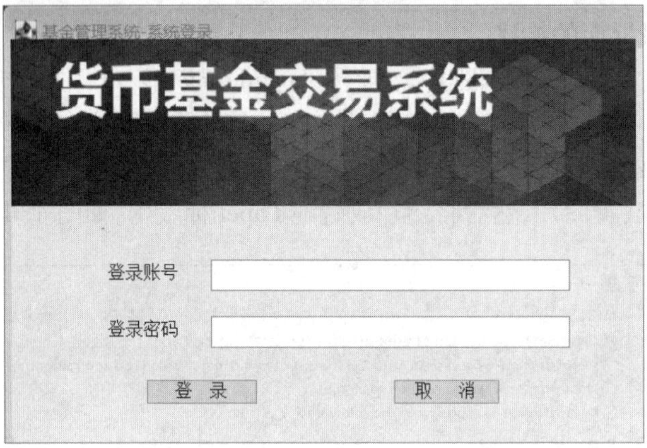

基金管理系统-系统登录

货币基金交易系统

登录账号

登录密码

登　录　　取　消

图 4-4-4　对齐和均分工具

CreateOperatorFrame.java　DBUtils.java　Tester.java　OperatorDao.java　OperatorDaoImpl.java　LoginFrame.java

```
55
56        JLabel lblNewLabel_1 = new JLabel("登录账号");
57        lblNewLabel_1.setFont(new Font("宋体", Font.PLAIN, 16));
58        lblNewLabel_1.setBounds(88, 193, 95, 27);
59        contentPane.add(lblNewLabel_1);
60
61        txtOperN = new JTextField();
62        txtOperN.setBounds(182, 194, 324, 28);
63        contentPane.add(txtOperN);
64        txtOperN.setColumns(
65
66        JLabel lblNewLabel_1
67        lblNewLabel_1_1.setF
68        lblNewLabel_1_1.setB
69        contentPane.add(lblN
70
71        txtOperPwd = new JPa
72        txtOperPwd.setBounds
73        contentPane.add(txtO
74
75        JButton btnLogin = n
76        btnLogin.setFont(new
77        btnLogin.setBounds(1
78        contentPane.add(btnL
79
80        JButton btn_exit = n
81        btn_exit.setFont(new
82        btn_exit.setBounds(3
83        contentPane.add(btn_
84
85        this.setLocationRela
86    }
```

基金管理系统

货币基金交易系统

登录账号

登录密码

登　录　　取　消

Source　Design

Console ×

LoginFrame [Java Application] D:\eclipse\plugins\org.eclipse.justj.openjdk.hotspot.jre.full.win32.x86_64_17.0.3.v20220515-1416\jre\bin\javaw.exe (2022年7月29日 上午8:2

图 4-4-5　登录窗口显示效果

子任务 2：登录操作的数据库实现

步骤 1：编制 Oper_Dao 的查询方法。登录基金管理系统时，需要在登录窗口中输入账号、密码，点击“登录”按钮，程序需要连接到项目的数据库 fund_db，访问库中的操作员数据表 t_oper，在表中查询记录，并核对用户输入的账号和密码是否与表中记录的数据一致，如果一致，则成功登录，关闭登录窗口进入系统的主界面；反之，则提示相关的出错信息，并返回登录窗口。

首先，在 Oper_Dao 接口的添加查询方法 getoperbyno( )，输入参数为账号，返回值为操作员类对象。然后，在该接口的实现类 OperatorDaoImpl 中进行查询方法的代码编写，相关代码如下。

```
private static final String SQL_GET_OPER_BYNO = "select * from t_oper where oper_no=?";
    @Override
    public Operator getOperByNo(String operNo) {
        Connection conn = DBUtils.getConn();
        PreparedStatement pstmt = null;
        ResultSet rset = null;
        Operator oper = null;

        try {
            pstmt = conn.prepareStatement(SQL_GET_OPER_BYNO);
            pstmt.setString(1, operNo);
            rset = pstmt.executeQuery();
            if(rset.next()) {
                oper = new Operator();
                oper.setOperNo(operNo);
                oper.setOperName(rset.getString("oper_name"));
                oper.setOperPwd(rset.getString("oper_pwd"));
                oper.setOperType(rset.getString("oper_type"));
            }
        } catch (SQLException e) {
            // TODO Auto-generated catch block
            e.printStackTrace();
        } finally {
            DBUtils.releaseRes(conn, pstmt, rset);
        }
        return oper;
    }
```

步骤 2：创建登录业务实现类。在业务包 service 中，构建 Oper_Service 接口及其实现类，通过异常机制向窗口通报异常。接口中定义一个验证方法 checkOper，方法的输入参数为账号和密码，返回值为操作员类对象。在 Oper_Service 接口的实现类 OperServiceImpl 中实现验证方法，方法的代码中可使用一个分支判断结构，结合 RuntimeException 异常类对错误账号、错误密码等异常进行处理，具体代码如下。

```
public class OperServiceImpl implements OperService {

    @Override
    public Operator checkOper(String operNo, String operPwd) {
```

```
        OperatorDao operDao = new OperatorDaoImpl();

        Operator oper = operDao.getOperByNo(operNo);

        if(oper==null)
            throw new RuntimeException("账号不正确,请检查!");

        if(! oper.getOperPwd().equals(operPwd))
            throw new RuntimeException("密码不正确,请检查!");

        return oper;
    }

}
```

子任务 3：编写登录窗口响应的代码

步骤 1：登录按钮的响应逻辑实现。对登录窗口的“登录”按钮的点击事件进行编写，相关代码如下。事件的执行过程为：从登录界面获得登录账号和密码后，执行 OperServiceImpl 类对象，调用验证方法 checkOper 执行登录业务，在此过程中，如果发现登录异常，则用对话框提示相关错误信息。登录成功后，关闭登录界面，显示主窗口（主窗口设计详见本项目任务 5）。

```
btnLogin.addActionListener(new ActionListener() {
            public void actionPerformed(ActionEvent e) {

                OperService operService = new OperServiceImpl();

                try {
                    Operator oper = operService.checkOper(txtOperNo.getText(),new String
(txtOperPwd.getPassword()));
                    JOptionPane.showMessageDialog(LoginFrame.this, "登录成功!");
                    LoginFrame.this.dispose();
                }catch(Exception ex) {
                    JOptionPane.showMessageDialog(LoginFrame.this, ex.getMessage());
                }


            }
        });
```

步骤 2：退出按钮的响应逻辑实现。对登录窗口的“退出”按钮的点击事件进行编写，退出登录界面，关闭程序，代码如下。

```
btn_exit.addActionListener(new ActionListener() {
            public void actionPerformed(ActionEvent e) {
                LoginFrame.this.dispose();
            }
});
```

任务 5　主窗口设计和实现

一、任务目标

1. 掌握菜单的设计和构建方法。
2. 掌握主界面的规划方法。
3. 掌握菜单按钮的响应操作实现方法。
4. 掌握 Confirm 类型对话框的使用方法。

二、任务要求

1. 设计和实现主界面菜单。
2. 实现主菜单状态栏时钟显示功能。
3. 实现部分菜单项的功能。

三、预备知识

知识 1：菜单组件简介

Swing 提供的菜单组件有菜单条（JMenuBar）、菜单（JMenu）和菜单项（JMenuItem），一个菜单条能包含多个菜单，而每一个菜单中又可以包含多个菜单项，如本项目基金交易管理系统的菜单条包含：系统操作、产品管理、客户服务、交易管理、人员管理、帮助 6 个菜单，点击每个菜单能弹出菜单中的菜单项，其中“交易管理”菜单的 3 个菜单项进行了功能分组，不同组之间有分割线，菜单效果如图 4-5-1 所示。

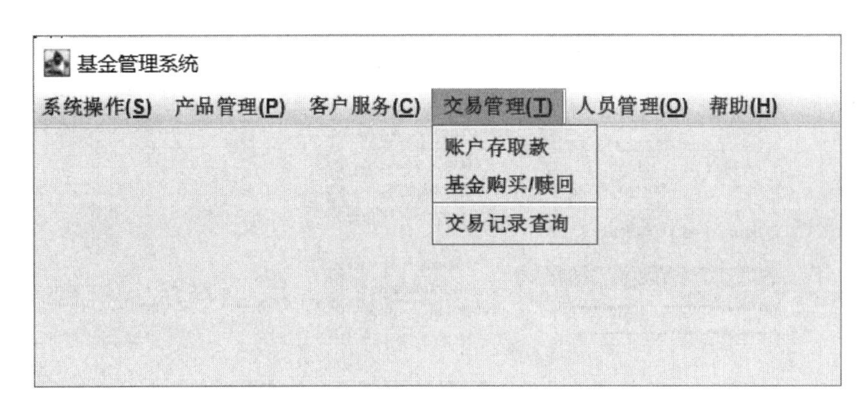

图 4-5-1　基金管理系统菜单设计效果

知识 2：主窗口的设计规划

系统的主窗口主要由菜单条、虚拟桌面（JDesktopPane）以及状态描述面板构成。其中，虚拟桌面是用于创建多文档界面或虚拟桌面的容器，用户可创建 JInternalFrame 对象并将其添加到虚拟桌面。虚拟桌面扩展了 JLayeredPane，以管理多重内部窗口。状态描述面板主要提供系统时间显示功能,按秒实时刷新。

知识 3: 线程

线程是进程中的一个执行单元,负责当前进程中程序的执行,一个进程中至少有一个线程。多个线程的进程程序称为多线程程序,多线程程序执行效率高,且在执行过程中线程之间互不干扰。多线程程序一般有以下 3 种实现方式。

(1) 实现 Callable 接口,重写 call( )方法,并使用 Future 获取 call( )方法的返回结果。

(2) 实现 Runnable 接口,重写 run( )方法。

(3) 继承 Thread 类,重写 run( )方法。

四、任务实施

子任务 1: 创建主窗口

步骤 1: 编制菜单。首先,在项目的 view 包中新建一个名为 MainFrame 的窗口类,窗口的大小为 1 300 像素×700 像素,标题为基金管理系统 1.0,并在窗口的构造方法中添加"this. setLocationRelativeTo(null)"语句,以使窗口在运行时能在屏幕居中显示。然后进行菜单设计,使用 WindowBuilder 工具 Menu 组件组中的 JMenuBar 组件在窗口上方创建一个菜单条;使用 JMenu 组件在菜单条中创建"系统操作"菜单,并在该菜单的属性栏的 text 项中输入菜单的名称。在"系统操作"菜单的 mnemonic 项中进行该菜单访问快捷键的设置,例如,若选用菜单名称对应的英文首字母"S"对其进行设置,如图 4-5-2 所示,则在窗口运行时,访问该菜单的快捷键为[Alt+S],对应代码如下。重复该步骤,完成其余 5 个菜单的创建。

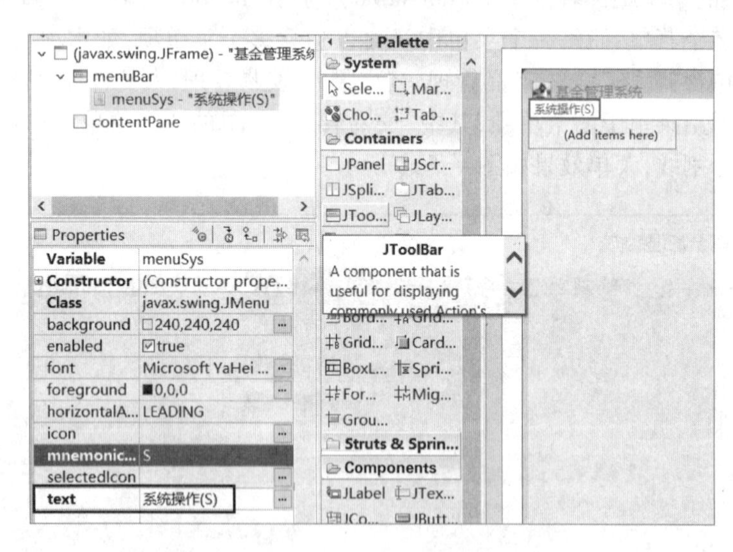

图 4-5-2　创建"系统操作"菜单的结果

```
JMenuBar menuBar = new JMenuBar( );
setJMenuBar( menuBar) ;
JMenu menuSys = new JMenu( "系统操作(S)") ;
menuSys. setMnemonic( 'S') ;    //设置快捷访问方式
menuBar. add( menuSys) ;
```

步骤 2：绘制分割线。创建“交易管理”菜单项时，需要绘制分割线。此时，可以在创建完“基金购买/赎回”子菜单项后，选择 Components 组件组中 JSeparator 组件，然后在该子菜单项下面单击鼠标，即完成了分割线的绘制，如图 4-5-3 所示。

基金交易管理系统的菜单以及菜单项的构成如图 4-5-4 所示。

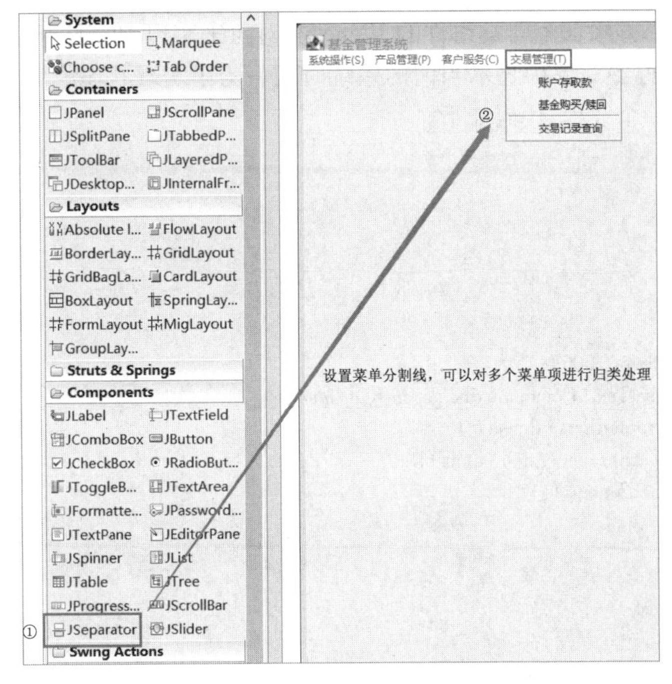

图 4-5-3　绘制菜单分割线的效果

图 4-5-4　基金交易管理系统菜单及菜单项

步骤 3：创建虚拟桌面。使用容器组的 JDesktopPane 组件在主界面窗口中创建一个虚拟桌面，创建前需要将主界面窗口的布局方式设置为绝对布局，创建时调整一下虚拟桌面组件的大小和位置，下方需要留有一定的空间用于设计状态栏，虚拟桌面背景颜色设置为白色。

步骤 4：创建状态栏。状态栏的主要功能是显示当前系统时间并按秒实时刷新，该功能通过 util 包中定义的 CommonUtils 类实现，CommonUtils 类的定义代码如下。在该代码中，先定义一个字符串静态常量用于日期显示格式的设置，并用该常量创建一个日期格式类对象。接着，定义一个能返回当前时间的静态方法 getCurrentTime( )，在该方法中用日期类的构造方法获取当前系统时间，并用日期格式类对象的格式化方法将时间格式化成“yyyy 年 MM 月 dd 日 HH:mm:ss Ea”，并将格式化后的时间返回。

```
/**** 系统通用工具类**/
public class CommonUtils {

    //日期格式串
    public static final String STYLE= "yyyy 年 MM 月 dd 日 HH:mm:ss Ea";
    public static final SimpleDateFormat sdf = new SimpleDateFormat(STYLE);
```

```
    public static String getCurrentTime() {
        return sdf.format(new Date());
    }

}
```

状态栏功能需要通过在主界面下方添加容器类组件的 JPanel 类对象来实现，在面板类对象中添加一个标签组件对象，并在标签对象中显示当前的系统时间。为了实现状态栏时间每隔 1 s 自动刷新，需要额外编制一个线程，代码如下。

```
//时钟执行线程
        new Thread() {

            public void run() {
                while(true) {
                    try {
                        Thread.sleep(1000);
                        lblClock.setText(CommonUtils.getCurrentTime());
                    } catch (InterruptedException e) {
                        // TODO Auto-generated catch block
                        e.printStackTrace();
                    }

                }
            }

        }.start();
```

上述代码调用线程的 sleep()方法让线程运行停滞 1 s 后重新获取当前系统时间并在标签对象中显示出来，以模拟时间的运行。状态栏运行时的效果如图 4-5-5 所示。

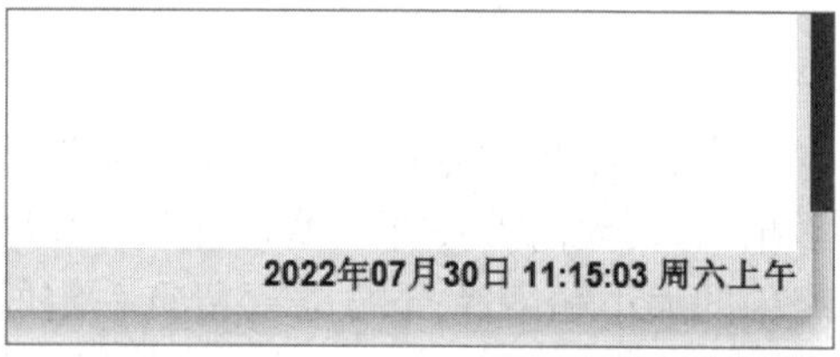

2022年07月30日 11:15:03 周六上午

图 4-5-5　状态栏显示效果

子任务 2：部分菜单项的响应实现

步骤 1：编辑部分菜单项的响应事件。点击“帮助”，在“关于”菜单项上单击右键，选择“add Event Handler”→“action”→“actionPerformed”，编写如下事件响应代码，用于打开消息对话框显示系统名称和版本。

```
JMenuItem miAbout = new JMenuItem("关于");
miAbout.addActionListener(new ActionListener() {
            public void actionPerformed(ActionEvent e) {
                JOptionPane.showMessageDialog(MainFrame.this, "基金管理系统 v1.0");
            }
});
menuHelp.add(miAbout);
```

上述代码的运行效果如图 4-5-6 所示。

图 4-5-6　点击“关于”菜单项的运行效果

步骤 2：“退出”菜单项的实现。点击“系统操作”，在“退出”菜单项上单击右键，选择“add Event Handler”→“action”→“actionPerformed”，编写事件响应代码如下。

```
JMenuItem miExit = new JMenuItem("退出系统");
miExit.addActionListener(new ActionListener() {
        public void actionPerformed(ActionEvent e) {
                    int result = JOptionPane.showConfirmDialog(MainFrame.this, "是否确认退出系统?","系统提示",JOptionPane.YES_NO_OPTION, JOptionPane.QUESTION_MESSAGE);
                    if(result == JOptionPane.YES_OPTION)
                        MainFrame.this.dispose();
            }
        });
menuSys.add(miExit);
```

事件中，打开的对话框为 Confirm 类的对话框，JOptionPane.YES_NO_OPTION 参数为对话框的按钮类型，JOptionPane.QUESTION_MESSAGE 参数为消息旁边显示的图标样式，通过一个分支判断结构，判断用户是否点击了按钮“是”，如果该按钮被点击，则关闭主界面窗口。代码的运行效果如图 4-5-7 所示。

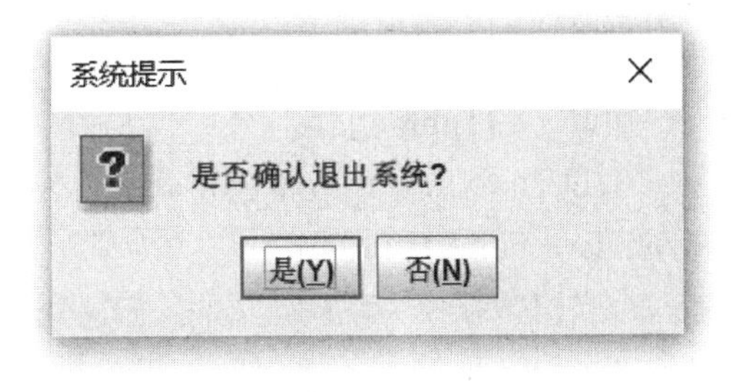

图 4-5-7　“退出系统”对话框显示效果

任务 6　主操作员的列表展示

一、任务目标

1. 掌握登录操作后处理方法。
2. 掌握 JDBC 数据获取技术。
3. 掌握 JInternalFrame 的实例化和显示方法。
4. 掌握 JTable 的使用方法。

二、任务要求

1. 打开登录后主窗口。
2. 基于 JDBC 获取操作员列表数据。
3. 显示列表数据。

三、预备知识

知识 1：main( )方法的定义及作用

main( )方法是 Java 程序的执行入口，JVM 运行 Java 程序时，程序将从 main( )方法所属大括号内的代码开始执行。其定义格式如下。

```
public static void main(String[] args){
//执行代码
}
```

其中，参数 args 是一个字符串数组，接收来自程序执行时传进来的参数。如果参数的传入通过控制台，则可通过编译执行传入参数。

知识 2：静态成员变量

静态成员变量指在类内用 static 关键字修饰的成员变量。静态成员变量存储于一块固定的内存区域(静态区)，被该类所有的对象共享。同时，若类的成员变量被定义为 public static，则其他类对象还能通过“类名.变量名”的方式来访问该变量。注意：static 关键字只能用于修饰类的成员变量，不能用于修饰局部变量，否则编译会报错。

知识 3：JTable 组件

JTable 是将数据以表格的形式显示给用户的一种组件，包括行和列，其中每列代表一种属性。Java Swing 提供的 JTable 类为显示数据提供了一种简单的机制。DefaultTableModel( )是一个表格数据模型的构造方法，它使用一个 Vector 来存储所有单元格的值，该 Vector 由包含多个 Object 的 Vector 组成。表格数据可从应用程序复制到 DefaultTableModel，还可以用 TableModel 接口的方法包装数据，将数据直接传递到 JTable 组件。

知识 4：JInternalFrame 组件

JInternalFrame 是 Java Swing 提供的内部窗口组件，其支持在 JFrame 窗口内部显示一个完整的子窗口，并提供了许多窗口功能的轻量级对象，包括窗口拖动、关闭，窗口图标编辑，窗口大小调整，窗口标题显示和支持菜单栏等。在使用 JInternalFrame 组件时，通常将该组件添加到 JDesktopPane 中，用于维护和显示 JInternalFrame 定义的窗口。当 JInternalFrame 的实例创建后，其具体使用方法和 JFrame 类似。

四、任务实施

子任务 1：登录后展示主界面

步骤 1：编制主启动程序 FundMgrApp。在 FundMgrApp 的 main( )方法中设置启动登录界面 LoginFrame 的代码,作为程序的启动点,并设置一个静态成员变量 Oper,让其在全局范围保存当前登录的操作员信息,相关代码如下。

```
/**** 主启动程序 ***/
public class FundMgrApp {

    public static Operator oper = null;

    /*** @param args */
    public static void main(String[] args) {

        EventQueue.invokeLater(new Runnable() {
            public void run() {
                try {
                    LoginFrame frame = new LoginFrame();
                    frame.setVisible(true);
                } catch (Exception e) {
                    e.printStackTrace();
                }
            }
        });

    }
}
```

步骤2:展示主窗口。在登录窗口的登录按钮点击事件中利用业务操作接口实现类的登录方法,成功登录后关闭登录界面,保存登录用户信息,开启主界面,代码如下。

```
btnLogin.addActionListener(new ActionListener() {
        public void actionPerformed(ActionEvent e) {

            OperService operService = new OperServiceImpl();

            try {
                Operator oper = operService.checkOper(txtOperNo.getText(), new String
(txtOperPwd.getPassword()));
                JOptionPane.showMessageDialog(LoginFrame.this, "登录成功!");
                LoginFrame.this.dispose(); //关闭登录界面

                //开启主界面窗口
                FundMgrApp.oper = oper;
                MainFrame mainFrame = new MainFrame();
                mainFrame.setVisible(true);
            }catch(Exception ex) {
                JOptionPane.showMessageDialog(LoginFrame.this, ex.getMessage());
            }

        }
});
```

同时,在主界面状态栏的左下方增加一个 JLabel 对象用于显示登录用户的信息,该信息通过主启动类的静态成员变量 oper 获得,并将该信息用标签组件的 settext( )方法显示,具体代码如下。

```
JLabel lblOper = new JLabel("");
String operType = FundMgrApp.oper.getOperType().equals("a")?"银行操作员":"管理人员";
lblOper.setText("账户:"+FundMgrApp.oper.getOperNo()+"("+FundMgrApp.oper.getOperName()
+")-"+operType);

statusPanel.add(lblOper, BorderLayout.WEST);
```

代码运行后,窗口显示效果如图 4-6-1 所示。

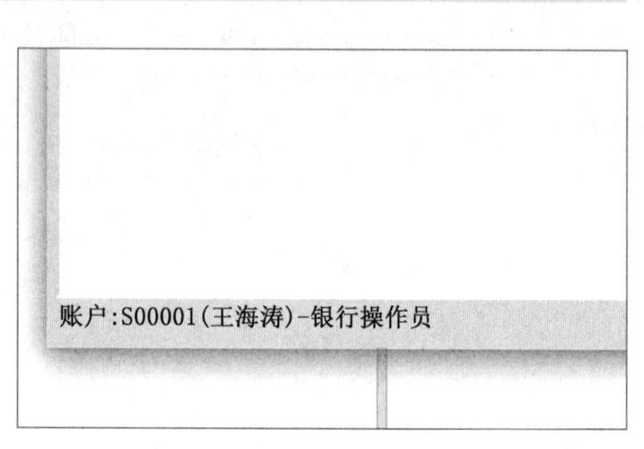

图 4-6-1　登录用户信息的显示效果

子任务 2:展示操作员列表

步骤 1:从数据库获取操作员数据。首先在 Oper_Dao 接口中定义一个能加载并返回操作员对象列表的抽象方法 loadOperList( )。然后,基于 JDBC 驱动,在 OperatorDaoImpl 类中实现该抽象方法,结合 SQL 语句完成所有操作员记录的查询,将查询结果中的每条记录封装成操作员对象,并将该对象添加到 operList 列表中,最后将该列表返回,具体代码如下。

```
@Override
    public List<Operator> loadOperList() {

        Connection conn = DBUtils.getConn();
        PreparedStatement pstmt = null;
        ResultSet rset = null;
        List<Operator> operList = new ArrayList<>();

        try {
            pstmt = conn.prepareStatement(SQL_LOAD_OPERS);
            rset = pstmt.executeQuery();
            while(rset.next()) {
                Operator oper = new Operator();
                oper.setOperNo(rset.getString("oper_no"));
                oper.setOperName(rset.getString("oper_name"));
                oper.setOperPwd(rset.getString("oper_pwd"));
                oper.setOperType(rset.getString("oper_type"));
                oper.setOperCreateTime(new Date(rset.getTimestamp("oper_ctime").getTime()));
                operList.add(oper);
            }
        } catch (SQLException e) {
            // TODO Auto-generated catch block
            e.printStackTrace();
```

```
        } finally {
            DBUtils.releaseRes(conn, pstmt, rset);
        }

        return operList;

    }
```

步骤 2：在业务操作接口 Oper_Service 及其实现类 OperServiceImpl 中补充操作员数据加载的方法，如图 4-6-2 所示。

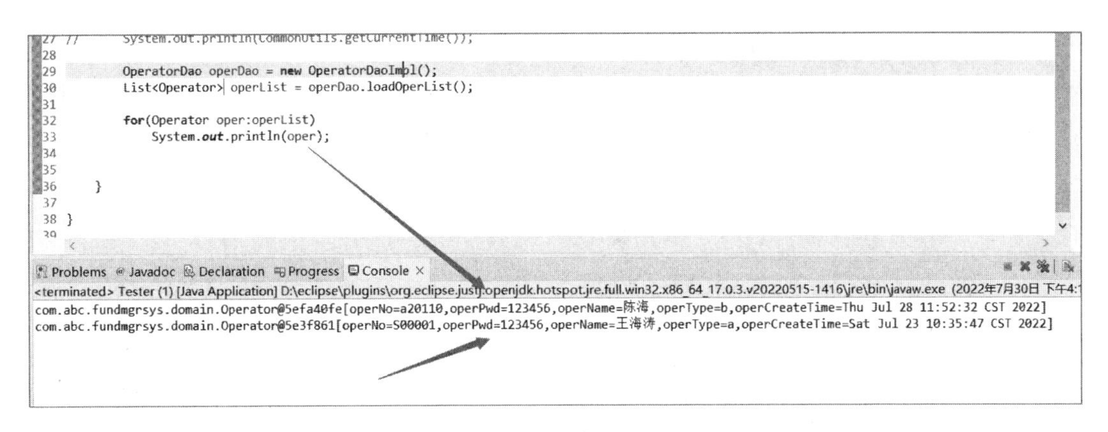

图 4-6-2　OperServiceImpl 类加载操作员数据的执行结果

步骤 3：编制操作员显示界面。在项目的 view 包中创建一个 JInternalFrame 类的子类 OperListFrame，窗口的大小为 837 像素×525 像素，窗口的标题为“操作员管理”。在窗口的下方增加“新增”按钮、“修改”按钮、“删除”按钮，并对窗口布局进行调整，显示效果可参考图 4-6-3。

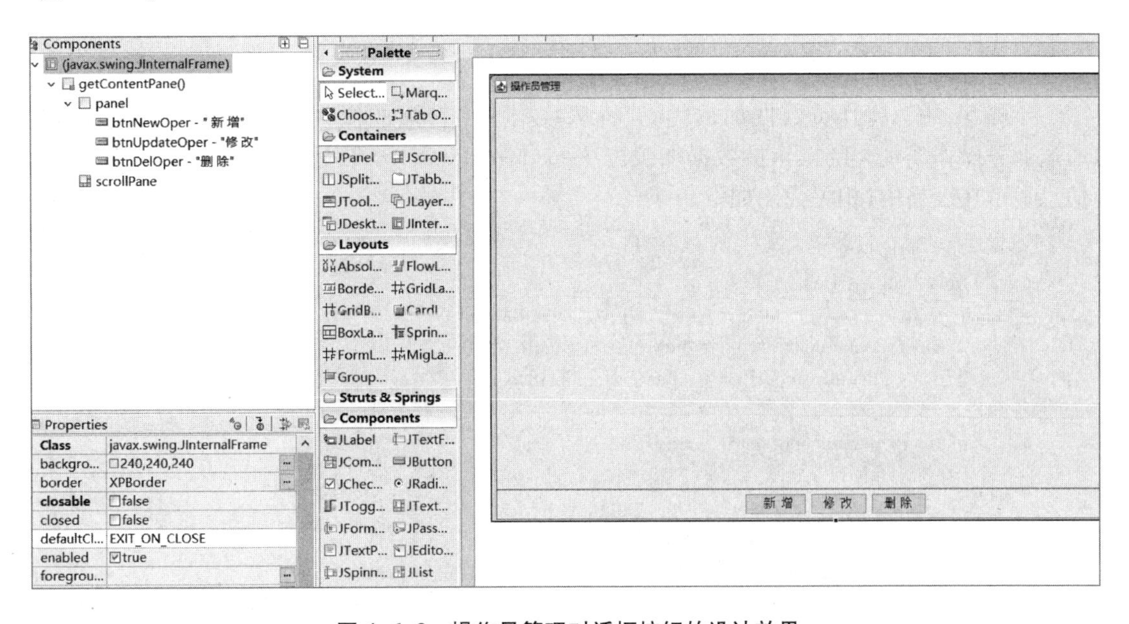

图 4-6-3　操作员管理对话框按钮的设计效果

步骤 4：设置表格。在窗口的中间区域创建一个容器类对象——滚动面板(ScollPane)，该面板用来展现操作员信息列表。同时，在滚动面板内创建一个表格类实例，按照操作员数据表的字段设置，通过表格类实例的 DefaultTableModel 属性进行表头设置，并调用表格实例的 setViewportView( )方法在滚动面板中显示表格。相关代码如下。

```
//表头文字列表
String[ ] header = {"账号","密码","真实姓名","类型","创建时间"};
//创建数据模型
dtm = new DefaultTableModel(null,header);

table = new JTable(dtm);
scrollPane. setViewportView(table);
```

设计界面的显示效果如图 4-6-4 所示。

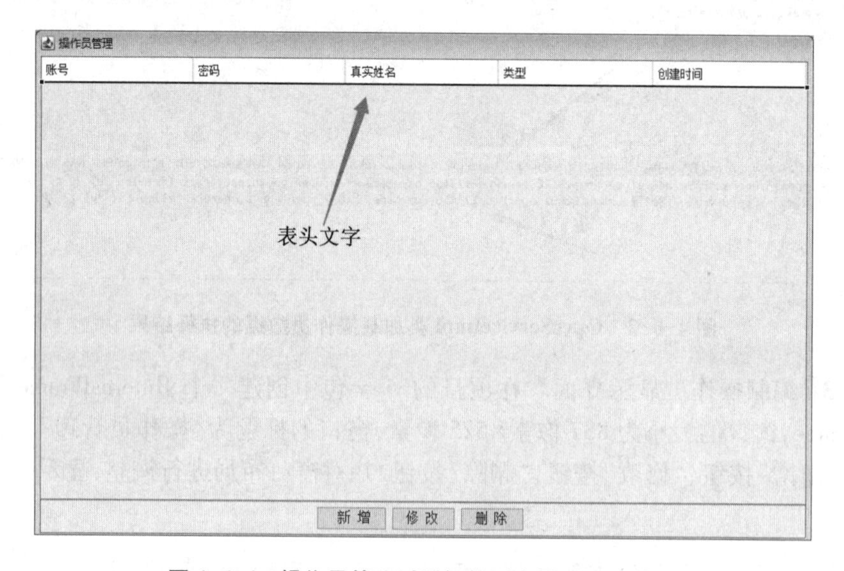

图 4-6-4　操作员管理对话框的列表界面设计效果

步骤 5：编写操作员数据加载代码，将从数据库中获取的操作员信息在表格中显示。通过业务操作实现类的操作员数据加载方法 loadOperData( )，将从数据库中获取的操作员信息显示在表格中，相关代码如下。

```
/*** 加载操作员数据 ***/
private void loadOperData() {

        OperService operService = new OperServiceImpl();
        List<Operator> operList = operService. loadOpers();

        for (Operator operator : operList) {
            Object[ ] data = {
                    operator. getOperNo(),
                    operator. getOperPwd(),
                    operator. getOperName(),
                    operator. getOperType(). equals("a")?"银行操作员":"管理人员",
```

```
                operator. getOperCreateTime( ). toLocaleString( )
            };
            this. dtm. addRow( data);
        }
    }
```

步骤 6：将从数据库中得到的操作员数据与表格模型相关联，具体代码如下。

```
/*** 加载操作员数据 */
private void loadOperData( ) {

    OperService operService = new OperServiceImpl( );
    List<Operator> operList = operService. loadOpers( );

    for (Operator operator : operList) {
        Object[ ] data = {
                operator. getOperNo( ),
                operator. getOperPwd( ),
                operator. getOperName( ),
                operator. getOperType( ). equals("a")?"银行操作员":"管理人员",
                operator. getOperCreateTime( ). toLocaleString( )
        };
        this. dtm. addRow( data);
    }

}
```

步骤 7：显示操作员界面。将操作员管理窗口的功能绑定到主菜单项，添加“操作员管理”菜单项的点击事件，在事件中打开操作员管理窗口，并将该窗口添加到虚拟桌面中，相关代码如下。

```
JMenuItem miOperMgr = new JMenuItem("操作员管理");
        miOperMgr. addActionListener( new ActionListener( ) {
            public void actionPerformed( ActionEvent e) {
                OperListFrame operListFrame = new OperListFrame( );
                operListFrame. setVisible( true);
                desktopPane. add( operListFrame);
                desktopPane. setSelectedFrame( operListFrame);
            }
        });
        mnNewMenu. add( miOperMgr);
```

步骤 8：在 OperListFrame 构造方法中增加代码“super("操作员管理",true,true,true,true);”，该代码通过调用父类构造方法完成操作员管理窗口的最大化、最小化以及关闭等功能设置。

步骤 9：在 OperListFrame 构造方法中，增加关闭操作监听器，并加载数据，相关代码如下。

```
//增加事件监听器，当产生关闭点击操作的时候，关闭窗口
        this. addInternalFrameListener( new InternalFrameAdapter( ) {
```

```
            @Override
            public void internalFrameClosing(InternalFrameEvent e) {
                OperListFrame.this.dispose();
            }

        });

        this.loadOperData();
```

上述代码的运行结果如图 4-6-5 所示。

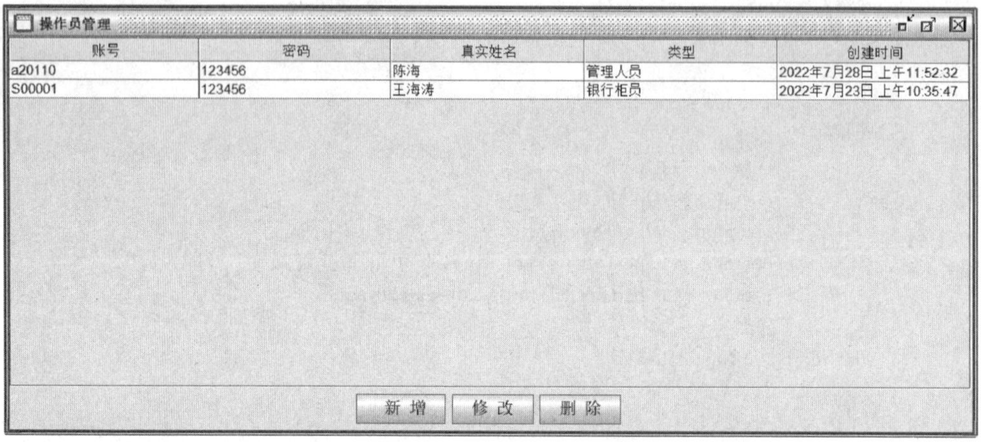

操作员管理

账号	密码	真实姓名	类型	创建时间
a20110	123456	陈海	管理人员	2022年7月28日 上午11:52:32
S00001	123456	王海涛	银行柜员	2022年7月23日 上午10:35:47

新 增　修 改　删 除

图 4-6-5　加载操作员数据操作的执行结果

任务 7　操作员信息的添加和删除

一、任务目标

1. 掌握模态窗口的构建方法。
2. 掌握 JDBC 数据删除方法。
3. 掌握 JTable 模型的使用方法。

二、任务要求

1. 整合新增操作员模块和主界面。
2. 各种界面的居中以及对话框的模态显示。
3. 实现操作员信息的删除操作。

三、预备知识

知识 1：模态对话框/非模态对话框

模态对话框指除非采取有效的关闭手段，否则用户的鼠标焦点或者输入光标将一直停留在其上的对话框。模态对话框在显示之后,就不能对同一个程序中的其他窗口进行任何交互。在窗口关闭之前,其父窗口不可能成为活动窗口的窗口。例如,弹窗就是常见的一种模态对话框,如果该窗口没有关闭,则不能对其他窗口做任何操作。

一旦创建了模态对话框,则进入局部消息循环,而全局的消息循环被阻断。由于局部消息循环只在对话框中的一个响应函数中,局部循环一直运行,如果用户不处理并关闭模态对话框,则该循环会一直持续下去,导致用户不能对其他窗口执行操作。

非模态对话框,即用户可以在当前对话框以及其他窗口间相互切换并执行操作,非模态对话框在显示之后,还可以对同一个程序的其他窗口进行操作交互。

知识2：DELECT命令

当用户执行操作员信息删除操作时,需要使用MySQL的DELECT命令将数据库fund_db中操作员数据表t_oper中相应的操作员记录删除。DELECT命令的语法格式如下：

```
DELETE FROM <表名> [WHERE 子句] [ORDER BY 子句] [LIMIT 子句]
```

说明：

① <表名>：指定所要删除数据的表名。

② ORDER BY 子句：可选项。指定数据的删除顺序。

③ WHERE 子句：可选项。为删除操作限定删除条件,若省略该子句,则代表删除该表中的所有行。

④ LIMIT 子句：可选项。用于告知服务器在控制命令被返回到客户端前被删除行的最大值。

知识3：添加操作员记录的执行流程

添加操作员记录的执行流程如图4-7-1所示,与新增操作员的流程(图4-3-4)相关,除将结果通过新增操作员界面显示的步骤修改为通过操作员信息列表界面显示新增的操作员数据外,其他步骤一致。

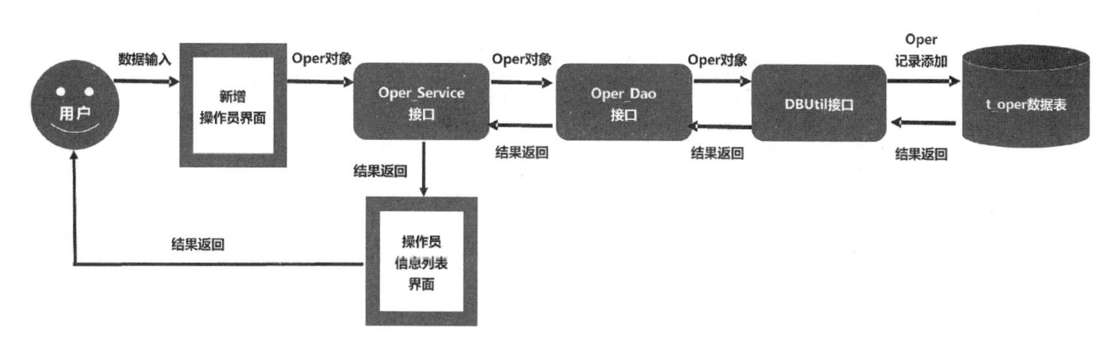

图4-7-1　添加操作员记录的执行流程

知识4：删除操作员记录的执行流程

删除操作员记录的执行流程如图4-7-2所示,在操作员信息列表中点选需要删除的操作员记录,并将被选记录的操作员账号通过Oper_Sevice接口、操作员Oper_Dao接口、DBUtil接口完成后台数据库操作员记录的删除。最后,还需要通过Oper_Sevice接口刷新前端的操作员信息列表,显示删除操作员记录后的剩余数据。

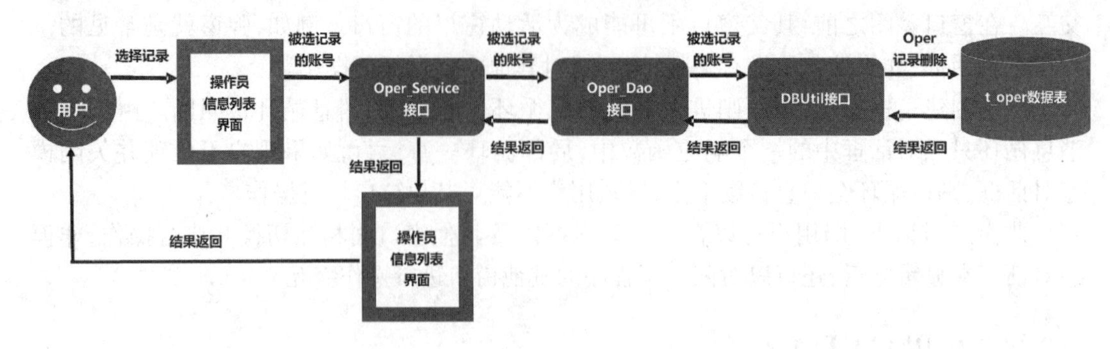

图 4-7-2　删除操作员记录的执行流程

四、任务实施

子任务 1：修改新增操作员界面

步骤 1：将新增操作员窗口改为 JDialog 对象，同时，将类名统一改成 CreateOperatorDialog,如图 4-7-3 所示。

```
public class CreateOperatorDialog extends JDialog {

    private JPanel contentPane;
    private JTextField txtOperNo;
    private JPasswordField txtPwd;
    private JPasswordField txtPwdAgain;
    private JLabel lblNewLabel_2;
```

修改JFrame为JDialog

图 4-7-3　关于新增操作员窗口父类的修改结果

步骤 2：设置新增操作员对话框的关闭默认操作,并设置该对话框为模态对话框,即仅在该对话框关闭后,才能对其他窗口执行操作,相关代码如下。

```
//点击关闭按钮,则关闭该对话框
this.setDefaultCloseOperation(JDialog.DISPOSE_ON_CLOSE);
//设置为模态对话框,只有本对话框关闭,才能操作应用程序的其他部分
this.setModal(true);
this.setVisible(true);
```

步骤 3：编辑操作员管理窗口“新增”按钮的点击事件,在该事件中打开新增操作员对话框,相关代码如下。

```
JButton btnNewOper = new JButton("新 增");
btnNewOper.addActionListener(new ActionListener() {
    public void actionPerformed(ActionEvent e) {
        System.out.println("create oper frame!");
        CreateOperatorDialog operDialog = new CreateOperatorDialog();
    }
});
```

测试打开操作员管理窗口、新增操作员对话框功能,发现两个窗口打开后均偏移了屏幕中央位置,如图 4-7-4 所示。

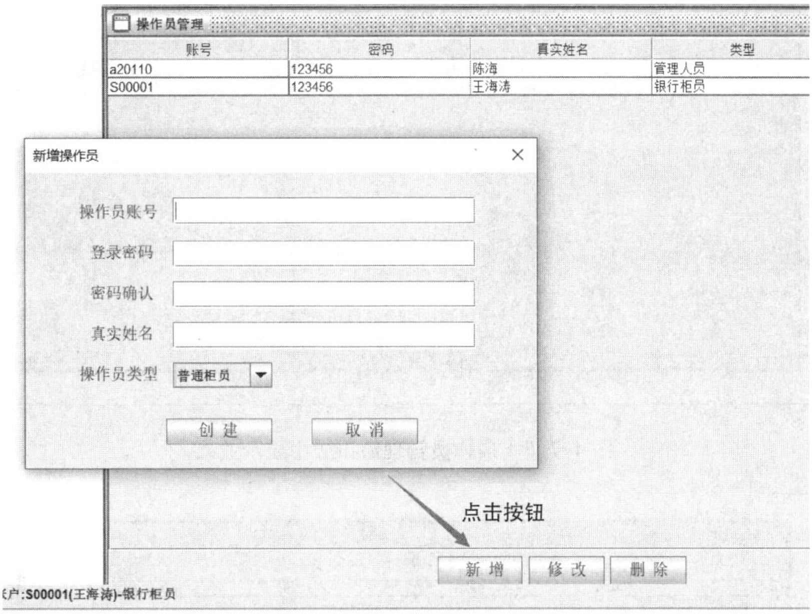

图 4-7-4　操作员管理窗口和新增操作员对话框的显示效果

子任务 2:各界面的居中处理

步骤 1:操作员列表界面的居中处理。在主界面中,在加载操作员管理窗口时,根据主界面与操作员管理窗口的大小,换算操作员管理窗口的居中显示时的位置坐标(x, y)并加以设置,再打开该窗口,相关代码如下。

```
//JInternalFrame 的居中处理
Dimension  frameSize = operListFrame.getSize();
Dimension  desktopSize = desktopPane.size();
int x = (desktopSize.width-frameSize.width)/2;
int y = (desktopSize.height-frameSize.height)/2;
operListFrame.setLocation(x, y);
operListFrame.setVisible(true);
```

窗口居中显示的效果如图 4-7-5 所示。

步骤 2:设置新增操作员对话框居中显示。在 CreateOperDialog 类中增加如下代码。

```
//点击关闭按钮,则关闭该对话框
this.setDefaultCloseOperation(JDialog.DISPOSE_ON_CLOSE);
//设置为模态对话框,只有本对话框关闭,才能操作应用程序的其他部分
this.setModal(true);
//设置屏幕居中显示
this.setLocationRelativeTo(null);
this.setVisible(true);
```

上述代码运行效果如图 4-7-6 所示。

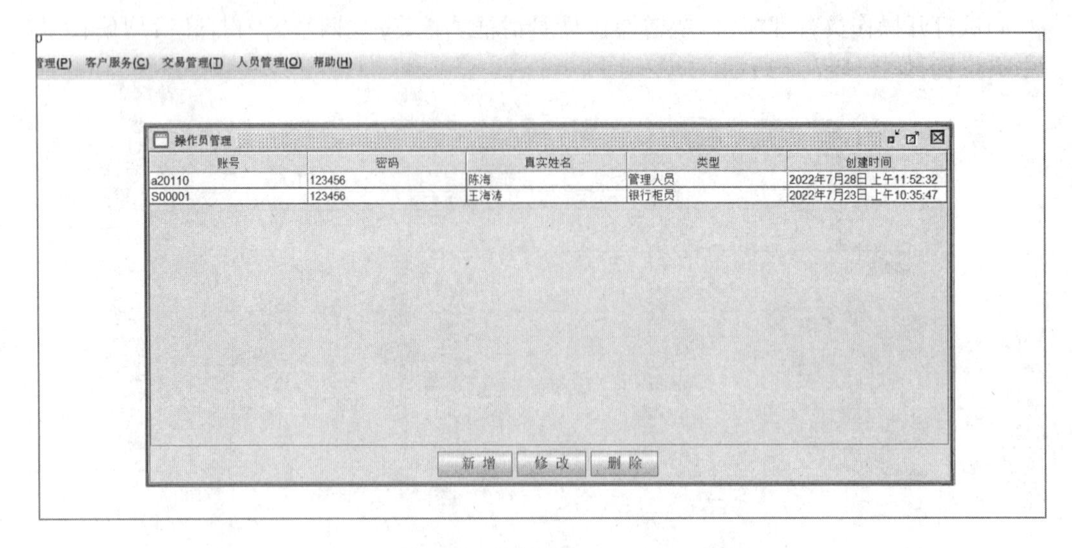

图 4-7-5　操作员管理窗口居中显示效果

图 4-7-6　新增操作员对话框居中显示效果

子任务 3：新增操作员对话框和主界面融合

步骤 1：新增操作员操作执行完毕后，在 CreateOperDialog 类中补充关闭对话框的代码。相关代码如下。

```
if(cnt==1) {
    System.out.println("save operator to db is ok!");
    //保存成功后，关闭该对话框
    CreateOperatorDialog.this.dispose();
}
```

步骤 2：在 OperListFrame 中补充如下代码，通过重新调用操作员管理窗口的 loadOperData()方法，刷新操作员数据列表，执行效果如图 4-7-7 所示。

```
btnNewOper.addActionListener(new ActionListener() {
            public void actionPerformed(ActionEvent e) {
                System.out.println("create oper frame!");
                CreateOperatorDialog operDialog = new CreateOperatorDialog();
                OperListFrame.this.loadOperData();
            }
});
```

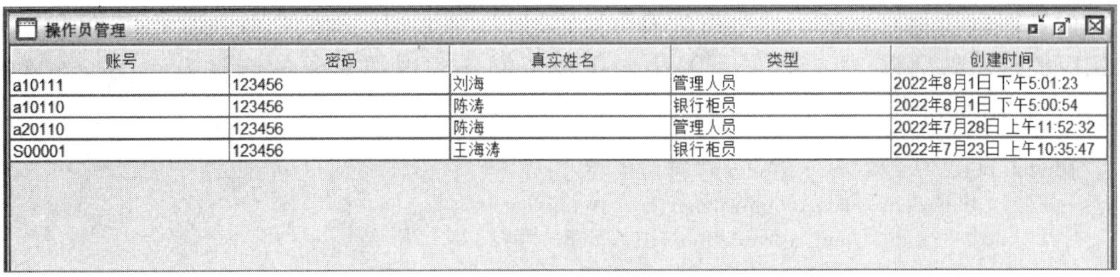

操作员管理

账号	密码	真实姓名	类型	创建时间
a10111	123456	刘海	管理人员	2022年8月1日 下午5:01:23
a10110	123456	陈涛	银行柜员	2022年8月1日 下午5:00:54
a20110	123456	陈海	管理人员	2022年7月28日 上午11:52:32
S00001	123456	王海涛	银行柜员	2022年7月23日 上午10:35:47

图 4-7-7　加载操作员记录方法的执行结果

子任务 4：删除操作员记录

步骤 1：在 dao 包的 Oper_Dao 接口中补充定义删除操作员记录的抽象方法 delOperByNo(),该方法根据操作员账号删除记录。同时,在 Oper_Dao 的实现类里编写相关的 SQL 语句,并将其定义成字符串常量。基于 JDBC 驱动,编写删除操作员记录方法的相关代码如下。

```
private static final String SQL_DEL = "delete from t_oper where oper_no=?";

    @Override
    public int delOperByNo(String operNo) {

        Connection conn = DBUtils.getConn();
        PreparedStatement pstmt = null;
        int cnt = 0;

        try {
            pstmt = conn.prepareStatement(SQL_DEL);
            pstmt.setString(1, operNo);
            cnt = pstmt.executeUpdate();
        } catch (SQLException e) {
            // TODO Auto-generated catch block
            e.printStackTrace();
        } finally {
            DBUtils.releaseRes(conn, pstmt, null);
        }

        return cnt;

}
```

步骤 2：在 service 包中的业务操作实现接口中相应补充删除操作员记录的抽象方法，并在该接口的实现类中实现该抽象方法，相关代码如下。

```
@ Override
    public int removeOper( String operNo) {
        return new OperatorDaoImpl( ). delOperByNo( operNo) ;
    }
```

步骤 3：在“删除”按钮的点击事件中编写删除操作员记录代码，通过表格组件获取选择行行号的方法获取点选记录所在行的行号，如果行号为-1，则表明用户还未点选记录，显示相应的提示对话框；如果行号≥0，则调用业务操作实现类对象的删除方法执行删除操作，并重新刷新列表。具体代码如下。

```
JButton btnDelOper = new JButton("删 除") ;
        btnDelOper. addActionListener( new ActionListener( ) {
            public void actionPerformed( ActionEvent e) {
                int row = table. getSelectedRow( ) ;
                if( row = = -1) {
                    JOptionPane. showMessageDialog( OperListFrame. this, "请先选中操作员再
操作!") ;
                }
                else {
                    String no = (String) table. getValueAt( row, 0) ;
                    String name = (String) table. getValueAt( row, 2) ;
                    System. out. println( no+" ," +name) ;
                }
            }
    }) ;
```

步骤 4：根据用户的操作结果，编写“删除”按钮的响应事件。事件代码中通过调用 Oper_Service 接口的 removeOper( )方法实现后台数据库中操作员数据表相关记录的删除。相关代码如下。

```
JButton btnDelOper = new JButton("删 除") ;
        btnDelOper. addActionListener( new ActionListener( ) {
            public void actionPerformed( ActionEvent e) {
                int row = table. getSelectedRow( ) ;
                if( row = = -1) {
                    JOptionPane. showMessageDialog( OperListFrame. this, "请先选中操作员再
操作!") ;
                }
                else {
                    String no = (String) table. getValueAt( row, 0) ;
                    String name = (String) table. getValueAt( row, 2) ;
                    //System. out. println( no+" ," +name) ;
                    int result = JOptionPane. showConfirmDialog( OperListFrame. this, "确认删除
操作员 -" + name + " 吗?" ," 系统提示" , JOptionPane. YES _ NO _ OPTION, JOptionPane. QUESTION _
MESSAGE) ;
                    if( result = = JOptionPane. YES_OPTION) {
                        OperService operService = new OperServiceImpl( ) ;
```

```
                    if( operService. removeOper( no) = = 1)
                    OperListFrame. this. loadOperData( );
                else

JOptionPane. showMessageDialog( OperListFrame. this, "删除操作员信息失败!");
            }
        }}
    }
});
```

代码编号完成后,测试删除功能,运行效果如图 4-7-8 所示。

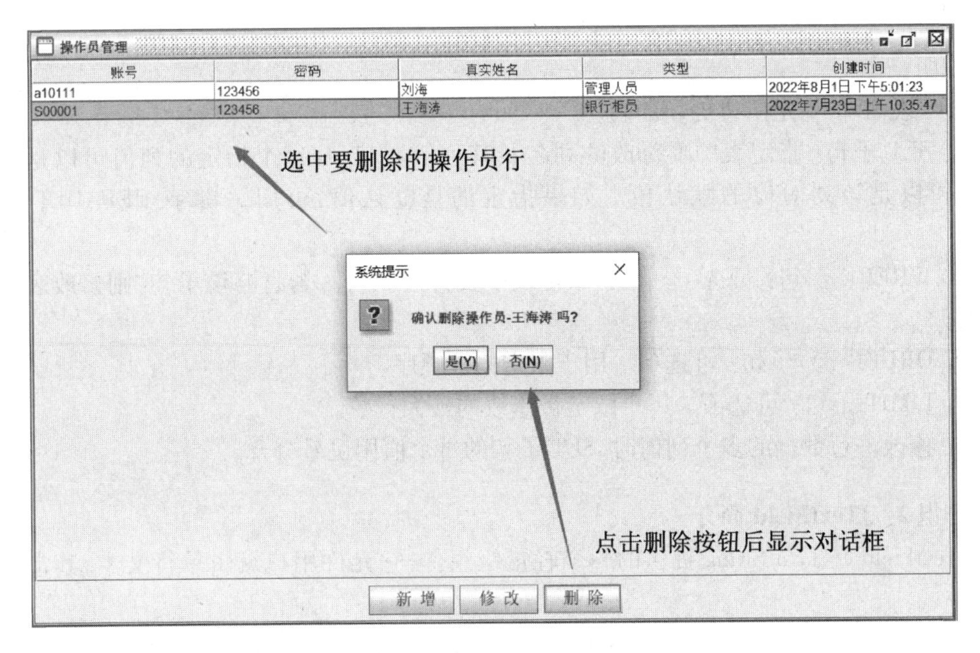

图 4-7-8　删除操作员记录方法的执行结果

任务 8　操作员信息的修改

一、任务目标

1. 掌握用包对类做分类管理的方法。
2. 掌握 JDBC 数据修改方法。
3. 掌握数据的界面回显方法。

二、任务要求

1. 用包对相关操作界面做分类管理。

2. 构建操作员信息修改界面并回填数据。

3. 实现操作员的信息修改操作。

三、预备知识

知识 1：UPDATE 命令

当用户执行操作员信息修改操作时，需要使用 MySQL 的 UPDATE 命令对数据库 fund_db 中操作员数据表 t_oper 中相应的操作员记录进行修改。UPDATE 命令的语法格式如下：

```
UPDATE <表名> SET 字段 1=值 1,[字段 2=值 2… ][WHERE 子句 ][ORDER BY 子句][LIMIT 子句]
```

说明：

① <表名>：指定所要更新的表。

② SET 子句：指定表中要修改的列名及其列值。其中，每个指定的列值可以是表达式，也可以是该列对应的默认值。如果指定的是默认值，可用关键字 DEFAULT 表示列值。

③ WHERE 子句：可选项。用于限定表中要修改的行。若省略该子句，则修改表中所有的行。

④ ORDER BY 子句：可选项。用于限定修改顺序。

⑤ LIMIT 子句：可选项。用于限定被修改的最大行数。

⑥ 修改一行数据的多个列值时，SET 子句的每个值用逗号分开。

知识 2：JTextField 简介

JTextField 是 Java Swing 提供的一个轻量级组件，它允许用户编辑单行文本，其常用方法有：

（1）SetText(String)：设置文本域中的文本值，输入参数为字符串类型数据。

（2）GetText()：返回文本域中输入的文本值。

（3）setEditable(Boolean)：设置文本域是否为只读状态，若输入参数为 false，则文本框为不可编辑或只读状态；若输入参数为 true，则文本框为可编辑或可写状态。

（4）getColumns()：返回文本框的列数。

知识 3：修改操作员信息的执行流程

修改操作员信息的执行流程如图 4-8-1 所示，首先用户在操作员信息列表中点选需要修改的操作员记录；其次，被选记录对应的操作员账号通过 Oper_Service 接口、Oper_Dao 接口和 DBUtil 接口传输到后台数据库，并根据该账号在操作员数据表中实现操作员记录查找，查找到的操作员数据回填到前端的修改操作员界面中，用户在界面中对除操作员账号以外的数据做修改；修改后的数据被封装成 Oper 对象，再通过 Oper_Service 接口、Oper_Dao 接口和 DBUtil 接口传输到后台数据库并实现操作员记录数据的更新。最后，在前端界面中反馈“修改成功”信息。

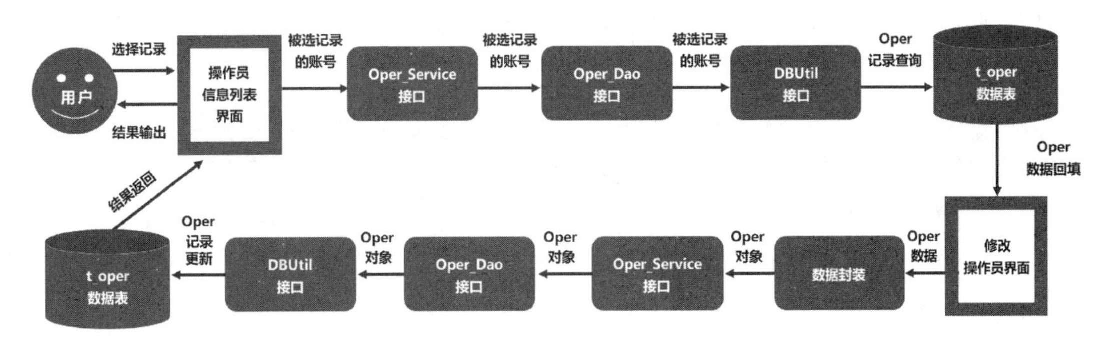

图 4-8-1　修改操作员信息的执行流程

四、任务实施

子任务 1：构建 view. oper 子包

随着项目功能不断增加，窗口及对话框的数量也在逐步增多，为了便于类脚本的查找和编辑，可以在相应的包下根据某个业务实体来创建子包，将与其相关的操作界面全部放在这个子包中。例如，可在 view 包下构建 oper 包存放与操作员业务相关的所有界面类的 Java 代码，如图 4-8-2 所示。

```
com.abc.fundmgrsys.view.oper
    CreateOperatorDialog.java
    EditOperatorDialog.java
    OperListFrame.java
```

图 4-8-2　com. abc. fundmgrsys. view. oper 子包的结构

子任务 2：根据编号获取操作员数据

在业务操作接口及其实现类中补充一个获取操作员信息的方法，该方法根据账号在数据库中查找操作员记录，并将查询结果封装成操作员对象返回，相关代码如下。

```
@Override
    public Operator getOperByNo(String operNo) {

        OperatorDao operDao = new OperatorDaoImpl();
        Operator oper = operDao.getOperByNo(operNo);

        return oper;
}
```

子任务 3：界面的修改和数据回填

步骤 1：修改界面。修改操作员对话框与新增操作员对话框极为相似，为了界面规格的一致性，以及避免重复代码的编辑，提高编程效率，可复制新增操作员对话框代码并生成修改操作员对话框代码，修改代码的类名。同时，在对话框的设计窗口中将对话框的标题变更为“修改操作员”，并将“创建”按钮的文本属性改成“修改”，修改结果如图 4-8-3 所示。

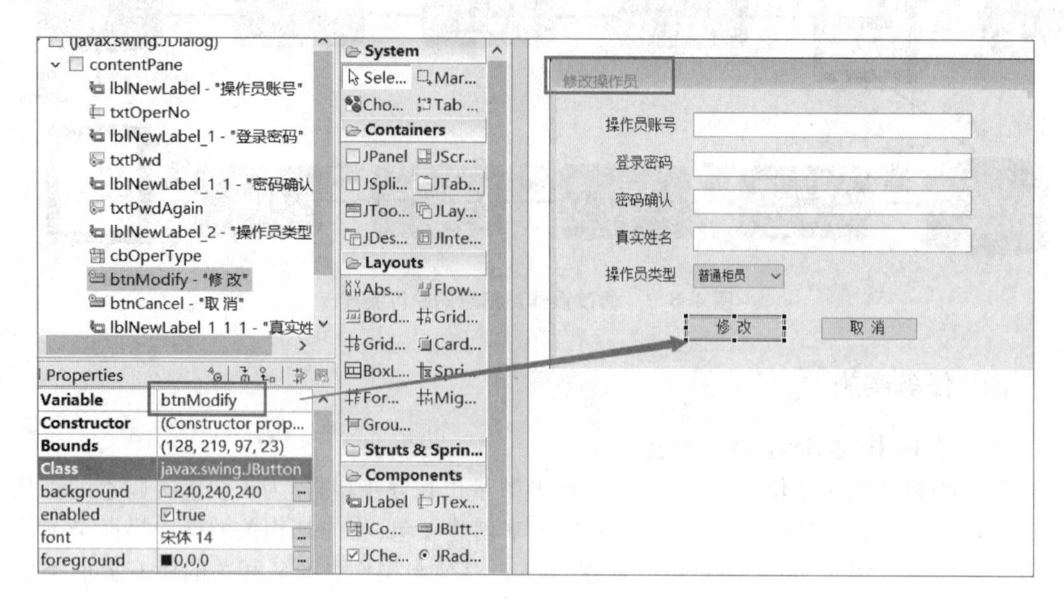

图 4-8-3　修改操作员对话框界面的设计效果

步骤 2：数据回填。将修改操作员对话框的无参数构造方法改成有参数构造方法，输入参数为操作员账号 operNo，代码如下。

```
public EditOperatorDialog(String operNo) {
    //此处省略代码
}
```

同时，在构造方法中，根据账号，通过调用业务操作实体类的 getOperByNo( ) 方法，查找相关的操作员信息，并将该信息回填至相关组件，相关代码如下所示。注意：账号文本框应设置为不可编辑状态。

```
//从数据库中根据操作员编号获得操作员信息后，把这些信息回填入界面表单
OperService operService = new OperServiceImpl();
Operator oper = operService.getOperByNo(operNo);
    //回填界面
txtOperNo.setText(oper.getOperNo());
txtOperNo.setEditable(false); //注意不能修改账号
txtOperName.setText(oper.getOperName());
txtPwd.setText(oper.getOperPwd());
txtPwdAgain.setText(oper.getOperPwd());
if(oper.getOperType().equals("a"))
    cbOperType.setSelectedIndex(0);
else
    cbOperType.setSelectedIndex(1);
```

步骤 3：在操作员管理窗口“修改”按钮点击事件中补充打开修改操作员对话框的代码，并测试数据回填效果，结果如图 4-8-4 所示。

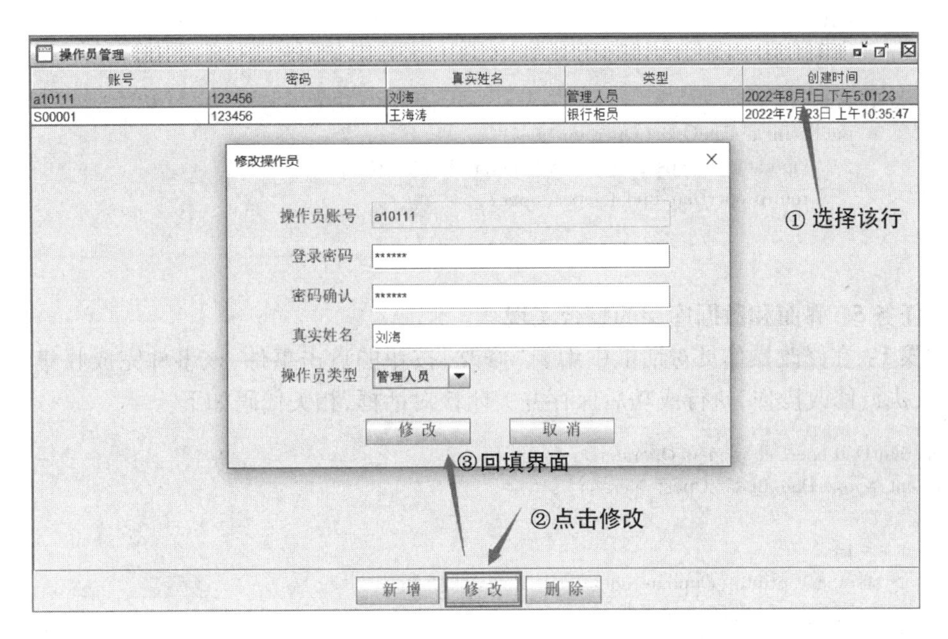

图 4-8-4　修改操作员的执行结果

子任务 4：修改操作员 DAO 层实现

步骤 1：在 Oper_Dao 接口及其实现类、Oper_Service 接口及其实现类中补充关于修改操作员信息的相关方法并予以调用，相关代码如下。注意：操作员的创建时间不得修改。

```
private static final String SQL_UPDATE = "update t_oper set oper_pwd=?,oper_name=?,oper_type=?
where oper_no=?";

    @Override
    public int updateOper(Operator oper) {

        Connection conn = DBUtils.getConn();
        PreparedStatement pstmt = null;
        int cnt = 0;

        try {
            pstmt = conn.prepareStatement(SQL_UPDATE);
            pstmt.setString(1, oper.getOperPwd());
            pstmt.setString(2, oper.getOperName());
            pstmt.setString(3, oper.getOperType());
            pstmt.setString(4, oper.getOperNo());
            cnt = pstmt.executeUpdate();
        } catch (SQLException e) {
            // TODO Auto-generated catch block
            e.printStackTrace();
        } finally {
            DBUtils.releaseRes(conn, pstmt, null);
        }
```

```
            return cnt;
        }
    @Override
        public int updateOper(Operator oper) {
            OperatorDao operDao = new OperatorDaoImpl();
            return operDao.updateOper(oper);
        }
```

子任务 5：界面和数据库层的整合实现

步骤 1：在修改操作员对话框中编辑“修改”按钮的点击事件，该事件完成收集组件的数据后，执行修改操作，执行成功后保存并关闭该对话框，相关代码如下。

```
OperatorDao operDao = new OperatorDaoImpl();
int cnt = operDao.updateOper(operator);

if(cnt==1) {
    System.out.println("update operator to db is ok!");
    //保存成功后，关闭该对话框
     EditOperatorDialog.this.dispose();
}
```

步骤 2：在操作员窗口中“修改”按钮的点击事件中，编写修改操作员记录代码，通过表格组件获取选择行行号的方法获取点选记录所在行的行号。如果行号为-1，则表明用户还未点选记录，显示相应的提示对话框；如果行号≥0，则调用业务操作实现类对象的修改方法执行修改操作，并重新刷新列表，具体代码如下。

```
JButton btnUpdateOper = new JButton("修 改");
btnUpdateOper.addActionListener(new ActionListener() {
            public void actionPerformed(ActionEvent e) {
                int row = table.getSelectedRow();
                if(row==-1) {
                    JOptionPane.showMessageDialog(OperListFrame.this, "请先选中要修改的操
作员!");
                }
                else {
                    String no = (String)table.getValueAt(row, 0);
                    EditOperatorDialog editOperDialog = new EditOperatorDialog(no);
                    OperListFrame.this.loadOperData();
                }
            }
});
```

项目5　基金类功能模块设计和实现

任务1　基金管理界面设计和数据显示

一、任务目标

1. 熟练掌握包的分类管理方法。
2. 掌握 JTable 组件的使用方法。
3. 理解基金操作的基本规则。

二、任务要求

1. 构建基金管理主界面。
2. 绑定该界面到主菜单。

三、预备知识

知识1：基金操作的基本规则

为了更好地理解后续的项目建设,需要了解基本的基金业务操作规则。

（1）设立新基金时,默认新基金的份额为1元。

（2）销售份额非零的基金无法删除,需要待客户完全赎回,基金份额清零后,才能删除该基金。

（3）客户完全赎回所有基金份额后,该基金可以取消上市（即退市）,此后该基金无法申购。

（4）退市基金可以再次恢复上市,恢复时份额为1元。

（5）上市交易的基金,可以对其开放申购和赎回操作。

（6）只有具备高级管理人员权限的银行操作员才能浏览基金信息,并执行基金信息窗口的相关操作。

知识2：JTable 组件

JTable 是 Swing 中的常用组件，它提供了以行和列的形式显示数据的视图。JTable 组件主要有以下7种构造方法。

（1）JTable()：使用系统默认的 Model 创建一个表格实例。

（2）JTable(int numRows, int numColumns)：使用 DefaultTableModel 创建一个具有 numRows 行, numColumns 列的表格实例。

(3) JTable(Object[][] rowData,Object[][] columnNames):创建一个显示二维数组数据 rowData 的表格实例,且可以显示列的名称 columnNames。

(4) JTable(TableModel dm):创建一个表格实例,具有默认的字段模式以及选择模式;并设置数据模式。

(5) JTable(TableModel dm, TableColumnModel cm):根据设置的数据模式与字段模式,创建一个表格实例,并具有默认的选择模式。

(6) JTable(TableModel dm,TableColumnModel cm,ListSelectionModel sm):根据设置的数据模式、字段模式和选择模式,创建一个表格实例。

(7) JTable(Vector rowData,Vector columnNames):建立一个以 Vector 为输入来源的表格实例,该实例可显示列的名称 columnNames。

四、任务实施

子任务 1:构建基金信息列表主界面

步骤 1:用内部窗口类创建一个标题为"基金信息列表"窗口,并将该窗口的大小设置为 902 像素×502 像素。在窗口下方创建面板,在面板中设置"设立新基金""信息修改""删除基金""上市/取消上市"4 个按钮组件,窗口的效果如图 5-1-1 所示。

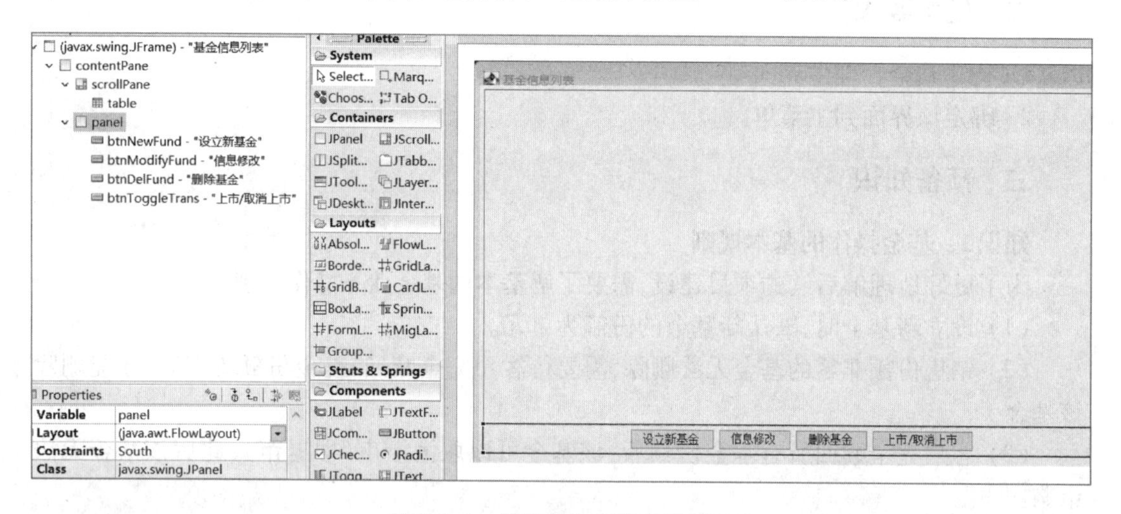

图 5-1-1　基金信息列表窗口界面

步骤 2:在"基金信息列表"窗口的中间空白区域内创建滚动面板,在滚动面板中添加表格组件,并根据数据库中基金数据表设置的字段在表格组件中定义表头字段字符串数组,根据该数组创建一个表格模式 dtm,通过该模式创建一个表格实例,相关代码如下。

```
//表头文字列表
String[] header = {"编号","名称","价格","实时份额","状态","设立时间"};
//创建数据模型
DefaultTableModel dtm = new DefaultTableModel(null,header);
table = new JTable(dtm);
```

调用滚动面板的 setViewportView()方法显示表格,执行上述窗口代码后的效果如图 5-1-2 所示。

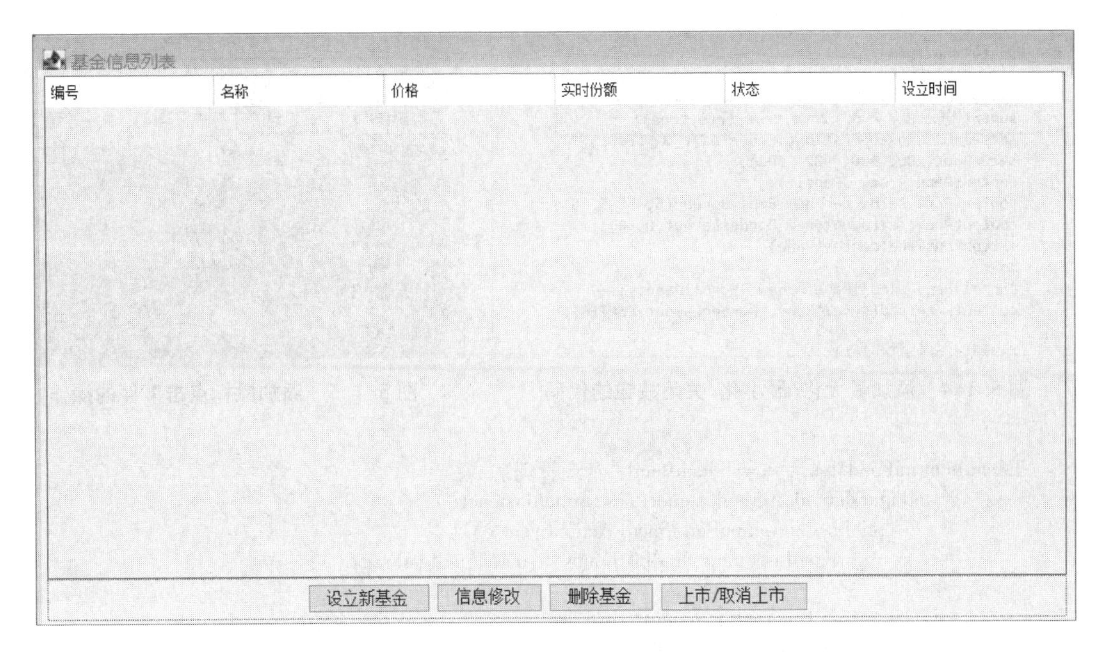

图 5-1-2　基金信息列表窗口表头设计效果

步骤 3：基于包管理脚本的机制，在 view 包中创建一个“fund”子包，专门用于存放与基金操作相关的界面类定义的 Java 代码。

子任务 2：绑定主界面菜单项

步骤 1：升级基金信息列表窗口（FundListFrame）类。将其父类从 JFrame 调整到 JInternalFrame，以便其能在 JDesktopPane 中显示，相关代码如图 5-1-3 所示。

步骤 2：在“基金信息列表”窗口的构造方法代码的第一行处添加代码，如图 5-1-4 所示。该代码通过调用“基金信息列表”窗口的父类构造方法，在“基金信息列表”窗口的右上角增设最大化、最小化和关闭按钮。

```
import java.awt.BorderLayout;

public class FundListFrame extends JInternalFrame {

    private JPanel contentPane;
    private JTable table;
    private DefaultTableModel dtm = null;

    /**
     * Launch the application.
     */
    public static void main(String[] args) {
        EventQueue.invokeLater(new Runnable() {
            public void run() {
                try {
                    FundListFrame frame = new FundListFrame();
```

图 5-1-3　升级基金信息列表窗口类操作

步骤 3：绑定“基金管理”菜单项。在 MainFrame 窗口类的设计视图中，选择“产品管理”→“基金管理”，如图 5-1-5 所示，为该菜单项添加鼠标点击事件。

点击“基金管理”，右键选择 ActionPerformed 事件类型，添加如下代码。在该事件中，通过“基金信息列表”窗口和虚拟桌面二者的尺寸，推算并设置“基金信息列表”窗口的初始坐标(x, y)，然后再将该窗口显示并添加到虚拟桌面中，并设置该窗口可选。

```
/**
 * Create the frame.
 */
public FundListFrame() {
    super("基金信息列表",true,true,true,true);
    setDefaultCloseOperation(JFrame.EXIT_ON_CLOSE);
    setBounds(100, 100, 902, 502);
    contentPane = new JPanel();
    contentPane.setBorder(new EmptyBorder(5, 5, 5, 5));
    contentPane.setLayout(new BorderLayout(0, 0));
    setContentPane(contentPane);

    JScrollPane scrollPane = new JScrollPane();
    contentPane.add(scrollPane, BorderLayout.CENTER);

    table = new JTable();
```

图 5-1-4　添加最大化/最小化/关闭按钮的代码

基金管理系统 1.0
系统操作(S)　产品管理(P)　客户服务(C)　交易管理(T)
基金管理

图 5-1-5　添加鼠标点击事件的操作

```
JMenuItem miFundMgr = new JMenuItem("基金管理");
        miFundMgr.addActionListener(new ActionListener() {
            public void actionPerformed(ActionEvent e) {
                FundListFrame fundListFrame = new FundListFrame();

                //JInternalFrame 的居中处理
                Dimension   frameSize = fundListFrame.getSize();
                Dimension   desktopSize = desktopPane.size();

                int x = (desktopSize.width-frameSize.width)/2;
                int y = (desktopSize.height-frameSize.height)/2;

                fundListFrame.setLocation(x, y);
                fundListFrame.setVisible(true);
                desktopPane.add(fundListFrame);
                desktopPane.setSelectedFrame(fundListFrame);
            }
        });
```

运行程序,窗口界面显示效果如图 5-1-6 所示。

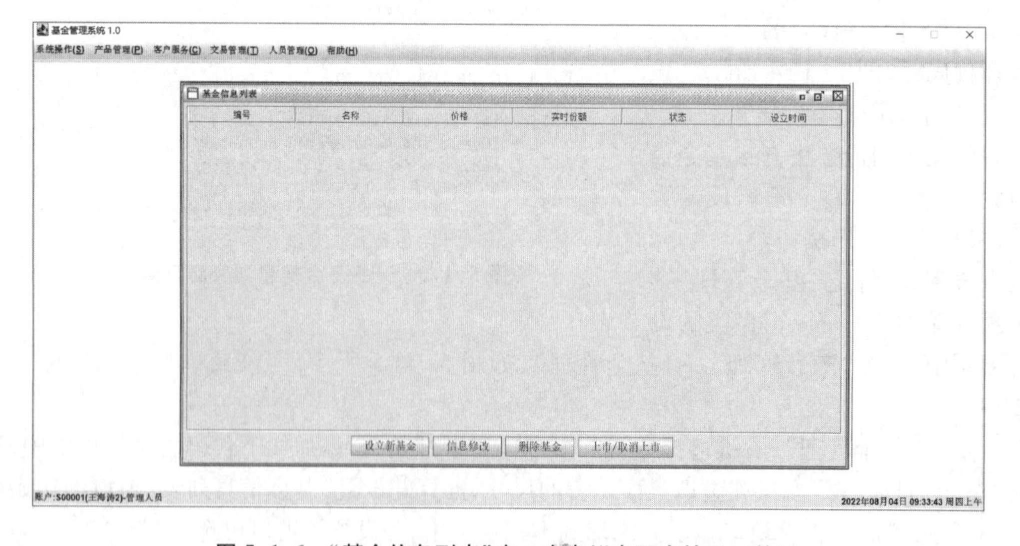

图 5-1-6　“基金信息列表”窗口在虚拟桌面中的显示效果

任务2 基金模拟数据生成和列表显示

一、任务目标

1. 掌握 Navicat 软件模拟数据自动生成的方法。
2. 掌握基于 JDBC 的查询操作。
3. 掌握 JTable 数据填充方法。

二、任务要求

1. 随机生成基金模拟数据。
2. 创建基金业务实体类。
3. 填充 JTable 表格并显示数据。

三、预备知识

知识1：基金业务实体类简介

（1）Fund 类的成员变量定义

① 基金编号（fundNo）：字符串类型；私有；基金信息的主键；其值具有唯一性。

② 基金名称（fundName）：字符串类型；私有；用于记录基金的名称。

③ 基金价格（fundPrice）：双精度浮点类型；私有；用于记录基金交易的单价。

④ 基金描述（fundDesc）：字符串类型；私有；用于记录关于基金的备注信息。

⑤ 基金份额（fundAmount）：整型包装类；私有；用于记录基金交易的份额。

⑥ 基金状态（fundStatus）：字符串类型；私有；用于记录基金的状态，即上市、退市两种状态。

⑦ 基金创建时间（fundCreateTime）：日期类型；私有；用于记录基金创建的时间。

（2）系统操作员的成员方法定义

访问上述私有成员变量的方法的定义格式为 set×××（String/Date）或 get×××（）。

知识2：JTable 组件的数据填充

本项目采用 JTable 组件的 addRow（Object）方法将数据填写到表格中，调用该方法前需要将数据封装成 Object 类实例。

四、任务实施

子任务1：随机生成基金数据

步骤1：打开 Navicat 软件，选择 t_fund 表，单击鼠标右键，选择“数据生成”菜单项，打开数据生成向导窗口，先将生成的记录数量设置为10，即只生成10条基金记录，如图5-2-1所示。点击“下一步”后，发现模拟的基金数据已经随机生成，但数据中“fund_no”“fund_ price”“fund_status”均与基金数据表的模型设计要求不一致，因此在产生模拟数据之前，需要对“fund_no”“fund_price”“fund_status”字段的数据生成方式进行设置。

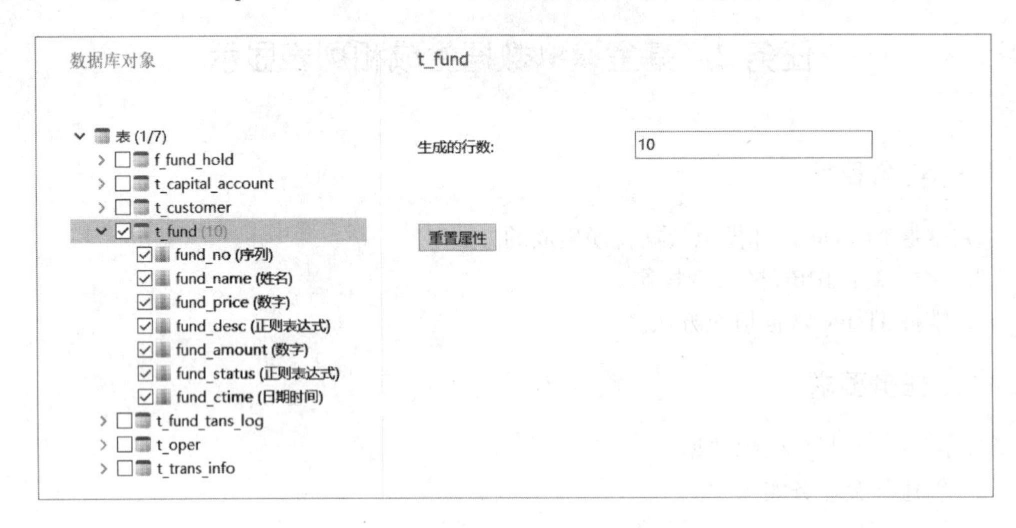

图 5-2-1　t_fund 数据表模拟数据自动生成步骤 1

步骤 2：点击“上一步”按钮，将数据生成步骤回退到数据产生前。在窗口的左侧选择“fund_no”字段，在窗口的右侧将数据的生成器设置为“正则表达式”，并输入表达式“f[0-9]{5}”。表达式中，字符“f”表示基金号的首字符为 f；[0-9]{5}表示随机产生由 0~9 之间的数字符号组成的长度为 5 的字符串，如图 5-2-2 所示。设置完成后，即可预览根据编写的正则表达式随机生成的基金号。

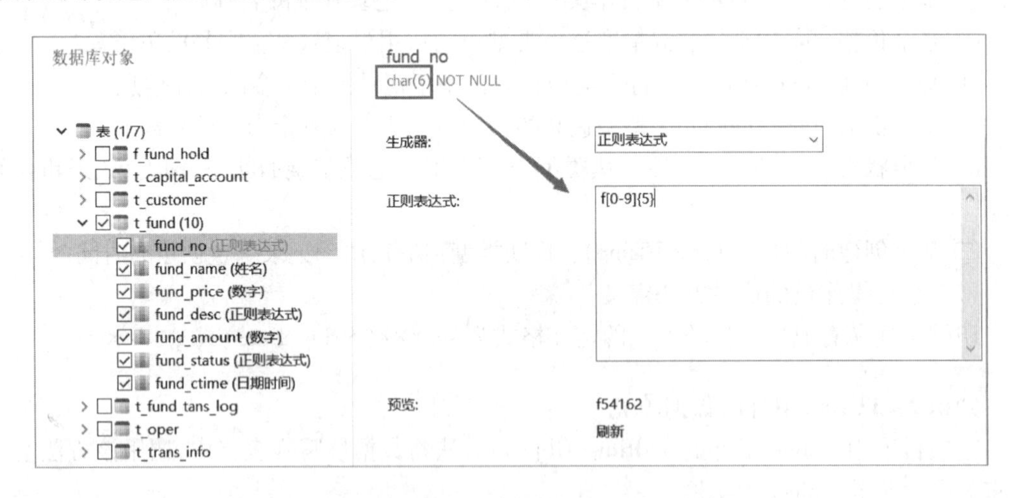

图 5-2-2　t_fund 数据表模拟数据自动生成步骤 2

步骤 3：在窗口的左侧选择“fund_price”字段，在窗口的右侧将数据的生成器设置为“数字”，并设置随机数的数值范围为 1~2，数字类型为小数，小数位数为 2，如图 5-2-3 所示。设置完成后，即可预览根据设置的参数随机生成的价格。

步骤 4：在窗口的左侧选择“fund_status”字段，在窗口的右侧将数据的生成器设置为“正则表达式”，并输入表达式“[a-b]{1}”。该表达式表示在 a 和 b 两个字符中随机生成

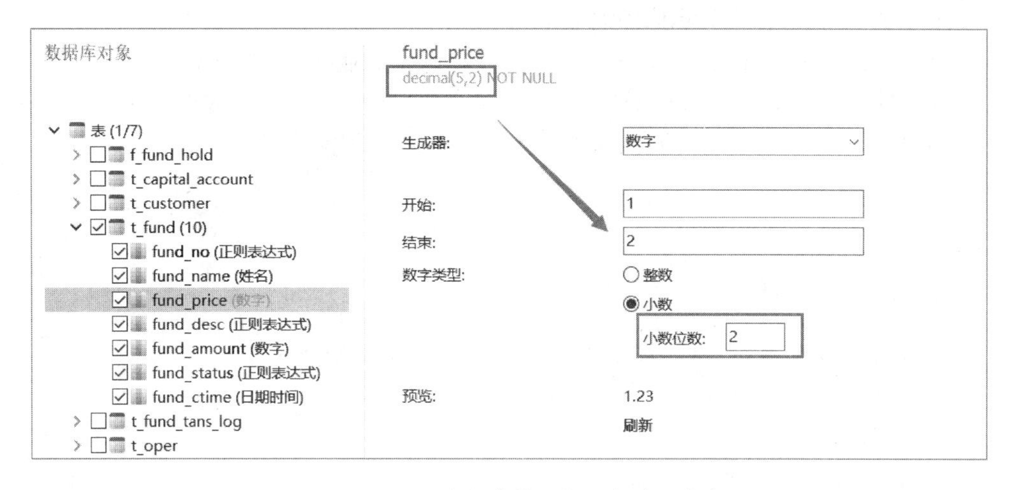

图 5-2-3　t_fund 数据表模拟数据自动生成步骤 3

1 个字符，字符 a 表示基金已上市，字符 b 表示基金未上市，如图 5-2-4 所示。设置完成后，即可预览根据编写的正则表达式随机生成的基金状态。

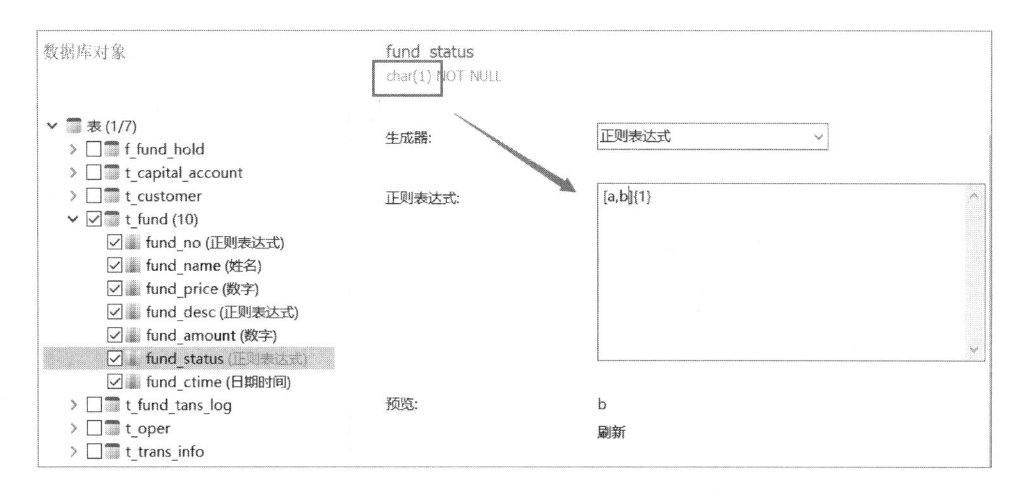

图 5-2-4　t_fund 数据表模拟数据自动生成步骤 4

步骤 5：点击“完成”后，基金数据表中便随机生成了 10 条基金记录，其中“fund_no”“fund_price”“fund_status”字段的数据按已设置的规则随机生成，如图 5-2-5 所示。

fund_no	fund_name	fund_price	fund_desc	fund_amount	fund_status	fund_ctime
f05580	Fund-mQninywG1M	1.44	kcbrwgl80k	87697	a	2020-08-24 09:36:13
f06671	Fund-HNqcZYdJgt	1.78	4drxWHi4Yo	42336	b	2013-11-11 08:45:07
f32585	Fund-vL8ilnhVtD	1.00	lUJxcvmHH6	64599	a	2016-12-19 20:48:19
f36821	Fund-QaGubLEHHw	1.26	bEXS9PbOcT	27934	a	2020-08-23 12:56:52
f58273	Fund-L6YEhkjZ3O	1.61	AGK9Ycvnkz	60005	b	2006-05-01 16:03:24
f64233	Fund-iVilRVI9yg	1.98	Id2Um3icR7	39868	a	2005-06-07 01:47:09
f68697	Fund-0iPAELsbT7	1.45	hxxXvPZMCI	85838	b	2018-07-30 17:22:33
f73242	Fund-yYie5iQBuL	1.05	PQ7Drpxysy	33303	a	2021-04-07 00:57:18
f74033	Fund-OLHiUEpnnD	1.42	JjCYlXKYa1	64924	a	2021-09-28 21:27:57
f91297	Fund-B5YXvN70sy	1.42	nAq1t63g59	17377	b	2012-07-03 17:20:00

图 5-2-5　t_fund 数据表模拟数据自动生成结果

子任务 2：生成基金业务实体类对象 Fund

步骤 1：在业务实体类包 domain 中定义一个基金业务实体类对象 Fund，该类为 ValueObject 抽象类的子类。Fund 类中设置的成员变量要根据 t_fund 数据表中的字段进行定义，成员变量的数据类型也要同数据库的设置相符，相关代码如下。

```
public class Fund extends ValueObject {

    /** 基金编号 */
    private String fundNo;

    /** 基金名称 */
    private String fundName;

    /** 基金价格 */
    private Double fundPrice;

    /** 基金描述 */
    private String fundDesc;

    /** 基金份额 */
    private Integer fundAmount;

    /** 基金状态 */
    private String fundStatus;

    /** 基金创建时间 */
    private Date fundCreateTime;

    //...省略 getter()和 setter()方法
}
```

同时，Fund 类的成员变量均是私有的，因此要点击快捷菜单中的"source"→"Gernerate Getters and Setters"菜单项快速生成访问方法。

子任务 3：获取基金列表数据

步骤 1：围绕显示基金数据的业务操作需求，在 dao 包和 service 包中分别创建基金 DAO 接口及其实现类、基金业务操作接口及其实现类，并在接口及其实现类中添加加载基金数据的业务所需的方法，相关代码如下。

```
private static final String SQL_LOAD_FUNDS = "select * from t_fund order by fund_ctime desc";

    @Override
    public List<Fund> loadFunds() {

        Connection conn = DBUtils.getConn();
        PreparedStatement pstmt = null;
        ResultSet rset = null;
        List<Fund> fundList = new ArrayList<>();
```

```
        try {
            pstmt = conn.prepareStatement(SQL_LOAD_FUNDS);
            rset = pstmt.executeQuery();
            while(rset.next()) {
                Fund fund = new Fund();
                fund.setFundNo(rset.getString("fund_no"));
                fund.setFundName(rset.getString("fund_name"));
                fund.setFundPrice(rset.getDouble("fund_price"));
                fund.setFundDesc(rset.getString("fund_desc"));
                fund.setFundAmount(rset.getInt("fund_amount"));
                fund.setFundStatus(rset.getString("fund_status"));
                fund.setFundCreateTime(new
Date(rset.getTimestamp("fund_ctime").getTime()));
                fundList.add(fund);
            }
        } catch (SQLException e) {
            // TODO Auto-generated catch block
            e.printStackTrace();
        } finally {
            DBUtils.releaseRes(conn, pstmt, rset);
        }

        return fundList;
    }
```

在 dao 包中创建基金 dao 接口及其实现类,接口中定义加载基金数据的抽象方法,该方法无参数设置,返回值为基金类对象列表。在该接口的实现类中,定义基金数据查询的 SQL 语句,在加载基金数据方法中连接数据库,执行基金数据查询的 SQL 语句,并返回基金对象列表。

步骤 2:在 service 包中创建基金业务操作接口及其实现类。在接口中增加加载基金数据操作的抽象方法,并在接口的实现类中通过调用基金类接口实现类 fundDao 的加载基金数据方法 loadFunds()实现基金数据加载操作,相关代码如下。

```
public class FundServiceImpl implements FundService {

    @Override
    public List<Fund> loadFunds() {
        FundDao fundDao = new FundDaoImpl();
        return fundDao.loadFunds();
    }
}
```

编制测试类,读取成功,验证结果如图 5-2-6 所示。

```
Problems  Javadoc  Declaration  Progress  Console ×  Coverage
<terminated> Tester (1) [Java Application] D:\eclipse\plugins\org.eclipse.justj.openjdk.hotspot.jre.full.win32.x86_64_17.0.3.v20220515-1416\jre\bin\javaw.exe (2022年8月
com.abc.fundmgrsys.domain.Fund@1c9b0314[fundNo=f74033,fundName=Fund-OLHiUEpnnD,fundPrice=1.42,fundDesc=JjCYlXKYa1,fundAmount=64924,fundSt
com.abc.fundmgrsys.domain.Fund@49b2a47d[fundNo=f73242,fundName=Fund-yYie5iQBuL,fundPrice=1.05,fundDesc=PQ7Drpxysy,fundAmount=33303,fundSt
com.abc.fundmgrsys.domain.Fund@5be1d0a4[fundNo=f05580,fundName=Fund-mQninywG1M,fundPrice=1.44,fundDesc=kcbrwgl80k,fundAmount=87697,fundSt
com.abc.fundmgrsys.domain.Fund@415b0b49[fundNo=f36821,fundName=Fund-QaGubLEHHw,fundPrice=1.26,fundDesc=bEXS9PbOcT,fundAmount=27934,fundSt
com.abc.fundmgrsys.domain.Fund@6d5620ce[fundNo=f68697,fundName=Fund-0iPAELsbT7,fundPrice=1.45,fundDesc=hxxXvPZMCI,fundAmount=85838,fundSt
com.abc.fundmgrsys.domain.Fund@311bf055[fundNo=f32585,fundName=Fund-vL8ilnhVtD,fundPrice=1.0,fundDesc=lUJxcvmHH6,fundAmount=64599,fundSta
com.abc.fundmgrsys.domain.Fund@642a7222[fundNo=f06671,fundName=Fund-HNqcZYdJgt,fundPrice=1.78,fundDesc=4drxWHi4Yo,fundAmount=42336,fundSt
com.abc.fundmgrsys.domain.Fund@7d322cad[fundNo=f91297,fundName=Fund-B5YXvN70sy,fundPrice=1.42,fundDesc=nAq1t63g59,fundAmount=17377,fundSt
com.abc.fundmgrsys.domain.Fund@21be3395[fundNo=f58273,fundName=Fund-L6YEhkjZ30,fundPrice=1.61,fundDesc=AGK9Ycvnkz,fundAmount=60005,fundSt
com.abc.fundmgrsys.domain.Fund@4f49f6af[fundNo=f64233,fundName=Fund-iViIRVI9yg,fundPrice=1.98,fundDesc=Id2Um3icR7,fundAmount=39868,fundSt
```

图 5-2-6　Tester 类的执行结果

子任务 4：填充基金数据到表格

在基金信息列表窗口类中补充加载基金数据的方法 loadFundData( )，该方法调用业务操作逻辑类的加载基金数据的 loadFunds( ) 方法返回基金对象列表，通过表格组件的 addRow( ) 方法，将基金数据显示在 JTable 组件中，相关代码如下。

```
/*** 加载基金数据 */
    private void loadFundData() {

        //清空 dtm 的原有数据
        this.dtm.setRowCount(0);

        List<Fund> fundList = new FundServiceImpl().loadFunds();

        for (Fund fund : fundList) {
            Object[] data = {
                fund.getFundNo(),
                fund.getFundName(),
                fund.getFundPrice(),
                fund.getFundAmount(),
                fund.getFundStatus().equals("a")?"未上市":"已上市",
                fund.getFundCreateTime().toLocaleString()
            };
            this.dtm.addRow(data);
        }
    }
```

注意：在基金信息列表窗口类的 loadFundData( ) 方法定义后，需要在基金信息列表窗口的构造方法中调用该方法，否则，基金数据无法在窗口中显示，最终显示效果如图 5-2-7 所示。

基金信息列表

编号	名称	价格	实时份额	状态	设立时间
f74033	Fund-OLHiUEpnnD	1.42	64924	未上市	2021年9月28日 下午9:27:57
f73242	Fund-yYie5iQBuL	1.05	33303	未上市	2021年4月7日 上午12:57:18
f05580	Fund-mQninywG1M	1.44	87697	未上市	2020年8月24日 上午9:36:13
f36821	Fund-QaGubLEHHw	1.26	27934	未上市	2020年8月23日 下午12:56:52
f68697	Fund-0iPAELsbT7	1.45	85838	已上市	2018年7月30日 下午5:22:33
f32585	Fund-vL8ilnhVtD	1.0	64599	未上市	2016年12月19日 下午8:48:19
f06671	Fund-HNqcZYdJgt	1.78	42336	已上市	2013年11月11日 上午8:45:07
f91297	Fund-B5YXvN70sy	1.42	17377	已上市	2012年7月3日 下午5:20:00
f58273	Fund-L6YEhkjZ3O	1.61	60005	已上市	2006年5月1日 下午4:03:24
f64233	Fund-iVilRVl9yg	1.98	39868	未上市	2005年6月7日 上午1:47:09

设立新基金 信息修改 删除基金 上市/取消上市

图 5-2-7 基金信息列表窗口的显示效果

任务3　新基金的设立

一、任务目标

1. 掌握多行文本输入区组件 JTextArea 的使用方法。
2. 掌握单选按钮的使用方法。
3. 掌握 JDBC 保存方法。

二、任务要求

1. 创建新建基金界面。
2. 实现基金信息存储 DAO 方法。
3. 收集界面数据保存到数据表。

三、预备知识

知识1：JTextArea 组件

JTextArea 是 Java Swing 技术提供的一个能显示和编辑多行纯文本的组件。JTextArea 组件的常用构造方法包括以下6种。

（1）JTextArea()：构造一个 JTextArea 实例。

（2）JTextArea(Document doc)：使用给定的文档模型构造一个新的 JTextArea 实例，并将其他所有参数设置为默认值(null,0,0)。

（3）JTextArea(Document doc, String text, int rows, int columns)：根据给定模型、指定行数和列数，构造一个 JTextArea 实例。

（4）JTextArea(int rows, int columns)：构造具有指定行数和列数空白的 JTextArea 实例。

（5）JTextArea(String text)：构造一个显示指定文本的 JTextArea 实例。

（6）JTextArea(String text, int rows, int columns)：构造一个具有指定文本、行数和列数的 JTextArea 实例。

JTextArea 组件常用的方法包括以下3种。

（1）void setColumns(int columns)：设置 JTextArea 实例的列数。

（2）void setFont(Font f)：设置 JTextArea 实例可编辑文本的字体。

（3）void setRows(int rows)：设置 JTextArea 实例的行数。

知识2：JRadioButton 组件

JRadioButton 是 Java Swing 技术提供的单选项按钮组件。JRadioButton 组件的常用构造方法包括以下3种。

（1）JRadioButton()：创建一个无文本且未被选中的单选项实例。

（2）JRadioButton(String text)：创建一个有文本且未被选中的单选项实例。

（3）JRadioButton(String text, boolean selected)：创建一个有文本且能指定其在窗口初

始状态下是否为选中状态的单选项实例。

JRadioButton 组件的常用方法包括以下 3 种。

（1）void setSelected(boolean b)：设置单选按钮是否选中状态的方法。

（2）boolean isSelected()：判断单选按钮是否选中的方法。

（3）ButtonGroup()：当有多个单选按钮时，一般只允许一个单选按钮被选中，因此需要对同一类型的单选按钮进行分组，具体代码如下。

```
// 创建一个按钮组
ButtonGroup btnGroup = new ButtonGroup();
// 添加两个单选按钮到按钮组
btnGroup.add(radioBtn01);
btnGroup.add(radioBtn02);
```

知识 3：设立新基金的流程

设立新基金的流程如图 5-3-1 所示。首先，用户在新增基金界面中输入新增基金的相关数据，然后在该数据封装成 Fund 对象后，通过 Fund_Service 接口、Fund_Dao 接口、DBUtil 接口将其传输至后台数据库并添加至基金数据表 t_fund。最后，新增的基金数据通过 Fund_Service 显示在基金列表界面中。

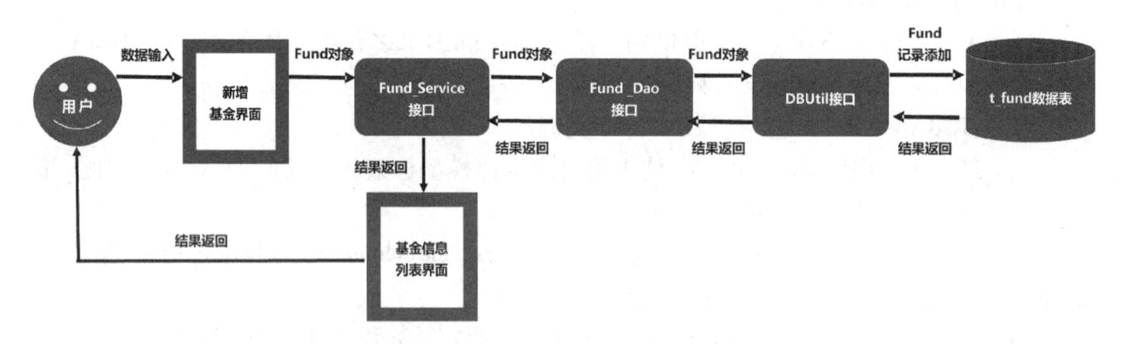

图 5-3-1　设立新基金的执行流程

四、任务实施

子任务 1：新增基金界面的设计

步骤 1：在 WindowBuilder 中，选择并新建一个名为“CreateFundDialog”的对话框类，并在对话框构建在 view.fund 包中，勾选“Cenerate JDialog with OK and Cancel buttons”选项，如图 5-3-2 所示。

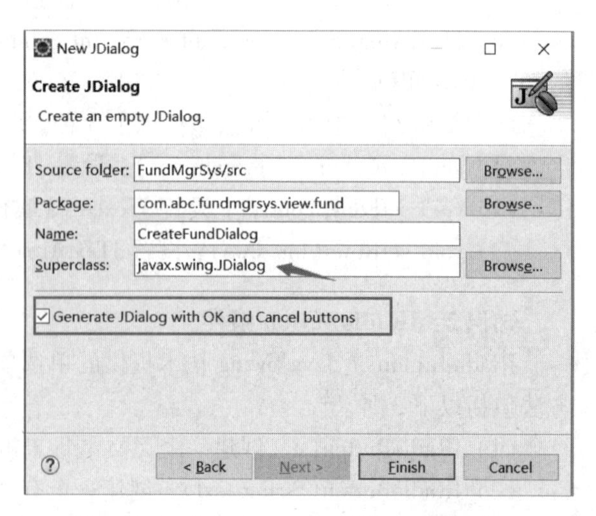

图 5-3-2　创建 CreateFundDialog 类操作

步骤 2：“CreateFundDialog”对话框的设计视图中，设计新基金信息输入界面，界面中包括标签、文本输入框、多行文本输入框、当选按钮等组件。对话框标题设为“设立新基金”,窗口的大小可以设置为 642 像素×460 像素,将“OK”和“Cancel”按钮的文本分别改成“保存”和“取消”。将窗口布局调整为绝对布局后,在窗口中放置标签、文本框组件,用于新基金信息输入,“发行价格”文本框需要设置默认值 1.00,默认值可通过文本框的“text”属性直接设置。“描述说明”是一个多行输入的文本框,通过 JTextArea 组件来设置,对话框的效果如图 5-3-3 所示。

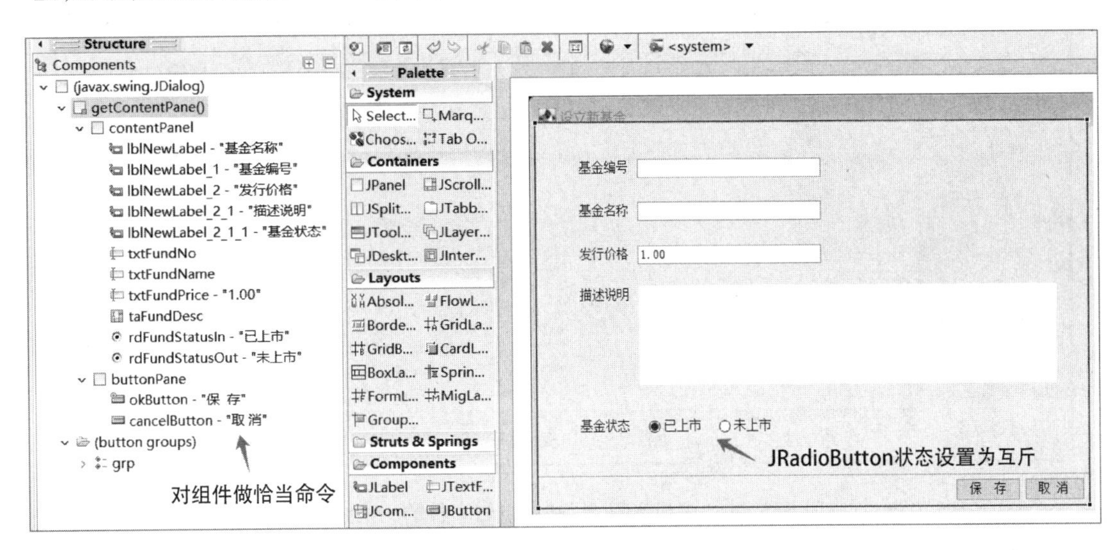

图 5-3-3　设立新基金对话框界面设计效果

注意:在创建“已上市”和“未上市”两个单选项按钮时,通过将“已上市”单选项的“selected”属性设置为“true”,来实现窗口打开时默认该选项为选中状态。同时,这两个单选项必须捆绑到同一个按钮组内,这样才能实现单选项的单选功能。

步骤 3:在“CreateFundDialog”对话框构造方法的末尾补充代码,设置窗口右上角的“关闭”按钮的关闭功能,设置该对话框为模态对话框且居中显示,相关代码如下。

```
//点击关闭按钮,则关闭该对话框
this.setDefaultCloseOperation(JDialog.DISPOSE_ON_CLOSE);
//设置为模态对话框,只有本对话框关闭,才能操作应用程序的其他部分
this.setModal(true);
//设置屏幕居中显示
this.setLocationRelativeTo(null);
this.setVisible(true);
```

步骤 4:编辑“基金信息列表”的“设立新基金”按钮的点击事件,将打开“设立新基金”对话框的功能绑定到该按钮,相关代码如下。

```
JButton btnNewFund = new JButton("设立新基金");
        btnNewFund.addActionListener(new ActionListener() {
            public void actionPerformed(ActionEvent e) {
                CreateFundDialog createFundDlg = new CreateFundDialog();
                FundListFrame.this.loadFundData();
            }
        });
```

界面显示效果如图 5-3-4 所示。

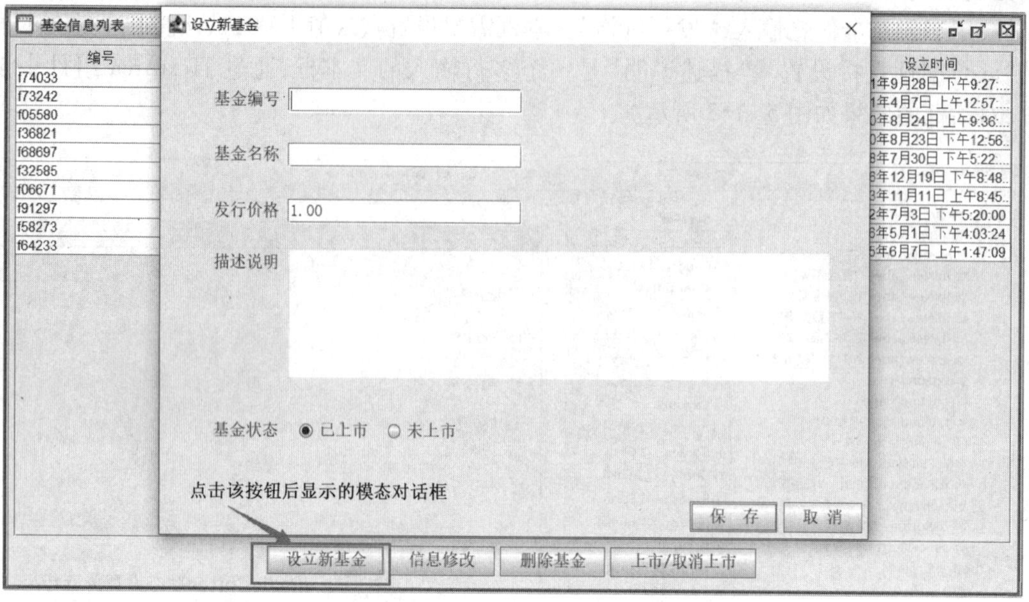

图 5-3-4 “设立新基金”按钮点击事件的测试结果

步骤 5：新基金设立之后，重新调用加载基金数据方法，刷新基金列表。

子任务 2：Fund 对象数据库存储

步骤 1：首先，在 Fund_Dao 接口中增设一个添加基金的抽象方法 addFund()；然后在该接口的实现类中，根据 SQL 添加记录的命令定义一个静态字符串常量。然后，实现 addFund()方法，该方法基于 JDBC 驱动，将输入参数 Fund 对象的数据添加至数据库的基金数据表 t_fund 中，相关代码如下。

```
private static final String SQL_ADD="insert into t_fund values(?,?,?,?,?,?,?)";

    @Override
    public int addFund(Fund fund) {

        Connection conn = DBUtils.getConn();
        PreparedStatement pstmt = null;
        int cnt = 0;

        try {
            pstmt = conn.prepareStatement(SQL_ADD);
            pstmt.setString(1, fund.getFundNo());
            pstmt.setString(2, fund.getFundName());
            pstmt.setDouble(3, fund.getFundPrice());
            pstmt.setString(4, fund.getFundDesc());
            pstmt.setInt(5, fund.getFundAmount());
            pstmt.setString(6, fund.getFundStatus());
            pstmt.setTimestamp(7, new Timestamp(fund.getFundCreateTime().getTime()));
```

```
            cnt = pstmt.executeUpdate();
        } catch (SQLException e) {
            // TODO Auto-generated catch block
            e.printStackTrace();
        } finally {
            DBUtils.releaseRes(conn, pstmt, null);
        }
        return cnt;
    }
```

步骤2：在基金业务操作接口及其实现类中添加创建基金的方法，该接口通过调用Fund_Dao接口中定义的addFund()方法实现新基金的创建，相关代码如下。

```
@Override
    public int createFund(Fund fund) {
        FundDao fundDao = new FundDaoImpl();
        return fundDao.addFund(fund);
    }
```

子任务3：收集界面数据保存到数据库

步骤1：界面数据收集。收集前台用户输入的数据，并调用后台的程序实现新基金记录的添加。该过程通过编辑"设立新基金"对话框中"保存"按钮的点击事件来实现。收集前台数据时要注意：①"发行价格"文本框数据为字符串类型，需要调用双精度浮点型包装类的类型转换方法将其转换成双精度浮点型数据；②需要根据"已上市"或"未上市"单选项的选择状况来决定基金状态的值为"a"或"b"；③需要将关闭对话框的代码添加到"设立新基金"对话框中"取消"按钮的点击事件中。具体代码如下。

```
okButton.addActionListener(new ActionListener() {
                public void actionPerformed(ActionEvent e) {

                    Fund fund = new Fund();
                    fund.setFundNo(txtFundNo.getText());
                    fund.setFundName(txtFundName.getText());
fund.setFundPrice(Double.parseDouble(txtFundPrice.getText()));
                    fund.setFundDesc(taFundDesc.getText());
                    fund.setFundAmount(0);

                    if(rdFundStatusIn.isSelected())
                        fund.setFundStatus("a");
                    else
                        fund.setFundStatus("b");

                    fund.setFundCreateTime(new Date());

                    System.out.println(fund);

                }
});
```

上述代码的运行效果如图 5-3-5 所示。

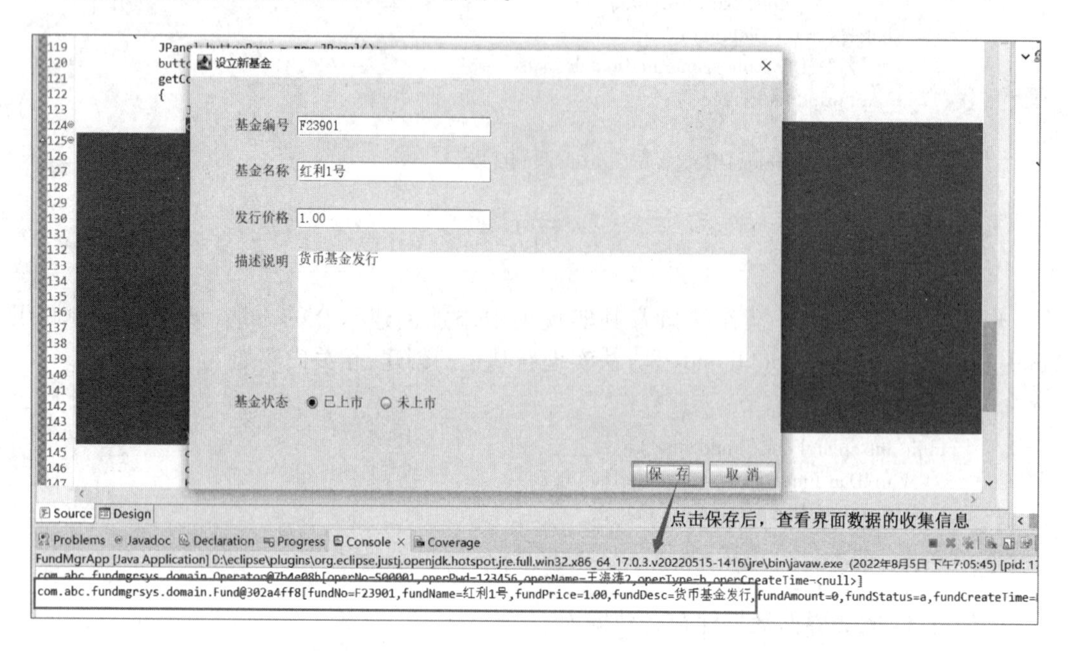

图 5-3-5　界面数据收集代码测试结果

步骤 2：保存数据并刷新界面。关键代码如下。

```
FundService fundService = new FundServiceImpl( ) ;
fundService. createFund( fund) ;
CreateFundDialog. this. dispose( ) ;
```

点击图 5-3-5 中的“保存”按钮后，关闭对话框，刷新列表数据后，结果如图 5-3-6 所示。

基金信息列表

编号	名称	价格	实施份额	状态	设立时间
F90891	红利1号	1.0	0	未上市	2022年8月5日 下午7:12:20
f36880	Fund-HNqcZYdJgt	1.44	64924	未上市	2021年9月28日 下午9:27:...
f73242	Fund-yYie5iQBuL	1.05	33303	未上市	2021年4月7日 上午12:57:...
f05580	Fund-mQninywG1M	1.44	87697	未上市	2020年8月24日 上午9:36:...
f36821	Fund-QaGubLEHHw	1.26	27934	未上市	2020年8月23日 下午12:56...
f68697	Fund-0iPAELsbT7	1.45	85838	已上市	2018年7月30日 下午5:22:...
f32585	Fund-vL8ilnhVtD	1.0	64599	未上市	2016年12月19日 下午8:48...
f06671	Fund-HNqcZYdJgt	1.78	42336	已上市	2013年11月11日 上午8:45...
f91297	Fund-B5YXvN70sy	1.42	17377	已上市	2012年7月3日 下午5:20:00
f58273	Fund-L6YEhkjZ3O	1.61	60005	已上市	2006年5月1日 下午4:03:24
f64233	Fund-iVilRVl9yg	1.98	39868	未上市	2005年6月7日 上午1:47:09

设立新基金　信息修改　删除基金　上市/取消上市

图 5-3-6　基金信息列表的刷新结果

任务4　基金信息的修改

一、任务目标

1. 掌握基于 JDBC 的主键读取记录方法。
2. 掌握界面数据的回填方法。
3. 掌握基于 JDBC 的主键修改记录方法。

二、任务要求

1. 获取选中的基金数据。
2. 基金修改界面的构建和数据回填。
3. 基金信息的修改实现。

三、预备知识

知识1：关于数据库的主键

关系型数据库中的一条记录有若干个属性，若其中某一个属性组(注意是组)能唯一标识一条记录，该属性组就可以成为一个主键。例如，学生表的属性(学号，姓名，性别，班级)中，学号数据是唯一的，则学号属性组即为一个主键。

知识2：修改基金的流程

基金修改的执行流程如图5-4-1所示。首先，用户在“基金信息列表”窗口中选择需要修改的基金记录并点击“基金信息修改”按钮后，后台程序通过基金编号，调用 Fund_Service 接口的基金信息加载方法，而该方法又调用了 Fund_Dao 接口的基金信息查询方法，将基于 JDBC 驱动在 t_fund 表中根据基金编号查找基金记录。然后，将查找到的基金记录数据回填到前端的“基金信息修改”对话框。在对话框中，除基金编号外，其余的基金数据均能修改，信息修改完毕并点击“确认修改”按钮后，后台程序将基金的新数据封装成 Fund 对象，通过该对象调用 Fund_Service 接口的基金信息修改方法，该方法又调用了 Fund_Dao 接口的基金信息变更方法，将基于 JDBC 驱动，根据 Fund 对象提供的数据在 t_fund 表中对基金记录进行修改，并在前端弹出“基金信息修改成功”的消息框。同时，“基金信息列表”窗口的被选基金记录也同步更新。

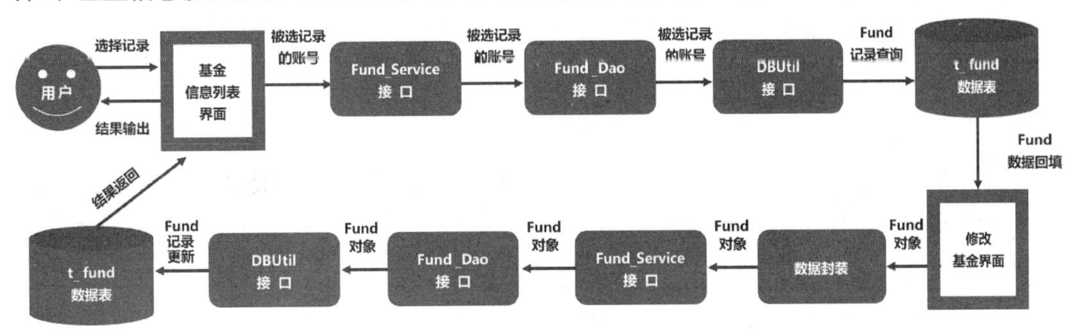

图5-4-1　修改基金的执行流程

四、任务实施

子任务1：读取某基金数据

步骤1：数据读取 DAO 方法编制。为了实现该项功能，需要在基金 Fund_Dao 接口、Fund_Service 接口中实现基金记录查找的抽象方法，并分别在接口的实现类中，实现相应的抽象方法。查找的依据为所选基金记录的编号，查找的过程与查找操作员记录的方法类似，故不再赘述。最后将查找结果封装成 Fund 对象传输至前端的“基金信息修改”对话框并显示。在 FundDaoImpl 实现类中相关代码如下。

```
private static final String SQL_GET_FUND_BY_NO= "select * from t_fund where fund_no=?";

    @Override
    public Fund getFundByNo(String fundNo) {

        Connection conn = DBUtils.getConn();
        PreparedStatement pstmt = null;
        ResultSet rset = null;
        Fund fund = null;

        try {
        pstmt = conn.prepareStatement(SQL_GET_FUND_BY_NO);
        pstmt.setString(1, fundNo);
        rset = pstmt.executeQuery();
        if(rset.next()) {
            fund = new Fund();
            fund.setFundNo(rset.getString("fund_no"));
            fund.setFundName(rset.getString("fund_name"));
            fund.setFundPrice(rset.getDouble("fund_price"));
            fund.setFundDesc(rset.getString("fund_desc"));
            fund.setFundAmount(rset.getInt("fund_amount"));
            fund.setFundStatus(rset.getString("fund_status"));
fund.setFundCreateTime(new Date(rset.getTimestamp("fund_ctime").getTime()));
        }
    } catch (SQLException e) {
        // TODO Auto-generated catch block
        e.printStackTrace();
    } finally {
        DBUtils.releaseRes(conn, pstmt, rset);
    }

    return fund;
}
```

步骤2：业务方法的编制。在 FundServiceImpl 实现类中编写如下代码。

```
@Override
    public Fund getFundByNo(String fundNo) {
        FundDao fundDao = new FundDaoImpl();
        return fundDao.getFundByNo(fundNo);
}
```

同时，添加图 5-4-2 中的测试代码，验证基金查询方法的正确性，查询结果直接显示在 console 窗口，执行结果如图 5-4-2 所示。

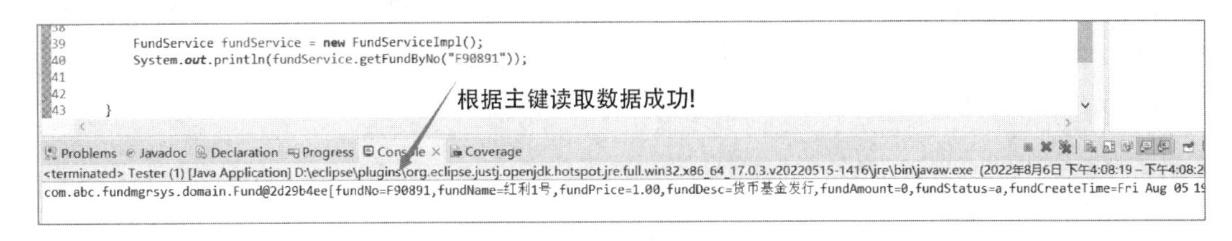

图 5-4-2　基金查询方法的验证结果

子任务 2：构建修改界面

步骤 1：由于“基金信息修改”对话框的界面设计与“设立新基金”对话框一致，所以可通过复制“设立新基金”窗口脚本快速生成“基金信息修改”对话框。注意：①对话框的标题要变更为“基金信息修改”；②由于基金编号不能修改，因此基金编号文本框的“editable”属性设置为“false”；③“保存”按钮的文本改为“确认修改”。“基金信息修改”对话框的界面效果如图 5-4-3 所示。

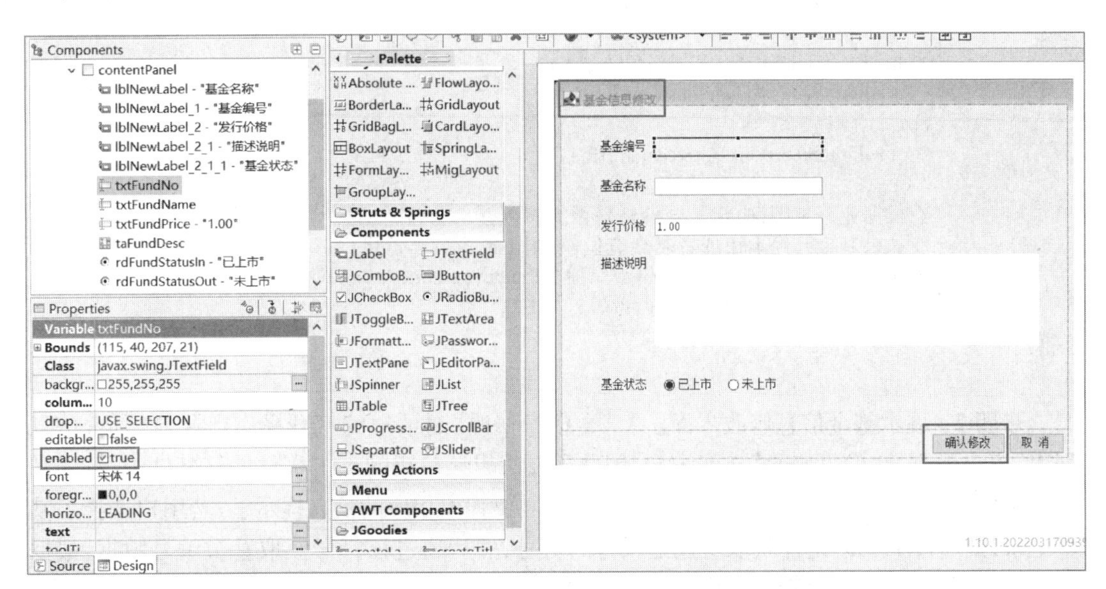

图 5-4-3　“基金信息修改”对话框界面设计结果

步骤 2：业务类 FundServiceImpl，也增加对应的存储方法，具体代码如下。

```
@Override
    public int createFund(Fund fund) {
        FundDao fundDao = new FundDaoImpl();
        return fundDao.addFund(fund);
    }
```

子任务 3：收集界面数据并保存至数据库

步骤 1：回填基金信息修改界面数据。为了实现数据回填功能，首先需要将“基金信息修改"对话框的构造方法由无参数变更为有参数,参数为 fundNo。其次,在构造方法中通过调用 fundService 对象的查询方法,依据 fundNo 在数据库中进行基金记录的查找,并将查找返回的结果封装成基金对象。最后,用基金对象的 get 方法获得基金数据,并将数据显示在相应的文本框内。注意:发行价格数据为双精度浮点型数据,该数据不能在文本框组件中直接显示出来,需要将其转换成字符串数据,相关代码如下。

```
/*** Create the dialog. */
    public EditFundDialog(String fundNo) {

        //... 省略部分代码

        //加载基金数据
        FundService fundService = new FundServiceImpl();
        Fund fund = fundService.getFundByNo(fundNo);

        //界面回填
        txtFundNo.setText(fund.getFundNo());
        txtFundName.setText(fund.getFundName());
        txtFundPrice.setText(fund.getFundPrice().toString());
        taFundDesc.setText(fund.getFundDesc());

        if(fund.getFundStatus().equals("a"))
            rdFundStatusIn.setSelected(true);
        else
            rdFundStatusOut.setSelected(true);

        //根据业务规则,决定基金价格是否能够调整
        //如果基金已经上市或者基金有份额,则不能再调整价格
        if(fund.getFundStatus().equals("a") || fund.getFundAmount()>0) {
            txtFundPrice.setEditable(false);
        }
}
```

步骤 2:展示基金信息修改界面。"基金信息修改"对话框的打开操作需要与"基金信息列表"窗口下方的"信息修改"按钮绑定,因此需要编辑该按钮的点击事件。该事件中,首先需要判断用户是否选择了基金记录,若没有选择则需要弹出相应的信息提示框;若用户选择了基金记录,则通过 JTable 组件获取所选记录行的行号,然后通过该行号获取基金编号数据,根据该编号调用"基金信息修改"对话框的构造方法,实现基金数据的回填,相关代码如下。

```
JButton btnModifyFund = new JButton("信息修改");
        btnModifyFund.addActionListener(new ActionListener() {
            public void actionPerformed(ActionEvent e) {
                int row = table.getSelectedRow();
                if(row==-1) {
                    JOptionPane.showMessageDialog(FundListFrame.this, "请先选中要修改的基
金信息!");
                }
                else {
                    String no = (String)table.getValueAt(row, 0);
                    EditFundDialog dialog= new EditFundDialog(no);
                    FundListFrame.this.loadFundData();
```

```
            }
        }
});
```

点击“信息修改”按钮后,显示效果如图 5-4-4 所示。

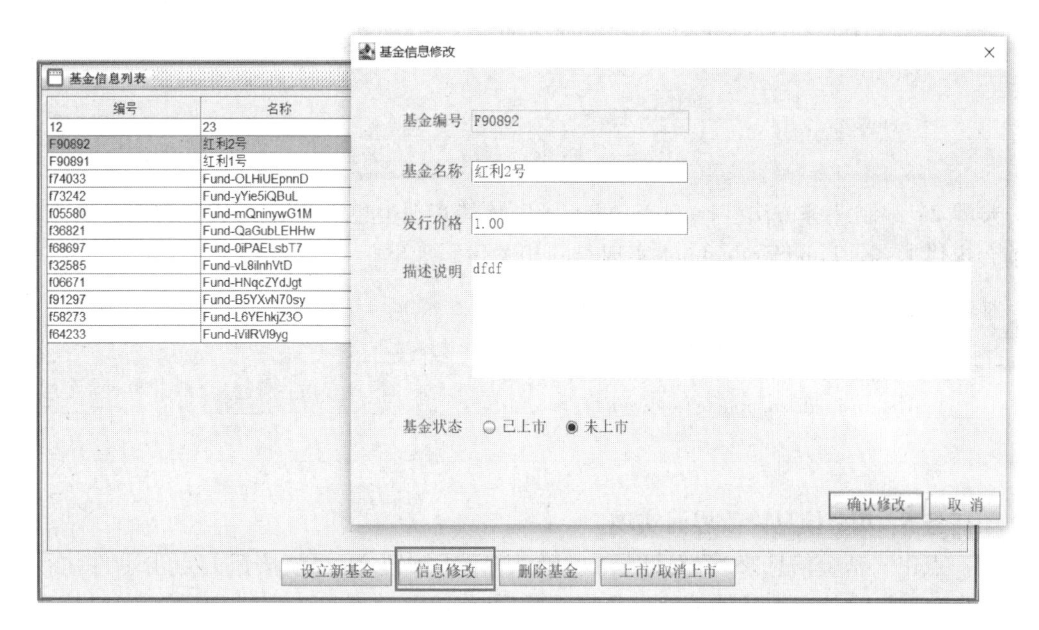

图 5-4-4　基金信息修改对话框的显示效果

子任务 4：编制数据更新方法

步骤 1：基金修改方法编制。用户在“基金信息修改”对话框中对基金数据进行变更之后,基金数据表中相关的数据也需同步更新,同时还需要刷新基金列表。因此,需要在Fund_Dao接口及其实现类中补充基金数据更新方法 update Fund(),该方法通过执行 SQL语句,将数据库中基金编号相同的基金数据变更为“基金信息修改”对话框中的新数据。在FundDaoImpl 实现类中,基金修改方法的代码如下。

```
private static final String SQL_UPDATE = "update t_fund set    fund_name=?,fund_price=?,fund_desc=?,fund_status=? where fund_no=?";

    @Override
    public int updateFund(Fund fund) {

        Connection conn = DBUtils.getConn();
        PreparedStatement pstmt = null;
        int cnt = 0;

        try {
            pstmt = conn.prepareStatement(SQL_UPDATE);
            pstmt.setString(1, fund.getFundName());
            pstmt.setDouble(2, fund.getFundPrice());
            pstmt.setString(3, fund.getFundDesc());
            pstmt.setString(4, fund.getFundStatus());
```

```
                pstmt. setString(5, fund. getFundNo());
                cnt = pstmt. executeUpdate();
            } catch (SQLException e) {
                // TODO Auto-generated catch block
                e. printStackTrace();
            } finally {
                DBUtils. releaseRes(conn, pstmt, null);
            }

            return cnt;
    }
```

步骤 2：编制业务方法。Fund_Service 接口及其实现类也需要补充基金数据更新方法，为前台提供服务。FundServiceImpl 实现类的相关代码如下。

```
    @Override
        public int updateFund(Fund fund) {
            FundDao fundDao = new FundDaoImpl();
            return fundDao. updateFund(fund);
    }
```

子任务 5：基金信息修改界面实现

用户点击“基金信息修改”对话框中“确认修改”按钮之后，该按钮的点击事件执行流程为：首先收集除基金编号外的前台数据。然后，将这些数据封装成基金对象，通过该对象调用 Fund_Service 接口的 updateFund() 方法。最后，关闭“基金信息修改”对话框。“确认修改”按钮事件响应的具体代码如下。

```
    okButton. addActionListener(new ActionListener() {
                                public void actionPerformed(ActionEvent e) {

                                    Fund fund = new Fund();
                                    fund. setFundNo(txtFundNo. getText());
                                    fund. setFundName(txtFundName. getText());

fund. setFundPrice(Double. parseDouble(txtFundPrice. getText()));
                                    fund. setFundDesc(taFundDesc. getText());

                                    if(rdFundStatusIn. isSelected())
                                        fund. setFundStatus("a");
                                    else
                                        fund. setFundStatus("b");

//                                  System. out. println(fund);
                                    FundService fundService = new FundServiceImpl();
                                    fundService. updateFund(fund);
                                    EditFundDialog. this. dispose();

                                }
    });
```

任务5　基金上市和退市操作

一、任务目标

1. 理解基金上市和退市的基本业务规则。
2. 掌握基金上市和退市操作的实现方法。

二、任务要求

1. 理解基金上市和退市的基本业务规则。
2. 实现基金的上市操作。
3. 实现基金的退市操作。

三、预备知识

知识1：基金上市和退市的业务规则

（1）上市操作：上市退市或未上市的基金。

（2）退市操作：当基金的所有份额全被赎回或者该基金并无销售份额时，取消该基金的上市交易。

知识2：基金上市和退市的执行流程

基金上市和退市的执行流程如图5-5-1所示。首先，用户在基金信息列表中选择需要上市或退市的基金记录，获取被选记录的基金编号，并将该编号通过Fund_Service接口、Fund_Dao接口、DBUtil接口传输到后台数据库，根据编号完成相关基金记录查找。然后，对查找到记录数据进行审核，审核通过后的数据封装成Fund对象，并将相关信息反馈给用户。同时，根据用户的操作结果，将该Fund对象通过Fund_Service接口、Fund_Dao接口、DBUtil接口传输到后台数据库并完成t_fund表相应基金记录状态变更。

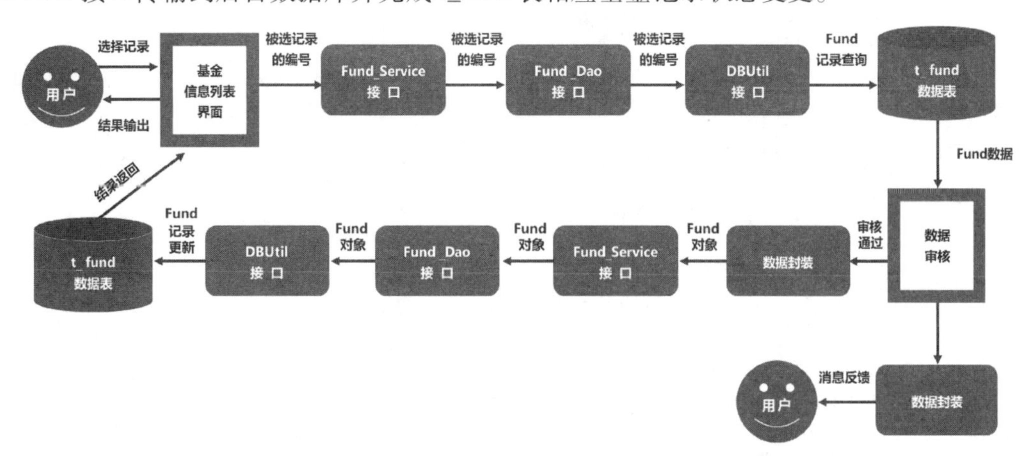

图5-5-1　基金上市和退市的执行流程

四、任务实施

子任务 1：基金上市和退市

步骤 1：业务方法的编制。实现基金上市/退市操作，需要在基金业务服务接口中补充一个更新基金状态的抽象方法，方法的输入参数为基金编号、基金状态。在接口实现类对应的方法中，首先通过调用基金 dao 接口的基金查询方法，根据基金编号查找对应的基金记录，其中基金编号由前端“基金信息列表”窗口中被选中的基金记录获得。记录找到后，数据通过基金对象返回，根据基金对象的 setFundStatus( ) 方法，对基金状态值进行变更，其中基金状态值通过前端“基金信息列表”窗口获得。最后，将更新后的基金对象作为输入参数，调用基金 dao 接口的 updateFund( ) 方法，对数据库中基金对象对应的记录进行变更。以上过程在 FundServiceImpl 实现类 updateFundTrans( ) 方法里实现，相关代码如下。

```
@ Override

public voidupdateFundTrans( String fundNo, String fundStatus) {

    FundDao fundDao = new FundDaoImpl( ) ;
    Fund fund = fundDao. getFundByNo( fundNo) ;
    fund. setFundStatus( fundStatus) ;

    fundDao. updateFund( fund) ;

}
```

步骤 2：操作界面的事件绑定。基金的上市、退市操作需要绑定到“基金信息列表”窗口的“上市/取消上市”按钮的点击事件中，该事件可用一个多分支判断结构实现。若在用户选择了基金记录的前提下，对实时份额为 0 的上市基金执行退市操作，对未上市的基金执行上市操作，则具体代码如下。

```
JButton btnToggleTrans = new JButton( "上市/取消上市") ;
        btnToggleTrans. addActionListener( new ActionListener( ) {
            public void actionPerformed( ActionEvent e) {
                int row = table. getSelectedRow( ) ;
                if( row = = -1) {
                    JOptionPane. showMessageDialog( FundListFrame. this, "请先选中要设置的基
金信息!") ;
                }
                else {
                    String no = ( String) table. getValueAt( row, 0) ;

                    FundService fundService= new FundServiceImpl( ) ;
                    Fund fund = fundService. getFundByNo( no) ;

                    if( fund. getFundStatus( ) . equals( "b" ) ) {
                        int result = JOptionPane. showConfirmDialog( FundListFrame. this, "确认
设置基金-" +fund. getFundName( ) +" 为上市状态吗?" ," 系统提示" , JOptionPane. YES_NO_OPTION,
JOptionPane. QUESTION_MESSAGE) ;
                        if( result = =JOptionPane. YES_OPTION) {
```

```
                        fundService. updateFundTrans(fund. getFundNo(), "a");
                    }
                }
                else {
                    //执行退市
                    if(fund. getFundAmount() = = 0. 0) { //基金无销售额,可以执行退市(全部赎回或者不存在交易)
                    int result = JOptionPane. showConfirmDialog(FundListFrame. this, "确认设置基金-" + fund. getFundName() + "为退市状态吗?", "系统提示", JOptionPane. YES_NO_OPTION, JOptionPane. QUESTION_MESSAGE);
                    if(result = = JOptionPane. YES_OPTION) {
    fundService. updateFundTrans(fund. getFundNo(), "b");
                    }
                }
                else {
    JOptionPane. showMessageDialog(FundListFrame. this, "基金-" +fund. getFundName() +"具有销售份额,还未完全赎回,无法退市!");
                }
            }

            FundListFrame. this. loadFundData();
        }
    }
});
btnToggleTrans. setFont(new Font("宋体", Font. PLAIN, 14));
panel. add(btnToggleTrans);
```

上述代码的运行效果如图 5-5-2 所示。

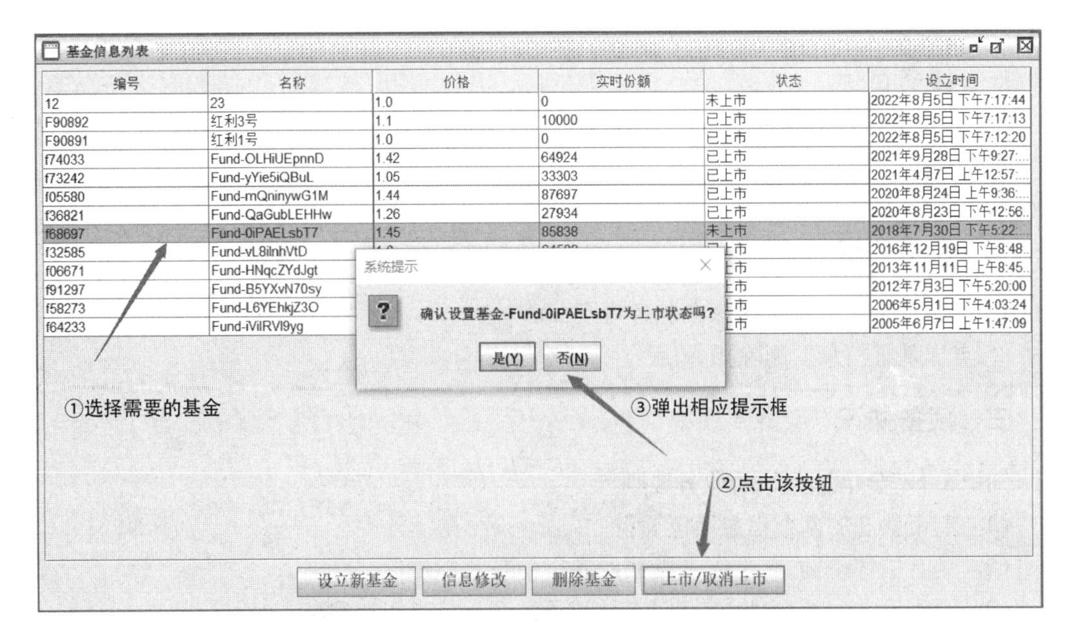

图 5-5-2　“上市/取消上市”按钮点击事件的执行结果

对于已存在销售份额的基金，将提示无法退市，示例结果如图 5-5-3 所示。

图 5-5-3　存在销售份额基金的操作结果

任务 6　基金信息的删除

一、任务目标

1. 掌握基金信息删除的业务规则。
2. 根据业务规则编制代码。

二、任务要求

1. 掌握基金信息删除的基本业务规则。
2. 实现基金信息的删除操作。

三、预备知识

知识 1：基金信息删除的业务规则

（1）上市状态的基金信息不能删除。

（2）具有销售份额，尚未完全赎回的基金信息不能删除。

（3）刚刚设立的基金，没有任何交易记录的基金信息可以删除。

（4）如果已经产生了申购、赎回等交易，就会产生基金交易记录，不能删除具有交易记录的基金信息。

知识2：基金信息删除的执行流程

基金信息删除的执行流程如图5-6-1所示。具体为：用户在基金信息列表中选择欲删除的基金记录，获取被选基金记录的基金编号，并将该编号通过Fund_Service接口、Fund_Dao接口、DBUtil接口传输至后台数据库，在数据库的基金数据表中根据基金编号查找对应的基金记录。将查询获得的基金数据进行审核。若审核通过，根据用户确认删除的操作响应，通过Fund_Service接口、Fund_Dao接口、DBUtil接口，根据基金编号，对后台数据库中的基金数据表对应的基金记录进行删除，并刷新基金信息列表数据；若审核未通过，则将“删除失败”信息通过前端界面反馈给用户。

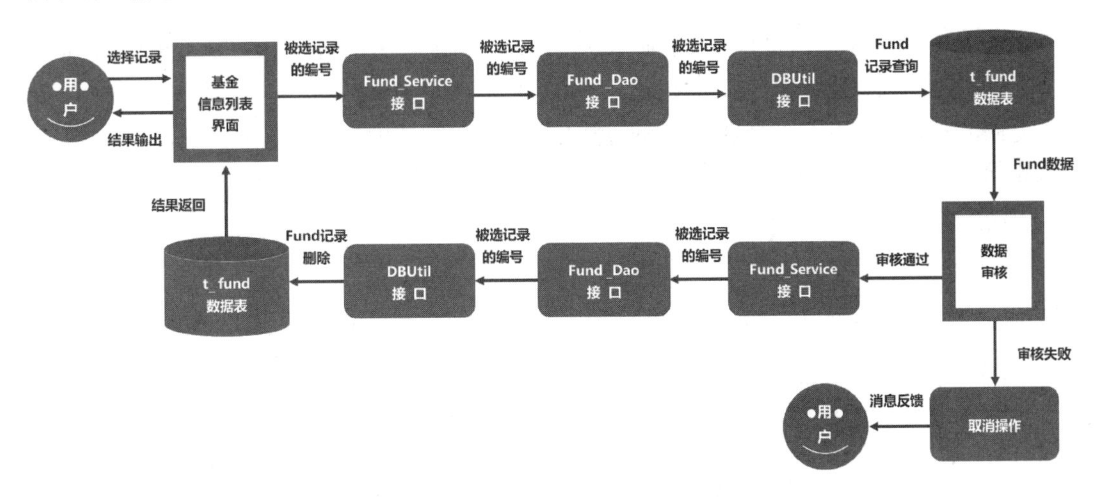

图5-6-1 基金信息删除的执行流程

四、任务实施

子任务1：基金信息删除的实现

步骤1：数据DAO方法的编制。实现基金删除操作，需要在基金DAO接口中补充基金删除的抽象方法，方法的输入参数为基金编号，返回值为执行SQL命令后返回的整数。在接口实现类对应的方法中，首先定义一个关于删除基金记录的SQL命令的静态常量字符串，删除依据基金编号，其中基金编号由前端“基金信息列表”窗口被选的基金记录获得。然后，基于JDBC驱动，执行SQL命令，删除数据库中被选基金记录。FundDaoImpl类delFund()方法的相关代码如下。

```
private static final String SQL_DEL = "delete from t_fund where fund_no = ?";

    @Override
    public int delFund(String fundNo) {
        Connection conn = DBUtils.getConn();
        PreparedStatement pstmt = null;
        int cnt = 0;

        try {
            pstmt = conn.prepareStatement(SQL_DEL);
            pstmt.setString(1, fundNo);
```

```
                cnt = pstmt.executeUpdate();
            } catch (SQLException e) {
                // TODO Auto-generated catch block
                e.printStackTrace();
            } finally {
                DBUtils.releaseRes(conn, pstmt, null);
            }

            return cnt;
    }
```

步骤 2：业务方法的编制。相应地，需要在基金业务服务接口中补充基金删除的抽象方法，供前端“基金信息列表”窗口调用，方法的输入参数为基金编号，返回值为执行 SQL 命令后返回的整数。在接口实现类对应的方法中，通过调用基金 dao 接口的 delFund()方法，实现删除操作，在 FundServiceImpl 类 removeFund()方法中编写如下代码。

```
@Override
    public int removeFund(String fundNo) {
        FundDao fundDao = new FundDaoImpl();
        return fundDao.delFund(fundNo);
    }
```

步骤 3：操作界面的事件绑定。基金的上市、退市操作需要绑定到“基金信息列表”窗口的“删除基金”按钮的点击事件中，该事件用一个多分支判断结构实现“删除基金”的业务逻辑。在用户选择了基金记录的前提下，若所选基金的实时份额为 0 且为未上市基金，则执行删除操作；否则，提示不能删除，相关代码如下。

```
JButton btnDelFund = new JButton("删除基金");
        btnDelFund.addActionListener(new ActionListener() {
            public void actionPerformed(ActionEvent e) {
                int row = table.getSelectedRow();
                if(row==-1) {
                    JOptionPane.showMessageDialog(FundListFrame.this, "请先选中要删除的基
金信息!");
                }
                else {

                String no = (String)table.getValueAt(row, 0);

                FundService fundService= new FundServiceImpl();
                Fund fund = fundService.getFundByNo(no);

                //1.上市的基金不能删除
                //2.有销售份额,尚未完全赎回的不能删除
                //3.有交易记录的基金不能删除

                if(fund.getFundStatus().equals("a")) {
                        JOptionPane.showMessageDialog(FundListFrame.this, "基金-"+fund.
getFundName()+"为上市基金,不能删除!");
```

```
                    }
                    else if(fund. getFundAmount( )>0) {
                                JOptionPane. showMessageDialog ( FundListFrame. this,  " 基 金 -" + fund.
getFundName( )+"具有销售份额,还未完全赎回,不能删除!");
                    }
                    //否则如果存在交易记录,则不能删除
                    else {

                         int result = JOptionPane. showConfirmDialog( FundListFrame. this, "确认删除
基金-" +fund. getFundName( )+"的信息吗?","系统提示",JOptionPane. YES_NO_OPTION,JOptionPane.
QUESTION_MESSAGE);
                         if( result= =JOptionPane. YES_OPTION) {
                              fundService. removeFund( no);
                              FundListFrame. this. loadFundData( );
    JOptionPane. showMessageDialog ( FundListFrame. this,  " 基 金 -" + fund. getFundName ( ) +" 删 除
成功!");
                         }

                    }

               }
          }
     });
     btnDelFund. setFont( new Font( "宋体", Font. PLAIN, 14));
     panel. add( btnDelFund);
```

步骤 4:代码编辑完后,运行并测试"删除基金"操作功能是否符合业务逻辑的要求。对于正在上市交易的基金,提示无法删除,如图 5-6-2 所示;对于存在销售份额的基金,提示无法删除,如图 5-6-3 所示。

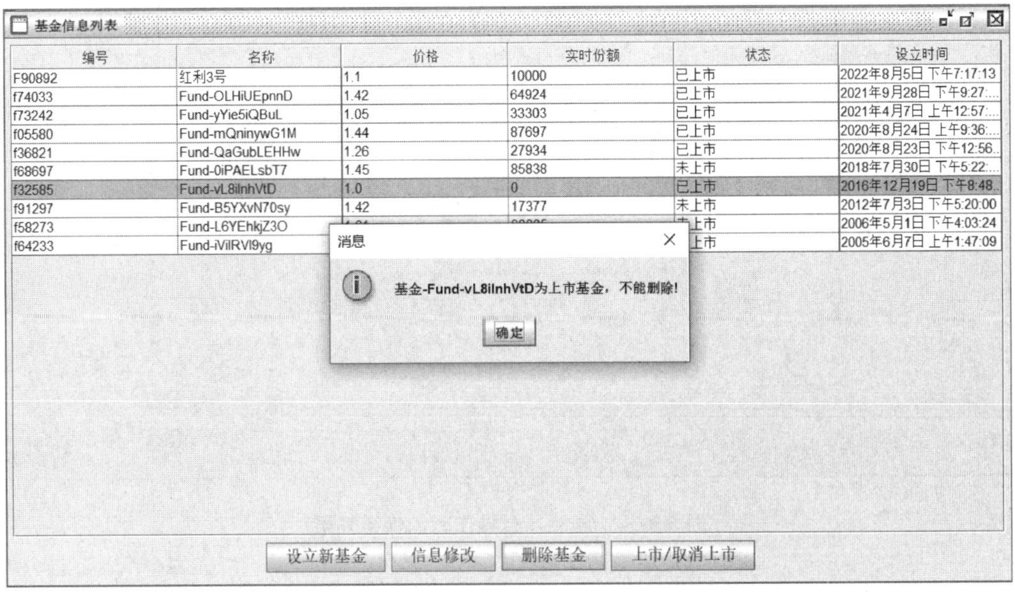

基金信息列表

编号	名称	价格	实时份额	状态	设立时间
F90892	红利3号	1.1	10000	已上市	2022年8月5日 下午7:17:13
f74033	Fund-OLHiUEpnnD	1.42	64924	已上市	2021年9月28日 下午9:27:...
f73242	Fund-yYie5iQBuL	1.05	33303	已上市	2021年4月7日 上午12:57:...
f05580	Fund-mQninywG1M	1.44	87697	已上市	2020年8月24日 上午9:36:...
f36821	Fund-QaGubLEHHw	1.26	27934	已上市	2020年8月23日 下午12:56...
f68697	Fund-0iPAELsbT7	1.45	85838	未上市	2018年7月30日 下午5:22:...
f32585	Fund-vL8ilnhVtD	1.0	0	已上市	2016年12月19日 下午8:48...
f91297	Fund-B5YXvN70sy	1.42	17377	未上市	2012年7月3日 下午5:20:00
f58273	Fund-L6YEhkjZ3O			上市	2006年5月1日 下午4:03:24
f64233	Fund-iVilRVl9yg			上市	2005年6月7日 上午1:47:09

消息

基金-Fund-vL8ilnhVtD为上市基金，不能删除!

确定

设立新基金　信息修改　删除基金　上市/取消上市

图 5-6-2　"删除基金"功能的测试结果一

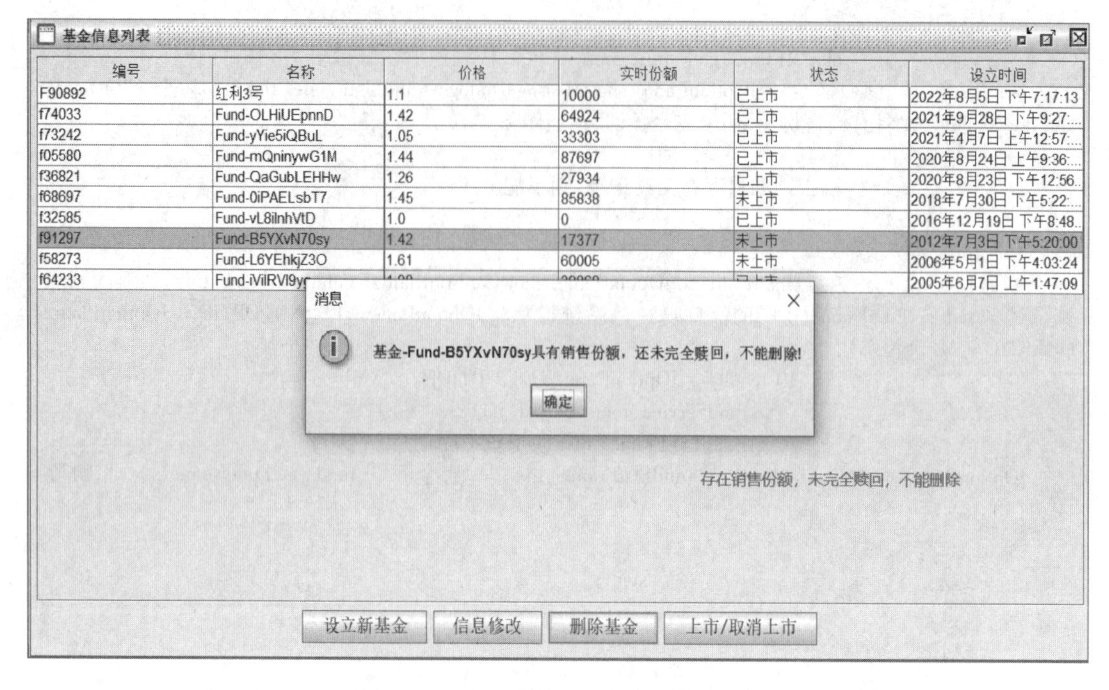

图 5-6-3 “删除基金”功能测试结果二

删除基金时,会弹出相应的信息提示框,如图 5-6-4 所示。

图 5-6-4 删除基金操作时的弹窗效果

任务7　操作员权限控制

一、任务目标

1. 掌握权限的概念和本系统权限相关业务规则。
2. 掌握本系统权限控制规则实现方法。

二、任务要求

1. 实现操作员模块权限控制功能。
2. 实现基金管理模块权限控制功能。

三、预备知识

知识1：基金删除的业务规则

（1）银行管理人员可以执行系统所有操作。

（2）银行柜员不能进行创建、修改和删除操作员操作，但可以查询操作员信息（但无法看到密码部分）。

（3）银行柜员不能进行基金产品设立、修改、上市和退市等操作，但可以查询基金产品信息。

知识2：关于类的静态成员变量

Java类的静态成员变量（类变量），即static关键字修饰的成员变量。静态成员变量最大的特性为不属于某个具体的对象，是所有对象共享的。static修饰的变量存储于方法区，可以通过类名直接访问（推荐），也可以通过对象来访问。例如，图5-7-1中，Student类中的学校名称schoolName为静态成员变量，该变量包含的数据被学生对象1、学生对象2共享。

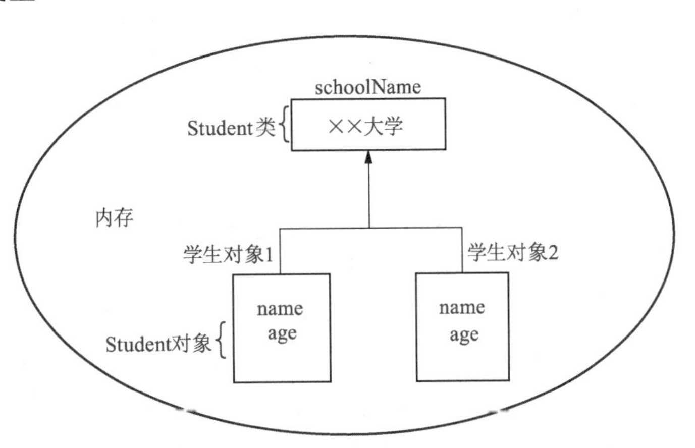

图5-7-1　Student类的静态成员变量schoolName示例

四、任务实施

子任务1：操作员模块控制

步骤1：操作员密码显示控制。权限控制可通过编辑"基金信息列表"窗口、"操作员管理"窗口定义的Java脚本来实现，使两个窗口部分组件的可见属性能根据登录用户的身份进行调整、切换。首先,用户登录成功后,通过主启动类 FundMgrApp 的静态成员变量 oper 保存用户信息,对 oper 进行分析后得到的操作员对象的类型便可作为权限设置的依据,相关代码如下。

```
JButton btnLogin = new JButton("登　录");
        btnLogin.addActionListener(new ActionListener() {
            public void actionPerformed(ActionEvent e) {

                OperService operService = new OperServiceImpl();

                try {
                    Operator oper = operService.checkOper(txtOperNo.getText(), new String
(txtOperPwd.getPassword()));
                JOptionPane.showMessageDialog(LoginFrame.this, "登录成功!");
                LoginFrame.this.dispose();

                //开启主界面窗口
                FundMgrApp.oper = oper;
                MainFrame mainFrame = new MainFrame();
                mainFrame.setVisible(true);

            }catch(Exception ex) {
                JOptionPane.showMessageDialog(LoginFrame.this, ex.getMessage());
            }

        }
    });
```

步骤 2:在 OperListFrame 类脚本中针对列表表头定义的代码进行修改。根据当前登录用户(即操作员)对象类型,决定是否要在表头中定义“密码”字段。若操作员的身份为银行柜员,则不在表头中设置“密码”字段;若操作员的身份为管理人员,则需在表头中设置“密码”字段,相关代码如下。

```
String[] header = null;
        if(FundMgrApp.oper.getOperType().equals("a")) {
            //表头文字列表
            header = new String[]{"账号","真实姓名","类型","创建时间"};

        }
        else if(FundMgrApp.oper.getOperType().equals("b")) {
            //表头文字列表
            header = new String[]{"账号","密码","真实姓名","类型","创建时间"};
        }

        //创建数据模型
        dtm = new DefaultTableModel(null,header);

        table = new JTable(dtm);
```

步骤 3：相应地，“操作员管理”窗口（OperListFrame 类）的数据加载方法中，加载操作员数据时，也要对当前登录用户对象类型进行判断。若为银行柜员，则无须加载密码数据；若为管理人员，则加载密码数据，相关代码如下。

```
if(FundMgrApp.oper.getOperType().equals("a")) {
            Object[] data = {
                    operator.getOperNo(),
                    operator.getOperName(),
                    operator.getOperType().equals("a")?"银行柜员":"管理人员",
                    operator.getOperCreateTime().toLocaleString()
                    };
                    this.dtm.addRow(data);
}
else if(FundMgrApp.oper.getOperType().equals("b")) {
                    Object[] data = {
                          operator.getOperNo(),
                          operator.getOperPwd(),
                          operator.getOperName(),
                          operator.getOperType().equals("a")?"银行柜员":"管理人员",
                          operator.getOperCreateTime().toLocaleString()
                    };
                    this.dtm.addRow(data);
}
```

代码编写完成后，以银行柜员的身份打开操作员管理窗口，如图 5-7-2 所示。

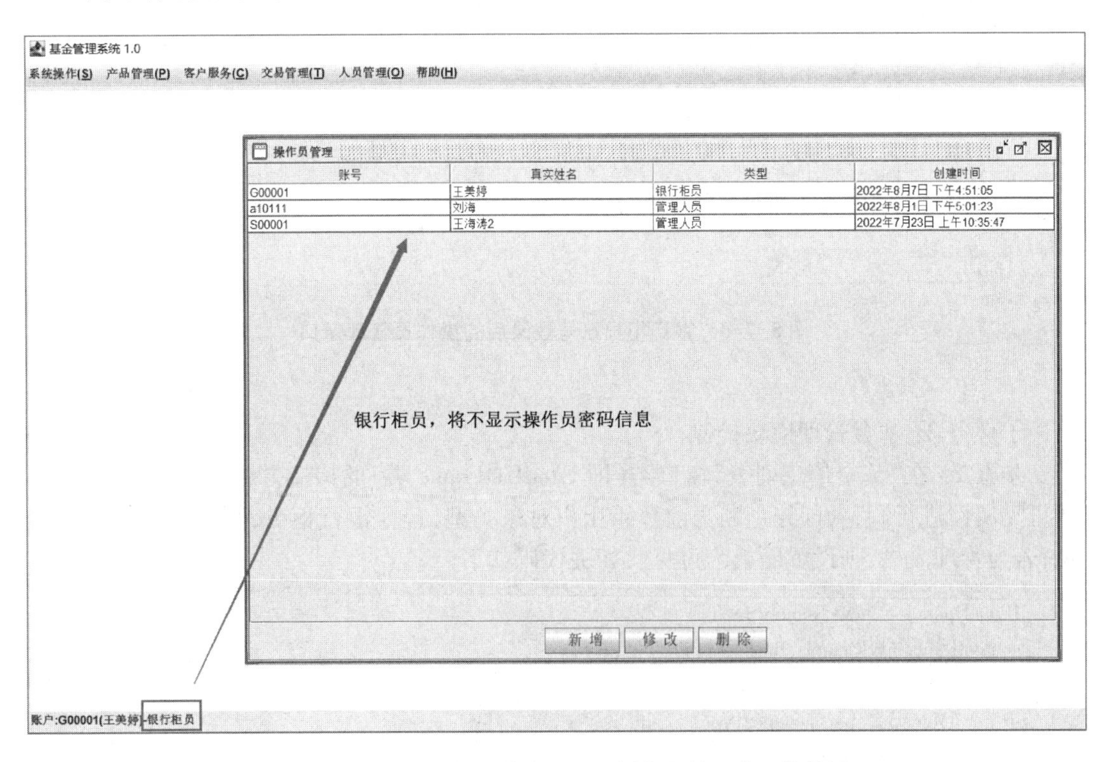

图 5-7-2　以银行柜员的身份打开操作员管理窗口的结果

步骤 4：操作按钮列表的显示控制。对 OperListFrame 类的构造方法的代码进行修改，相关代码如下。该代码中，针对按钮面板的可见属性进行调整，即先判断当前登录用户对象类型，若为银行柜员，则设置面板为不可见；若为管理人员，则设置面板为可见。

```
JPanel panel = new JPanel();
        getContentPane().add(panel, BorderLayout.SOUTH);

        //如果登录的用户是银行柜员,则该面板不显示,面板中的按钮将无法操作
        if(FundMgrApp.oper.getOperType().equals("a"))
            panel.setVisible(false);
```

当以银行柜员身份登录时，无法执行相关操作，界面效果如图 5-7-3 所示。而当以管理人员身份登录时，可以执行相关操作，界面效果如图 5-7-4 所示。

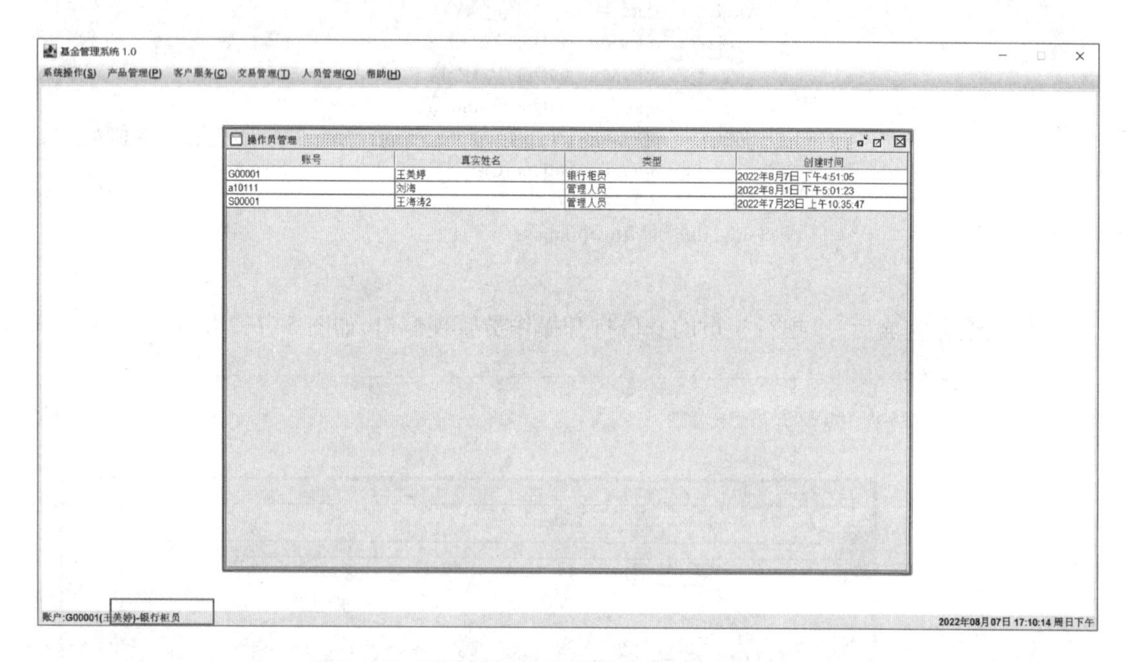

图 5-7-3　银行柜员账号登录后的操作员管理窗口

子任务 2：基金管理模块控制

步骤 1：在“基金信息列表”窗口类（即 FundListFrame 类）的构造方法中，针对按钮面板的可见属性进行调整，即先判断当前登录用户对象类型，若为银行柜员，则设置面板为不可见；若为管理人员，则设置面板为可见。相关代码如下。

```
JPanel panel = new JPanel();
contentPane.add(panel, BorderLayout.SOUTH);

if(FundMgrApp.oper.getOperType().equals("a"))
    panel.setVisible(false);
```

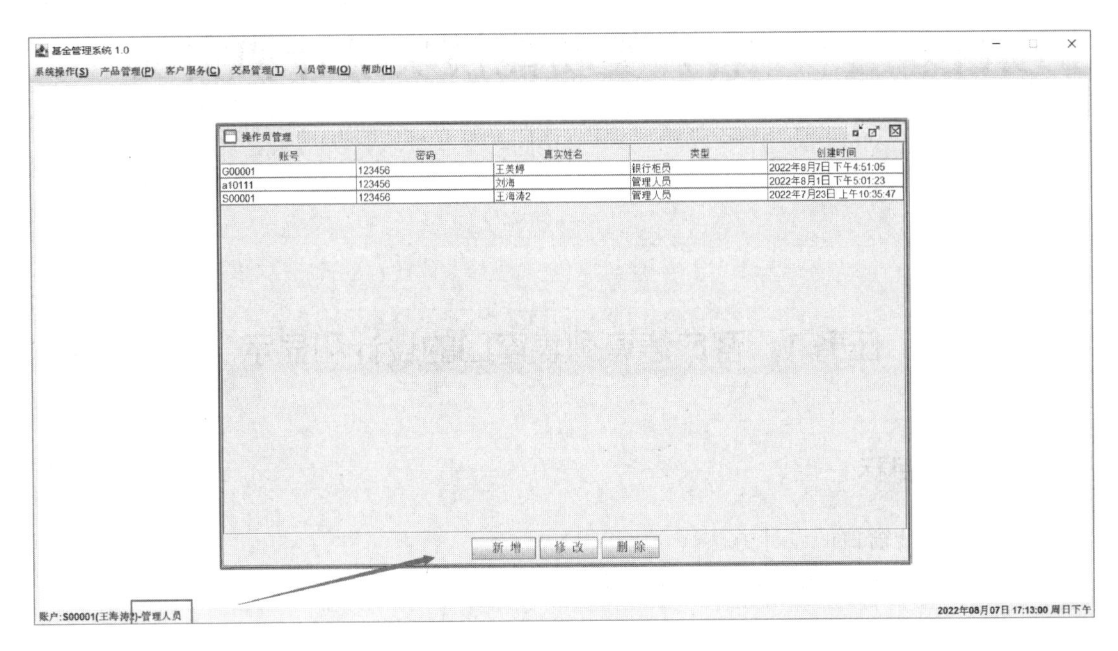

账号	密码	真实姓名	类型	创建时间
G00001	123456	王美婷	银行柜员	2022年8月7日 下午4:51:05
a10111	123456	刘海	管理人员	2022年8月1日 下午5:01:23
S00001	123456	王海涛2	管理人员	2022年7月23日 上午10:35:47

图 5-7-4　管理人员账号登录后的操作员管理窗口

代码编写完成后，当以银行柜员身份登录时，“基金信息列表”窗口效果如图 5-7-5 所示。

基金管理系统 1.0

系统操作(S)　产品管理(P)　客户服务(C)　交易管理(T)　人员管理(O)　帮助(H)

基金信息列表

编号	名称	价格	实时份额	状态	设立时间
F90892	红利3号	1.1	10000	已上市	2022年8月5日 下午7:17:13
f74033	Fund-OLHiUEpnnD	1.42	64924	已上市	2021年9月28日 下午9:27:...
f73242	Fund-yYie5iQBuL	1.05	33303	已上市	2021年4月7日 上午12:57:...
f05580	Fund-mQninywG1M	1.44	87697	已上市	2020年8月24日 上午9:36:...
f36821	Fund-QaGubLEHHw	1.26	27934	已上市	2020年8月23日 下午12:56...
f68697	Fund-0iPAELsbT7	1.45	85838	未上市	2018年7月30日 下午5:22:...
f32585	Fund-vL8ilnhVtD	1.0	0	已上市	2016年12月19日 下午8:48...
f91297	Fund-B5YXvN70sy	1.42	17377	未上市	2012年7月3日 下午5:20:00
f64233	Fund-iVilRVl9yg	1.98	39868	已上市	2005年6月7日 上午1:47:09

账户:G00001(王美婷)-银行柜员

图 5-7-5　银行柜员账号登录后的基金信息列表窗口

项目 6　客户类功能模块设计和实现

任务 1　客户信息列表窗口的设计和显示

一、任务目标

1. 掌握复杂窗口的设计方法。
2. 掌握 JInternalFrame 窗口的显示方法。

二、任务要求

1. 设计客户信息列表窗口。
2. 显示客户信息列表窗口。

三、预备知识

知识 1：客户信息列表窗口的界面设计

客户信息列表窗口需提供查询客户信息、显示客户信息、用户注册、用户信息修改、用户信息删除等功能，根据窗口组件功能的不同和用户操作逻辑，对客户信息列表窗口的布局进行规划设计，使窗口既能提供所有的功能，又能保证良好的人机交互。

查询客户信息，需要通过用户输入的身份证号码和姓名进行查找。根据用户操作逻辑，将实现查询功能的组件放置在“客户信息列表”窗口上方的组合查询面板中。考虑到需要显示的客户信息记录数量较多，且需要显示身份证号码、姓名、性别、电话号码、住址、资金账户、设立时间、操作员 8 个字段的数据，因此显示客户信息的组件应放置在“客户信息列表”窗口中央面积较大的面板中。

另外，按照用户操作逻辑，将用户注册、用户信息修改、用户信息删除 3 项功能组件放置于“客户信息列表”窗口下方的按钮面板中。“客户信息列表”窗口的设计效果如图 6-1-1 所示。

四、任务实施

子任务 1：构建“客户信息列表窗口”

步骤 1：新建 view. customer 专用视图包，在该视图包中，使用 WindowBuilder 的内部窗口组件 CustomerListFrame 类，如图 6-1-2 所示，“客户信息列表”内部窗口的定义代码写在类的脚本中。

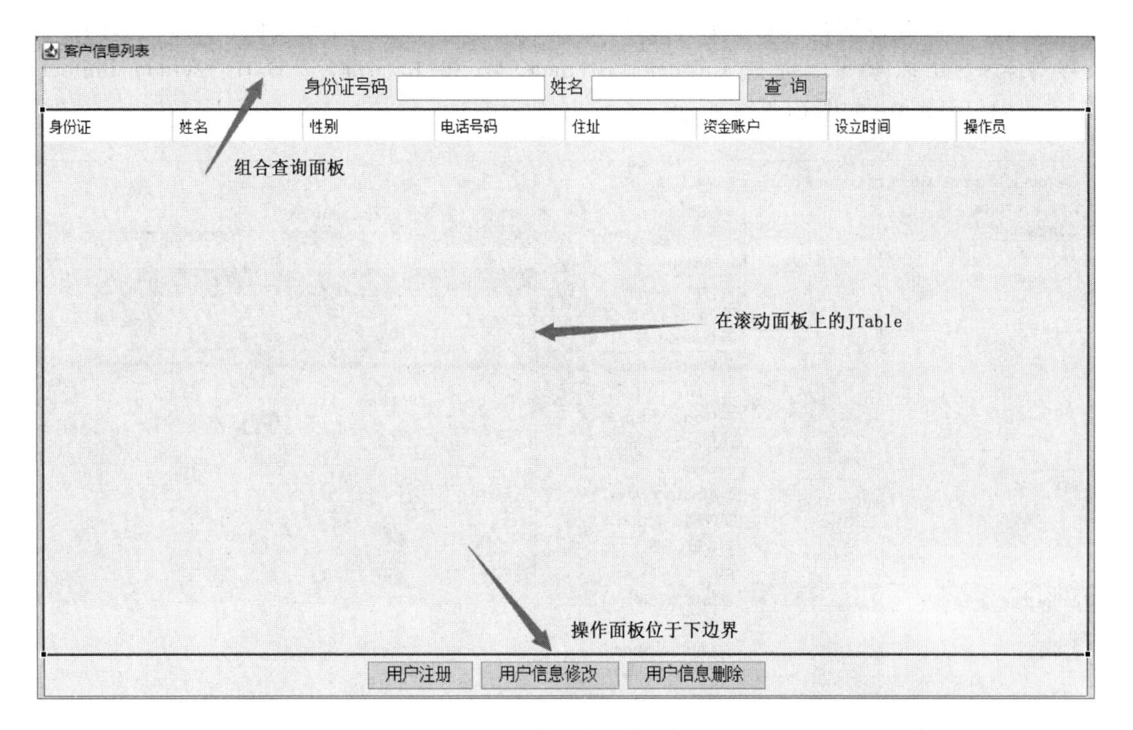

图 6-1-1　“客户信息列表”窗口界面

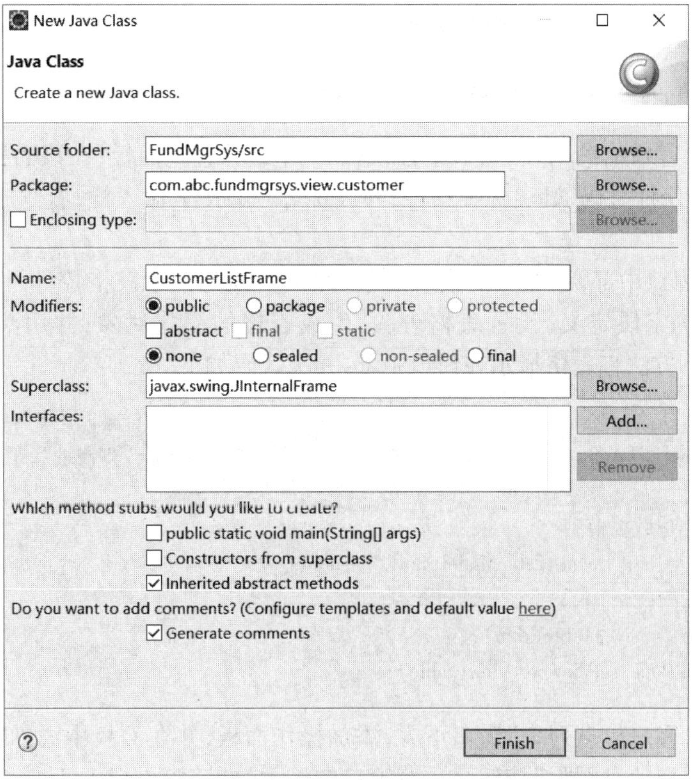

New Java Class

Java Class

Create a new Java class.

Source folder: FundMgrSys/src　Browse...

Package: com.abc.fundmgrsys.view.customer　Browse...

☐ Enclosing type:　Browse...

Name: CustomerListFrame

Modifiers: ◉ public　○ package　○ private　○ protected

☐ abstract　☐ final　☐ static

◉ none　○ sealed　○ non-sealed　○ final

Superclass: javax.swing.JInternalFrame　Browse...

Interfaces:　Add...　Remove

Which method stubs would you like to create?

☐ public static void main(String[] args)

☐ Constructors from superclass

☑ Inherited abstract methods

Do you want to add comments? (Configure templates and default value here)

☑ Generate comments

Finish　Cancel

图 6-1-2　CustomerListFrame 类的创建

步骤 2：修改该窗口属性。设置窗口的标题为“客户信息列表”，窗口的大小设置为 849 像素× 550 像素等。选择 CustomerListFrame 类，单击右键，选择在“WindowBuilder Editor”中打开窗口，如图 6-1-3 所示。

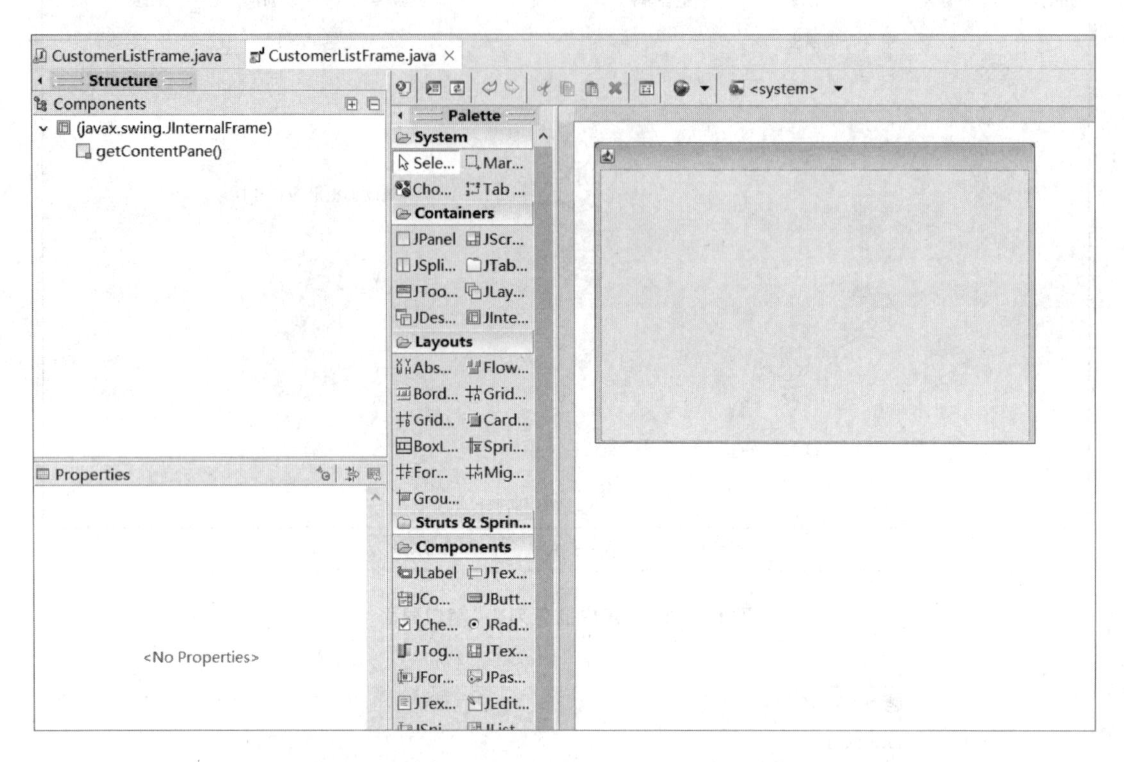

图 6-1-3　在“WindowBuilder Editor”中打开窗口

步骤 3：在“客户信息列表”窗口上方，增加一个组合查询面板，在该面板中设置与查找条件相对应的身份证号码、姓名标签组件，并放置对应的文本输入框，右侧放置一个“查询”按钮组件。

步骤 4：在窗口中部，添加一个滚动面板，面板中设置一个表格控件，根据客户数据表(t_customer)中的字段定义，设置表格表头，生成表格的模式对象，并用滚动面板对象的 setviewportview()方法将表格显示在窗口中部，相关代码如下。

```
//表头文字列表
String[ ] header = {"身份证","姓名","性别","电话号码","住址","资金账户","设立
                时间","操作员"};
//创建数据模型
dtm = new DefaultTableModel(null, header);

table = new JTable(dtm);
scrollPane. setViewportView(table);
```

步骤 5：在“客户信息列表”窗口下方，添加操作面板，并在面板中添加“用户注册”“用户信息修改”“用户信息删除”按钮。预览窗口的显示效果，如图 6-1-1 所示。

子任务2:“客户信息列表”窗口的居中显示

步骤1:“客户信息列表”窗口设计并创建完成后,需要将该窗口的打开操作绑定到主界面“客户服务”→“客户管理”的菜单项,因此需要在该菜单项的点击事件中编写打开该窗口的代码,需要根据“客户信息列表”窗口和虚拟桌面的尺寸计算出窗口打开的位置坐标(x, y),使窗口居中显示,相关代码如下。

```
JMenuItem miCustMgr = new JMenuItem("客户管理");
miCustMgr.addActionListener(new ActionListener() {
        public void actionPerformed(ActionEvent e) {
                CustomerListFrame custListFrame = new CustomerListFrame();

                //JInternalFrame 的居中处理
                Dimension  frameSize = custListFrame.getSize();
                Dimension  desktopSize = desktopPane.size();

                int x = (desktopSize.width-frameSize.width)/2;
                int y = (desktopSize.height-frameSize.height)/2;

                custListFrame.setLocation(x, y);
                custListFrame.setVisible(true);
                desktopPane.add(custListFrame);
                desktopPane.setSelectedFrame(custListFrame);
                System.out.println("ok customer frame!");
        }
});
menuCustomer.add(miCustMgr);
```

步骤2:在“客户信息列表”窗口的构造方法中,需要添加代码,让窗口有最大化、最小化及关闭按钮,相关代码如下。

```
super("客户信息列表",true,true,true,true);
setBounds(100, 100, 849, 550);
setDefaultCloseOperation(JFrame.EXIT_ON_CLOSE);
```

步骤3:在步骤2的构造方法末尾,加入监听代码,以支持点击“关闭”按钮时能关闭窗口,相关代码如下。

```
//增加事件监听器,当产生点击关闭按钮操作的时候,关闭窗口
this.addInternalFrameListener(new InternalFrameAdapter() {

    @Override
    public void internalFrameClosing(InternalFrameEvent e) {
        CustomerListFrame.this.dispose();
    }
});
```

运行 CustomerListFrame 类脚本，最终显示的“客户信息列表”窗口如图 6-1-4 所示。

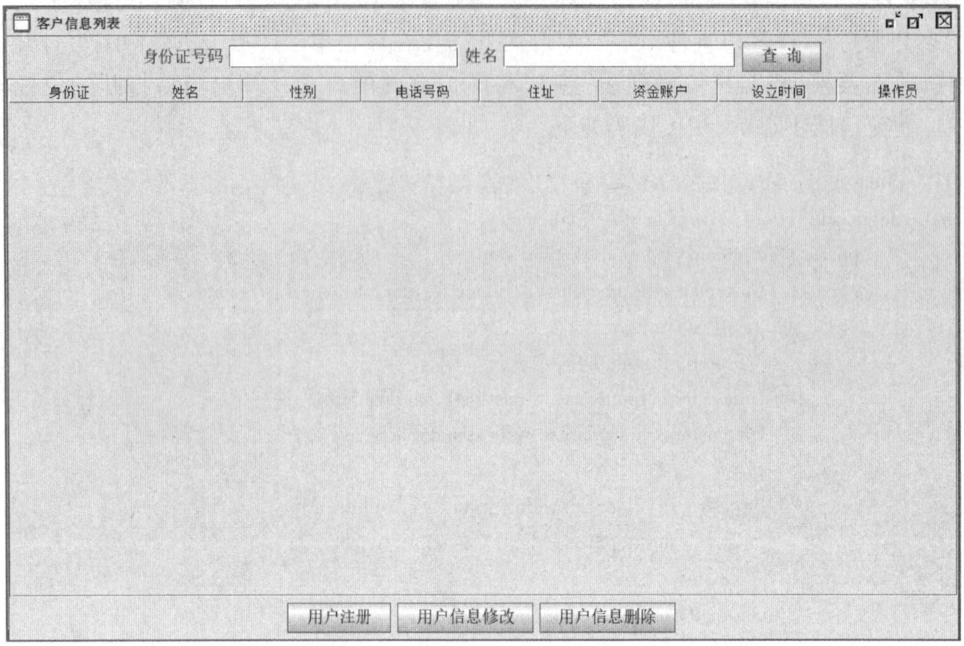

图 6-1-4 “客户信息列表”窗口

任务 2 客户信息的组合查询（一）

一、任务目标

1. 掌握外键在实体类中的处理方法。
2. 掌握动态 SQL 语句的生成方法。

二、任务要求

1. 编制客户业务实体类（注意外键处理）。
2. 编制客户信息查询助手类。
3. 实现客户信息的动态 SQL 查询语句生成功能。

三、预备知识

知识 1：外键在实体类中的处理方法

数据库的外键一般是若干张数据表联合查询的关键字段，但是在 Java 程序中，外键不能以基本数据类型的方式进行定义，而应以外键对应的 Java 类的方式加以定义，灵活访问外键包含的数据。

知识 2：客户类的设计及实现

根据数据库 fund_db 中客户数据表 t_customer 定义的字段，对客户类进行设计。

（1）成员变量定义

① 身份证号码（idcard）：字符串类型；私有；客户信息的主键；其值具有唯一性。

② 客户姓名（custName）：字符串类型；私有；用于记录客户的姓名。

③ 客户性别（custSex）：字符串类型；私有；用于记录客户的性别。

④ 联络电话（custPhone）：字符串类型；私有；用于记录客户的联络电话。

⑤ 住址（custAddr）：字符串类型；私有；用于记录客户的住址。

⑥ 创建时间（custCreateTime）：日期类型；私有；用于记录客户注册的时间。

⑦ 操作员（custCreateMan）：操作员类；私有；用于记录进行客户信息操作时，对应的操作员相关信息，与数据库 fund_db 中客户数据表的“操作员”外键字段相对应。

（2）成员方法定义

定义一组访问上述私有成员变量的方法，格式为 set×××（String/Date）或 get×××（）。

知识 3：客户信息查询助手类的设计

为实现客户信息的动态查询功能，需设计客户信息查询助手类。

（1）成员变量定义

该类的成员变量根据查询条件进行定义。

① 查询身份证号码（qryIdCard）：字符串类型；私有；记录客户信息模糊查询条件。

② 查询客户姓名（qryCustName）：字符串类型；私有；记录客户信息模糊查询条件。

（2）成员方法定义

定义一组访问上述私有成员变量的方法，格式为 set×××（String）或 get×××（）。

知识 4：动态 SQL 语句的生成方法

根据上述定义的客户信息查询助手类实例 query，进行 SQL 语句的动态生成，命令格式如下：

```
select * from t_customer where 1=1 and idcard like '%" +query.getQryIdCard() +"%' and cust_name
like '%" +query.getQryCustName() +"%'
```

说明：

① 第一个查询条件通过“1=1”的方式来占位，以简化组合 SQL 的生成复杂度。

② 根据查询助手类实例 query 成员变量 qryIdCard 的值是否为空，来决定查询是否需根据客户身份证号码进行模糊查找。

③ 根据查询助手类实例 query 成员变量 qryCustName 的值是否为空，来决定查询是否需根据客户身份证号码进行模糊查找。

四、任务实施

子任务 1：构建客户业务实体类

步骤 1：在业务实体类 domain 包中，创建类 Customer，该类继承自 ValueObject 类，具体代码如下。注意：在后台数据库的客户数据表 t_customer 中存储的是 Customer 的 idcard 外键字段，而 Customer 实体类中所存储的应该是 Operator 对象，这样更加符合面向对象的编程思想。

```
package com.abc.fundmgrsys.domain;
import java.util.Date;
/*** 客户信息 **/
public class Customer extends ValueObject {

    /** 身份证号码 */
    private String idcard;
    /** 客户姓名 */
    private String custName;
    /** 客户性别 */
    private String custSex;
    /** 联络电话 */
    private String custPhone;
    /** 住址 */
    private String custAddr;
    /** 创建时间 */
    private Date custCreateTime;
    /** 操作员 */
    private Operator custCreateMan;

    //这里省略这些私有属性的 Getter 和 Setter 方法
}
```

步骤 2：在 com.abc.fundmgrsys 根包下，构建 query 包。在该包中，创建 CustomerQuery 辅助查询类，用于封装客户需要查询的数据，相关代码如下。

```
/*** 客户信息组合查询条件 */
public class CustomerQuery {

    /** 查询身份证号码（模糊查询）*/
    private String qryIdCard;

    /** 查询客户姓名（模糊查询）*/
    private String qryCustName;

    public String getQryIdCard() {
    return qryIdCard;
    }

    public void setQryIdCard(String qryIdCard) {
        this.qryIdCard = qryIdCard;
    }

    public String getQryCustName() {
        return qryCustName;
    }

    public void setQryCustName(String qryCustName) {
        this.qryCustName = qryCustName;
    }

}
```

注意：CustomerQuery 辅助查询类的设置，应与查询面板中设置的查询条件一致，如图 6-2-1 所示。

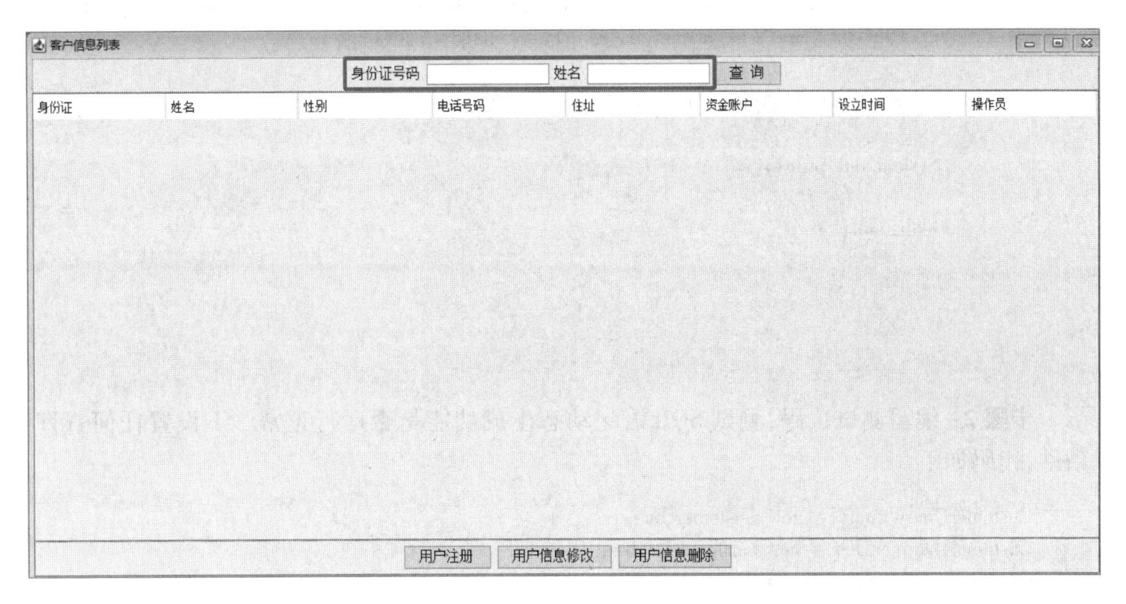

图 6-2-1　CustomerQuery 类查询字段的设置

子任务 2：动态 SQL 语句的构建

步骤 1：编制 CustomerDao 类以及该类的实现类 CustomerDaoImpl 类，增加动态 SQL 语句生成方法，使 SQL 语句能根据用户在前端客户信息列表窗口输入的查询数据动态生成，相关代码如下。注意：第一个条件，通过"1=1"的方式来占位，以简化组合 SQL 的生成复杂度的操作技巧。

```
public class CustomerDaoImpl implements CustomerDao {

    @Override
    public List<Customer> loadCustomers(CustomerQuery query) {

        String sql = this.genSql(query);

        return null;
    }

    /**
     * 根据查询条件动态生成 SQL 语句
     * @param query
     * @return
     */
    private String genSql(CustomerQuery query) {

        String sql = "select * from t_customer where 1=1 "; //直接占用第一个条件

        if(query.getQryIdCard()! =null && query.getQryIdCard().trim().length()! =0)
```

```
            sql   += " and idcard like '%" +query. getQryIdCard( ) +" %' " ;

        if( query. getQryCustName( ) ! =null && query. getQryCustName( ). trim( ). length( ) ! =0)
            sql += " and cust_name like '%" +query. getQryCustName( ) +" %'" ;

        sql += " order by cust_ctime desc" ;

        System. out. println( sql) ;

        return sql;

    }

}
```

步骤 2：编写测试代码，测试 SQL 语句动态生成功能是否运行正常。不设置任何查询条件，代码如下。

```
CustomerQuery query = new CustomerQuery( ) ;
CustomerDao custDao = new CustomerDaoImpl( ) ;
custDao. loadCustomers( query) ;
```

输出 SQL 语句如下。

```
select * from t_customer where 1=1   order by cust_ctime desc
```

步骤 3：设置身份证号码(即 idcard)非空查询条件，测试代码如下。

```
CustomerQuery query = new CustomerQuery( ) ;
query. setQryIdCard( "350" ) ;
CustomerDao custDao = new CustomerDaoImpl( ) ;
custDao. loadCustomers( query) ;
```

输出 SQL 语句如下。

```
select * from t_customer where 1=1 and idcard like '%350%'   order by cust_ctime desc
```

步骤 4：同时设置身份证号码(即 idcard)非空和客户姓名(即 cust_name)非空两个查询条件，测试代码如下。

```
CustomerQuery query = new CustomerQuery( ) ;
query. setQryIdCard( "350" ) ;
query. setQryCustName( "mary" ) ;
CustomerDao custDao = new CustomerDaoImpl( ) ;
custDao. loadCustomers( query) ;
```

输出 SQL 语句如下。

```
select * from t_customer where 1=1 and idcard like '%350%' and cust_name like '%mary%' order by
cust_ctime desc
```

子任务 3：业务类的编制

在 service 包中，编制 CustomerServiceImpl 实现类，实现客户信息查询功能，相关代码如下。

```
@ Override
public List<Customer> loadCustomers( CustomerQuery query) {

        CustomerDao custDao = new CustomerDaoImpl( );
        return custDao. loadCustomers( query);

}
```

任务 3　客户信息的组合查询(二)

一、任务目标

1. 掌握 Navicat 软件自行拟定测试数据的方法。
2. 掌握查询条件信息的获取方法。
3. 掌握 JTable 的数据模型的填充方法。

二、任务要求

1. 客户信息测试数据的编辑。
2. 客户组合查询信息的获取。
3. 客户信息列表的填充。

三、预备知识

知识 1：客户信息模糊查询的执行流程

客户信息模糊查询的执行流程如图 6-3-1 所示。用户通过“客户信息列表”窗口输入查询数据封装成 Query 对象，并将该对象作为输入参数调用 Customer_Service 接口的查询方法，该方法又将 Query 对象传递至 Customer_Dao 接口。根据 Query 对象，通过 Customer_Dao 接口的生成 SQL 语句的方法，实现动态 SQL 语句的生成，最后基于 JDBC 驱动执行客户数据表的模糊查找。

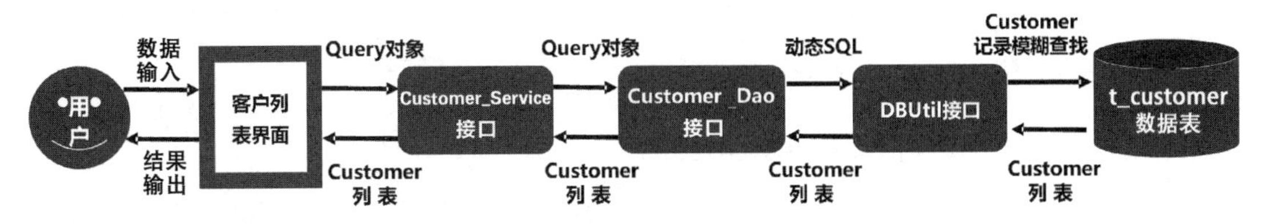

图 6-3-1　客户信息模糊查询的执行流程

四、任务实施

子任务 1：构建测试数据

打开 Navicat 软件，在客户数据表 t_customer 中编辑两条客户记录(图 6-3-2)。

idcard	cust_name	cust_sex	cust_phone	cust_addr	cust_ctime	cust_create_man	cust_status
112222222222222222	李四	f	222	333	2022-09-22 21:04:12	a20110	0
350101220001102667	陈东南	m	1122	1122	2023-06-05 10:57:58	a20110	1
350101519970513567	张三	m	13111667231	福州闽侯	2022-09-22 19:33:35	s0002	1

图 6-3-2　两条客户记录数据

子任务 2：Customer 查询方法实现

步骤 1：在操作员 Dao 接口中补充查询客户信息的抽象方法，并在其实现类中编写该方法对应的代码，实现查询功能。查询语句中的查询条件要根据封装在查询对象中的身份证号码 idcard、姓名 cust_name 两个成员变量的数据来决定，因此该查询语句为动态的查询语句，可用 like 命令字实现模糊查找。CustomerDaoImpl 类 loadCustomers 方法的相关代码如下。

```
@ Override
    public List<Customer> loadCustomers(CustomerQuery query) {

        String sql = this.genSql(query);

        Connection conn = DBUtils.getConn();
        PreparedStatement pstmt = null;
        ResultSet rset = null;
        List<Customer> customerList = new ArrayList<>();
        OperatorDao operDao = new OperatorDaoImpl();

        try {
            pstmt = conn.prepareStatement(sql);
            rset = pstmt.executeQuery();
            while(rset.next()) {

                Customer cust = new Customer();
                cust.setIdcard(rset.getString("idcard"));
                cust.setCustName(rset.getString("cust_name"));
                cust.setCustSex(rset.getString("cust_sex"));
                cust.setCustPhone(rset.getString("cust_phone"));
                cust.setCustAddr(rset.getString("cust_addr"));
                cust.setCustCreateTime(new Date(rset.getTimestamp("cust_ctime").getTime
()));
    cust.setCustCreateMan(operDao.getOperByNo(rset.getString("cust_create_man")));

                customerList.add(cust);

            }
        } catch (SQLException e) {
```

```
            // TODO Auto-generated catch block
            e.printStackTrace();
        } finally {
            DBUtils.releaseRes(conn, pstmt, rset);
        }

        return customerList;
    }
```

步骤 2：在测试类中编写如下测试代码，在不提供任何查询条件的情况下，运行测试代码，测试是否能找到所有客户信息，运行结果如图 6-3-3 所示。

```
CustomerDao custDao = new CustomerDaoImpl();
List<Customer> customerList = custDao.loadCustomers(query);
for(Customer cust:customerList)
System.out.println(cust);
```

```
select * from t_customer where 1=1  order by cust_ctime desc
com.abc.fundmgrsys.domain.Customer@1e16c0aa[idcard=350110199011231899,custName=刘美丽,custSex=f,custPhone=1367891891,custAddr=福州鼓楼区,custCreateTime=Tue Aug 09 22:57:27 CST 2022,cus
com.abc.fundmgrsys.domain.Customer@7098b907[idcard=350110199901231890,custName=王有才,custSex=m,custPhone=18656788765,custAddr=福州台江区,custCreateTime=Tue Aug 09 22:54:49 CST 2022,cu
```

图 6-3-3 测试代码运行结果

在提供单个查询条件的情况下，运行测试代码，测试是否能找到一条对应的客户信息，相关示例代码如下，运行结果如图 6-3-4 所示。

```
CustomerQuery query = new CustomerQuery();
query.setQryIdCard("1899");
CustomerDao custDao = new CustomerDaoImpl();
List<Customer> customerList = custDao.loadCustomers(query);
for(Customer cust:customerList)
System.out.println(cust);
```

```
<terminated> Tester (1) [Java Application] D:\eclipse\plugins\org.eclipse.justj.openjdk.hotspot.jre.full.win32.x86_64_17.0.3.v20220515-1416\jre\bin\javaw.exe (2022年8月9日 下午11:14:24
select * from t_customer where 1=1 and idcard like '%1899%'  order by cust_ctime desc
com.abc.fundmgrsys.domain.Customer@29f7cefd[idcard=350110199011231899,custName=刘美丽,custSex=f,custPhone=1367891891,custAddr=福州鼓楼区,custCreateTime
```

图 6-3-4 单个查询条件下运行结果

子任务 3：查询界面的操作实现

步骤 1：在“客户消息列表”窗口的构造方法尾部加入加载客户信息数据的代码如下。

```
        //收集查询条件
        CustomerQuery query = new CustomerQuery();

        //根据查询条件组合查询客户信息
        CustomerService custService = new CustomerServiceImpl();
        List<Customer> custList = custService.loadCustomers(query);

        //填充数据模型
        //清空 dtm 的原有数据
```

```
            CustomerListFrame.this.dtm.setRowCount(0);
            for(Customer cust:custList) {
                Object[] data = {
                    cust.getIdcard(),
                    cust.getCustName(),
                    cust.getCustSex().equals("m")?"男":"女",
                    cust.getCustPhone(),
                    cust.getCustAddr(),
                    "---",
                    cust.getCustCreateTime().toLocaleString(),

cust.getCustCreateMan().getOperName()+"("+cust.getCustCreateMan().getOperNo()+")"
                };
                CustomerListFrame.this.dtm.addRow(data);
            }
```

上述代码的运行结果如图 6-3-5 所示。

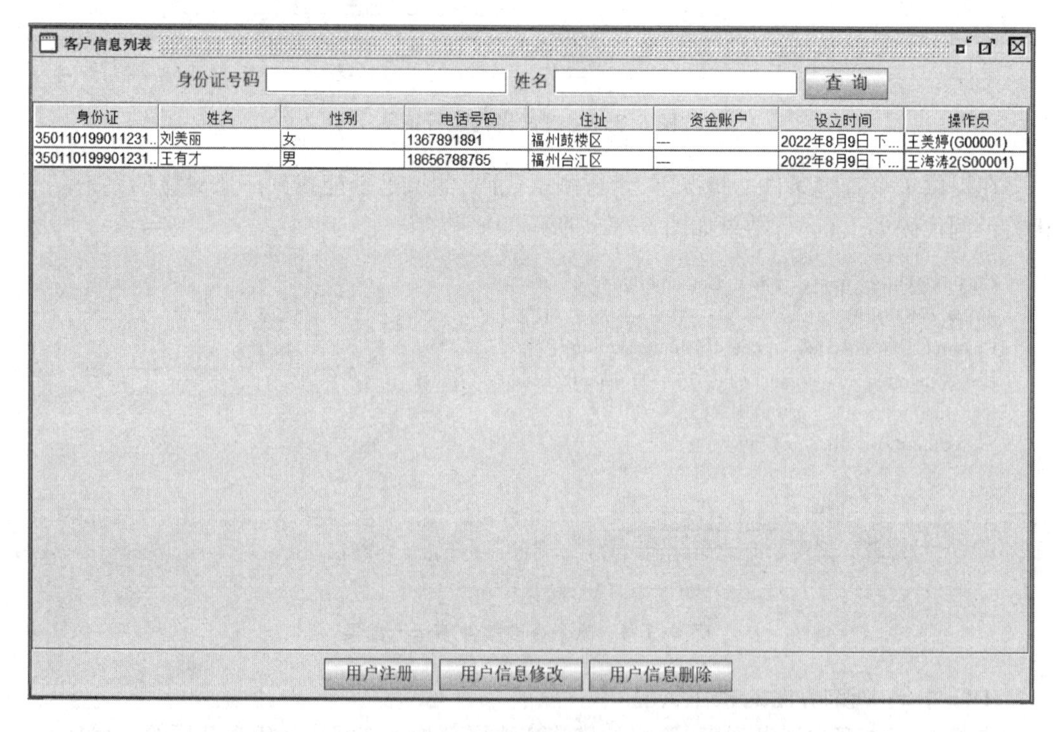

图 6-3-5　显示客户信息数据的"客户信息列表"窗口

步骤 2：双击"客户信息列表"窗口中的查询按钮，编辑该按钮的点击事件，事件中先收集查询条件，并对查询数据进行判空审核，通过审核后封装到查询对象中，通过该对象调用客户业务服务接口的查询方法，并将查询结果以客户信息列表的方式返回，最后在窗口的表格控件中显示出来，相关代码如下。

```
JButton btnSearch = new JButton("查 询");
        btnSearch.addActionListener(new ActionListener() {
            public void actionPerformed(ActionEvent e) {
```

```
            //收集查询条件
            CustomerQuery query = new CustomerQuery();
            if(txtIdCard.getText().trim().length()>0)
                query.setQryIdCard(txtIdCard.getText().trim());
            if(txtCustName.getText().trim().length()>0)
                query.setQryCustName(txtCustName.getText().trim());

            //根据查询条件组合查询客户信息
            CustomerService custService = new CustomerServiceImpl();
            List<Customer> custList = custService.loadCustomers(query);

            //填充数据模型
            //清空 dtm 的原有数据
            CustomerListFrame.this.dtm.setRowCount(0);
            for(Customer cust:custList) {
                Object[] data = {
                    cust.getIdcard(),
                    cust.getCustName(),
                    cust.getCustSex().equals("m")?"男":"女",
                    cust.getCustPhone(),
                    cust.getCustAddr(),
                    "---",
                    cust.getCustCreateTime().toLocaleString(),
cust.getCustCreateMan().getOperName()+"("+cust.getCustCreateMan().getOperNo()+")"
                };
                CustomerListFrame.this.dtm.addRow(data);
            }
        }
    });
    btnSearch.setFont(new Font("宋体", Font.PLAIN, 14));
    searchPanel.add(btnSearch);
```

输入单个查询条件的样例,测试该项功能是否达到预期效果,示例结果如图 6-3-6、图 6-3-7 所示。

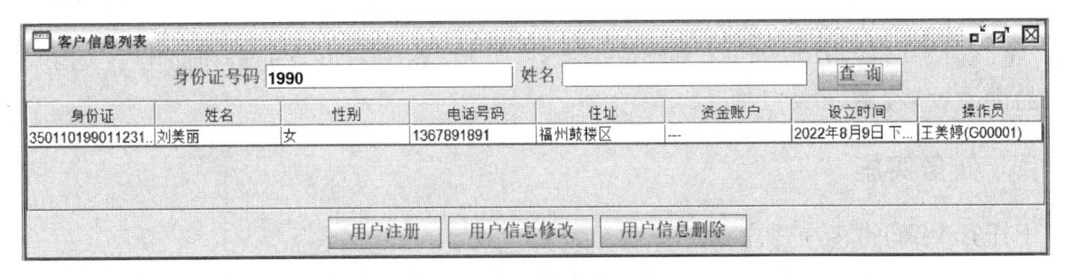

图 6-3-6　测试依据身份证号码的查询功能

图 6-3-7　测试依据姓名的查询功能

输入两个查询条件的样例，测试该项功能达到预期效果，如图 6-3-8 所示。

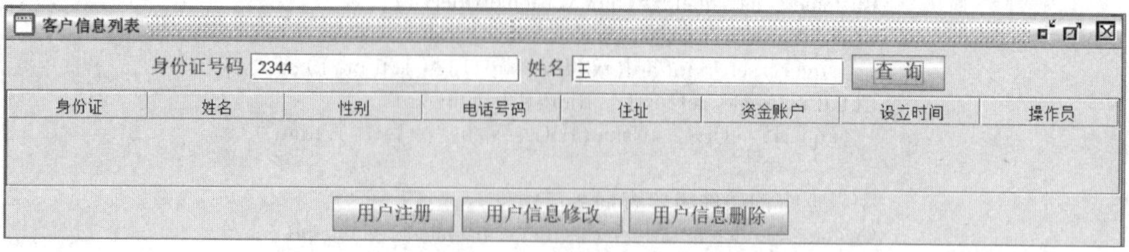

图 6-3-8　测试依据身份证号码和姓名的查询功能

任务 4　客户开户窗口的构建

一、任务目标

掌握根据实体类进行界面设计及其实现方法。

二、任务要求

1. 根据实体类信息构建“客户开户”对话框。
2. 显示“客户开户”对话框。

三、预备知识

客户开户窗口的界面设计

客户在开户时，需要输入身份证号码、姓名、性别、电话号码、住址等信息，因此应放置该窗口中用于信息输入的各个组件（如标签、文本框、单选项按钮等）。另外，按照用户操作逻辑，将“确认开户”与“取消”按钮放置在“客户开户”窗口右下方的按钮面板中，客户开户窗口的设计效果如图 6-4-1 所示。

四、任务实施

子任务 1：构建客户开户界面

步骤 1：类的创建。根据用户注册的功能需求，需要事先在业务实体 domain 包中创建一个客户类，该类中各成员变量的定义与客户数据表中的字段定义基本一致，唯一区别就是最后一个成员变量——操作员，在数据表中设置为外键，而在客户类中要定义为一个操作员类对象。在这些变量中，开户时间由系统自动生成，操作员数据则由主启动类的静态属性 Oper 提供，这两个变量均无须用户输入，因此在“用户注册”对话框中无须针对这两个变量设置相应的输入控件。

步骤 2：客户开户窗口的创建。创建一个标题为“客户开户”的对话框，对话框中放置需要用户输入、设置数据对应的控件，窗口的参考尺寸为 598 像素×339 像素，窗口的下方放置一个按钮面板,在该面板的右侧放置“确认开户”与“取消”按钮,按钮的文字可以通过字体属性统一设置为宋体 14 号,效果如图 6-4-1 所示。

图 6-4-1　客户开户窗口初始创建结果

步骤 3:客户在开户时,需输入身份证号码、姓名、性别、电话号码、住址等信息,因此需在“客户开户”窗口放置用于输入上述信息的组件(如标签、文本框、单选项按钮等)。同时,为了实现“男”与“女”两个单选项按钮的互斥效果,需要在客户开户对话框的构造方法中创建一个按钮组,并添加两个单选项按钮。具体代码如下。

```
//把两个 radio button 放入一个按钮组,形成单选按钮的选择上的互斥
ButtonGroup grp = new ButtonGroup( );
grp. add( rdSexMale) ;
grp. add( rdSexFemale) ;
```

同时,通过将“男”单选项的“selected”属性设置为“ture”,实现对话框初次打开时,该选项默认被选中的效果,如图 6-4-2 所示。

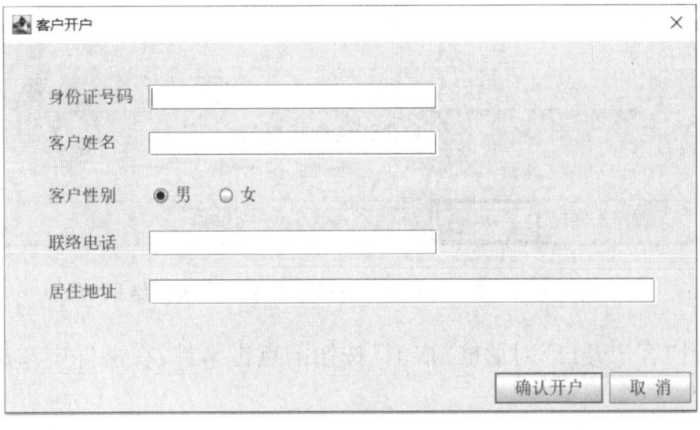

图 6-4-2　客户开户窗口界面设计结果

子任务 2：客户开户界面的显示

步骤 1：在“客户开户”对话框的构造方法的下方添加如下代码。

```
//点击关闭按钮,则关闭该对话框
this.setDefaultCloseOperation(JDialog.DISPOSE_ON_CLOSE);
//设置为模态对话框,只有本对话框关闭,才能操作应用程序的其他操作
this.setModal(true);
//设置屏幕居中显示
this.setLocationRelativeTo(null);
//设置对话框可见
this.setVisible(true);
```

步骤 2：客户开户对话框创建后,需要将该对话框的打开操作绑定到客户信息列表窗口的“用户注册”按钮,因此需要在“用户注册”按钮的点击事件中添加关于构建一个客户开户对话框对象的代码。相关代码如下。

```
btnRegCust.addActionListener(new ActionListener() {
            public void actionPerformed(ActionEvent e) {
                CreateCustomerDialog dialog = new CreateCustomerDialog();
            }
});
```

运行脚本,“用户注册”按钮点击事件正常运行,效果如图 6-4-3 所示。

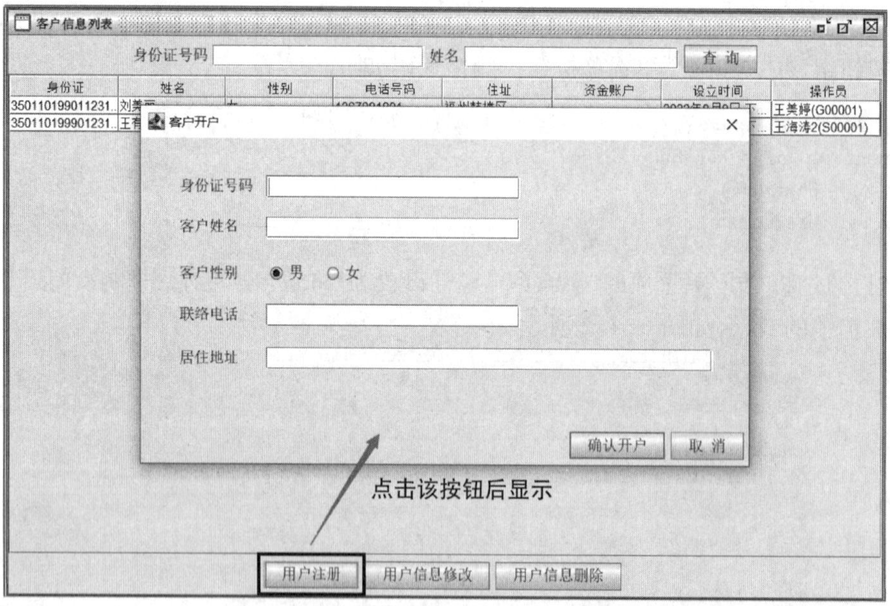

图 6-4-3 “用户注册”按钮点击事件的测试结果

步骤 2：编辑“客户开户”对话框“取消”按钮的点击事件,在事件中添加如下关闭对话框的代码。

```
JButton cancelButton = new JButton("取 消");
cancelButton.addActionListener(new ActionListener() {
```

```
        public void actionPerformed(ActionEvent e) {
            CreateCustomerDialog.this.dispose();
        }
    });
```

任务5　新增客户信息——录入校验和存储

一、任务目标

1. 掌握常见的界面数据校验方法。
2. 掌握自定义异常类的定义和异常捕获方法。
3. 掌握基于JDBC的数据存储和存储异常捕获方法。

二、任务要求

1. 根据业务需求,完成客户信息录入校验业务。
2. 构建自定义异常类并加以应用。

三、预备知识

知识1:异常类的定义

Java程序在运行时,可能会出现一些异常情况,如磁盘空间不足、网络连接中断、被装载的类不存在等。为了解决这些异常情况,Java语言引入了异常处理机制,该机制通过异常类对各类异常及其处理方法进行封装,当程序发生异常时,通过异常处理机制对异常捕获并加以处理。

Java提供了大量的异常类,这些类都继承自java.lang.Throwable类。Throwable类的体系结构如图6-5-1所示,该类有Error、Exception两个子类。

(1) Error类称为错误类,其封装了Java程序运行时产生的系统内部错误及资源耗尽的错误,这类错误比较严重,仅靠修改程序本身是不能解决的。比如,Java程序中引用了一个不存在的类,这就属于Error类错误。

(2) Exception类称为异常类,它表示程序本身可以处理的错误,在Java程序中进行的异常处理,都是针对Exception类及其子类的。在Exception类的众多子类中有

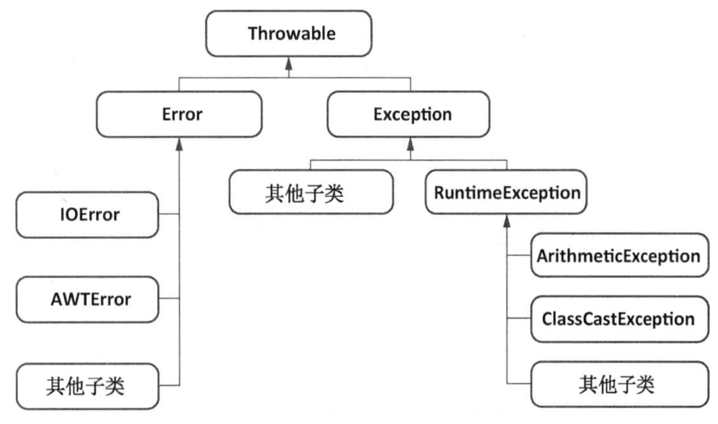

图6-5-1　Throwable类的体系结构

一个特殊的子类——RuntimeException 类,RuntimeException 类及其子类用于表示运行时异常。Exception 类的其他子类都用于表示编译时异常。

虽然 JDK 中已经定义了大量的异常类,但是现有的异常类并不能描述所有的异常情况。不同程序开发任务中对特有的异常情况有着不同的描述,例如学生年龄的界定问题,由于小学、中学、大学学生的学龄定义完全不同,那么对于学生年龄异常情况的描述也会有较大的区别,这就需要定义不同的异常类对学龄异常值进行描述和处理。为了解决这个问题,Java 允许用户自定义异常,但自定义的异常类必须继承自 Exception 类或其子类。异常类的定义格式如下:

```
<class><自定义异常名><extends><Exception>{
类成员定义代码
}
```

说明:

① 一般将自定义异常类的类名命名为×××Exception,其中"×××"用来代表该异常的作用。

② 自定义异常类一般包含两种构造方法,一种是无参数的默认构造方法,在该构造方法中,可以使用 super( )语句调用父类 Exception 的构造方法;另一种构造方法以字符串的形式接收一个定制的异常消息,并将该消息传递给超类的构造方法。

知识 2: 异常的捕获和处理

(1) 基于 try... catch 语句的方法

出现异常情况时,程序立即终止执行并强制结束,这需要主动地对异常进行捕获和处理。Java 提供了对异常进行捕获并处理的方式——异常捕获。异常捕获使用 try... catch 语句实现,try... catch 具体语法格式如下:

```
try{
    //程序代码块
}catch(ExceptionType(Exception 类及其子类) e){
    //对 ExceptionType 的处理
}finally{
    //程序代码块
}
```

说明:

① 在 try 代码块中编写可能发生异常的 Java 语句,catch 代码块中编写针对异常进行处理的代码。当 try 代码块中的程序发生了异常,系统会将异常的信息封装成一个异常对象,并将这个对象传递给 catch 代码块进行处理。

② catch 代码块需要一个参数来指明它能够接收的异常类型,这个参数的类型必须是 Exception 类或其子类。

③ finally 代码块用于定义无论有无异常发生,在处理完成时都必须做的事情,如释放系统资源等。finally 代码块只有当 try... catch 中执行了 System. exit(0)语句时才不被执行。其中,System. exit(0)表示退出当前的 Java 虚拟机,Java 虚拟机停止,任何代码都不能再执行。

（2）基于 throws 语句的方法

当开发者并不明确或者并不急于处理程序的异常，可以采用 throw 语句将当前方法中出现的异常抛出，然后让方法的调用者在使用该方法时对其加以处理。throws 关键字抛出异常的基本语法格式如下：

```
[修饰符] 返回值类型 方法名([参数类型 参数名1...]) throws 异常类1,异常类2,... {
    // 方法体...
}
```

说明：

① throws 关键字需要写在方法声明的后面，并需要声明方法中发生异常的类型，异常的类型可以有多个，不同异常类之间用英文逗号分隔。

② 除了可以在方法声明中使用 throws 关键字抛出异常，还可以在方法体内使用 throw 关键字抛出异常。

③ 通过 throw 关键字抛出的异常需要使用 throws 关键字或 try...catch 对其进行处理。若 throw 抛出的是 Error、RuntimeException 或它们的子类异常对象，则无需使用 throws 关键字或 try...catch 对异常进行处理。

知识3：数据校验规则

基金交易管理系统需要对客户开户时输入的信息进行校验，否则，客户输入无效信息，将不利于客户信息的维护和管理。具体的校验规则如下：

（1）身份证号码、客户姓名、性别、联络电话和居住地址必须填写；

（2）身份证号码必须是18位数字，不能以0开头，只能以1~9之间的数字开头；

（3）已经存在的客户不能重复注册，即已使用身份证号码注册过的客户不能再注册。

知识4：客户开户的流程

用户在“客户开户”对话框中输入新用户数据后，先对数据进行判空审核，接着再单独对身份证号码进行审核。数据通过审核后，封装到客户对象，再调用客户服务接口完成客户开户的后台数据添加。添加时，若出现“重复客户异常”，就要进行异常处理，并在前端提示异常信息。否则，在前端提示开户成功信息。客户开户的流程如图6-5-2所示。

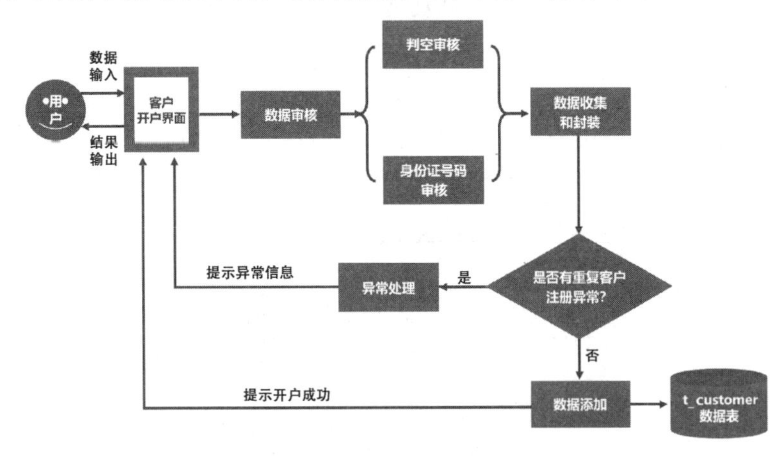

图6-5-2　客户开户的执行流程

四、任务实施

子任务 1：客户信息录入校验

步骤 1：空输入校验。数据验证都是发生在点击“客户开户”对话框中的“确认开户”按钮之后，因此数据验证的代码需要编写到“确认开户”按钮的点击事件中。在事件中，需要用四个分支判断语句对身份证号码、姓名、联络电话、居住地址等文本框中的文本进行判空操作。判空之前，需要用 trim( ) 方法去除字符串两端的空格。去除空格后若数据为空，则需要弹出一个消息框并提示相关的信息，同时还需要让对应的文本框获得输入焦点，让用户能快速输入相应的数据。在 CreateCustomerDialog 类的“确认开户”按钮的事件响应代码中，编制如下代码，实现空输入校验功能。

```
//空输入校验
if(StringUtils.isBlank(txtIdCard.getText())){
JOptionPane.showMessageDialog(CreateCustomerDialog.this,"身份证号码必须填写!");
    txtIdCard.requestFocus();
    return;
}

if(StringUtils.isBlank(txtCustName.getText())){
JOptionPane.showMessageDialog(CreateCustomerDialog.this,"客户姓名必须填写!");
    txtCustName.requestFocus();
    return;
}

if(StringUtils.isBlank(txtCustPhone.getText())){
JOptionPane.showMessageDialog(CreateCustomerDialog.this,"联络电话必须填写!");
    txtCustPhone.requestFocus();
    return;
}

if(StringUtils.isBlank(txtCustAddr.getText())){
JOptionPane.showMessageDialog(CreateCustomerDialog.this,"居住地址必须必须填写!");
    txtCustAddr.requestFocus();
    return;
}
```

代码编写完后，运行代码，空数据验证功能的效果如图 6-5-3 所示。

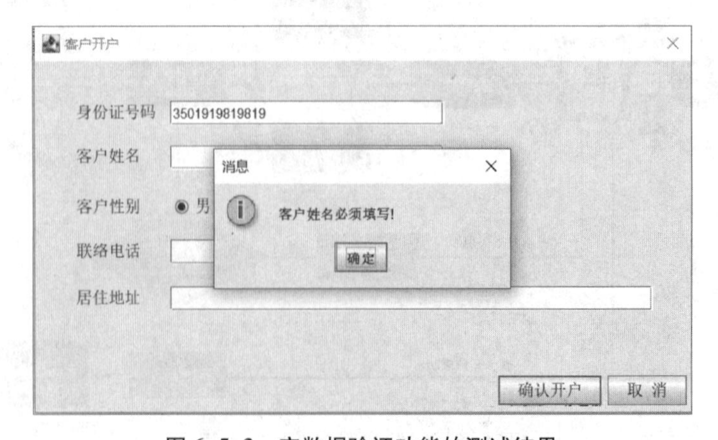

图 6-5-3　空数据验证功能的测试结果

步骤 2：身份证号码长度和内容校验。若"客户开户"对话框所有的数据均非空，则要进行身份证号码的进一步审核。首先，需要审核身份证号码的长度是否为 18；其次，用异常处理审核密码中是否有非数字字符，这里利用 Long. parseLong( ) 方法提高了校验效率。最后，判断身份证的首字符是否为 0。这三个审核步骤中，只要有一次审核没通过，都会弹出相应的信息框，提示对应的出错信息。继续在 CreateCustomerDialog 类的"确认开户"按钮的事件响应代码中，编写如下代码，以实现身份证号码长度和内容校验功能。

```
//身份证号码的长度和内容,以及首字符做校验
        String idcard = txtIdCard. getText( );
        if( idcard. trim( ). length( )! =18) {
            JOptionPane. showMessageDialog( CreateCustomerDialog. this, "身份证号码不是 18 位,请检查!");
                txtIdCard. requestFocus( );
                return;
            }

            try {
                Long. parseLong( idcard. trim( ) );
            } catch( NumberFormatException ex) {
                JOptionPane. showMessageDialog( CreateCustomerDialog. this, "身份证号码中包含有
非数字字符,请检查");
                txtIdCard. requestFocus( );
                return;
            }

            //打头文字必须是 1~9 之间的数字
            if( idcard. trim( ). charAt(0)= ='0') {
                JOptionPane. showMessageDialog( CreateCustomerDialog. this, "身份证号码首位数字
不能是 0!");
                txtIdCard. requestFocus( );
                return;
            }
```

运行脚本，该审核功能效果如图 6-5-4 所示。

图 6-5-4　用户开户信息审核功能的测试结果

子任务 2：客户信息的存储

步骤 1：界面客户数据的收集。“确认开户”按钮的点击事件中，在客户开户的数据均通过审核后，需要将这些数据封装到客户类对象中。其中，性别数据要根据单选项的选择结果进行设置。在 CreateCustomerDialog 类的“确认开户”按钮的事件响应代码中，接着编制如下代码，把界面上各组件包含的客户各个属性收集起来，构建 Customer 实体对象。

```
//收集数据
Customer cust = new Customer();
cust.setIdcard(txtIdCard.getText());
cust.setCustName(txtCustName.getText());

if(rdSexFemale.isSelected())
    cust.setCustSex("f");
else
    cust.setCustSex("m");

cust.setCustPhone(txtCustPhone.getText());
cust.setCustAddr(txtCustAddr.getText());
cust.setCustCreateTime(new Date());
cust.setCustCreateMan(FundMgrApp.oper);

System.out.println(cust);
```

操作结果如图 6-5-5 所示。

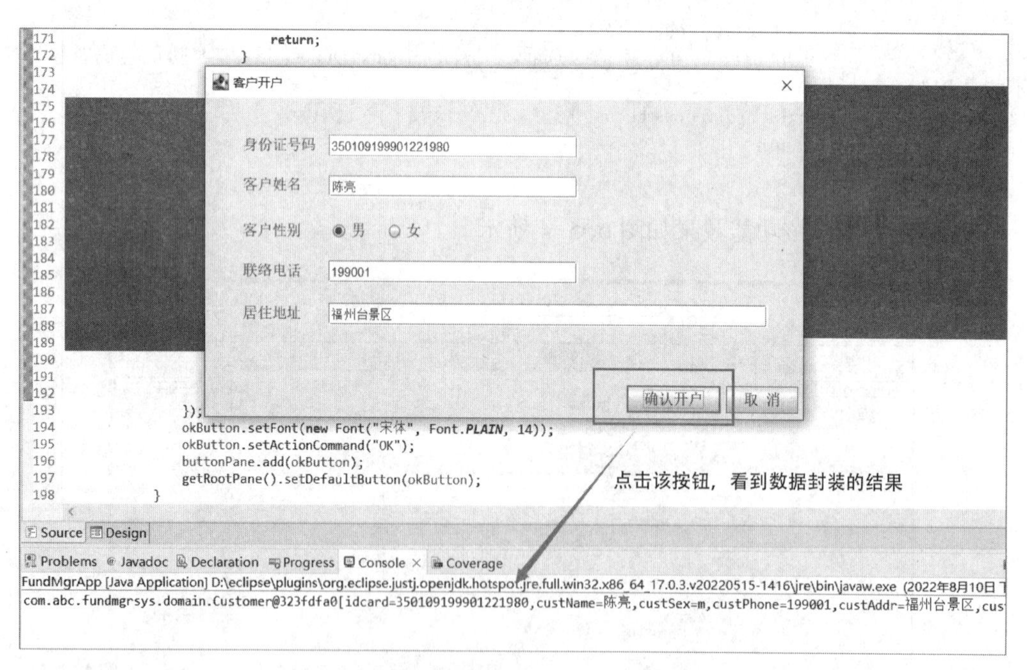

图 6-5-5 “确认开户”按钮点击事件测试结果

步骤 2：CustomerDao 方法构建。在 DAO 包客户 dao 接口中补充一个关于“客户信息添加”抽象方法。同时，在该接口的实现类中，先定义一条关于 SQL 添加记录命令的静态字符串常量。接着，实现客户信息添加方法 addCustomer()，方法的输入参数为 Customer 类对象,方法中基于 JDBC 驱动,根据客户对象传递来的数据,在客户数据表 t_customer 中添加新客户的记录。需要注意的是,客户的操作员字段数据要通过客户对象成员变量——操作员对象的获取操作员账号的方法 getOperNo()得到。在 CustomerDaoImpl 类中,增加功能实现的代码,如下所示。

```
private static final String SQL_ADD = "insert into t_customer values(?,?,?,?,?,?,?)";

    @Override
    public int addCustomer(Customer cust) {

        Connection conn = DBUtils.getConn();
        PreparedStatement pstmt = null;
        int cnt = 0;

        try {
            pstmt = conn.prepareStatement(SQL_ADD);
            pstmt.setString(1, cust.getIdcard());
            pstmt.setString(2, cust.getCustName());
            pstmt.setString(3, cust.getCustSex());
            pstmt.setString(4, cust.getCustPhone());
            pstmt.setString(5, cust.getCustPhone());
            pstmt.setTimestamp(6,newTimestamp(cust.getCustCreateTime()
                                                        .getTime()));
            pstmt.setString(7, cust.getCustCreateMan().getOperNo());
            cnt = pstmt.executeUpdate();
        } catch (SQLException e) {
            // TODO Auto-generated catch block
            e.printStackTrace();
        } finally {
            DBUtils.releaseRes(conn, pstmt, null);
        }

        return cnt;
    }
```

同时,在客户业务服务接口及其实现类 CustomerServiceImpl 中也要补充"创建客户"方法 createCustomer(),输入参数和返回值与客户 Dao 接口一致,相关代码如下。

```
@Override
    public int createCustomer(Customer cust) {
        CustomerDao custDao = new CustomerDaoImpl();
        return custDao.addCustomer(cust);
    }
```

步骤3:实现客户信息存储。后台程序编写完毕后,回到由 CreateCustomerDialog 类定义的"客户开户"对话框界面,在"确认开户"按钮的点击事件中调用客户服务接口实现类的创建客户方法 createCustomer(),创建成功后,弹出一个消息框提示"客户信息开户成功!"。CreateCustomerDialog 类的"确认开户"按钮的事件响应代码如下。

```
CustomerService custService = new CustomerServiceImpl();
int cnt = custService.createCustomer(cust);

if(cnt==1){
```

```
        JOptionPane.showMessageDialog(CreateCustomerDialog.this, "客户信息开户成功!");
        //保存成功后,关闭该对话框
        CreateCustomerDialog.this.dispose();
    }
```

接着,返回由 CustomerListFrame 类定义的“客户信息列表”窗口,为了让新增的客户信息立刻体现在客户信息列表窗口中,需要在该窗口的“客户注册”按钮的点击事件中补充代码,代码先创建一个查询对象,对象中与查询条件有关的两个成员变量的值为空。CustomerListFrame 类的“客户注册”按钮的事件响应代码如下。

```
btnRegCust.setFont(new Font("宋体", Font.PLAIN, 14));
        btnRegCust.addActionListener(new ActionListener() {
            public void actionPerformed(ActionEvent e) {
                CreateCustomerDialog dialog = new CreateCustomerDialog();
                //收集查询条件
                CustomerQuery query = new CustomerQuery();

                //根据查询条件组合查询客户信息
                CustomerService custService = new CustomerServiceImpl();
                List<Customer> custList = custService.loadCustomers(query);

                //填充数据模型
                //清空 dtm 的原有数据
                CustomerListFrame.this.dtm.setRowCount(0);
                for(Customer cust: custList) {
                    Object[] data = {
                        cust.getIdcard(),
                        cust.getCustName(),
                        cust.getCustSex().equals("m")?"男":"女",
                        cust.getCustPhone(),
                        cust.getCustAddr(),
                        "---",
                        cust.getCustCreateTime().toLocaleString(),
cust.getCustCreateMan().getOperName()+"("+cust.getCustCreateMan().getOperNo()+")"
                    };
                    CustomerListFrame.this.dtm.addRow(data);
                }
            }
        });
actionPanel.add(btnRegCust);
```

待“客户注册”对话框关闭后,调用客户服务接口的加载客户信息的方法,将查找出所有的客户信息,用客户信息列表的方式返回,并显示在“客户信息列表”窗口的表格中。

步骤 4:重复注册的发现和提示。在客户注册时,若出现客户的身份证号码与客户数据表中某条记录相同的情况,则该客户不能注册也不能开户,此情况定义为重复注册异常。Java 现成的异常类中并没有包含重复注册异常,因此需要自行定义。在项目的 exception 包中自定义一个“DuplicateCustomerException”类,该类的父类为 RuntimeException,并勾选“Constructors from superclass”和“Inherited abstract methods”这两个复选项,具体如图 6-5-6 所示。

图 6-5-6　DuplicateCustomerException 类的创建

步骤 5：在客户 dao 接口的实现类中修改异常捕获代码，将抛出的异常变更为自定义的"重复客户异常"类，并将异常信息改为"该客户已经注册，不能重复注册!"。CustomerDaoImpl 类的相关代码如下。

```
public int addCustomer( Customer cust) {

        Connection conn = DBUtils. getConn( ) ;
        PreparedStatement pstmt = null;
        int cnt = 0;

        try {
            pstmt = conn. prepareStatement( SQL_ADD) ;
            pstmt. setString( 1, cust. getIdcard( ) ) ;
            pstmt. setString( 2, cust. getCustName( ) ) ;
            pstmt. setString( 3, cust. getCustSex( ) ) ;
            pstmt. setString( 4, cust. getCustPhone( ) ) ;
            pstmt. setString( 5, cust. getCustPhone( ) ) ;
            pstmt. setTimestamp( 6, new Timestamp( cust. getCustCreateTime( ) . getTime( ) ) ) ;
            pstmt. setString( 7, cust. getCustCreateMan( ) . getOperNo( ) ) ;
            cnt = pstmt. executeUpdate( ) ;
        } catch ( SQLException e) {
            // TODO Auto-generated catch block
        e. printStackTrace( ) ;
        if( e. getMessage( ) . contains( "PRIMARY" ) ) {
            throw new DuplicateCustomerException( "该客户已经注册,不能重复注册!" ) ;
```

```
        }
    } finally {
        DBUtils.releaseRes(conn, pstmt, null);
    }

    return cnt;
}
```

步骤 6：在 CreateCustomerDialog 类定义的“客户开户”对话框中，“确认开户”按钮点击事件中，用异常处理框架对创建新用户代码进行重新定义，在捕获到异常时，弹出信息框，并在框中显示自定义的“重复客户异常”类的异常提示信息。修改后“确认开户”按钮的事件响应代码如下。

```
CustomerService custService = new CustomerServiceImpl();

try{
    int cnt = custService.createCustomer(cust);

    if(cnt==1) {
            JOptionPane.showMessageDialog(CreateCustomerDialog.this, "客户信息开户成功!");
            //保存成功后，关闭该对话框
            CreateCustomerDialog.this.dispose();
    }
}catch(RuntimeException ex) {
    JOptionPane.showMessageDialog(CreateCustomerDialog.this, ex.getMessage());
}
```

运行脚本，重复客户注册异常处理效果如图 6-5-7 所示。

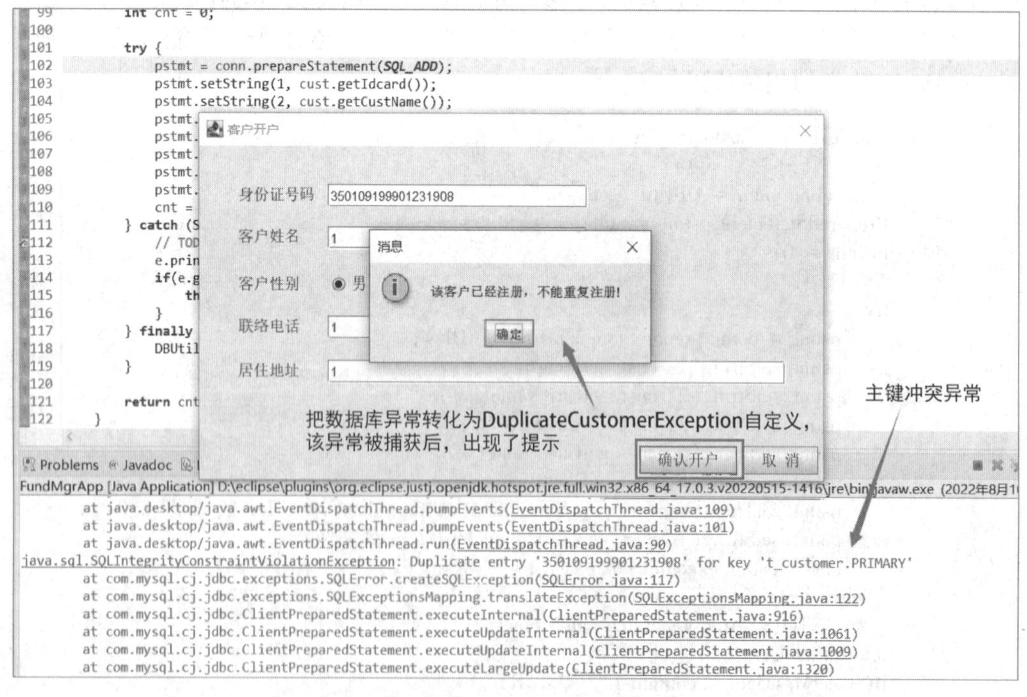

图 6-5-7　重复客户注册异常处理功能的测试结果

任务 6　客户信息的修改

一、任务目标

1. 掌握 JDBC 基于主键的查询方法。
2. 掌握数据的界面回填方法。
3. 掌握 JTable 组件的基本使用方法。

二、任务要求

1. 获取表格中的客户信息,并完成界面数据回填。
2. 使用 JDBC 在数据库中修改客户信息。

三、预备知识

知识 1:客户信息修改的执行流程

客户信息修改的流程如图 6-6-1 所示。具体操作为:用户在“客户信息列表”窗口中选择了要修改的客户记录并点击“客户信息修改”按钮,后台程序通过客户的身份证号码,调用客户业务服务接口的客户信息加载方法,该方法又调用了客户 Dao 接口的客户信息查询方法,基于 JDBC 驱动,在客户数据表 t_customer 中根据身份证号码对客户记录进行查找。接着,将查找到的客户记录数据回填到前端打开的“客户信息修改”对话框。在对话框中,除了身份证号码,其余的客户数据均能修改,修改完毕并点击“确认修改”按钮后,后台程序将客户的新数据封装成客户对象,通过该对象调用客户业务服务接口的客户信息修改方法,该方法又调用了客户 dao 接口的客户信息变更方法,基于 JDBC 驱动,根据客户对象提供的数据在客户数据表中对客户记录进行修改,并在前端中弹出“客户信息修改成功”的消息框,同时客户信息列表中所选记录数据也同步更新。

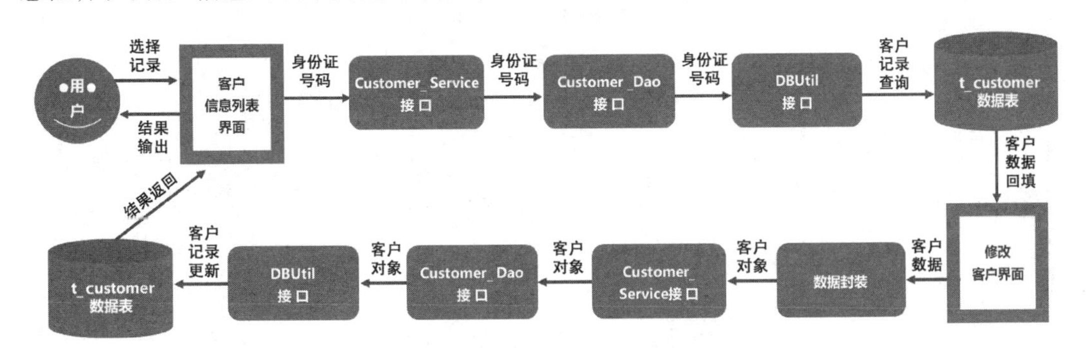

图 6-6-1　客户信息修改的执行流程

四、任务实施

子任务 1:获取要被修改的客户记录的身份证号码

步骤 1:在 CustomerListFrame 类定义的“客户信息列表”窗口中,“用户信息修改”按钮点击事件的代码里,需要先判断用户是否选择了客户记录。若没有选择需要弹出相应的信息提示框。若用户选择了记录,则通过表格组件 JTable 获取到所选行的行号,并读取行号所在行客户记录的身份证号码,该号码是查找客户记录的关键。CustomerListFrame 类的“用户信息修改”按钮的点击事件代码如下。

```
JButton btnModifyUser = new JButton("用户信息修改");
        btnModifyUser.addActionListener(new ActionListener() {
            public void actionPerformed(ActionEvent e) {
                int row = table.getSelectedRow();
                if(row==-1) {
                    JOptionPane.showMessageDialog(CustomerListFrame.this, "请先选中要修改
的客户信息!");
                }
                else {
                    String no = (String)table.getValueAt(row, 0);
                    System.out.println("选中的客户编号: "+no);
                }
            }
        });
```

步骤 2: 在未选择需要修改的客户记录前提下,点击“用户信息修改”按钮,执行结果如图 6-6-2 所示。

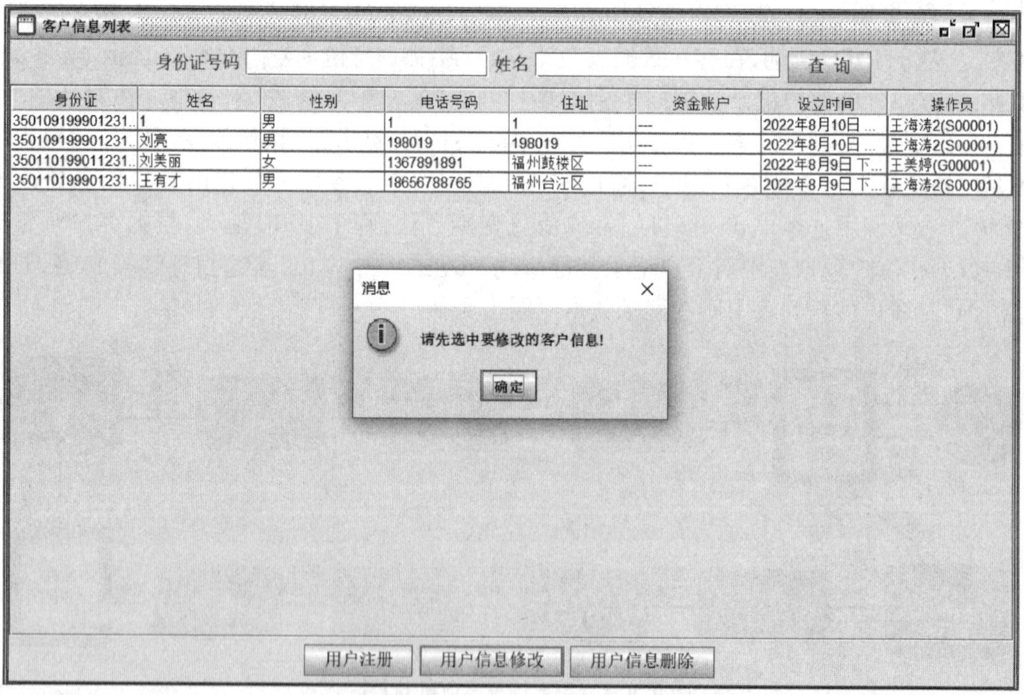

图 6-6-2 “用户信息修改”按钮点击事件测试结果

子任务 2: 根据身份证号码获取客户信息

步骤 1: 在客户 Dao 接口需要添加一个根据客户身份证号码在客户数据表中查询客户

记录的抽象方法。在接口的实现类 CustomerDaoImpl 中实现对应的查询方法 getCustById( ),基于 JDBC 驱动,在客户数据表中根据身份证号码查询符合条件的客户记录,并将数据封装成客户对象返回。CustomerDaoImpl 类中,实现该项功能的相关代码如下。

```
private static final String SQL_GET_BYID = "select * from t_customer where idcard=?";

public Customer getCustById(String idcard) {

        Connection conn = DBUtils.getConn();
        PreparedStatement pstmt = null;
        ResultSet rset = null;
        Customer cust = null;
        OperatorDao operDao = new OperatorDaoImpl();

        try {
            pstmt = conn.prepareStatement(SQL_GET_BYID);
            pstmt.setString(1, idcard);
            rset = pstmt.executeQuery();
            if(rset.next()) {

                cust = new Customer();
                cust.setIdcard(rset.getString("idcard"));
                cust.setCustName(rset.getString("cust_name"));
                cust.setCustSex(rset.getString("cust_sex"));
                cust.setCustPhone(rset.getString("cust_phone"));
                cust.setCustAddr(rset.getString("cust_addr"));
                cust.setCustCreateTime(new
Date(rset.getTimestamp("cust_ctime").getTime()));
    cust.setCustCreateMan(operDao.getOperByNo(rset.getString("cust_create_man")));

            }
        } catch (SQLException e) {
            // TODO Auto-generated catch block
            e.printStackTrace();
        } finally {
            DBUtils.releaseRes(conn, pstmt, rset);
        }

        return cust;
    }
```

步骤 2:相应地,在客户业务服务接口中也需要添加一个根据身份证号码加载客户数据的抽象方法。可以在接口的实现类 CustomerServiceImpl 对应的 loadCustById( )方法中,调用客户 Dao 接口的查询方法,并将查询结果以客户对象返回,相关代码如下。

```
@Override
    public Customer loadCustById(String idcard) {
        CustomerDao custDao = new CustomerDaoImpl();
        return custDao.getCustById(idcard);
    }
```

步骤 3：在测试类的主方法中编写关于客户 dao 接口、客户业务服务接口的测试代码。客户业务服务接口及其实现类方法的功能，执行效果如图 6-6-3 所示。

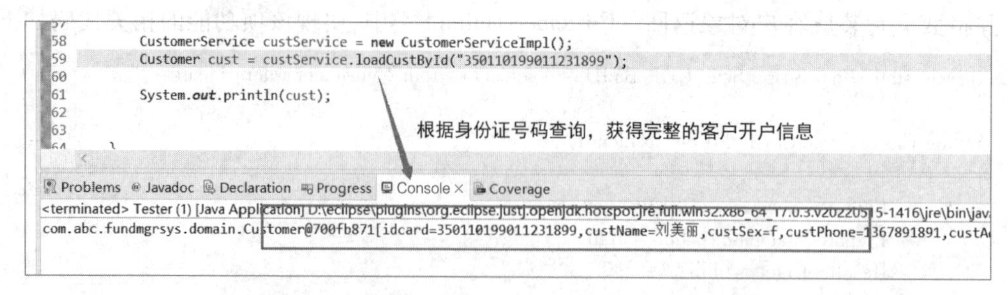

图 6-6-3　客户业务服务接口查询方法的测试结果

子任务 3：界面的构建和数据回填

步骤 1：客户信息修改界面的创建。由于“客户信息修改”对话框的界面设计与“客户开户”对话框相似，因此可通过复制“客户开户”对话框的脚本快速生成“客户信息修改”对话框，即拷贝 CreateCustomerDialog 界面代码为客户信息修改界面代码，命名为 EditCustomerDialog，如图 6-6-4 所示。

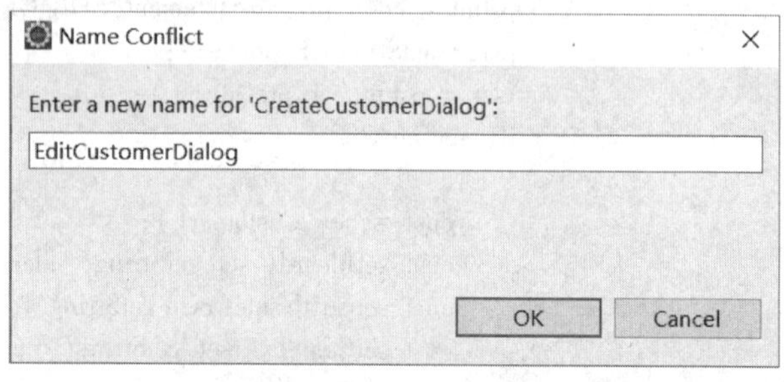

图 6-6-4　EditCustomerDialog 类命名对话框

步骤 2：对 EditCustomerDialog 类定义的窗口进行修改，如图 6-6-5 所示。具体操作为：①对话框的标题变更为“客户信息修改”；②由于身份证号码不能修改，因此身份证号码文本框的“editable”属性设置为“false”；③右下角“保存”按钮的标题改为“确认修改”。

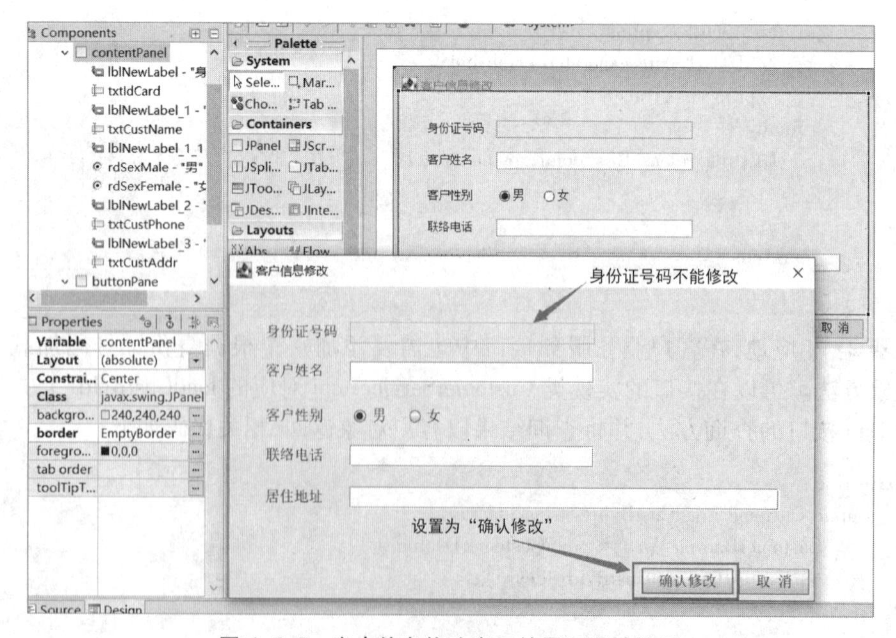

图 6-6-5　客户信息修改窗口的界面设计结果

步骤 3：窗口数据回填。为了实现数据回填功能，先要将 EditCustomerDialog 类定义的"客户信息修改"对话框的构造方法由无参数变更为有参数，参数为身份证号码，代码如下。在构造方法中通过调用客户业务服务对象的加载客户数据方法 loadCustById()，依据身份证号码在数据库中进行客户记录的查找，并将查找的结果返回封装成客户对象。最后，用客户对象的 get 方法获得客户数据，并将数据显示在相应的文本框内。需要注意的是，要根据性别字段数据是"f"还是"m"，确定单选项按钮中哪个被设置成选中状态。

```
public EditCustomerDialog(String idcard){
        //... 省略部分代码
        CustomerService custService = new CustomerServiceImpl();
        Customer cust = custService.loadCustById(idcard);

        txtIdCard.setText(cust.getIdcard());
        txtCustName.setText(cust.getCustName());
        if(cust.getCustSex().equals("m"))
            rdSexMale.setSelected(true);
        else
            rdSexFemale.setSelected(true);

        txtCustAddr.setText(cust.getCustAddr());
        txtCustPhone.setText(cust.getCustPhone());
}
```

步骤 4：窗口的显示。需要将 EditCustomerDialog 类定义的"客户信息修改"对话框的打开操作与由 CustomerListFrame 类定义的"客户信息列表"窗口下方的"用户信息修改"按钮绑定，因此需要编辑该按钮的点击事件。事件中，需要先判断用户是否选择了用户记录，若没有选择则需要弹出相应的信息提示框；若用户选择了记录，则通过表格组件 JTable 获取到所选行的行号，再通过该行号获取身份证号码，根据身份证号码调用"客户信息修改"对话框的构造方法，实现用户数据的回填。CustomerListFrame 类的"用户信息修改"按钮的点击事件代码如下。

```
JButton btnModifyUser = new JButton("用户信息修改");
        btnModifyUser.addActionListener(new ActionListener(){
            public void actionPerformed(ActionEvent e){
                int row = table.getSelectedRow();
                if(row==-1){
                    JOptionPane.showMessageDialog(CustomerListFrame.this, "请先选中要修改
的客户信息!");
                }
                else{
                    String no = (String)table.getValueAt(row, 0);
                    EditCustomerDialog dlg = new EditCustomerDialog(no);
                }
            }
        });
        btnModifyUser.setFont(new Font("宋体", Font.PLAIN, 14));
        actionPanel.add(btnModifyUser);
```

运行 CustomerListFrame 类代码，选择窗口中任一条客户记录，点击“用户信息修改”按钮，客户相关数据便回填到“客户信息修改”对话框中，如图 6-6-6 所示。

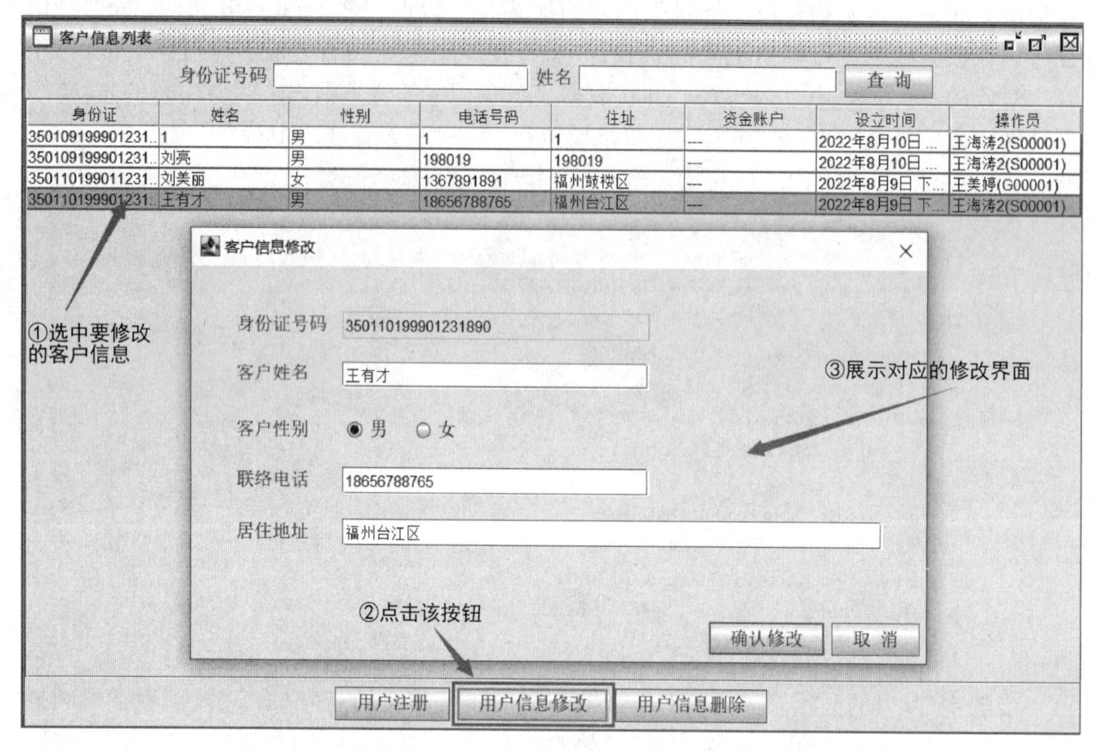

图 6-6-6 客户信息回填效果

子任务 4：客户修改业务的实现

步骤 1：DAO 层方法的实现。用户在“客户信息修改”对话框中对客户数据进行变更之后，客户数据表中相关的数据也需同步更新，同时还需要刷新客户信息列表。因此，需要在客户 Dao 接口及其实现类 CustomerDaoImpl 中补充客户数据更新方法 updateCustomer( )，该方法通过执行 SQL 语句，将数据库中身份证号码相同的客户数据变更为“客户信息修改”对话框中的新数据，代码如下。

```
private static final String SQL_UPDATE = "update t_customer set cust_name=?,cust_sex=?,cust_phone=?,cust_addr=? where idcard=?";

    @Override
    public int updateCustomer(Customer cust) {

        Connection conn = DBUtils.getConn();
        PreparedStatement pstmt = null;
        int cnt = 0;

        try {
            pstmt = conn.prepareStatement(SQL_UPDATE);
            pstmt.setString(1, cust.getCustName());
            pstmt.setString(2, cust.getCustSex());
```

```
            pstmt.setString(3, cust.getCustPhone());
            pstmt.setString(4, cust.getCustAddr());
            pstmt.setString(5, cust.getIdcard());
            cnt = pstmt.executeUpdate();
        } catch (SQLException e) {
            // TODO Auto-generated catch block
            e.printStackTrace();
        } finally {
            DBUtils.releaseRes(conn, pstmt, null);
        }

        return cnt;
    }
```

步骤 2：业务方法的实现。客户业务服务接口及其实现类 CustomerServiceImpl 需要补充客户数据更新方法，为前台提供服务，相关代码如下。

```
@Override
    public int updateCustomer(Customer cust) {
        CustomerDao custDao = new CustomerDaoImpl();
        return custDao.updateCustomer(cust);
    }
```

编辑完上述代码后，运行客户业务服务接口功能，执行效果如图 6-6-7 所示。

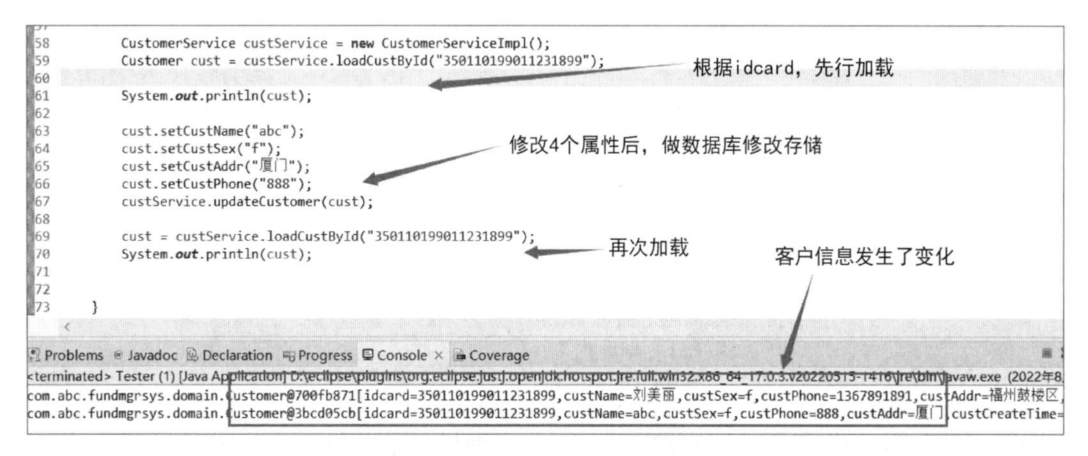

图 6-6-7　客户业务服务接口客户信息修改方法的测试结果

步骤 3：修改界面层实现。用户点击由 EditCustomerDialog 类定义的“客户信息修改”对话框中的“确认修改”按钮后，该按钮的点击事件执行流程为：首先收集除身份证号码外的前台数据。其次，将这些数据封装成客户对象，通过该对象调用客户业务服务接口的客户数据更新方法 updateCustomer()。最后，关闭“客户信息修改”对话框。EditCustomerDialog 类的“确认修改”按钮的事件响应代码如下。

```
CustomerService custService = new CustomerServiceImpl();

try{
```

```
        int cnt = custService. updateCustomer( cust) ;

        if( cnt = = 1) {
            JOptionPane. showMessageDialog( EditCustomerDialog. this, "客户信息修改成功!") ;
            //保存成功后,关闭该对话框
            EditCustomerDialog. this. dispose( ) ;
        }
    } catch( RuntimeException ex) {
        JOptionPane. showMessageDialog( EditCustomerDialog. this, ex. getMessage( ) ) ;
    }
```

步骤 4:修改完毕后,调整 CustomerListFrame 类的“用户信息修改”按钮点击事件代码,刷新表格数据,代码如下。

```
btnModifyUser. addActionListener( new ActionListener( ) {
            public void actionPerformed( ActionEvent e) {
                int row = table. getSelectedRow( ) ;
                if( row = = -1) {
                    JOptionPane. showMessageDialog( CustomerListFrame. this, "请先选中要修改
的客户信息!") ;
                }
                else {
                    String no = (String) table. getValueAt( row, 0) ;
                    EditCustomerDialog dlg = new EditCustomerDialog( no) ;

                    //收集查询条件
                    CustomerQuery query = new CustomerQuery( ) ;

                    //根据查询条件组合查询客户信息
                    CustomerService custService = new CustomerServiceImpl( ) ;
                    List<Customer> custList = custService. loadCustomers( query) ;

                    //填充数据模型
                    //清空 dtm 的原有数据
                    CustomerListFrame. this. dtm. setRowCount( 0) ;
                    for( Customer cust: custList) {
                        Object[ ] data = {
                            cust. getIdcard( ) ,
                            cust. getCustName( ) ,
                            cust. getCustSex( ) . equals( "m" ) ?"男" : "女",
                            cust. getCustPhone( ) ,
                            cust. getCustAddr( ) ,
                            "---",
                            cust. getCustCreateTime( ) . toLocaleString( ) ,
cust. getCustCreateMan( ) . getOperName( ) +" ( " +cust. getCustCreateMan( ) . getOperNo( ) +" ) "
                        } ;
                        CustomerListFrame. this. dtm. addRow( data) ;
                    }

                }
            }
        }) ;
```

步骤 5：同时，在“客户信息修改”对话框的“确认修改”按钮点击事件中，用异常处理框架对客户信息修改代码进行重新定义，在捕获到异常时，弹出信息框，并在框中显示自定义的“修改客户异常”的提示信息。

步骤 6：客户信息修改功能代码编写完后，运行脚本，该项功能的运行结果如图 6-6-8 所示。

图 6-6-8　客户信息修改功能的测试结果

任务 7　客户信息的“伪删除”

一、任务目标

1. 理解“伪删除”的概念和意义。
2. 掌握“伪删除”的实现方法。

二、任务要求

1. 给客户表增加额外的状态字段，并对原代码进行调整适配。
2. 实现客户信息的“伪删除”操作。

三、预备知识

知识 1：“伪删除”业务规则

（1）由于客户的交易记录将长期保存，同时客户信息又涉及外键关联，所以对客户信息一般不做删除处理，只做“伪删除”。“伪删除”即只修改其状态位为“已失效”。

（2）查询的时候，显示结果中仅呈现“未失效”的记录。

（3）只有资金账户已经清零并销户的客户记录才能执行“删除操作”（该功能将后续实现）。

知识 2：客户信息“伪删除”的执行流程

客户信息“伪删除”的执行流程如图 6-7-1 所示，具体操作为：用户先在客户信息列表中选择需要做“伪删除”操作的客户记录，获取所选记录的身份证号码；接着，将身份证号码通过客户服务接口、客户 Dao 接口、DBUtil 接口传输到后台数据库，并在库中的客户数据表中根据身份证号码查找对应的记录。找到记录后，弹出“是否确认删除”的系统提示框。若用户选择“是”，则通过客户服务接口、客户 Dao 接口、DBUtil 接口，对客户数据表中相应记录做“伪删除”，并刷新客户信息列表数据；若用户选择“否”，则取消“伪删除”。

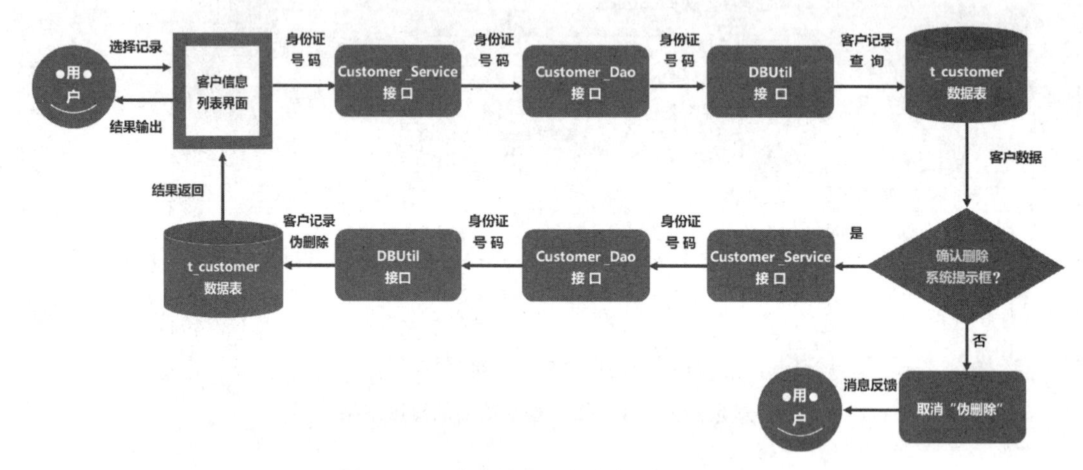

图 6-7-1　客户信息“伪删除”的执行流程

四、任务实施

子任务 1：原代码做适配调整

步骤 1：数据表增加状态字段。为了实现“伪删除”操作，需要在客户数据表中，添加“客户状态”字段，该字段的类型为单个字符，非空，其中“0”表示未失效；“1”表示已失效。字段的添加过程为：打开 Navicat 软件，在左侧选择 t_customer 数据表，右击该表选择“设计表”。在下方点击“+”添加字段，根据要求进行字段添加，并点击“保存”按钮。接着，打开 t_customer 数据表在每条客户记录的状态字段输入“0”。新增字段后，t_customer 数据表如图 6-7-2 所示。

idcard	cust_name	cust_sex	cust_phone	cust_addr	cust_ctime	cust_create_man	cust_status
350109199901231908	刘亮2	m	198019	198019	2022-08-10 16:34:06	S00001	0
350109199901231909	1	m	1	1	2022-08-10 16:54:51	S00001	0
350110199011231899	XYZ	m	8889	厦门2	2022-08-09 22:57:27	G00001	0
350110199901231890	王有才	m	18656788765	福州台江区	2022-08-09 22:54:49	S00001	0

均为有效客户信息

图 6-7-2　添加了 cust_status 字段的 t_customer 数据表

步骤 2：实体类增加对应属性。在业务实体 domain 包中客户类 Customer 的定义代码中需要添加“custStatus”私有成员变量及其对应的访问方法,代码如下。

```
public class Customer extends ValueObject {

    /** 身份证号码 */
    private String idcard;
    /** 客户姓名 */
    private String custName;
    /** 客户性别 */
    private String custSex;
    /** 联络电话 */
    private String custPhone;
    /** 住址 */
    private String custAddr;
    /** 创建时间 */
    private Date custCreateTime;
    /** 操作员 */
    private Operator custCreateMan;

    /** 客户状态 */
    private String custStatus;

    //以下为该类属性的 Getter 和 Setter 访问方法(略)


}
```

步骤 3:调整对应 DAO 的相关方法。由于数据库中客户记录查询和客户记录更新操作仅对“未失效”记录执行,因此在 CustomerDaoImpl 类相关的 SQL 语句中需要补充“状态字段等于 0”这个条件,代码如下。

```
    private static final String SQL_ADD = "insert into t_customer values(?,?,?,?,?,?,?,'0')";
    private static final String SQL_GET_BYID = "select * from t_customer where idcard=? and ";
    private static final String SQL_UPDATE = "update t_customer set cust_name=?,cust_sex=?,cust_
phone=?,cust_addr=? where idcard=? and cust_status='0'";
```

子任务 2:“伪删除”底层业务实现

步骤 1:DAO 层方法实现。在客户 Dao 接口及其实现类 CustomerDaoImpl 中添加客户“伪删除”抽象方法 delCustomer(),代码如下。代码中,先定义一条与“伪删除”操作对应的 SQL 更新语句,该语句将身份证号码一致且为“未失效”状态的客户记录的状态值 cust_status 改为 1。在“伪删除”方法中,基于 JDBC 驱动,完成客户状态字段的更新。

```
    private static final String SQL_FAKE_DEL = "update t_customer set cust_status='1' where idcard=? and
cust_status='0'";

    @Override
    public int delCustomer(String idcard) {

        Connection conn = DBUtils.getConn();
```

```
            PreparedStatement pstmt = null;
            int cnt = 0;

            try {
                pstmt = conn.prepareStatement(SQL_FAKE_DEL);
                pstmt.setString(1, idcard);
                cnt = pstmt.executeUpdate();
            } catch (SQLException e) {
                // TODO Auto-generated catch block
                e.printStackTrace();
            } finally {
                DBUtils.releaseRes(conn, pstmt, null);
            }

            return cnt;
        }
```

步骤 2：在客户业务服务接口及其实现类中补充上删除客户信息的方法，相关代码如下。

```
@Override
    public int removeCustomer(String idcard) {
        CustomerDao custDao = new CustomerDaoImpl();
        return custDao.delCustomer(idcard);
    }
```

编制测试类代码如下。

```
CustomerService custService = new CustomerServiceImpl();
custService.removeCustomer("350109199901231908");
```

执行“伪删除”操作后，t_customer 数据表中被“伪删除”记录的 cust_status 值由 0 变为 1，如图 6-7-3 所示。

开始事务 文本 · 筛选 排序 导入 导出 数据生成 创建图表

idcard	cust_name	cust_sex	cust_phone	cust_addr	cust_ctime	cust_create_man	cust_status
350109199901231908	刘亮2	m	198019	198019	2022-08-10 16:34:06	S00001	1
350109199901231909	1	m	1	1	2022-08-10 16:54:51	S00001	0
350110199011231899	XYZ	m	8889	厦门2	2022-08-09 22:57:27	G00001	0
350110199901231890	王有才	m	18656788765	福州台江区	2022-08-09 22:54:49	S00001	0
370890200010123198	陈东2	m	18878900987	18878900987	2022-08-11 19:13:58	S00001	0

只是做了标志位
并未实际删除

图 6-7-3 “伪删除”后的 t_customer 数据表

步骤 3：界面层实现。将“伪删除”操作与 CustomerListFrame 类定义的“客户信息列表”窗口中“客户信息删除”按钮进行捆绑，编辑该按钮的点击事件，代码如下。事件执行流程与基金记录删除过程基本一致。“伪删除”执行完毕后，需要重新刷新列表。

```
btnDelUser.addActionListener(new ActionListener() {
            public void actionPerformed(ActionEvent e) {

                int row = table.getSelectedRow();
```

```
                    if(row==-1) {
                        JOptionPane.showMessageDialog(CustomerListFrame.this, "请先选中要删除
的客户信息!");
                    }
                    else {

                        String no = (String)table.getValueAt(row, 0);
                        CustomerService custService = new CustomerServiceImpl();
                        Customer customer = custService.loadCustById(no);

                        int result = JOptionPane.showConfirmDialog(CustomerListFrame.this, "确认删
除客户-" + customer.getCustName() + "的信息吗?", "系统提示", JOptionPane.YES_NO_OPTION,
JOptionPane.QUESTION_MESSAGE);
                        if(result==JOptionPane.YES_OPTION) {
                            custService.removeCustomer(no);

                            //收集查询条件
                            CustomerQuery query = new CustomerQuery();
                            if(txtIdCard.getText().trim().length()>0)
                                query.setQryIdCard(txtIdCard.getText().trim());
                            if(txtCustName.getText().trim().length()>0)
query.setQryCustName(txtCustName.getText().trim());

                            //根据查询条件组合查询客户信息
                            List<Customer> custList = custService.loadCustomers(query);

                            //填充数据模型
                            //清空 dtm 的原有数据
                            CustomerListFrame.this.dtm.setRowCount(0);
                            for(Customer cust: custList) {
                                Object[] data = {
                                    cust.getIdcard(),
                                    cust.getCustName(),
                                    cust.getCustSex().equals("m")?"男":"女",
                                    cust.getCustPhone(),
                                    cust.getCustAddr(),
                                    "---",
                                    cust.getCustCreateTime().toLocaleString(),
    cust.getCustCreateMan().getOperName()+"("+cust.getCustCreateMan().getOperNo()+")"
                                };
                            CustomerListFrame.this.dtm.addRow(data);
                        }

                    }
                }

            }
        });
        btnDelUser.setFont(new Font("宋体", Font.PLAIN, 14));
        actionPanel.add(btnDelUser);
```

运行脚本,“客户信息删除”功能执行结果如图 6-7-4 所示。

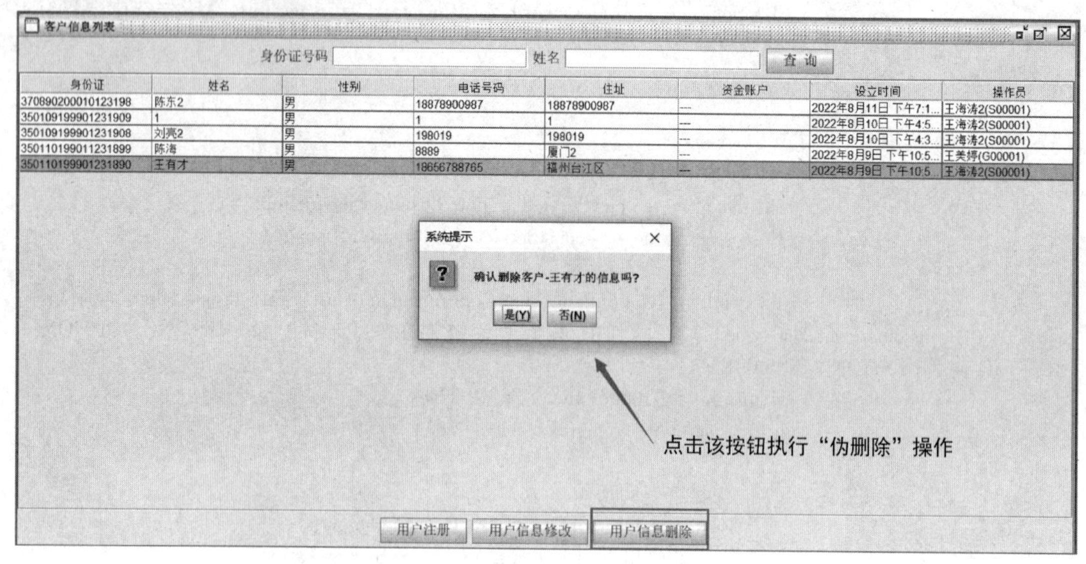

图 6-7-4 “客户信息删除”功能的执行结果

项目 7　资金账户类功能模块设计和实现

任务 1　资金账户的开设(一)

一、任务目标

1. 理解业务驱动下的窗口衔接逻辑。
2. 掌握信息的跨窗口分享技术。
3. 掌握常见对话框操作技巧。

二、任务要求

1. 构建资金账户业务实体类。
2. 构建新增资金账户交互界面。

三、预备知识

知识 1：资金账户开户的执行流程

资金账户开户的执行流程如图 7-1-1 所示，具体操作为：用户在进行注册后，可以立即执行“开户”操作，也可以放弃“开户”操作。若选择“开户”操作，则将立刻打开一个新增资金账户窗口，窗口中关于当前客户的相关信息需要通过跨窗口分享技术获取。

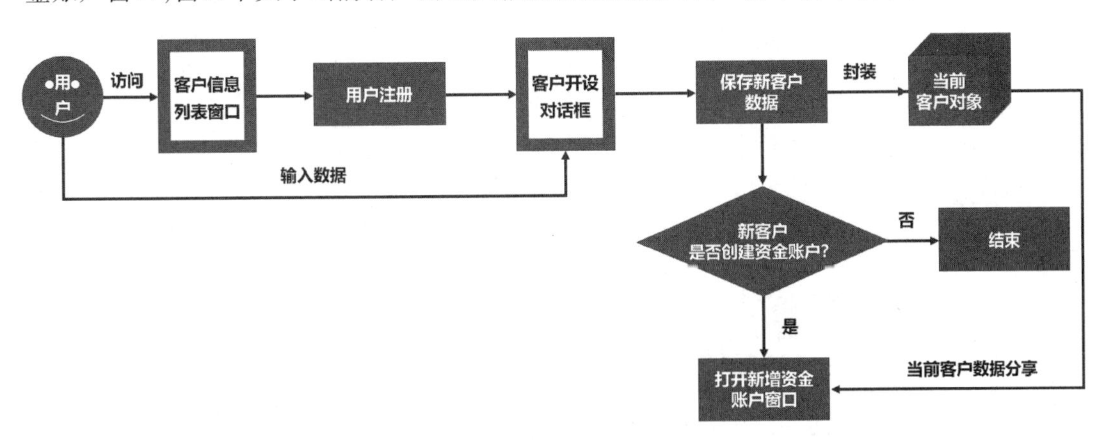

图 7-1-1　资金账户开户的执行流程

知识 2：信息跨窗口分享技术

本任务需要从客户注册窗口中获取客户信息并分享到“新增资金账户”窗口中，即实现客户信息的跨窗口分享。目前,常用的信息跨窗口分享技术有以下三种。

(1) 基于窗口构造函数的分享技术

通过窗口的构造函数,将需要分享的信息数据赋给窗口中相关组件的属性。该技术传递信息的方向是单向的,不能实现双向的信息传递。

(2) 基于静态成员变量的分享技术

通过在窗口中设置公有的静态成员变量,将需要跨窗口分享的信息封装到该变量中,其他窗口可以通过类名引用的方式直接访问该静态成员变量。同时,其他窗口也能根据操作需求,对该变量的数据进行变更,因此,该技术能实现双向的信息传递。本任务正是采用该技术实现客户信息的分享。

(3) 基于公有成员变量的分享技术

在窗口中设置公有成员变量,该变量可以是基本数据类型,也可以是引用数据类型(如窗口组件等),将需要跨窗口分享的信息封装到该成员变量中。那么,其他窗口可以通过该窗口的实例,访问实例中公有成员变量封装的信息,从而实现信息分享。

四、任务实施

子任务 1: 资金账户类的构建

在业务实体 domain 包中,创建一个资金账户类 CapitalAccount,该类为 ValueObject 类的子类。在业务实体 domain 包中客户类的定义中需要添加客户状态字段及其对应的访问方法。类的私有成员变量可根据数据库中资金账户字段进行定义,其中,数据表的外键字段为客户,在类中通过客户类实例对其加以定义。同时,需要定义这些私有成员变量的访问方法。CapitalAccount 类的代码定义如下。

```
/****/
package com.abc.fundmgrsys.domain;

import java.util.Date;

/** 资金账户 **/
public class CapitalAccount extends ValueObject{

    /** 账户编号 */
    private String accNo;

    /** 账户密码 */
    private String accPwd;

    /** 账户金额 */
    private Double accAmount;

    /** 账户状态 */
    private String accStatus;

    /** 账户持有人 */
    private Customer cust;
```

```
    /** 账户创建时间 */
    private Date accCreateTime;

    //省略 getter 和 setter 代码

}
```

子任务 2：交互界面的设计

步骤 1：窗口类的构建。在 view 包中创建一个账户子包 account，该子包专门用来存放所有与账户操作业务相关的界面定义的 Java 脚本。在包中先定义一个“新建资金账户”窗口，窗口大小为 491 像素×367 像素，窗口中控件的字体与其他界面的字体及字号保持一致，均设为宋体 14 号，效果如图 7-1-2 所示。

图 7-1-2　“新建资金账户”对话框的初始效果

步骤 2：增加界面组件。在“新建资金账户”对话框中，放置三个用于收集账户编号、账号密码、密码确认的标签控件和文本框控件，并在下方放置“某某人”标签控件，用于显示开户所涉及的客户信息。在窗口的右下方，设置“确认开设”和“取消”两个按钮，供客户操作，如图 7-1-3 所示。

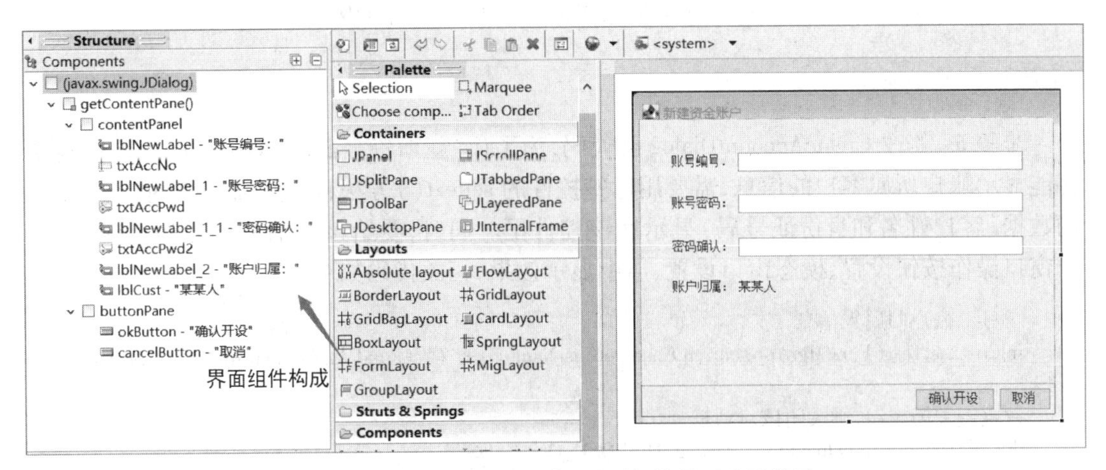

图 7-1-3　“新建资金账户”对话框的界面设计效果

步骤 3：窗口的打开设置。由于要实现客户数据跨窗口的分享，因此需要在主启动类 FundMgrApp 中定义一个公有的静态成员变量 CurrentCust，代码如下。

```
//当前操作的客户
    public static Customer currentCust = null;?
```

步骤 4：CreateCustomerDialog 类的代码中，在关闭该窗口的代码前，补充如下所示代码，保存客户信息到 FundMgrApp 类的 CurrentUser 属性中。

```
try{
    int cnt = custService. createCustomer( cust);

    if( cnt = = 1) {
        JOptionPane. showMessageDialog( CreateCustomerDialog. this, "客户信息开户成功!");
        //保存客户信息到 FundMgrApp 类的 CurrentUser 属性
        FundMgrApp. currentCust = cust;
        //保存成功后，关闭该对话框
        CreateCustomerDialog. this. dispose( );
    }
}catch( RuntimeException ex) {
    JOptionPane. showMessageDialog( CreateCustomerDialog. this,
ex. getMessage( ));
}
```

步骤 5：客户注册后，可立即开户。此时，需修改 CustomerListFrame 类代码，当新增客户的窗口关闭后，立即开启与之对应的“新增资金账户”窗口，为该客户绑定对应的资金账户，代码如下。

```
//提示是否要创建资金账户
int result = JOptionPane. showConfirmDialog( CustomerListFrame. this, "是否为客户" + FundMgrApp.
currentCust. getCustName ( ) + " 创 建 资 金 账 户?"," 系 统 提 示", JOptionPane. YES _ NO _ OPTION,
JOptionPane. QUESTION_MESSAGE);
    if( result = = JOptionPane. YES_OPTION) {
                CreateAccountDialog dlg = new CreateAccountDialog( );
    }
}
```

步骤 6：修改 CreateAccountDialog 类代码，为了让“新增资金账户”对话框的下方标签控件能显示账户所属客户的信息，需要用标签控件的 settext( ) 方法，将静态成员变量当前客户的数据（客户姓名和身份证号码）显示在该控件里。同时，要给该对话框补充如下代码，用于窗口操作按钮设置、模态窗口设置、居中显示效果，相关代码如下。

```
//显示账户归属人信息
lblCust. setText( FundMgrApp. currentCust. getCustName( ) + " ( " + FundMgrApp. currentCust. getIdcard( )
+ " ) ");
//点击关闭按钮，则关闭该对话框
this. setDefaultCloseOperation( JDialog. DISPOSE_ON_CLOSE);
```

```
//设置为模态对话框,只有本对话框关闭,才能操作应用程序的其他部分
this.setModal(true);
//设置屏幕居中显示
this.setLocationRelativeTo(null);
this.setVisible(true);
```

运行脚本,客户注册完毕后,选择立即开户后,弹出“新建资金账户”的对话框,如图 7-1-4 所示。

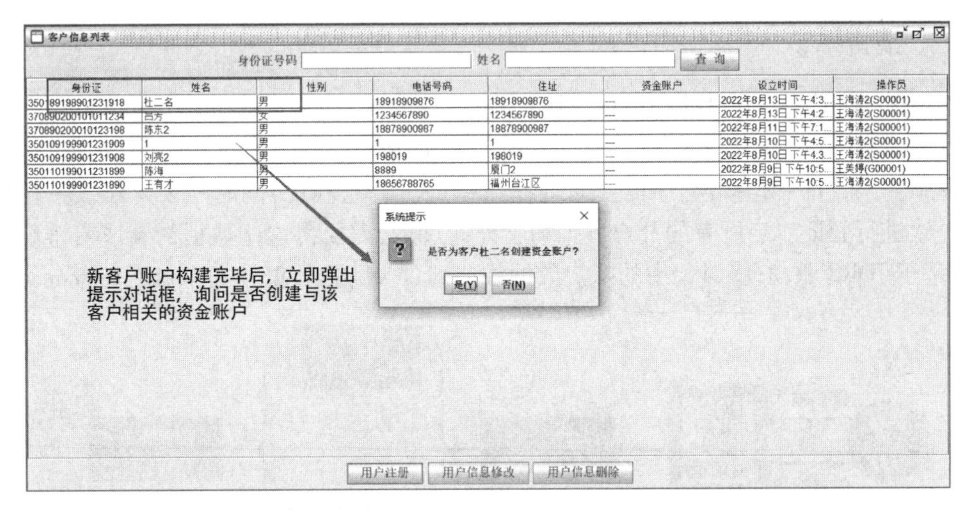

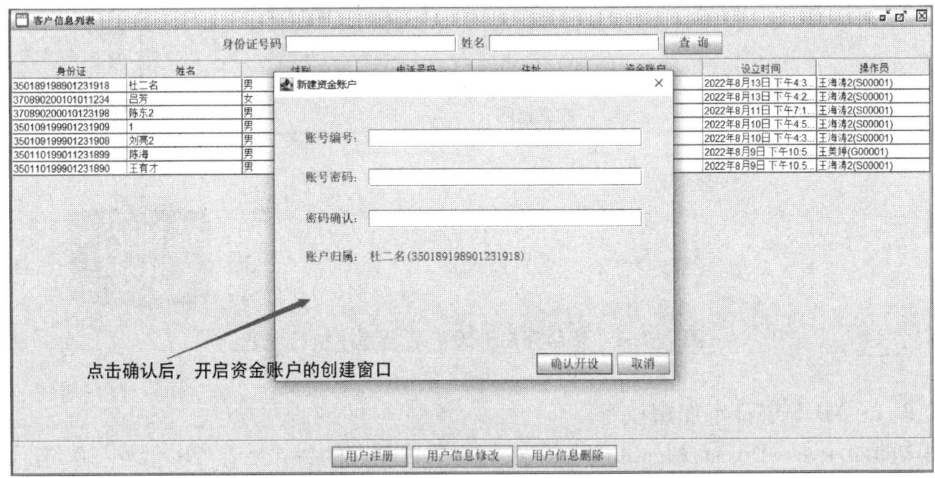

图 7-1-4　“新建资金账户”对话框

任务 2　资金账户的开设(二)

一、任务目标

1. 掌握窗口表单数据的校验方法。

2. 掌握 MD5 字符串加密技术。
3. 掌握外键处理技术。

二、任务要求

1. 新增资金账户界面的数据校验功能。
2. 资金账户密码的加密实现。
3. 存储资金账户信息。

三、预备知识

知识 1：资金账户开设的后台程序执行流程

资金账户开设的后台程序执行流程如图 7-2-1 所示，具体为：客户在“新增资金账户”对话框中输入数据后，后台程序需要对这些数据进行判空验证，同时也要对两次密码设置是否一致进行验证。当所有的开户数据均验证通过后，需要将这些数据封装成资金账户对象，并基于 JDBC 驱动，将对象中的账户数据添加到资金账户数据表 t_capital_account 中。

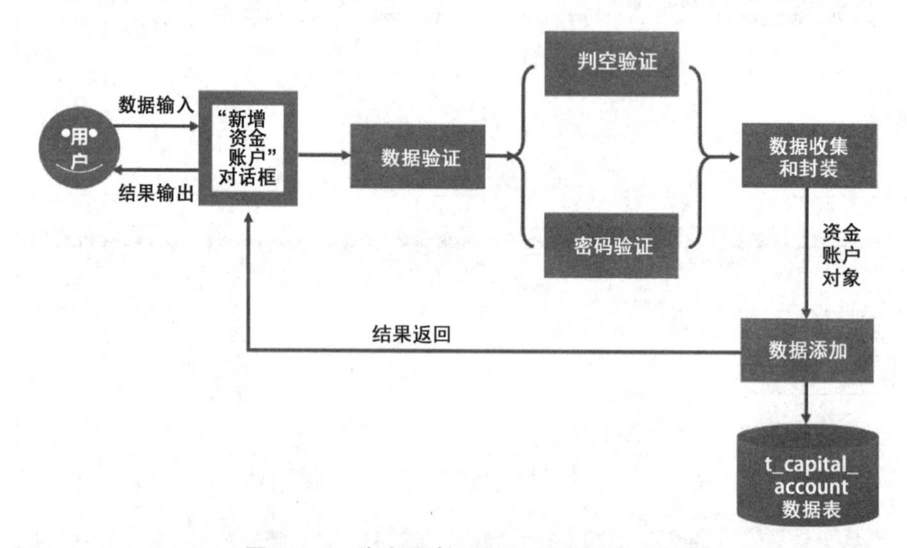

图 7-2-1 资金账户开设的后台程序执行流程

知识 2：MD5 字符串加密技术

MD 即 Message-Digest Algorithm（信息-摘要算法）的缩写，在 20 世纪 90 年代初由 Ronald L. Rivest 开发，经 MD2、MD3 和 MD4 逐渐发展为目前的 MD5。MD5 字符串加密技术的原理是：MD5 码以 512 位分组来处理输入的信息，且每一分组又被划分为 16 个 32 位子分组，经过了一系列的处理后，算法的输出由 4 个 32 位分组组成，将这 4 个 32 位分组级联后生成一个 128 位散列值。MD5 字符串加密技术主要用于密码管理、电子签名、垃圾邮件筛选、文件完整性校验等场合。JDK 自带了一个加密类 MessageDigest，该类是一个引擎类，类中封装了诸如 SHA1、MD5 等算法对应的成员方法。

知识 3：外键处理技术

数据库的外键是库中多张数据表进行记录查找的关键，为了更加符合 Java 面向对象程序设计理念,通常用外键对应的业务实体类来封装外键数据,便于程序对该数据的引用。

四、任务实施

子任务 1：密码提示录入

在密码设置时,如果其中一个文本框为空,就会提示相应的出错信息,提醒客户进行密码输入。为了实现这一功能,需要在两个密码输入文本框中设置焦点事件。首先,打开“新增资金账户”对话框的设计视图,选择第一个密码设置的文本框,给该文本框添加焦点失去事件,在事件中判断该文本框的数据是否为空。如果为空,则弹出消息框,提示客户需进行密码设置,在消息框关闭后,该文本框重新获得焦点。采用相同的方式,给第二个密码设置文本框添加焦点失去事件。密码输入框和密码确认输入框设定确认焦点事件处理代码如下。

```
    txtAccPwd = new JPasswordField();
    //提示客户录入密码
    txtAccPwd.addFocusListener(new FocusAdapter() {
            @Override
            public void focusGained(FocusEvent e) {
                if(StringUtils.isEmpty(txtAccPwd.getText())) {
                    JOptionPane.showMessageDialog(CreateAccountDialog.this, "请提示客户录入
资金账户密码!");
                    txtAccPwd.requestFocus();
                }
            }
    });

    txtAccPwd2 = new JPasswordField();
    //提示客户再次确认密码
    txtAccPwd2.addFocusListener(new FocusAdapter() {
            @Override
            public void focusGained(FocusEvent e) {
                if(StringUtils.isEmpty(txtAccPwd2.getText())) {
                    JOptionPane.showMessageDialog(CreateAccountDialog.this, "请提示客户再次
确认资金账户密码!");
                    txtAccPwd2.requestFocus();
                }
            }
    });
```

子任务 2：窗口数据校验

开户数据的验证过程发生在点击了 CreateAccountDialog 类定义的“新增资金账户”对话框中“确认开户”按钮之后,因此要将验证过程代码编写在“确认开户”按钮的点击事件中。在该事件中,首先对各个文本框中的数据进行判空验证,然后,对两次设置的密码进行一致性验证。若有验证未通过的数据,则弹出相应的信息提示消息框,并在消息框关闭后,让数据对应的文本框重新获得焦点,为数据的输入做好准备。“确认开设”的按钮点击事件的数据校验代码如下。

```
JButton okButton = new JButton("确认开设");
okButton.addActionListener(new ActionListener() {
public void actionPerformed(ActionEvent e){

    //空输入校验检查
    if(StringUtils.isEmpty(txtAccNo.getText())) {
        JOptionPane.showMessageDialog(CreateAccountDialog.this, "资金账户账号不能为空!");
        txtAccNo.requestFocus();
        return;
    }

    String pwd = new String(txtAccPwd.getPassword());
    String pwd2= new String(txtAccPwd2.getPassword());

    //密码空输入校验
    if(StringUtils.isEmpty(pwd)) {
        JOptionPane.showMessageDialog(CreateAccountDialog.this, "资金账户密码不能为空!");
        txtAccPwd.requestFocus();
        return;
    }

    //确认密码空输入校验
    if(StringUtils.isEmpty(pwd2)) {
         JOptionPane.showMessageDialog(CreateAccountDialog.this, "资金账户确认密码不能
为空!");
        txtAccPwd2.requestFocus();
        return;
    }

    //密码和确认密码的一致性校验
    if(! pwd.equals(pwd2)) {
        JOptionPane.showMessageDialog(CreateAccountDialog.this, "资金账户密码和确认密码不
一致!");
        txtAccPwd2.requestFocus();
        return;
    }

}
```

子任务 3：账户数据存储

步骤 1：账户密码加密。为了防止客户设置的密码泄露，需要先用 MD5 字符串加密技术对设置好的密码做加密处理，再进行存储。因此，需要在工具包 util 中定义一个 Md5Util 类，该类中只定义了一个静态成员方法——加密方法 encode()。而该方法主要用了 JDK 自带的加密类 MessageDigest。Md5Util 类的代码如下。

```
public class Md5Util{

    /**
     * 通过 MD5 算法加密字符串
```

```
         * @ param msg
         * @ return
         */
        public static String encode( String msg) {

            try {
                MessageDigest digest = MessageDigest. getInstance( " md5" ) ;
                return
Base64. getEncoder( ). encodeToString( digest. digest( msg. getBytes( ) ) ) ;
            } catch (NoSuchAlgorithmException e) {
                // TODO Auto-generated catch block
                e. printStackTrace( ) ;
                return null;
            }


        }


    }
```

通过 Md5Util 类的静态成员方法 encode( ) 对字符串“123456”进行 MD5 加密，相关测试代码和执行结果如图 7-2-2 所示。

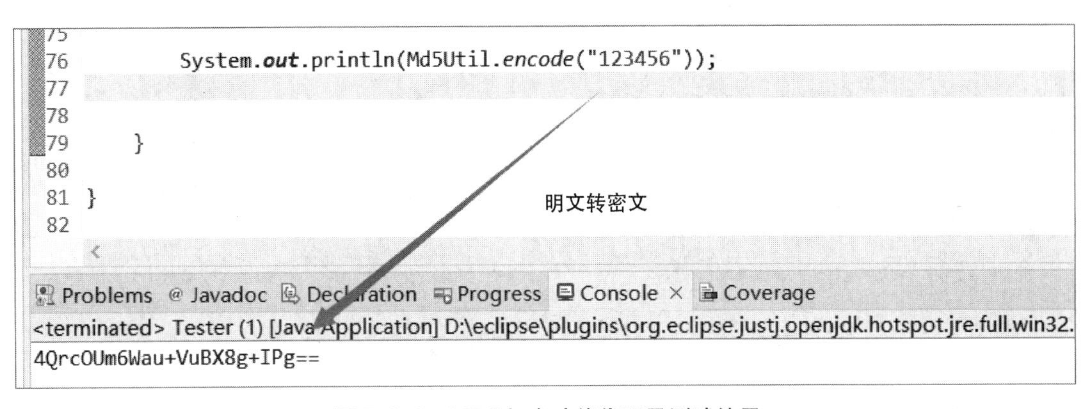

图 7-2-2　MD5 加密功能代码及测试结果

步骤 2：密码经过 Md5Util 工具类加密后，变为不可识别的密文。由于密码数据长度变长，而资金账户数据表中密码字段 acc_pwd 定义的类型和长度不能满足加密后密码数据的存储需求，因此需要将资金账户数据表中密码字段 acc_pwd 的类型修改为可变长字符串类型 varchar，长度上限改为 32 个字符，修改结果如图 7-2-3 所示。

名	类型	长度	小数点	不是 null	虚拟	键	注释
acc_no	char	8		☑	☐	🔑1	资金账户账号
acc_pwd	varchar	32		☑	☐		账户密码
acc_amount	decimal	12	2	☑	☐		账户余额
acc_status	char	1		☑	☐		账户状态 (A-正常　B-冻结)
acc_owner	char	18		☑	☐		账户持有人
acc_ctime	datetime			☑	☐		账户创建时间

图 7-2-3　t_captial_accout 数据表密码字段 acc_pwd 类型及长度修改结果

步骤 3：账户数据的收集。当开户数据均审核通过后，需要将这些数据封装到资金账户对象中，为数据的存储做好准备。封装时，注意：①密码要用 Md5Util 工具类的静态成员方法 encode( )进行加密；②资金余额设置为 0，账户状态设置为"a"(正常)；③客户为主启动类的静态成员变量当前客户，在新客户注册完成后，便将新客户对象赋给该成员变量。在 CreateAccountDialog 类的"确认开设"的按钮点击事件中，增加如下输入数据收集封装代码。

```
CapitalAccount acc = new CapitalAccount( );
acc. setAccNo( txtAccNo. getText( ) );
acc. setAccPwd( Md5Util. encode( pwd) );
acc. setAccCreateTime( new Date( ) );
acc. setAccAmount( 0. 0) ;
acc. setAccStatus( "a" ); //正常账户
acc. setCust( FundMgrApp. currentCust) ;
System. out. println( acc) ;
```

效果如图 7-2-4 所示。

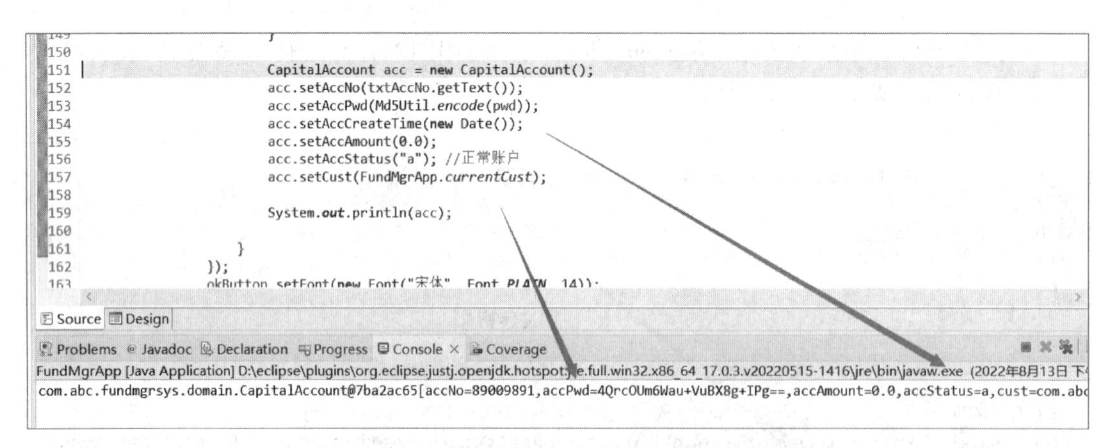

图 7-2-4 "确认开设"的按钮点击事件测试结果

步骤 4：数据 DAO 方法的实现。客户数据封装好后，需要在 dao 包和服务包中针对资金账户操作业务需求，定义相应的资金账户 Dao 接口、业务服务接口及两个接口的实现类，前者面向后台数据库访问需求，后者面向前端界面调用需求。在两个接口中，各定义一个添加账户方法，方法的输入参数为资金账户对象。资金账户 Dao 接口的实现类中，先定义一个数据库记录添加命令的静态字符串常量，接着，基于 JDBC 驱动，将资金账户对象中封装的数据添加到资金账户数据表中。添加过程中，需要将引用资金账户对象成员变量，即客户的身份证号码数据，作为资金账户数据表的外键。资金账户 Dao 接口实现类 AccountDaoImpl 类的代码如下。

```
private static final String SQL_ADD = "insert into t_capital_account values( ?,?,?,?,?,?)";

    @ Override
    public int addAccount( CapitalAccount acc) {
```

```
        Connection conn = DBUtils.getConn();
        PreparedStatement pstmt = null;
        int cnt = 0;

        try {
            pstmt = conn.prepareStatement(SQL_ADD);
            pstmt.setString(1, acc.getAccNo());
            pstmt.setString(2, acc.getAccPwd());
            pstmt.setDouble(3, acc.getAccAmount());
            pstmt.setString(4, acc.getAccStatus());
            //虽然是对象,但只是保存 id
            pstmt.setString(5, acc.getCust().getIdcard());
            pstmt.setTimestamp(6,                                                          new
Timestamp(acc.getAccCreateTime().getTime()));
            cnt = pstmt.executeUpdate();
        } catch (SQLException e) {
            // TODO Auto-generated catch block
            e.printStackTrace();
            if(e.getMessage().contains("PRIMARY")) {
                throw new DuplicateCustomerException("该资金账户账号已经存在,保存失败!");
            }
        } finally {
            DBUtils.releaseRes(conn, pstmt, null);
        }

        return cnt;
    }
```

步骤 5：业务方法编制。资金账户业务服务接口的实现类 AccountServiceImpl 中，添加新增资金账户方法，该方法通过调用资金账户 DAO 接口的相应方法来实现其功能。具体代码如下。

```
public class AccountServiceImpl implements AccountService{

    @Override
    public int createAccount(CapitalAccount acc) {
        AccountDao accDao = new AccountDaoJDBCImpl();
        return accDao.addAccount(acc);
    }

}
```

步骤 6：界面绑定操作实现。在 CreateAccountDialog 类的“确认开设”的按钮点击事件中增加新增资金账户代码，完成该账户数据库记录的添加，并根据账户业务服务接口的添加账户方法的返回值，弹出提示“客户资金开户成功!”的消息框。相关代码如下。

```
AccountService accService = new AccountServiceImpl();
int cnt = accService.createAccount(acc);
if(cnt==1) {
```

```
        JOptionPane.showMessageDialog(CreateAccountDialog.this, "客户资金开户成功!");
        CreateAccountDialog.this.dispose();
    }
```

使用一条用户记录(客户“吕章”身份),测试该客户的资金账户开设过程,执行结果如图 7-2-5 所示。

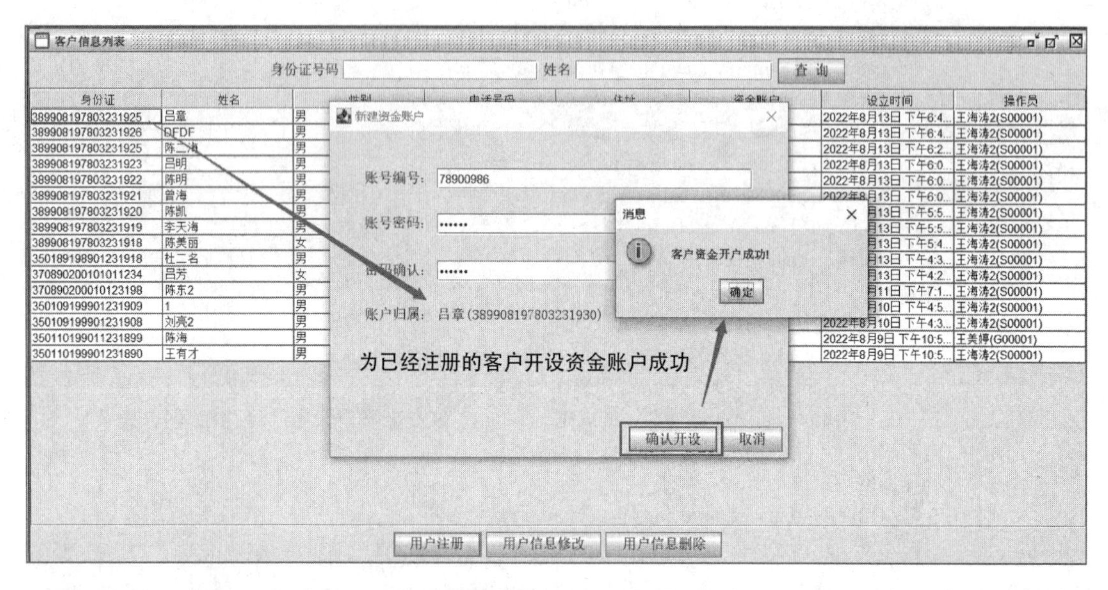

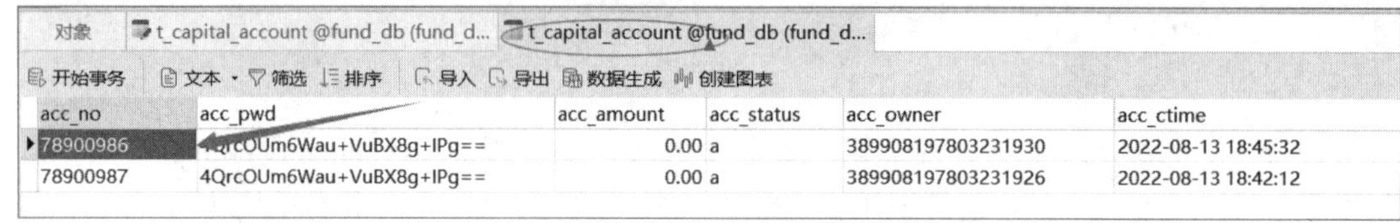

图 7-2-5　客户“吕章”的资金账户开设结果

任务 3　资金账户业务及对应界面编制

一、任务目标

1. 了解资金账户管理的相关业务知识。
2. 熟悉动态 SQL 生成技术。

二、任务要求

1. 实现资金账户管理的相关业务。
2. 构建资金账户管理操作窗口。

3. 实现基于 JDBC 的动态数据查询。

三、预备知识

知识 1：资金账户管理的相关业务

（1）资金账户的查询业务

① 根据客户账号模糊查询与之相关的资金账户信息。

② 根据账户状态查询所有账户，包括正常账户和被冻结的账户。正常账户的资金状态编号为“a”，冻结账户的资金状态编号为“b”。

（2）资金账户开户业务

给未开设资金账户的客户开设资金账户。

（3）冻结/解冻

可以对目标资金账户做冻结账户和解除账户冻结的操作，冻结的账户无法进行任何交易。

（4）销户

① 如果该资金账户的资金已经全部取出，可以做销户处理。销户只是修改其资金账户的状态为“已销户”，该状态的编号为“c”。

② 销户后，用户还可开设新的资金账户，资金账户的编号将不同。

知识 2：资金账户管理操作界面设计

根据资金账户管理操作的业务需求，新建一个“资金账户管理”窗口。在窗口中部，设置一个滚动面板，面板中放置用于显示资金账户信息的列表；窗口的上部设置一个查询面板，面板中放置实现根据账户所属、账户状态进行模糊查找功能对应的控件组；窗口的下方设置一个按钮面板，面板中放置账户的新增、冻结/解冻、销户功能对应的三个按钮，效果如图 7-3-1 所示。

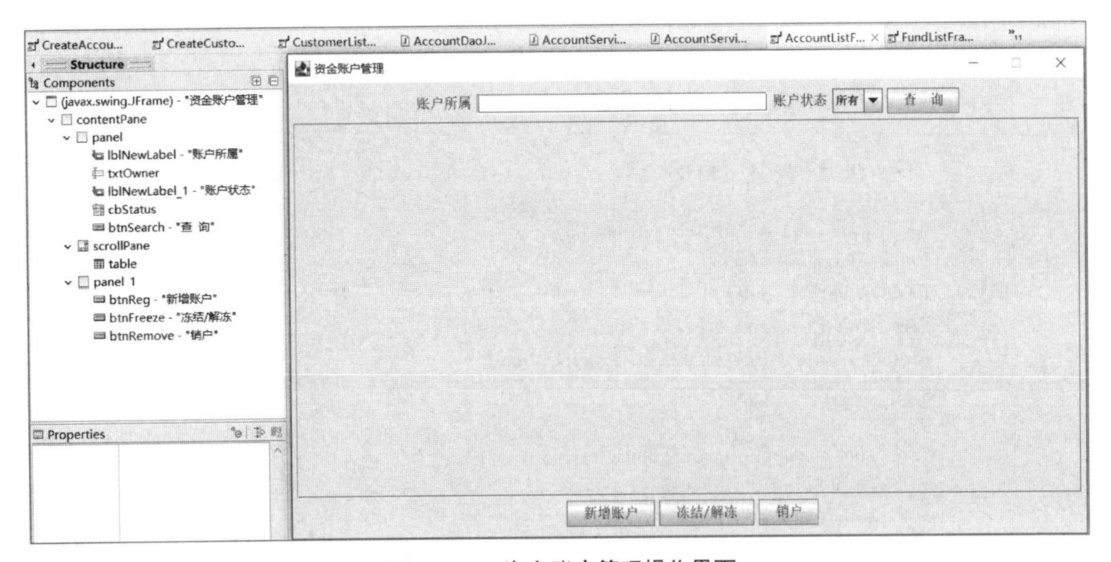

图 7-3-1　资金账户管理操作界面

四、任务实施

子任务 1：账户数据的获取

步骤 1：查询类的构建。为了实现查询面板的组合模糊查找功能，需在查询包 query 中定义一个资金账户查询类 AccountQuery，用于查找条件的定义封装。类中主要定义了身份证号码 idcard、账户状态 accStatus 等两个成员变量，以及两个成员变量的访问方法，AccountQuery 类相关代码如下。

```
public class AccountQuery extends ValueObject{

    private  String idcard;
    private  String accStatus;

    public String getIdcard( ) {
        return idcard;
    }
    public void setIdcard(String idcard) {
        this. idcard = idcard;
    }
    public String getAccStatus( ) {
        return accStatus;
    }
    public void setAccStatus(String accStatus) {
        this. accStatus = accStatus;
    }

}
```

步骤 2：DAO 方法的实现。在账户 Dao 接口及其实现类 AccountDaoImpl 中补充根据查找对象提供的查找条件进行账户记录的模糊查找方法 loadAccounts( )，方法执行完后返回一个满足查找条件的资金账户对象列表 accList。相关代码如下。

```
@ Override
    public List<CapitalAccount> loadAccounts(AccountQuery query) {

        String sql = this. genSql(query);

        Connection conn = DBUtils. getConn( );
        PreparedStatement pstmt = null;
        ResultSet rset = null;
        List<CapitalAccount> accList = new ArrayList<>( );
        CustomerDao custDao = new CustomerDaoImpl( );

        try {
            pstmt = conn. prepareStatement(sql);
            rset = pstmt. executeQuery( );
            while(rset. next( )) {

                CapitalAccount acc = new CapitalAccount( );
```

```
                acc. setAccNo( rset. getString( " acc_no" ) ) ;
                acc. setAccPwd( rset. getString( " acc_pwd" ) ) ;
                acc. setAccAmount( rset. getDouble( " acc_amount" ) ) ;
                acc. setAccStatus( rset. getString( " acc_status" ) ) ;
    acc. setCust( custDao. getCustById( rset. getString( " acc_owner" ) ) ) ;
                acc. setAccCreateTime( new
Date( rset. getTimestamp( " acc_ctime" ). getTime( ) ) ) ;

                accList. add( acc) ;

            }
        } catch (SQLException e) {
            // TODO Auto-generated catch block
            e. printStackTrace( ) ;
        } finally {
            DBUtils. releaseRes( conn, pstmt, rset) ;
        }

        return accList;
    }
```

步骤 3：数据 DAO 方法的实现。在账户 Dao 接口实现类 AccountDaoImpl 的查找账户记录方法中，查找命令中涉及的查找条件要根据查找对象的成员变量来定义，因此查找命令是动态的，需要在 AccountDaoImpl 类中补充定义生成 SQL 语句的方法 genSql( )，从而实现动态加载资金账户列表的效果。相关代码如下。

```
/ **
    * 根据查询条件动态生成 SQL 语句
    * @ param query
    * @ return
    */
private String genSql( AccountQuery query) {

    String sql = " select * from t_capital_account where 1=1 " ;

    if( StringUtils. isNotEmpty( query. getIdcard( ) ) )
        sql  += " and acc_owner like '%" +query. getIdcard( ) +" %' " ;

    if( StringUtils. isNotBlank( query. getAccStatus( ) ) )
        sql += " and acc_status ='" +query. getAccStatus( ) +" '" ;

    sql += " order by acc_ctime desc" ;

    System. out. println( sql) ;

    return sql;

}
```

步骤 4：在 AccountDaoImpl 类中，使用 genSql( )方法动态生成 SQL 代码，动态加载资金账户列表，代码如下。注意：资金账户中的客户信息的获取通过代码实现。

```
@Override
    public List<CapitalAccount> loadAccounts(AccountQuery query) {

        String sql = this.genSql(query);

        Connection conn = DBUtils.getConn();
        PreparedStatement pstmt = null;
        ResultSet rset = null;
        List<CapitalAccount> accList = new ArrayList<>();
        CustomerDao custDao = new CustomerDaoImpl();

        try {
            pstmt = conn.prepareStatement(sql);
            rset = pstmt.executeQuery();
            while(rset.next()) {

                CapitalAccount acc = new CapitalAccount();
                acc.setAccNo(rset.getString("acc_no"));
                acc.setAccPwd(rset.getString("acc_pwd"));
                acc.setAccAmount(rset.getDouble("acc_amount"));
                acc.setAccStatus(rset.getString("acc_status"));

acc.setCust(custDao.getCustById(rset.getString("acc_owner")));
                acc.setAccCreateTime(new
Date(rset.getTimestamp("acc_ctime").getTime()));

                accList.add(acc);

            }
        } catch (SQLException e) {
            // TODO Auto-generated catch block
            e.printStackTrace();
        } finally {
            DBUtils.releaseRes(conn, pstmt, rset);
        }

        return accList;
    }
```

步骤 5：业务方法编制。在服务包中资金账户服务接口及其实现类 AccountServiceImpl 中也要补充定义与账户 Dao 接口查找账户记录方法相对应的方法 loadAccounts( )，该方法的代码如下。

```
@Override
    public List<CapitalAccount> loadAccounts(AccountQuery query) {
        AccountDao accDao = new AccountDaoJDBCImpl();
        return accDao.loadAccounts(query);
    }
```

步骤 6：针对上述代码编写测试案例，进行代码检测，结果如图 7-3-2 所示。

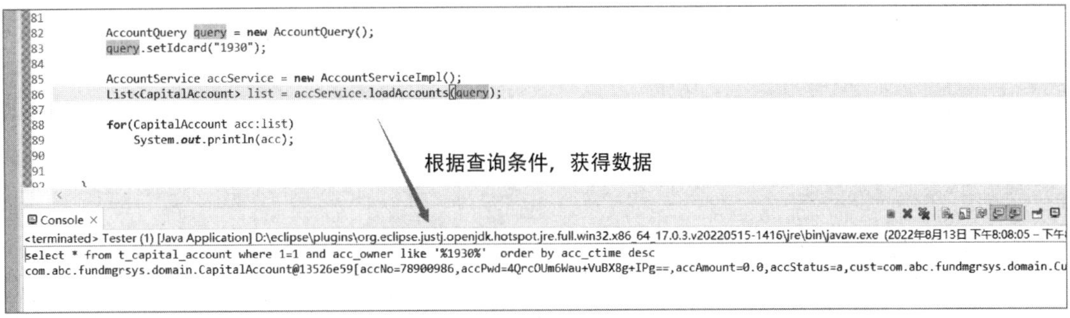

```
81
82         AccountQuery query = new AccountQuery();
83         query.setIdcard("1930");
84
85         AccountService accService = new AccountServiceImpl();
86         List<CapitalAccount> list = accService.loadAccounts(query);
87
88         for(CapitalAccount acc:list)
89             System.out.println(acc);
90
91
```

根据查询条件，获得数据

```
Console ×
<terminated> Tester (1) [Java Application] D:\eclipse\plugins\org.eclipse.justj.openjdk.hotspot.jre.full.win32.x86_64_17.0.3.v20220515-1416\jre\bin\javaw.exe (2022年8月13日 下午8:08:05 – 下午
select * from t_capital_account where 1=1 and acc_owner like '%1930%'  order by acc_ctime desc
com.abc.fundmgrsys.domain.CapitalAccount@13526e59[accNo=78900986,accPwd=4QrcOUm6Wau+VuBX8g+IPg==,accAmount=0.0,accStatus=a,cust=com.abc.fundmgrsys.domain.Cu
```

图 7-3-2　**AccountServiceImpl 类 loadAccounts( ) 方法的测试结果**

任务 4　资金账户的列表显示

一、任务目标

1. 掌握 JInterFrame 的应用方法。
2. 掌握 JTable 模型的数据填充。

二、任务要求

1. 实现资金账户列表的数据填充。
2. 实现组合查询按钮的业务。

三、预备知识

知识 1：JDesktopPane 类简介

JdesktopPane 类是用于创建多文档界面或虚拟桌面的容器。用户可创建 JInternalFrame 对象并将其添加到 JDesktopPane 中。JDesktopPane 扩展了 JLayeredPane，以管理可能的重叠内部窗口。它还维护了对 DesktopManager 实例的引用，这是由 UI 类为当前的外观（L&F）所设置的。需要注意的是，JDesktopPane 不支持边界。

JdesktopPane 类通常用作 JInternalFrames 的父类，为 JInternalFrames 提供一个可插入的 DesktopManager 对象。特定于 L&F 的实现 installUI 负责正确设置 DesktopManager 变量。JInternalFrame 的父类是 JDesktopPane 时，它应该将其大部分行为（关闭、调整大小等）委托给 DesktopManager。

四、任务实施

子任务 1：主窗口菜单绑定显示

步骤 1：让“资金账户管理”窗口（由 AccountListFrame 类定义）可以在虚拟桌面

JDesktopPane 中显示，需要修改该窗口的父类，让其从继承窗口类 JFrame 改为继承内部窗口类 JInternalFame，代码片段如下。

```
public class AccountListFrame extends JInternalFrame{

    private JPanel contentPane;
    private JTextField txtOwner;
    private JTable table;

    .....
}
```

步骤 2：在“资金账户管理”窗口的构造方法中，第一行位置处通过调用父类的构造方法，给窗口增加最大化、最小化、关闭按钮。同时，还需要给关闭按钮添加事件监听器，实现该按钮的关闭功能，代码片段如下。

```
/**
 * Create the frame.
 */
public AccountListFrame(){
    super("资金账户管理",true,true,true,true);
    //....
}

//增加事件监听器，当点击关闭按钮时，关闭窗口
this.addInternalFrameListener(new InternalFrameAdapter(){

    @Override
    public void internalFrameClosing(InternalFrameEvent e){
        AccountListFrame.this.dispose();
    }

});
```

步骤 3：为“资金账户管理”菜单项添加点击事件，实现在虚拟桌面的中央位置打开“资金账户管理”窗口，代码片段如下。

```
JMenuItem miCapitalMgr = new JMenuItem("资金账户管理");
miCapitalMgr.addActionListener(new ActionListener(){
            public void actionPerformed(ActionEvent e){
                AccountListFrame frame = new AccountListFrame();

                //JInternalFrame 的居中处理
                Dimension   frameSize = frame.getSize();
                Dimension   desktopSize = desktopPane.size();

                int x = (desktopSize.width-frameSize.width)/2;
                int y = (desktopSize.height-frameSize.height)/2;

                frame.setLocation(x, y);
                frame.setVisible(true);
```

```
                desktopPane.add(frame);
                desktopPane.setSelectedFrame(frame);

                System.out.println("account list frame is ok!");
            }
    });
```

步骤4：运行代码，“资金账户管理”的点击事件的执行效果如图7-4-1所示。

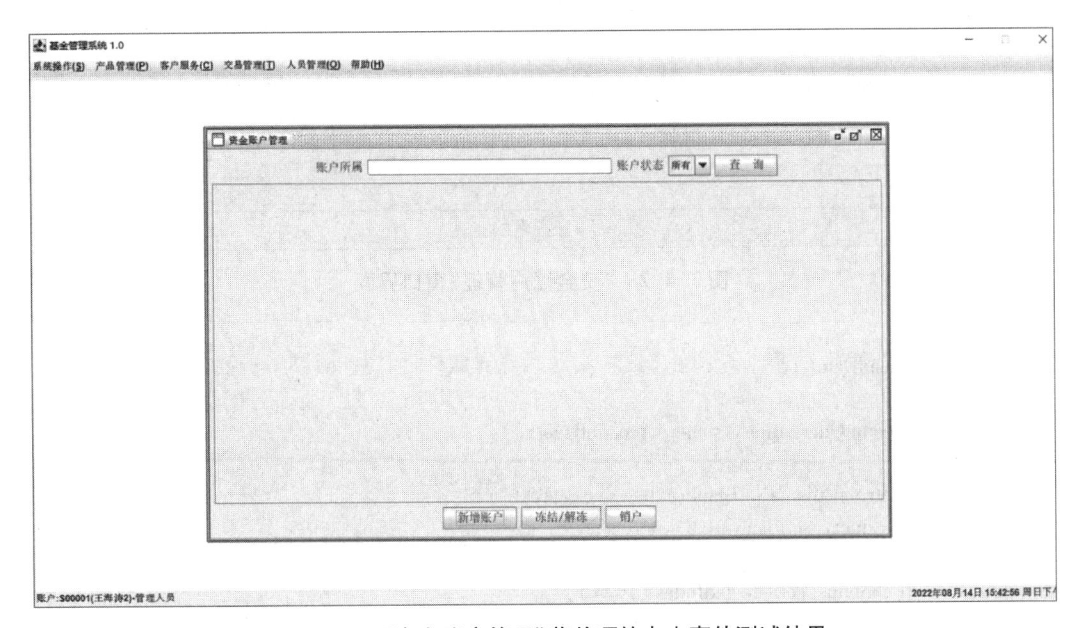

图7-4-1　“资金账户管理”菜单项的点击事件测试结果

子任务2：表格模型的绑定和数据填充

步骤1：表格模型的绑定。为了使资金账户信息在“资金账户管理”窗口（由AccountListFrame类定义）中部的列表中显示，需要在窗口的构造方法中定义并显示列表的表头字段，生成“dtm”表格模式，为资金账户信息的显示做好准备，相关代码如下。

```
private DefaultTableModel dtm = null;
//表头文字列表

String[] header = {"编号","密码","余额","状态","归属人","创建时间"};
//创建数据模型
dtm = new DefaultTableModel(null,header);

table = new JTable(dtm);
```

界面预览效果如图7-4-2所示。

步骤2：数据填充并显示。修改“资金账户管理”窗口类定义脚本，在代码中添加加载数据方法loadData()，该方法通过调用资金账户服务接口的查询方法，查询t_captial_account数据表中所有的记录，并以资金账户对象列表的方式返回。用for循环遍历列表对象，并将对象中包含的数据逐行显示在列表中。相关代码如下。

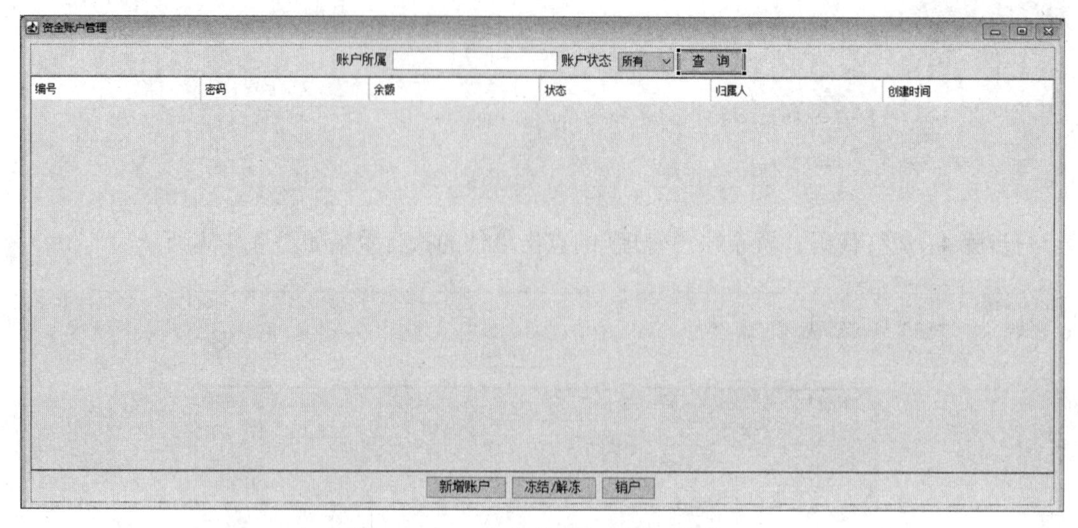

图 7-4-2 “资金账户管理”窗口界面

```
private void loadData() {

        AccountQuery query = new AccountQuery();

        if(StringUtils.isNotBlank(txtOwner.getText()))
            query.setIdcard(txtOwner.getText());

        if(cbStatus.getSelectedIndex()==1)
            query.setAccStatus("a");
        else if(cbStatus.getSelectedIndex()==2)
            query.setAccStatus("b");
        else if(cbStatus.getSelectedIndex()==3)
            query.setAccStatus("c");

        AccountService accService = new AccountServiceImpl();
        List<CapitalAccount> accList= accService.loadAccounts(query);

        for(CapitalAccount acc: accList) {
            Object[] data = {
                acc.getAccNo(),
                acc.getAccPwd(),
                acc.getAccAmount(),
                this.getAccStatus(acc.getAccStatus()),

acc.getCust().getIdcard()+"("+acc.getCust().getCustName()+")",
                acc.getAccCreateTime().toLocaleString()
            };
            this.dtm.addRow(data);
        }

    }
```

```
    private String getAccStatus(String status) {
        if(status. equals("a"))
            return "正常";
        else if(status. equals("b"))
            return "冻结";
        else if(status. equals("c"))
            return "已销户";

        return "";
    }
```

步骤 3：加载数据方法 loadData( )定义好后，在“资金账户管理”窗口类的构造方法尾部，直接调用该方法，实现资金账户数据的列表显示，效果如图 7-4-3 所示。

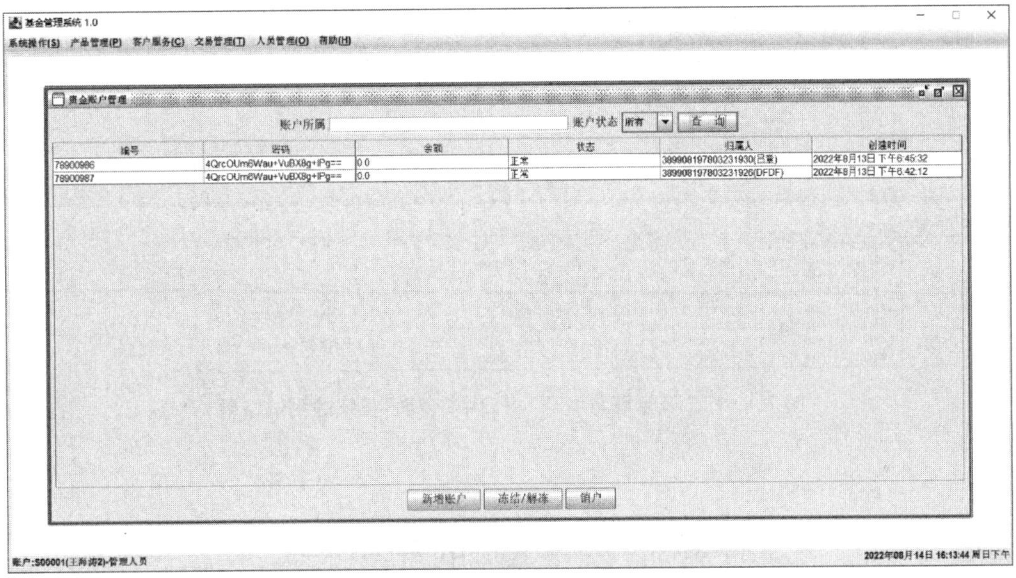

图 7-4-3　实现资金账户数据的“资金账户管理”窗口

子任务 3：实现动态查询

步骤 1：查询类的构建。双击“资金账户管理”窗口类 AccountListFrame 中“查询”按钮，增加按钮的点击事件，该事件中首先清空窗口中列表数据，然后，通过调用窗口类的加载数据方法，在列表中显示所有资金账户数据。AccountListFrame 类中“查询”按钮的事件处理代码如下。

```
JButton btnSearch = new JButton("查询");
btnSearch. addActionListener(new ActionListener() {
    public void actionPerformed(ActionEvent e) {

        //清空 dtm 的原有数据
        AccountListFrame. this. dtm. setRowCount(0);
                //加载列表数据
        AccountListFrame. this. loadData();
    }
});
```

步骤 2：运行脚本，设置不同的查询条件组合，测试“资金账户管理”窗口中“查询”按钮的功能，运行效果如图 7-4-4 所示。

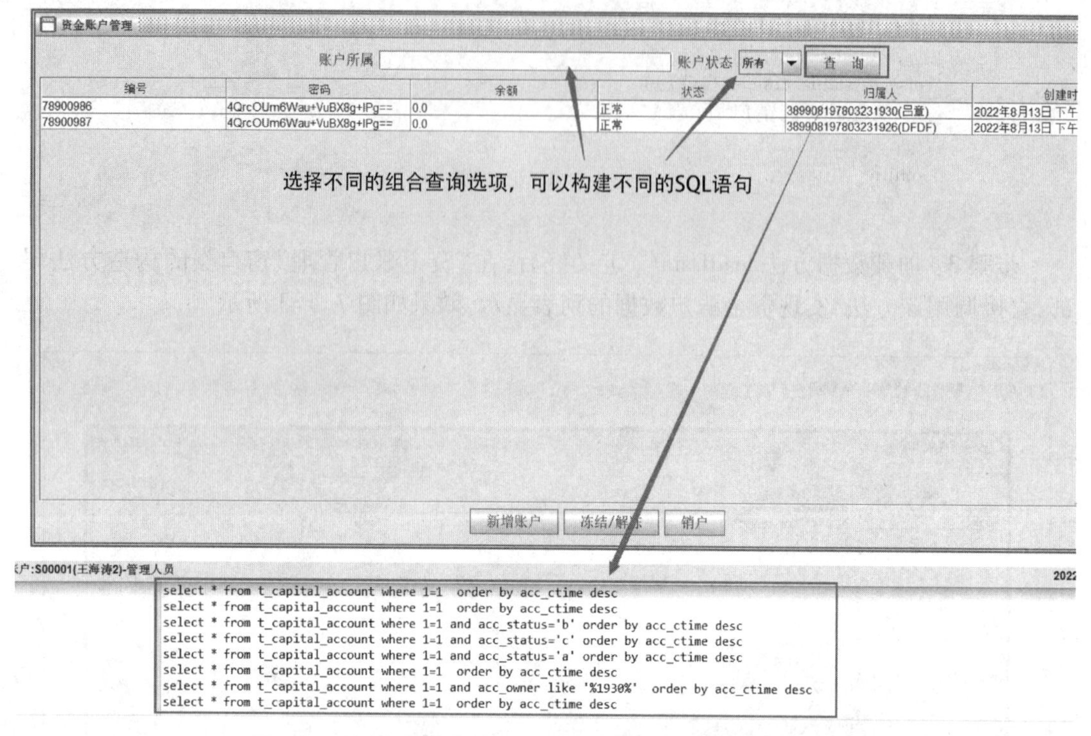

图 7-4-4 “资金账户管理”窗口中“查询”按钮的测试结果

任务 5 资金账户的开设(三)

一、任务目标

1. 掌握复杂业务的界面处理方法。
2. 掌握复杂业务的程序编制技巧。

二、任务要求

1. 熟悉资金账户的“后开设”业务流程。
2. 编制验证和业务执行代码。

三、预备知识

知识 1：资金账户的“后开设”业务

客户可以在账户注册时，一并设立资金账户，即资金账户的“前开设”，此时由于是新客户所以不用做太多检测，业务相对简单。

客户也可以前期先做客户注册，后面再单独开设资金账户，即在现有客户注册的前提下，再开立资金账户，也就是资金账户“后开设”。此时，需要对客户开户的相关信息进行检测：

（1）客户注册账号是否正确；

（2）若客户有资金账户，同时该账户为正常或者冻结状态，则不能重复开户，即一个客户只能有一个有效资金账户；

（3）若客户有资金账户，同时该账户处于销户状态，则可以创建新的资金账户；

（4）没有资金账户的客户，可以直接创建资金账户。

知识2：客户开户后台程序执行流程

客户开户后台程序执行流程如图7-5-1所示，具体为：开设资金账户时，需要对客户的资金账户记录进行查询，只有没有开设账户，或者已销户，才能执行开户操作；否则，若客户已开设了账户，即使账户为“冻结”状态，也不能执行开户操作。

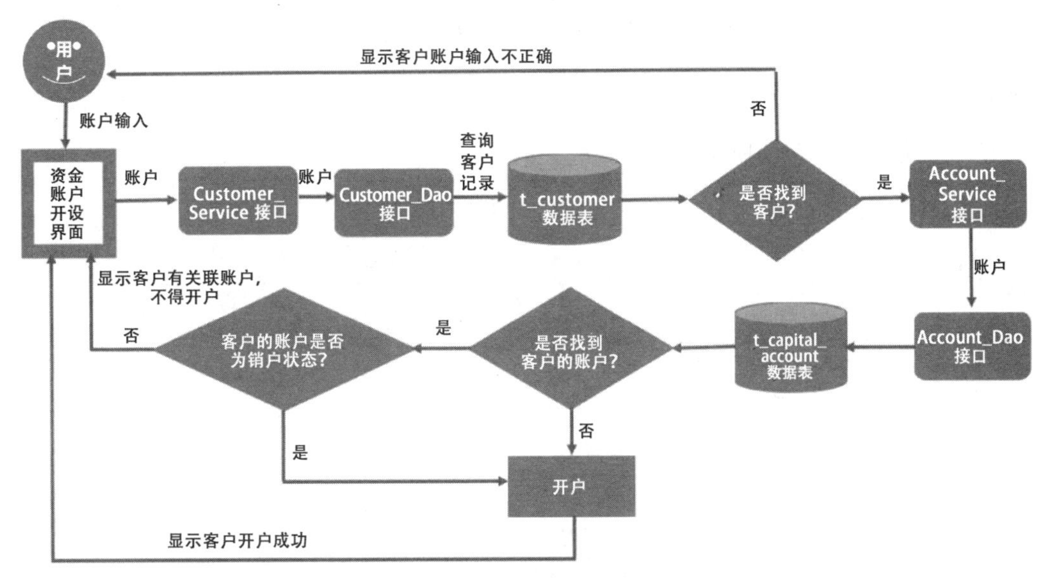

图7-5-1　客户开户后台程序执行流程

四、任务实施

子任务1：客户账户编号核查对话框

步骤1：对话框的构建和显示。在view.account包中，创建“资金账户开设”对话框类，该对话框用于提示用户预先输入客户账户编号，以检测其是否拥有资金账户，对话框的界面设计如图7-5-2所示，对话框的参考尺寸为570像素×293像素，图7-5-2中右侧可对设计的对话框进行预览。

步骤2：将“资金账户开设”对话框的打开，并绑定到“资金账户管理”窗口的“新增账户”按钮的点击事件中。同时，给“资金账户开设”对话框设置关闭按钮，并将其设置为模态并居中显示。在AccountListFrame类的“新增账户”按钮的点击事件中，增加如下代码。

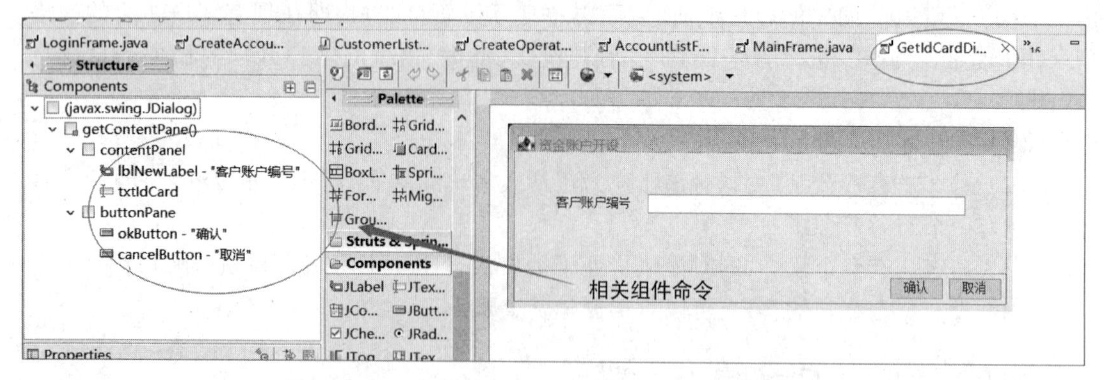

图 7-5-2 “资金账户开设”对话框的设计及界面预览

```
JButton btnReg = new JButton("新增账户");
btnReg.addActionListener(new ActionListener() {
    public void actionPerformed(ActionEvent e) {
        GetIdCardDialog dlg = new GetIdCardDialog();
    }
});
```

显示效果如图 7-5-3 所示。

资金账户管理

账户所属　账户状态 所有　查 询

编号	密码	余额	状态	归属人	创建时间
78900986	4QrcOUm6Wau+VuBX8g+IPg==	0.0	正常	389908197803231930(吕章)	2022年8月13日 下午6:45:32
78900987	4QrcOUm6Wau+VuBX8g+IPg==	0.0	正常	389908197803231926(DFDF)	2022年8月13日 下午6:42:12

资金账户开设

客户账户编号

确认　取消

新增账户　冻结/解冻　销户

图 7-5-3 “新增账户”按钮点击事件的测试结果

步骤 3：对话框业务处理代码。资金账户开设过程中，打开“新增资金账户”对话框的实现代码需要编写到“资金账户开设”对话框的“确认”按钮的点击事件中，相关代码如下。该事件先对用户的输入进行判空操作，如果用户没有输入任何数据，则弹出消息框提示用户输入客户账户编号；接着，在用户输入客户账户编号后，调用客户业务服务接口的查询方法，根据客户账户编号（身份证号码）到账户数据表中进行查找，并判断输入的客户账户数据是否有误。若有误，则弹出相应的信息提示框，提示重新输入有效数据。若判断出信息无误，则打开“新增资金账户”对话框。

```
//空输入校验
if( StringUtils. isEmpty( txtIdCard. getText( ) ) ) {
        JOptionPane. showMessageDialog( GetIdCardDialog. this, "客户账户编号未填写" ) ;
        txtIdCard. requestFocus( ) ;
        return;
}

//检测客户账户是否存在
CustomerService custService = new CustomerServiceImpl( ) ;
Customer cust = custService. loadCustById( txtIdCard. getText( ) ) ;

if( cust = =null) {
        JOptionPane. showMessageDialog( GetIdCardDialog. this, "客户账户编号不正确!" ) ;
        txtIdCard. requestFocus( ) ;
        return;
}
else{
        FundMgrApp. currentCust = cust;
        GetIdCardDialog. this. dispose( ) ;
        CreateAccountDialog dialog = new CreateAccountDialog( ) ;
}
```

上述代码会对用户输入的客户账号编号进行判空校验和有效性验证,效果如图 7-5-4 及图 7-5-5 所示。

图 7-5-4　输入数据判空校验功能的测试结果

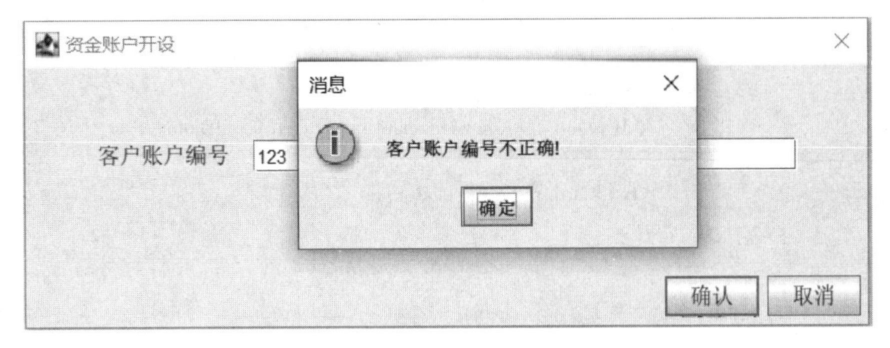

图 7-5-5　输入数据有效性验证功能的测试结果

步骤 4：资金账户开设的业务实现发生在点击“新增资金账户”对话框中“确认”按钮之后，因此需要编辑该按钮的点击事件。事件中，先检测该客户是否已经存在资金账户，以及该资金账户是否处于未销户状态，若有资金账户且处于未销户状态，则弹出信息框，提示客户无法执行开户操作；若客户不存在资金账户或者只存在已经销户的资金账户，则可以执行开户，同时将开户数据添加到资金账户数据表，并提示客户开户成功。相关代码如下。

```
if(cust==null){

JOptionPane.showMessageDialog(GetIdCardDialog.this,"客户账户编号不正确!");
            txtIdCard.requestFocus();
            return;
        }
        else {

            AccountQuery query = new AccountQuery();
            query.setIdcard(txtIdCard.getText());
            AccountService accService = new AccountServiceImpl();
            List<CapitalAccount> accList = accService.loadAccounts(query);

            boolean result = false;

            if(accList==null || accList.size()==0)
                result=true;
            else {
                result=true;
                for(CapitalAccount acc: accList) {

if(acc.getAccStatus().equals("a")||acc.getAccStatus().equals("b")) {
                        result=false;
                        break;
                    }

                }

            }

        if(result) {
                FundMgrApp.currentCust=cust;
                GetIdCardDialog.this.dispose();
                CreateAccountDialog dialog = new CreateAccountDialog();
        }else {
        JOptionPane.showMessageDialog(GetIdCardDialog.this,"该客户账户已经存在关联资金账户!");
        txtIdCard.requestFocus();
      return;
      }
  }
```

上述代码执行结果如图 7-5-6 所示。

图 7-5-6　客户账户是否存在关联资金账户的验证结果

子任务 2：创建资金账户

如果该客户符合创建资金账户的条件，则开启前期创建的“新建资金账户”对话框，开启资金账户创建流程，如图 7-5-7 所示。

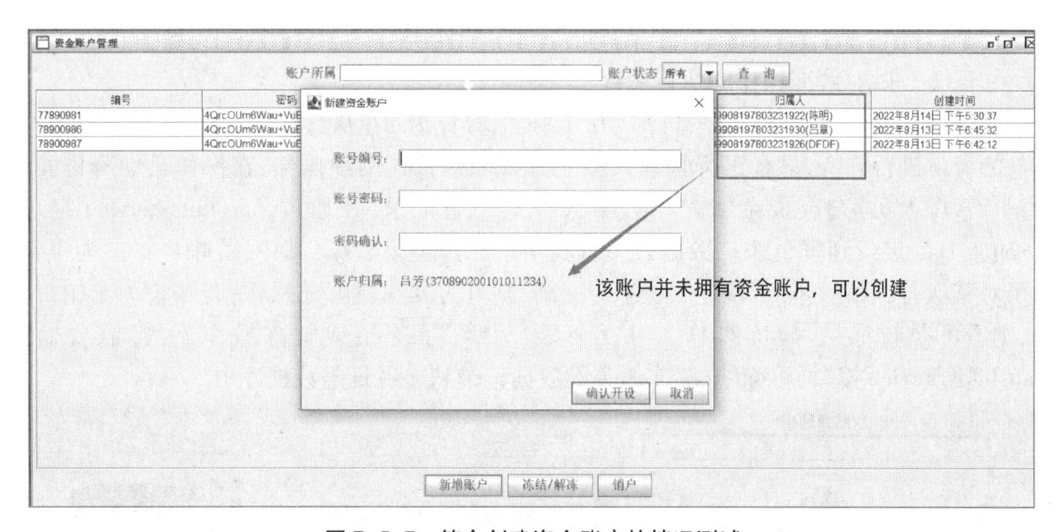

图 7-5-7　符合创建资金账户的情况测试

任务 6　资金账户的冻结和解冻

一、任务目标

1. 理解 service 类的意义。
2. 理解交易日志的概念。

3. 掌握复杂业务的编程方法。

二、任务要求

1. 理解资金账户冻结和解冻的相关业务。
2. 编码实现资金账户“冻结”和“解冻”功能。

三、预备知识

知识 1：资金账户冻结/解冻的业务规则

（1）状态为“正常”的资金账户，银行有权根据公安机关要求或者其他规定，予以冻结。

（2）冻结后的资金账户只能查询交易记录，不能入金、出金以及做任何基金交易。

（3）状态为“冻结”的资金账户，银行可以在其符合相关规定后，执行解冻操作，恢复该资金账户的各种交易功能。

（4）以上操作仅银行管理人员可执行。

（5）对于已经全部出金，账户金额为 0 的资金账户，可以在客户要求下予以销户。

（6）资金账户销户后，相关联的客户账户，如果后续还有交易要求，可以再设立新的基金账户。

（7）资金账户冻结、解冻和销户均会产生交易记录，并记录操作时间和操作者。

知识 2：冻结/解冻操作的执行流程

冻结/解冻操作的执行流程如图 7-6-1 所示，具体为：在执行冻结/解冻之前，需要对操作员的身份进行确认，只有银行管理人员才有权限执行这两项操作；在操作员的身份验证为银行管理人员后，在资金账户列表中选择某一条记录，并通过 Account_Service 接口、Account_Dao 接口到资金账户数据表中查找对应账户记录数据，其中，若账户状态为正常，即可对其执行冻结操作；若账户的状态为冻结，则可对其执行解冻操作；若账户为已销户状态，则不可执行冻结、解冻操作。对资金账户执行了冻结或解冻操作后，都需要通过 TransInfo_Service 接口，将冻结/解冻的关键数据记录到交易日志数据库中。

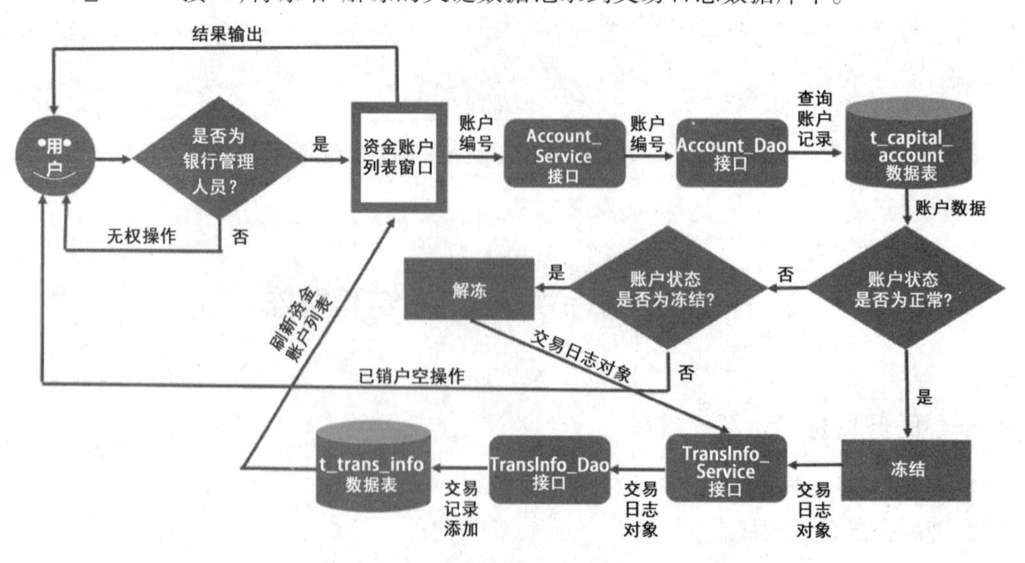

图 7-6-1　冻结/解冻操作的执行流程

四、任务实施

子任务 1：交易记录业务实体类创建

步骤 1：修改表结构。因为冻结和解冻操作均会产生交易记录，同时交易记录还要记录操作员信息，故需给原交易日志数据表中增加操作员字段，字段类型为固定长度为 6 的字符串，数值为非空，该字段为外键字段，数值必须与操作员数据表中的编号字段数据保持一致，操作结果如图 7-6-2 所示。

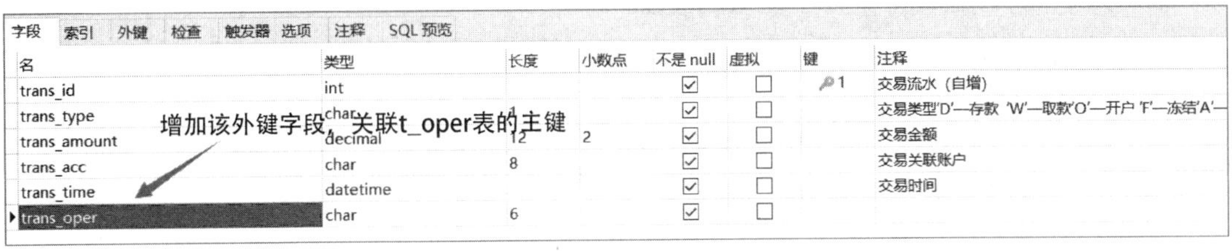

字段　索引　外键　检查　触发器　选项　注释　SQL 预览

名	类型	长度	小数点	不是 null	虚拟	键	注释
trans_id	int			☑	☐	1	交易流水（自增）
trans_type	char	1		☑	☐		交易类型'D'—存款 'W'—取款'O'—开户 'F'—冻结'A'—
trans_amount	decimal	12	2	☑	☐		交易金额
trans_acc	char	8		☑	☐		交易关联账户
trans_time	datetime			☑	☐		交易时间
trans_oper	char	6		☑	☐		

增加该外键字段，关联t_oper表的主键

图 7-6-2　表结构的修改结果

步骤 2：构建业务实体。为了所有的操作业务均能在交易日志数据表中记录下来，需在 domain 包中，增加一个交易日志业务实体类 TransInfo，该类代码如下所示。根据交易日志数据表中字段的定义，对类的成员变量进行定义，这些成员变量均是私有的，因此需要定义相应的访问方法。注意：该类有两个外键关联实体，分别是交易资金账户 transAcc 和执行交易的操作员 oper，在类的成员变量中定义这两个外键时，需要分别定义成资金账户类对象、操作员类对象。

```
/**** 交易记录 ****/
public class TransInfo extends ValueObject{

    /** 交易记录编号 */
    private int transId;

    /** 交易记录类型 */
    private String transType;

    /** 交易金额 */
    private double transAmount;

    /** 交易归属资金账号 */
    private CapitalAccount transAcc;

    /** 交易产生时间 */
    private Date  transTime;

    /** 交易操作员 */
    private Operator oper;

    //这里省略 getter 和 setter 方法

}
```

子任务 2：交易日志记录 DAO 方法编制

添加交易日志记录，需要在 dao 包中添加一个交易日志 Dao 接口及其实现类 TransInfoDaoImpl，在接口中新建一个添加日志方法 addInfo()，方法的输入参数为交易日志对象 info，在交易日志数据表中，交易类型用交易操作英文的首字母来表示。在交易日志 dao 接口的实现类定义中，需要先定义一条添加交易日志记录的 SQL 语句，然后基于 JDBC 驱动，执行该语句。注意：在进行交易资金账户和操作员字段数据填写时，需要分别调用资金账户类对象、操作员类对象成员变量的访问方法，获取相关数据。在 TransInfoDaoImpl 类中，编制如下代码，完成交易日志记录的添加。

```
public class TransInfoDaoImpl implements TransInfoDao{

    private static final String SQL_ADD = "insert into t_trans_info(trans_type,trans_amount,trans_acc,
trans_time,trans_oper) values(?,?,?,?,?)";

    @Override
    public int addInfo(TransInfo info) {

        Connection conn = DBUtils.getConn();
        PreparedStatement pstmt = null;
        int cnt = 0;

        try {
            pstmt = conn.prepareStatement(SQL_ADD);
            pstmt.setString(1, info.getTransType());
            pstmt.setDouble(2, info.getTransAmount());
            pstmt.setString(3, info.getTransAcc().getAccNo());
            pstmt.setTimestamp(4, new Timestamp(info.getTransTime().getTime()));
            pstmt.setString(5, info.getOper().getOperNo());
            cnt = pstmt.executeUpdate();
        } catch (SQLException e) {
            // TODO Auto-generated catch block
            e.printStackTrace();
        } finally {
            DBUtils.releaseRes(conn, pstmt, null);
        }

        return cnt;
    }

}
```

子任务 3：资金账户 DAO 相关方法编制

由于冻结/解冻操作执行完后，要对资金账户数据表中账户状态做变更，因此需在资金账户 Dao 接口和实现类 AccountDaoImpl 中需要补充资金账户状态变更的方法

updateAccStatus( ),代码如下。方法的输入参数为资金账户 accNo 和账户新的状态 newStatus。方法执行的 SQL 语句为依据资金账户,对资金账户数据表中账户状态进行变更,状态值“a”表示正常,“b”表示冻结,“c”表示已销户。

```
private static final String SQL_UPDATE = "update t_capital_account set acc_status=? where acc_no=?";

    @Override
    public int updateAccStatus(String accNo,String newStatus) {

        Connection conn = DBUtils.getConn();
        PreparedStatement pstmt = null;
        int cnt = 0;

        try {
            pstmt = conn.prepareStatement(SQL_UPDATE);
            pstmt.setString(1, newStatus);
            pstmt.setString(2, accNo);
            cnt = pstmt.executeUpdate();
        } catch (SQLException e) {
            e.printStackTrace();
        } finally {
            DBUtils.releaseRes(conn, pstmt, null);
        }

        return cnt;

    }
```

子任务 4:冻结和解冻业务方法的编制

在资金账户业务服务接口 AccountService 中,增加冻结和解冻的业务方法,代码如下。随着业务复杂度的提升,一个 service( )方法会调用多个 dao( )方法。在业务比较简单时,往往会出现 service( )方法和 dao( )方法内容重合的现象。在冻结/解冻方法中,通过调用资金账户 Dao 接口的变更账户状态方法,对相关资金账户记录的账户状态进行变更;并且通过交易日志 Dao 接口的 adddInfo( )方法,将冻结/解冻操作的关键数据记录到交易日志数据表中。

```
@Override
    public int freeze(CapitalAccount acc, Operator oper) {

        AccountDao accDao = new AccountDaoJDBCImpl();
        TransInfoDao infoDao = new TransInfoDaoImpl();

        accDao.updateAccStatus(acc.getAccNo(), "B");

        //封装交易日志
        TransInfo info = new TransInfo();
        info.setOper(oper);
```

```
        info.setTransAcc(acc);
        info.setTransAmount(0.0);
        info.setTransTime(new Date());
        info.setTransType("F");
        infoDao.addInfo(info);

        return 1;
    }

    @Override
    public int deFreeze(CapitalAccount acc, Operator oper) {

        AccountDao accDao = new AccountDaoJDBCImpl();
        TransInfoDao infoDao = new TransInfoDaoImpl();

        accDao.updateAccStatus(acc.getAccNo(), "A");

        //封装交易日志
        TransInfo info = new TransInfo();
        info.setOper(oper);
        info.setTransAcc(acc);
        info.setTransAmount(0.0);
        info.setTransTime(new Date());
        info.setTransType("F");
        infoDao.addInfo(info);

        return 1;
    }
```

子任务5：界面实现

步骤1：操作员权限检测。只有银行管理人员才有权限对资金账户做冻结和解冻操作，因此，在"资金账户管理"窗口AcountListFrame中"冻结/解冻"按钮的点击事件代码中，需通过主启动类的静态成员变量——操作员oper的类型属性进行审核，只有类型为"a"（银行管理人员）才能执行"冻结/解冻"操作。否则，将弹出一个消息框，提示"您无权进行资金账户冻结/解冻操作！"，相关代码如下。

```
JButton btnFreeze = new JButton("冻结/解冻");
        btnFreeze.addActionListener(new ActionListener() {
            public void actionPerformed(ActionEvent e) {

                //判断是否是银行管理人员
                if(! FundMgrApp.oper.getOperType().equals("a")) {
                    JOptionPane.showMessageDialog(AccountListFrame.this, "您无权进行资金账
户冻结/解冻操作!");
                    return;
                }
        }
```

操作结果如图7-6-3所示。

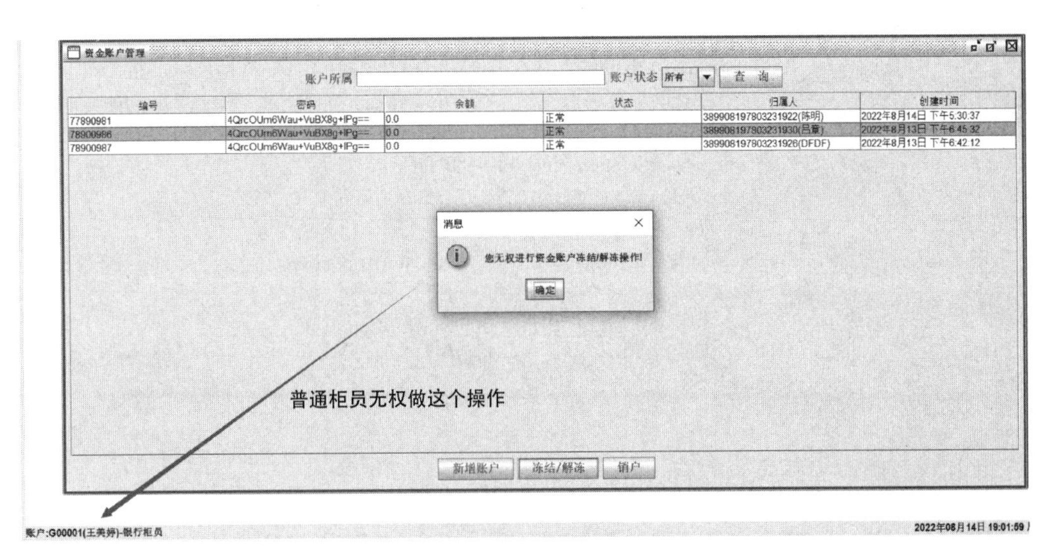

图 7-6-3　普通员工执行“冻结和解冻”操作的结果

步骤 2：业务实现。在“冻结/解冻”按钮点击事件的代码中，需先判断用户是否选择了账户记录，若已选择了某一账户记录，则需要判断该记录对应的账户状态是否为正常，若为正常，则执行冻结操作若为冻结，则执行解冻操作。若账户状态为已销户，则需弹出一个提示“账户已销户，无法执行冻结/解冻操作”的消息框。冻结/解冻操作执行完后，需要重新调用“资金账户管理”窗口的加载数据方法，刷新列表。相关代码如下。

```
int row = table.getSelectedRow();
        if(row==-1) {
            JOptionPane.showMessageDialog(AccountListFrame.this, "请先选中要设置的资金账户信息!");
        }
        else {

            String no = (String)table.getValueAt(row, 0);
            String status= (String)table.getValueAt(row, 3);

            AccountService accService = new AccountServiceImpl();
            if(status.equals("正常")) {
                int result = JOptionPane.showConfirmDialog(AccountListFrame.this, "是否对资金账户-"+no+"-执行冻结操作?","系统提示",JOptionPane.YES_NO_OPTION,JOptionPane.QUESTION_MESSAGE);
                if(result==JOptionPane.YES_OPTION) {
                    CapitalAccount acc = new CapitalAccount();
                    acc.setAccNo(no);
                    accService.freeze(acc, FundMgrApp.oper);
                    //清空 dtm 的原有数据
                    AccountListFrame.this.dtm.setRowCount(0);
                    AccountListFrame.this.loadData();
                }
            }
            else if(status.equals("冻结")) {
```

```
int result = JOptionPane. showConfirmDialog( AccountListFrame. this, "是否对资金账户-" + no +" -执行解冻操作?"," 系统提示", JOptionPane. YES_NO_OPTION, JOptionPane. QUESTION_MESSAGE);
        if( result = = JOptionPane. YES_OPTION) {
            CapitalAccount acc = new CapitalAccount( );
            acc. setAccNo( no);
            accService. deFreeze( acc, FundMgrApp. oper);
            //清空 dtm 的原有数据
            AccountListFrame. this. dtm. setRowCount(0);
            AccountListFrame. this. loadData( );
        }
    }
```

点击“冻结/解冻”按钮的效果如图 7-6-4 所示。

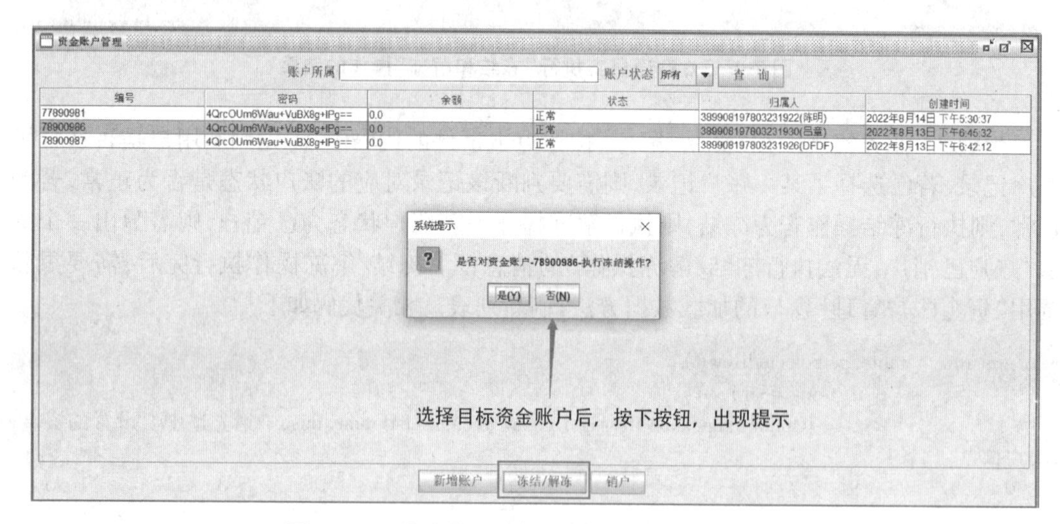

图 7-6-4 确认是否执行冻结/解冻操作的对话框

点击图 7-6-4 中的“是”按钮，已经完成资金账户的冻结操作，结果如图 7-6-5 所示。

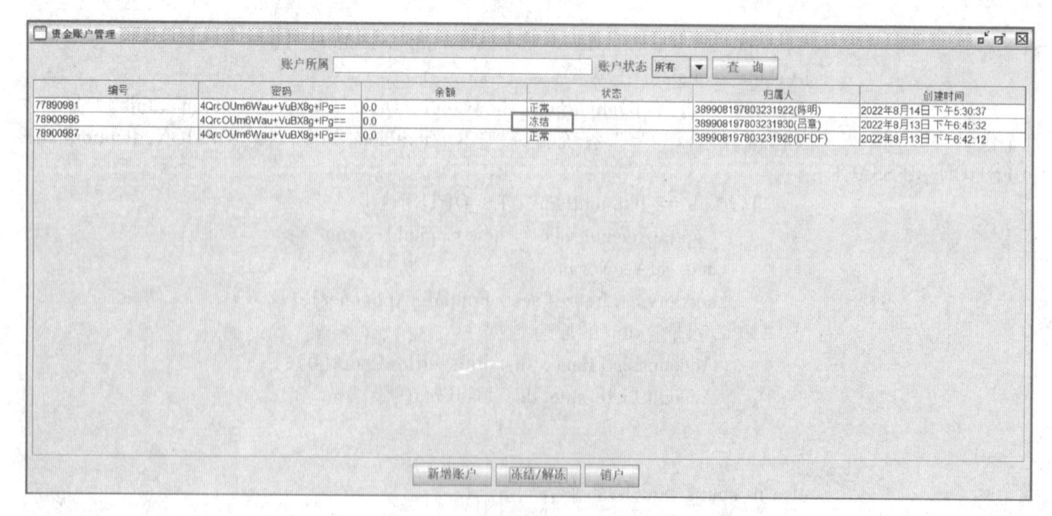

图 7-6-5 执行冻结操作后的列表数据

在交易记录表中，可以看到交易日志信息，如图 7-6-6 所示。

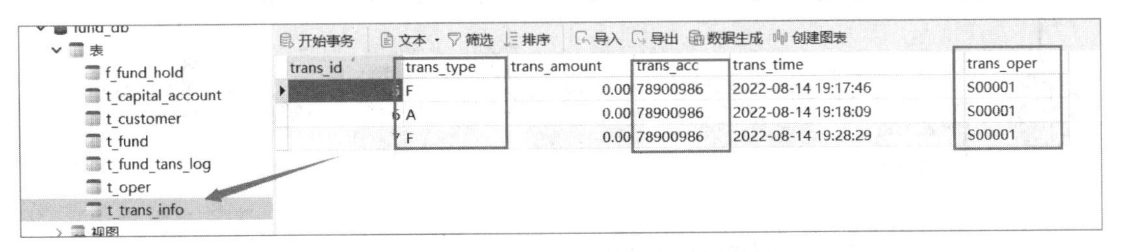

图 7-6-6　t_trans_info 数据表记录更新

任务7　资金账户的销户

一、任务目标

1. 理解销户操作的业务规则。
2. 掌握资金账户销户功能的代码实现方法。

二、任务要求

编写代码实现资金账户销户操作的相关业务。

三、预备知识

知识 1：资金账户的销户业务规则

(1) 对于账户已经全部出金，账户金额为 0 的资金账户，可以在客户要求下予以销户。资金账户销户后，相关联的客户账户，如果后续还有交易要求，可以再设立新的基金账户。

(2) 冻结的账户，即使余额已经清零，也不能销户。

(3) 账户销户会产生交易记录，并记录操作时间和操作者。

(4) 资金账户处于销户状态，状态标识为“C”。交易流水的交易类型编号也为“C”。

(5) 资金账户开户时，也将产生交易记录，交易类型编号为“O”。

知识 2：销户操作的执行流程

销户操作的执行流程如图 7-7-1 所示，具体为：在执行销户之前，需要根据用户在资金账户列表中选择的记录，获得账户编号，并到资金账户数据表中查询与账户编号相对应的账户记录，根据记录中状态字段是否为正常且余额字段的数据是否为 0，来决定是否执行销户操作。若执行了销户操作，需要将销户操作的相关数据封装到交易日志对象中，并通过 TransInfo_Dao 接口的添加日志方法，将销户操作记录到交易日志数据表 t_trans_info 中。

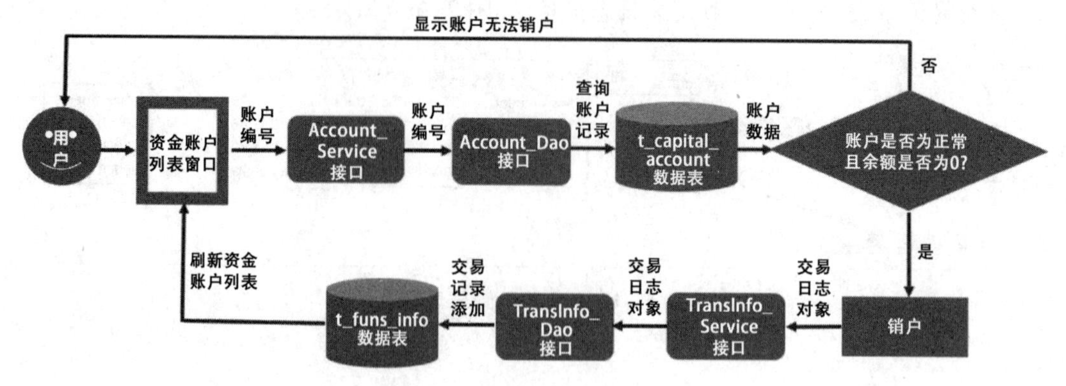

图 7-7-1 销户操作的执行流程

四、任务实施

子任务 1：新增资金账户开户交易记录

步骤 1：为了将账户注册的操作记录到交易日志数据表中，需要给账户业务服务接口实现类的添加账户方法补充相关代码，先将账户注册操作的数据封装到交易日志对象中，并调用交易日志 dao 接口的添加日志方法，将该日志对象封装的数据添加到交易日志数据表中。这里，交易记录的生成 DAO 方法已经存在，故只要给 AccountServiceImpl 类的 createAccount( )方法增加新逻辑即可，新增的代码如下。

```
public int createAccount(CapitalAccount acc, Operator oper){

        AccountDao accDao = new AccountDaoJDBCImpl();
        TransInfoDao infoDao = new TransInfoDaoImpl();

        int cnt = accDao.addAccount(acc);

        if(cnt==1){
            //封装交易日志
            TransInfo info = new TransInfo();
            info.setOper(oper);
            info.setTransAcc(acc);
            info.setTransAmount(0.0);
            info.setTransTime(new Date());
            info.setTransType("O");
            infoDao.addInfo(info);

            System.out.println("资金账户["+acc.getAccNo()+"]开户成功,开户日志已经
存盘!");

        }

        return cnt;

    }
```

步骤 2：修改“新增资金账户”对话框类 CreateAccountDialog 的代码，代码中需要调用账户业务服务接口的新增账户方法 createAccount( )，完成账户的新增和交易日志的记录。相关的代码如下。

```
int cnt = accService.createAccount(acc,FundMgrApp.oper);

if(cnt==1){
    JOptionPane.showMessageDialog(CreateAccountDialog.this, "客户资金开户成功!");
    CreateAccountDialog.this.dispose();
}
```

步骤 3：代码补充完整后，运行脚本，新增资金账户操作的功能的执行效果如图 7-7-2 所示。

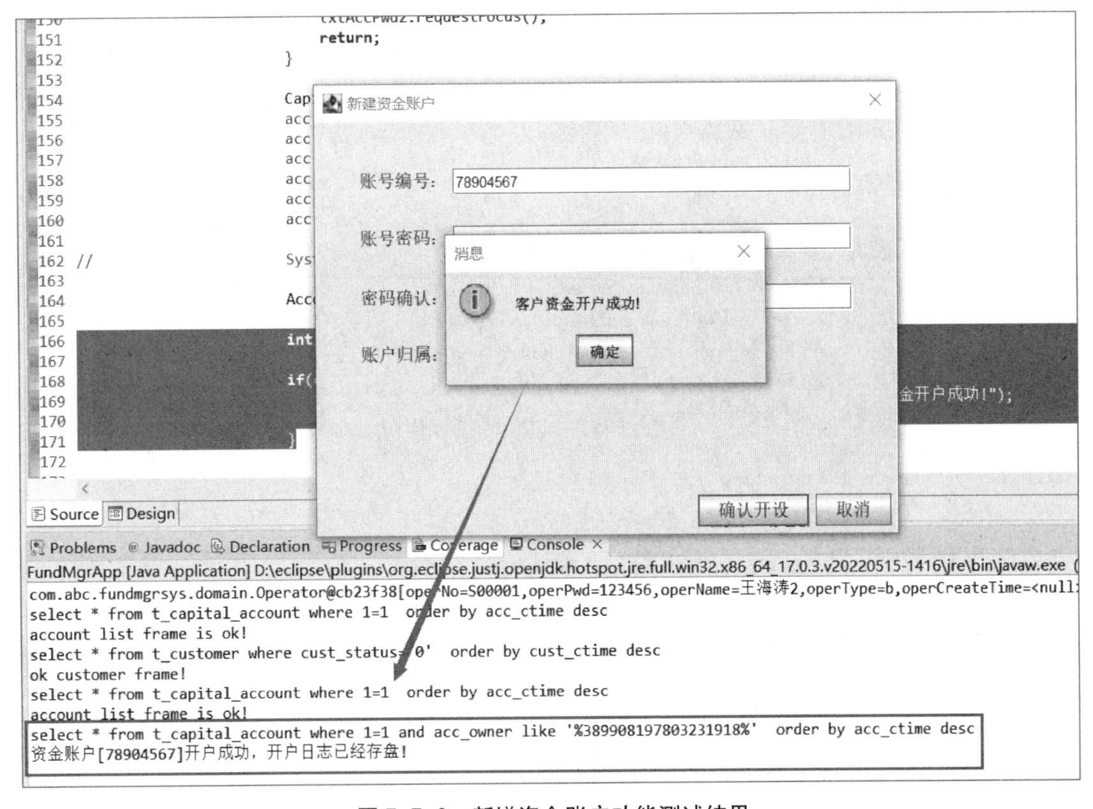

图 7-7-2　新增资金账户功能测试结果

同时，数据库中也产生了该账户的开户记录，如图 7-7-3 所示。

trans_id	trans_type	trans_amount	trans_acc	trans_time	trans_oper
5	F	0.00	78900986	2022-08-14 19:17:46	S00001
6	A	0.00	78900986	2022-08-14 19:18:09	S00001
7	F	0.00	78900986	2022-08-14 19:28:29	S00001
8	O	0.00	78904567	2022-08-17 07:59:37	S00001

图 7-7-3　t_trans_info 数据表记录的更新

子任务 2：销户前合规校验

步骤 1：获取资金账户信息。为了实现销户前的账户校验，需在资金账户 Dao 接口的实现类 AccountDaoImpl 中增加查询方法 loadAccountByNo()，该方法根据资金账户编号获取资金账户信息的相关代码，为账户校验做好准备。相关代码如下。

```
    private static final String SQL_LOAD_BYNO = "select * from t_capital_account where acc_no=?";

      public CapitalAccountloadAccountByNo(String accNo) {

            Connection conn = DBUtils.getConn();
            PreparedStatement pstmt = null;
            ResultSet rset = null;
            CapitalAccount acc = null;
            CustomerDao custDao = new CustomerDaoImpl();

            try {
                  pstmt = conn.prepareStatement(SQL_LOAD_BYNO);
                  pstmt.setString(1, accNo);
                  rset = pstmt.executeQuery();
                  while(rset.next()) {

                        acc = new CapitalAccount();
                        acc.setAccNo(rset.getString("acc_no"));
                        acc.setAccPwd(rset.getString("acc_pwd"));
                        acc.setAccAmount(rset.getDouble("acc_amount"));
                        acc.setAccStatus(rset.getString("acc_status"));
    acc.setCust(custDao.getCustById(rset.getString("acc_owner")));
                        acc.setAccCreateTime(new
  Date(rset.getTimestamp("acc_ctime").getTime());

                  }
            } catch (SQLException e) {
                  // TODO Auto-generated catch block
                  e.printStackTrace();
            } finally {
                  DBUtils.releaseRes(conn, pstmt, rset);
            }

            return acc;
      }
```

步骤 2：在资金账户业务服务接口及其实现类 AccountServiceImpl 中也需添加对应的查询方法 loadAccountByNo()，供前端平台调用。相关代码如下。

```
    public CapitalAccount loadAccountByNo(String accNo) {
            AccountDao accDao = new AccountDaoJDBCImpl();
            return accDao.loadAccountByNo(accNo);
    }
```

步骤 3：冻结账户检测。销户业务的实现过程发生在点击资金账户列表窗口的“销户”

按钮后，因此需要在该按钮的点击事件中编辑该业务的实现代码，代码如下。代码中，先判断用户有无选择资金账户记录。若已选择了记录，获取已选记录的账户编号，若该账户编号对应的资金账户状态为冻结或者已销户，则无法执行销户操作。

```
    JButton btnRemove = new JButton("销户");
            btnRemove.addActionListener(new ActionListener() {
                public void actionPerformed(ActionEvent e) {

                    int row = table.getSelectedRow();
                    if(row==-1) {
                        JOptionPane.showMessageDialog(AccountListFrame.this, "请先选中要执行销
户的资金账户!");
                    }
                    else{

                        String no = (String)table.getValueAt(row, 0);
                        AccountService accService = new AccountServiceImpl();
                        CapitalAccount acc = accService.loadAccountByNo(no);

                        //冻结账户检测
    if(acc.getAccStatus().equals("b")||acc.getAccStatus().equals("C")) {
                        JOptionPane.showMessageDialog(AccountListFrame.this, "冻结的账户不能执
行销户操作!");
                        return;
                        }
                    }

                }
            });
```

若所选账户处于“冻结”状态，代码执行效果如图 7-7-4 所示。

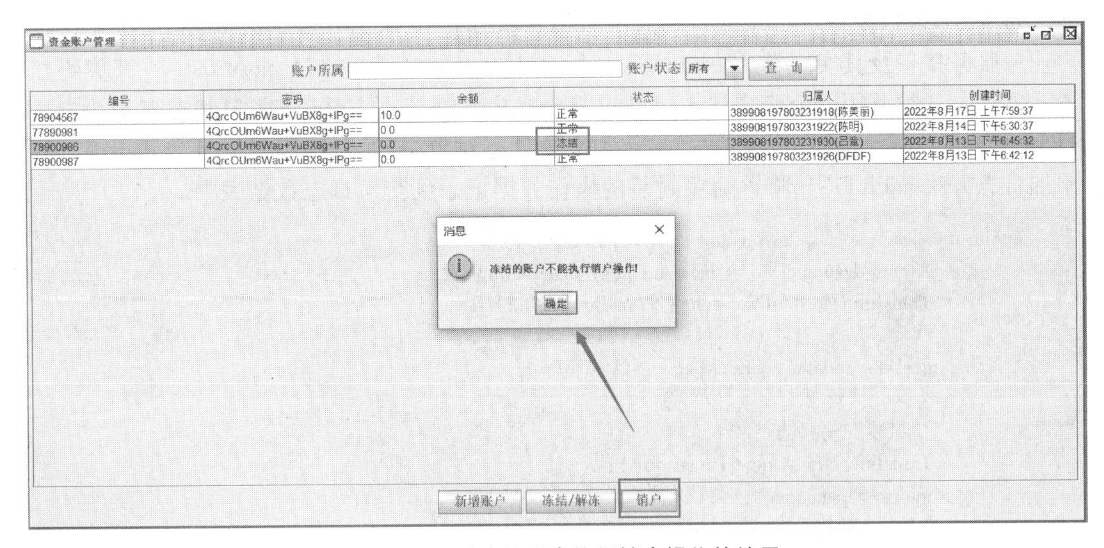

图 7-7-4　对冻结账户执行销户操作的结果

步骤 4：账户余额清零检测。在“销户”按钮点击事件中进一步补充如下代码。代码中对已选的资金账户的余额进行判断，若余额大于 0，则也无法执行销户操作。

```
//账户资金清零检测
if( acc. getAccAmount( ) >0) {
    JOptionPane. showMessageDialog( AccountListFrame. this, "账户余额未清零,不能执行销户操作");
    return;
}
```

步骤 5：在数据表中，选择一个正常资金账户，增加存款余额为 10 元，对其执行销户操作，操作结果如图 7-7-5 所示。

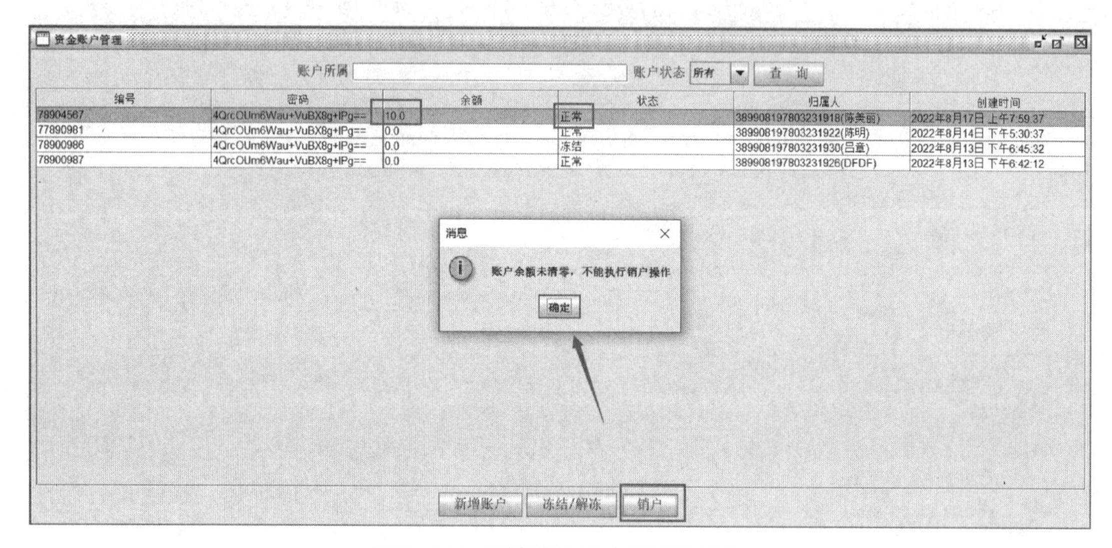

图 7-7-5　正常资金账户的销户操作

步骤 6：执行销户操作并记录。为了将销户操作记录到交易日志数据表中，需要在账户业务服务接口及其实现类 AccountServiceImpl 中补充一个销户方法 closeAcc( )，其代码如下。方法中通过调用资金账户 dao 接口的资金账户状态变更方法，将账户状态变更为“C”(即已销户)，接着，将销户操作数据封装到交易日志对象中，通过调用交易日志 dao 接口的添加日志方法 addInfo( )，将该对象封装的操作数据记录到交易日志数据表中。

```
public int closeAcc( CapitalAccount acc, Operator oper) {
        AccountDao accDao = new AccountDaoJDBCImpl( );
        TransInfoDao infoDao = new TransInfoDaoImpl( );

        accDao. updateAccStatus( acc. getAccNo( ), "C");

        //封装交易日志
        TransInfo info = new TransInfo( );
        info. setOper( oper);
        info. setTransAcc( acc);
        info. setTransAmount( 0. 0);
        info. setTransTime( new Date( ) );
```

```
        info.setTransType("C");
        infoDao.addInfo(info);

        return 1;
    }
```

步骤7：定义一个系统提示对话框，代码如下。代码中，提示用户是否进行销户操作，当用户选择“是”，则执行销户操作，执行完毕后提示“资金账户销户操作执行成功！”。代码的执行结果如图7-7-6所示。

```
//执行销户操作
int result = JOptionPane.showConfirmDialog(AccountListFrame.this, "确认执行账户-"+acc.getAccNo()+"的销户操作吗?","系统提示", JOptionPane.YES_NO_OPTION, JOptionPane.QUESTION_MESSAGE);
    if(result==JOptionPane.YES_OPTION) {
        accService.closeAcc(acc, FundMgrApp.oper);

        AccountListFrame.this.loadData();
        JOptionPane.showMessageDialog(AccountListFrame.this, "资金账户销户操作执行成功!");
    }
```

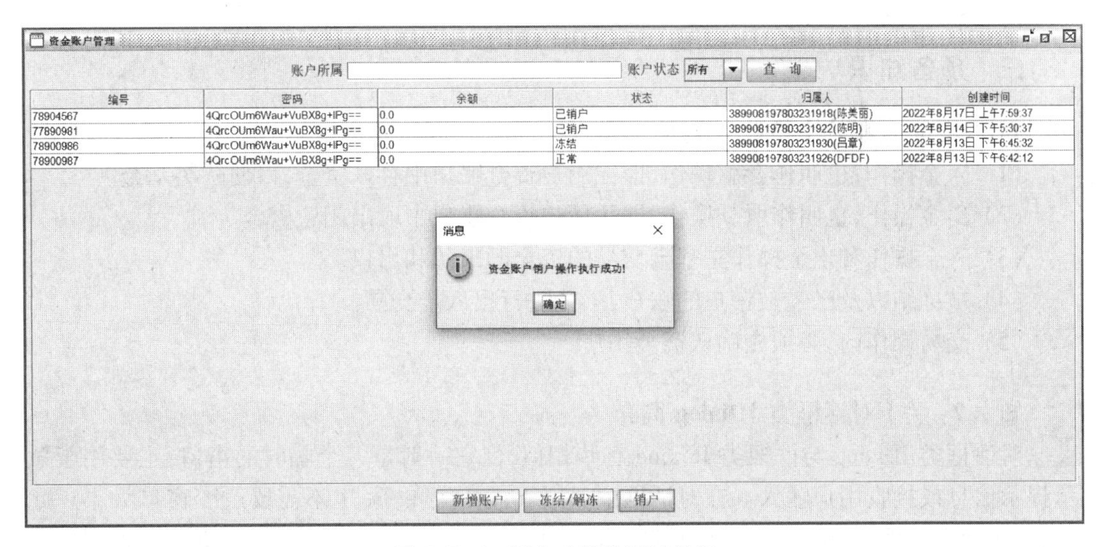

图7-7-6　销户功能的测试结果

步骤8：通过不同的测试用例，对销户功能进行全面测试，确保其运行效果是否达到预期值。

项目 8　基金交易功能模块设计和实现

任务 1　资金账户的交易前确认

一、任务目标

1. 掌握资金账户确认业务的执行流程。
2. 熟悉 JDialog 对话框类的操作技巧。

二、任务要求

编码实现基金交易前资金账户的确认。

三、预备知识

知识 1：资金账户交易业务规则

（1）入金操作，也叫作存款操作，即往用户资金账户中存入资金，以便购买基金。
（2）出金操作，也叫作取款操作，即从用户资金账户中取出闲置资金。
（3）入金操作和出金操作是基金交易的资金的来源和出口。
（4）被冻结以及已经被销户的账户，不能进行出入金交易。
（5）交易操作前，必须先确认资金账户。

知识 2：关于对话框类 JDialog 简介

对话框类 JDialog 与框架类 JFrame 有些相似，但它一般是一个临时的窗口，主要用于显示提示信息或接收用户输入。在对话框中一般不需要菜单条，也不需要改变窗口大小。此外，在对话框出现时，可以设定禁止其他窗口的输入（即设置对话框为模态窗口），直到这个对话框被关闭。

知识 3：交易前资金账户确认的执行流程

交易前资金账户确认的执行流程如图 8-1-1 所示。在进行资金账户交易前，需要在资金账户确认对话框中输入客户账户的身份证号码和资金账户密码；然后，通过 Account_Service 接口及 Account_Dao 接口，在资金账户数据表中查询账户记录，并对记录中的身份证号码、资金账户密码数据进行核对，并确认账户的状态是否为正常。如果用户的身份证号码和密码不正确，或账户状态非正常，则弹出相应的错误提示信息框。如果资金账户审核通过即确认成功，便可开始进行资金交易。

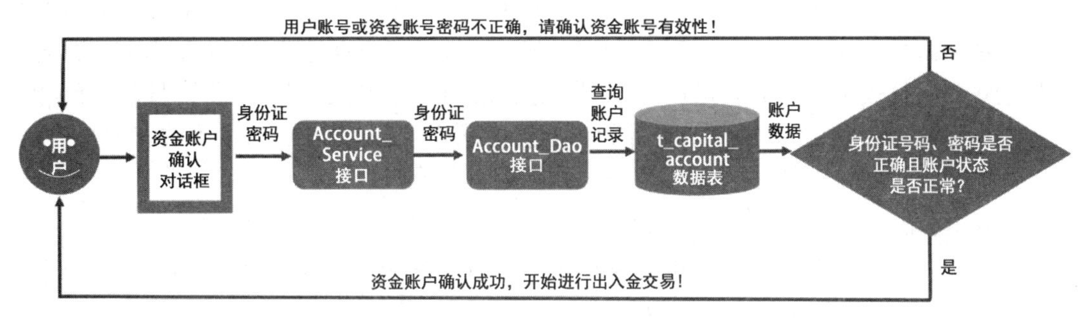

图 8-1-1　交易前资金账户确认的执行流程

四、任务实施

子任务 1：资金账户的确认

步骤 1：构建资金账户确认对话框。为了进行资金账户确认操作，需要构建资金账户确认对话框。由于 view 子包的窗口类脚本较多，为了便于代码的管理，可以在 view 子包下新建一个 transaction 子包，该子包专门管理资金账户交易界面的 Java 脚本。在该包下构建"资金账户确认"对话框类 GetAccInfoDialog，对话框效果如图 8-1-2 所示。对话框的参考尺寸为 490 像素×271 像素，在对话框界面中设置身份证号码和密码输入的文本框，并在对话框下方的按钮面板中放置"确定"和"取消"按钮。

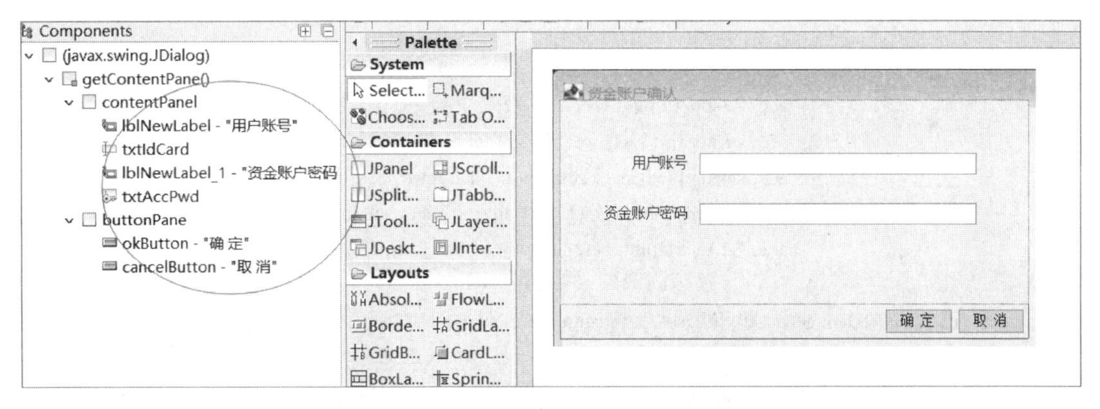

图 8-1-2　"资金账户确认"对话框创建结果

步骤 2：在"资金账户确认"对话框的构造方法底部添加如下代码，为对话框添加关闭按钮，设置对话框为模态且居中显示。

```
//点击关闭按钮，则关闭该对话框
this. setDefaultCloseOperation( JDialog. DISPOSE_ON_CLOSE) ;
//设置为模态对话框，只有本对话框关闭，才能操作应用程序的其他部分
this. setModal( true) ;
//设置屏幕居中显示
this. setLocationRelativeTo( null) ;
this. setVisible( true) ;
```

步骤 3：后台业务模块的编制。在资金账户 Dao 接口及其实现类 AccountDaoImpl，增加查询方法 loadAccountByIdCard()，代码如下。该方法根据用户身份证号码和资金账户密码，在资金账户数据表中查询资金账户记录，获取有效账户信息。若用户身份证号码、资金账户密码不正确，将无法获得账户信息；同时，若资金账户状态为非正常，也无法获得账户信息。若账户通过确认，则账户信息会以资金账户类对象返回。

```
private static final String SQL_LOAD_BYIDCARD
            = "select * from t_capital_account where acc_owner=? and acc_pwd=? and acc_status='a'";

    public CapitalAccount loadAccountByIdCard(String idcard, String accPwd) {

            Connection conn = DBUtils.getConn();
            PreparedStatement pstmt = null;
            ResultSet rset = null;
            CapitalAccount acc = null;
            CustomerDao custDao = new CustomerDaoImpl();

            try {
                pstmt = conn.prepareStatement(SQL_LOAD_BYIDCARD);
                pstmt.setString(1, idcard);
                pstmt.setString(2, accPwd);
                rset = pstmt.executeQuery();
                if(rset.next()) {

                    acc = new CapitalAccount();
                    acc.setAccNo(rset.getString("acc_no"));
                    acc.setAccPwd(rset.getString("acc_pwd"));
                    acc.setAccAmount(rset.getDouble("acc_amount"));
                    acc.setAccStatus(rset.getString("acc_status"));

acc.setCust(custDao.getCustById(rset.getString("acc_owner")));
                    acc.setAccCreateTime(new
Date(rset.getTimestamp("acc_ctime").getTime()));

                }
            } catch (SQLException e) {
                // TODO Auto-generated catch block
                e.printStackTrace();
            } finally {
                DBUtils.releaseRes(conn, pstmt, rset);
            }

            return acc;
    }
```

步骤4：在资金账户业务服务接口及其实现类 AccountServiceImpl 中也需添加对应的查询方法 loadAccountByIdCard( )，供前端平台调用，代码如下。

```
public CapitalAccount loadAccountByIdCard( String idcard, String accPwd) {
    AccountDao accDao = new AccountDaoJDBCImpl( );
    return accDao. loadAccountByIdCard( idcard, accPwd);
}
```

子任务2：界面绑定

步骤1：检测实现和提示。资金账户的确认发生在点击"资金账户确认"对话框的"确定"按钮之后，因此需要在该按钮的点击事件中添加实现资金账户确认操作的代码，代码如下。代码中，若资金账户 Dao 接口新增的查询方法 loadAccount ByIdCard( )返回的结果为空，则表明资金账户未通过确认；若返回结果非空，则表明资金账户通过确认，可以弹出相应的信息提示框提示用户可以开始进行账户交易。

```
JButton okButton = new JButton("确定");
okButton. addActionListener( new ActionListener( ) {
  public void actionPerformed( ActionEvent e) {

      String idcard = txtIdCard. getText( );
      String accPwd = Md5Util. encode( new String( txtAccPwd. getPassword( ) ) );

      AccountService accService = new AccountServiceImpl( );
      CapitalAccount acc =   accService. loadAccountByIdCard( idcard, accPwd);

      if( acc = =null) {
        JOptionPane. showMessageDialog( GetAccInfoDialog. this, "用户账号或资金账号密码不正确,请
确认资金账号有效性!");
        return;
      }
      else
          FundMgrApp. currentAcc=acc;
          JOptionPane. showMessageDialog( GetAccInfoDialog. this, "资金账户确认成功,开始进行出入
金交易!");
          GetAccInfoDialog. this. dispose( );
      }
});
```

在"资金账户确认"对话框类 GetAccInfoDialog 的"关闭"按钮的点击事件中，编写如下代码，在单击"关闭"按钮之后，能够关闭对话框。

```
JButton cancelButton = new JButton("取 消");
    cancelButton. addActionListener( new ActionListener( ) {
    public void actionPerformed( ActionEvent e) {
        GetAccInfoDialog. this. dispose( );
    }
});
```

步骤2：菜单绑定和业务实现。在主菜单的"账户存取款"菜单项添加点击事件代码，

代码如下。在代码中创建“资金账户确认”对话框对象,将资金账户确认操作绑定到“账户存取款”菜单项。

```
JMenuItem miMoneyWork = new JMenuItem("账户存取款");
        miMoneyWork.addActionListener(new ActionListener() {
            public void actionPerformed(ActionEvent e) {
                GetAccInfoDialog dlg = new GetAccInfoDialog();
                System.out.println(FundMgrApp.currentAcc);
            }
});
```

代码执行效果如图 8-1-3 所示。

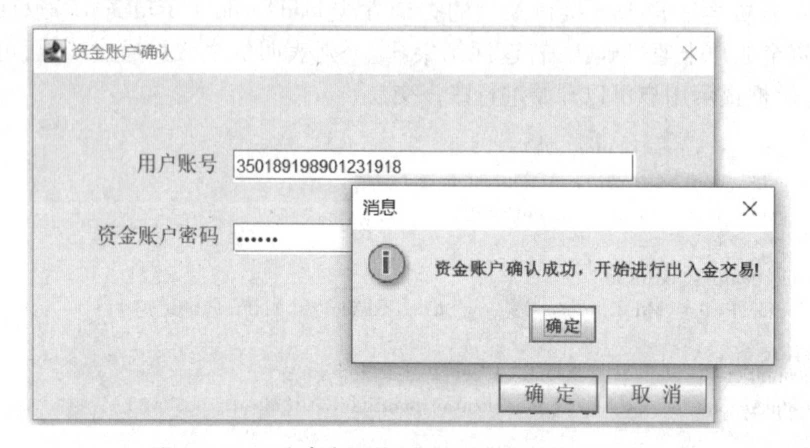

图 8-1-3 “账户存取款”菜单项点击事件测试结果

任务 2 出入金操作界面的设计和显示

一、任务目标

熟悉跨界面的数据共享技术。

二、任务要求

设计并实现出入金操作界面。

三、预备知识

知识 1:“资金账户出入金操作”窗口的界面设计

资金账户出入金操作窗口需提供: 显示资金账户持有人信息(如: 姓名、账户编号、账户余额)、显示基金交易记录、出金操作、入金操作等功能,根据窗口组件功能的不同和用户操作逻辑,对“资金账户出入金操作”窗口的布局进行规划设计,使得窗口既能提供所有的功能，又能保证良好的人机交互。因此，资金账户持有人信息需显示在窗口的上方，窗口中央面积较大的区域内以表格的形式显示基金交易记录，记录中需体现编号、交易类型、交易金额、关联账户、操作员、交易时间等信息。按照用户操作逻辑，将出金操作、入金操作两项功能的按钮放置在窗口下方的按钮面板中。“资金账户出入金操作”窗口的设计效果如图 8-2-1 所示。

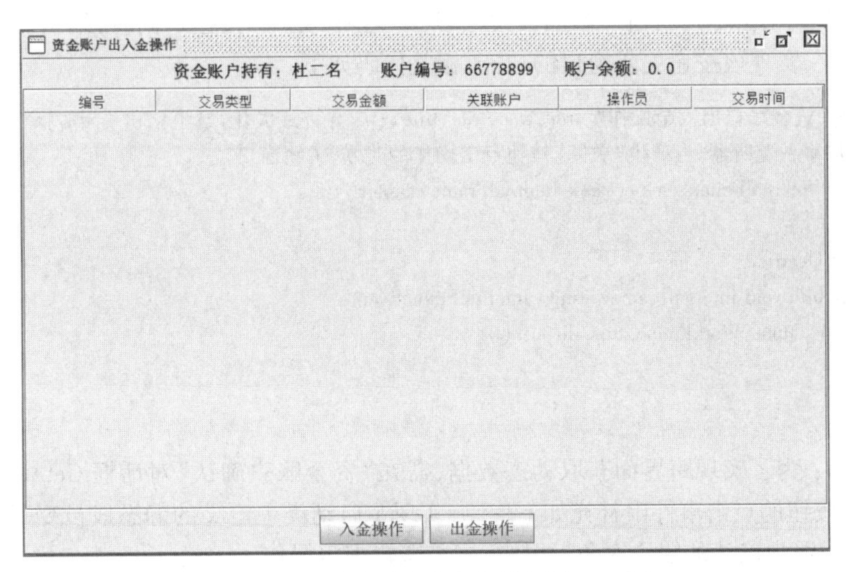

图 8-2-1　“资金账户出入金操作”窗口界面

四、任务实施

子任务 1：出入金交易窗口的创建

步骤 1： 在 view 包的交易子包中，创建 MoneyWorkFrame 内部窗口类，该类继承 JInternalFrame 类，窗口的标题为“资金账户出入金操作”，窗口的参考尺寸为 720 像素×457 像素，如图 8-2-2 左侧所示。

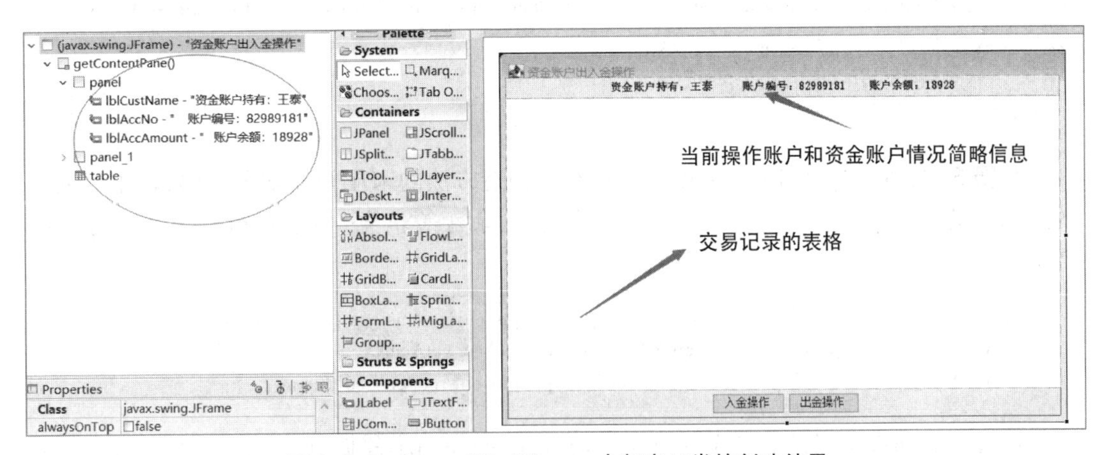

图 8-2-2　MoneyWorkFrame 内部窗口类的创建结果

步骤 2：在“资金账户出入金操作”窗口的上方设置一个标签控件，用于显示当前账户的相关信息，窗口的中部放置一个滚动面板，面板中包含一个表格控件，用于显示账户出/入金操作记录，窗口的下方放置一个面板，面板中放置“入金操作”和“出金操作”两个按钮控件。窗口设计完成后的显示效果，如图 8-2-2 右侧所示。

步骤 3：窗口优化调整。在 MoneyWorkFrame 内部窗口类的构造方法的第一行，通过父类的构造方法 super()，给窗口添加最大化、最小化和“关闭”按钮。同时，编辑“关闭”按钮的点击事件，实现该按钮关闭窗口的功能，相关代码如下。

```
super("资金账户出入金操作",true,true,true,true); //允许最大化,最小化和关闭等操作
//增加事件监听器,当产生“关闭”按钮点击操作的时候,关闭窗口
this.addInternalFrameListener(new InternalFrameAdapter() {

    @Override
    public void internalFrameClosing(InternalFrameEvent e) {
        MoneyWorkFrame.this.dispose();
    }
});
```

步骤 4：为了实现跨界面获取动态数据，需在“资金账户确认”对话框 GetAccInfoDialog 的“确认”按钮的点击事件中补充如下代码，实现主启动类中定义的静态成员变量—当前账户等于通过账户确认的账户对象，即执行当前账户绑定操作。

```
if(acc==null){
    JOptionPane.showMessageDialog(GetAccInfoDialog.this, "用户账号或资金账号密码不正确,请确认资金账号有效性!");
    return;
}
else{
    FundMgrApp.currentAcc=acc;
    FundMgrApp.currentCust=acc.getCust();
    JOptionPane.showMessageDialog(GetAccInfoDialog.this, acc.getCust().getCustName()+"-资金账户确认成功,开始进行出入金交易!");
    GetAccInfoDialog.this.dispose();
}
```

步骤 5：在 MoneyWorkFrame 内部窗口类的构造方法的末尾补充如下代码，让主启动类的静态成员变量——当前账户的姓名、账号编号、余额等信息，显示在窗口上方的标签控件中。

```
lblCustName.setText("资金账户持有: "+FundMgrApp.currentCust.getCustName());
lblAccNo.setText("账户编号: "+FundMgrApp.currentAcc.getAccNo());
lblAccAmount.setText("账户余额: "+FundMgrApp.currentAcc.getAccAmount());
```

通过主启动类中定义的静态成员变量，实现跨界面动态数据分享，运行脚本，每次打开窗口时，显示认证通过的资金账户信息，效果如图 8-2-3 所示。

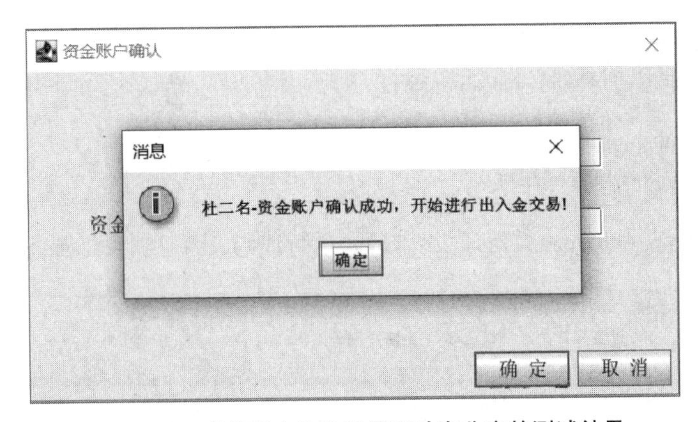

图 8-2-3 当前账户信息跨界面动态分享的测试结果

点击“确定”按钮后,关闭该对话框,显示“出入金主操作”界面,如图 8-2-4 所示。

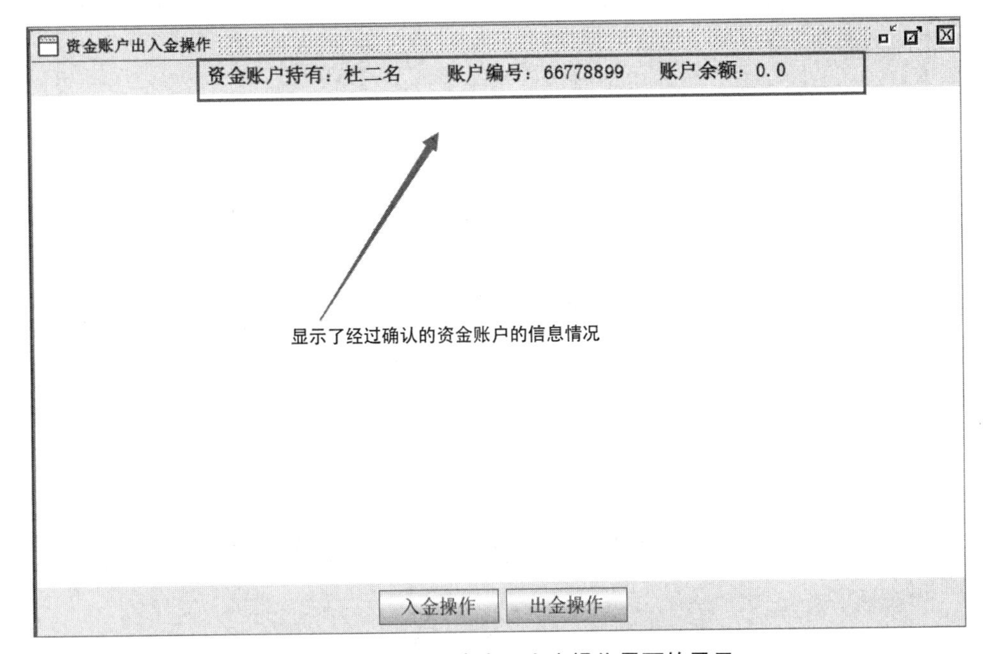

图 8-2-4 资金账户出入金主操作界面的显示

子任务 2：出入金记录表格的显示

步骤 1：在 MoneyWorkFrame 类的构造方法中,根据出入金操作记录显示需求,定义表格的表头字段,生成表格模式,并通过调用窗口的 setviewportview( )方法,将表头字段显示在滚动面板中,相关代码如下。

```
private DefaultTableModel dtm = null;

JScrollPane scrollPane = new JScrollPane( );
getContentPane( ).add(scrollPane, BorderLayout. CENTER);

//表头文字列表
String[ ] header = {"编号","交易类型","交易金额","关联账户","操作员","交易时间"};
```

```
//创建数据模型
dtm = new DefaultTableModel(null,header);

table = new JTable(dtm);
scrollPane.setViewportView(table);
```

步骤2：MoneyWorkFrame 类窗口设计好后，运行代码，窗口的打开、显示如图8-2-5所示。

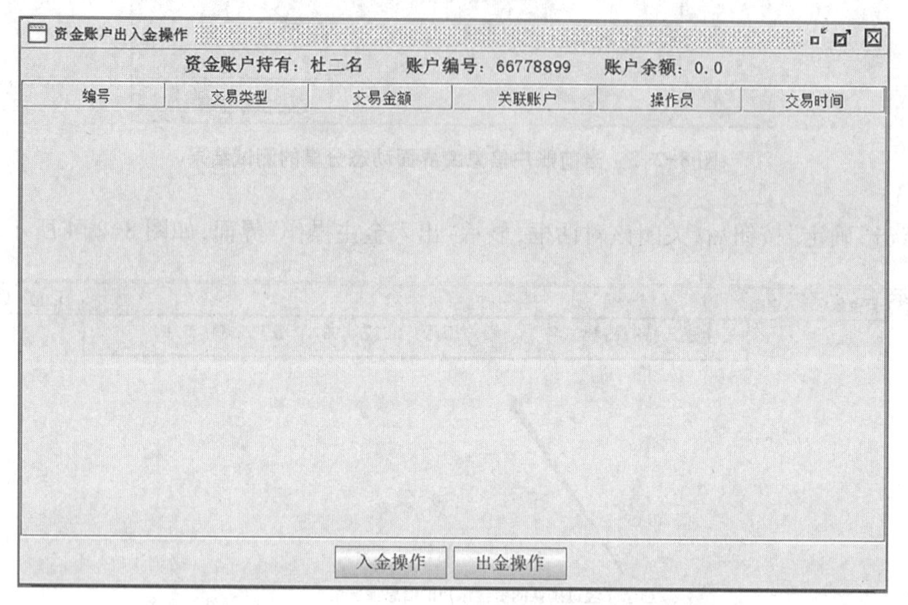

图8-2-5　资金账户出入金主操作界面列表表头设置结果

任务3　出入金操作历史记录的显示

一、任务目标

掌握根据操作业务的需求，加载数据的方法。

二、任务要求

加载和显示当前账户的出入金历史记录。

三、预备知识

知识1：关于出入金操作业务规则

（1）当资金账户出入金操作主界面显示的时候，将加载当前账户的开户以及出入金记录，并按交易时间逆序排列。

（2）开户操作，交易金额显示为0.0。

（3）入金操作，即存款操作，交易金额显示为正数。

（4）出金操作，即取款操作，交易金额显示为负数；

（5）只要账户属于正常状态，入金操作不做限制，出金操作则需考虑资金账户余额是否足够。

四、任务实施

子任务1：底层业务的实现

步骤1：DAO层方法的编制。为了实现开户、出入金交易记录的列表显示，在交易日志Dao接口及其实现类TransInfoDaoImpl中，添加查询方法loadMoneyWorkInfo()，该方法根据当前的资金账户编号accNo，在交易日志数据表中查询到所有开户、出入金操作的记录，并按交易时间逆序排列，最后，将这些数据以交易日志对象列表的形式返回。其中，账户的数据需要依据交易日志数据表的外键字段账户持有者accDao的数据，通过调用资金账户Dao接口的查询方法获得；操作员的数据需要根据交易日志数据表的外键字段操作员operDao的数据，通过调用操作员Dao接口的查询方法获得。相关代码如下。

```
    //查询某账户所有的出入金以及开户记录
    private static final String SQL_LOAD_MONEY_LOGS = "select * from t_trans_info where (trans_type=
'O' or trans_type='D' or trans_type='W') and trans_acc=? order by trans_time desc";

    public List<TransInfo> loadMoneyWorkInfo(String accNo) {
        Connection conn = DBUtils.getConn();
        PreparedStatement pstmt = null;
        ResultSet rset = null;
        List<TransInfo> infoList = new ArrayList<>();
        AccountDao accDao = new AccountDaoJDBCImpl();
        OperatorDao operDao = new OperatorDaoImpl();
        try {
            pstmt = conn.prepareStatement(SQL_LOAD_MONEY_LOGS);
            pstmt.setString(1, accNo);
            rset = pstmt.executeQuery();
            while(rset.next()) {
                TransInfo info = new TransInfo();
                info.setTransId(rset.getInt("trans_id"));
                info.setTransType(rset.getString("trans_type"));
                info.setTransAmount(rset.getDouble("trans_amount"));

    info.setTransAcc(accDao.loadAccountByNo(rset.getString("trans_acc")));
                info.setTransTime(new
Date(rset.getTimestamp("trans_time").getTime()));
                info.setOper(operDao.getOperByNo(rset.getString("trans_oper")));
                infoList.add(info);
            }
        } catch (SQLException e) {
            // TODO Auto-generated catch block
            e.printStackTrace();
        } finally {
            DBUtils.releaseRes(conn, pstmt, rset);
        }
        return infoList;

    }
```

步骤 2：业务方法的编制。交易日志 Dao 接口的查询交易日志方法定义好后，在交易日志业务服务接口实现类 TransInfoServiceImpl 中补充对应的查询方法 loadMoneyWorkLog()，代码如下。

```
public List<TransInfo> loadMoneyWorkLog(String accNo){
    TransInfoDao infoDao = new TransInfoDaoImpl();
    return infoDao.loadMoneyWorkInfo(accNo);
}
```

步骤 3：方法定义好后，编写如下测试代码，测试交易日志 Dao 接口的查询交易记录的方法是否能正常运行。

```
TransInfoService infoService = new TransInfoServiceImpl();
List<TransInfo> infoList = infoService.loadMoneyWorkLog("78904567");

for(TransInfo info: infoList)
  System.out.println(info);
```

在项目数据库中，预先增加一些测试数据，对编号为“78904567”的资金账户增加数据，命令如下。

```
    insert into
t_trans_info(trans_type,trans_amount,trans_acc,trans_time,trans_oper)
    values('D',10000,78904567,now(),'S00001')

    insert into
t_trans_info(trans_type,trans_amount,trans_acc,trans_time,trans_oper)
    values('W',-10000,78904567,now(),'S00001')
```

操作结果如图 8-3-1 所示。

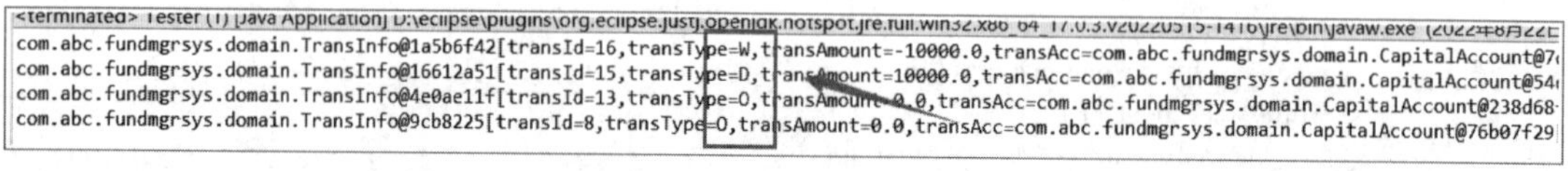

```
<terminated> Tester (1) [Java Application] D:\eclipse\plugins\org.eclipse.justj.openjdk.hotspot.jre.full.win32.x86_64_17.0.3.v20220515-1416\jre\bin\javaw.exe (2022年8月22日
com.abc.fundmgrsys.domain.TransInfo@1a5b6f42[transId=16,transType=W,transAmount=-10000.0,transAcc=com.abc.fundmgrsys.domain.CapitalAccount@7
com.abc.fundmgrsys.domain.TransInfo@16612a51[transId=15,transType=D,transAmount=10000.0,transAcc=com.abc.fundmgrsys.domain.CapitalAccount@54
com.abc.fundmgrsys.domain.TransInfo@4e0ae11f[transId=13,transType=O,transAmount=0.0,transAcc=com.abc.fundmgrsys.domain.CapitalAccount@238d68
com.abc.fundmgrsys.domain.TransInfo@9cb8225[transId=8,transType=O,transAmount=0.0,transAcc=com.abc.fundmgrsys.domain.CapitalAccount@76b07f29
```

图 8-3-1　TransInfoServiceImpl 类 loadMoneyWorkLog 方法的测试结果

子任务 2：出入金记录的显示

步骤 1：在 MoneyWorkFrame 类中增加加载数据的成员方法 loadData()，方法中将交易日志业务服务接口中查询交易记录方法返回的出入金数据，通过 JTable 组件中的表格模式 dtm 显示在列表中。具体代码如下。

```
/*** 加载某账户的开户以及出入金记录 */
    private void loadData() {

        TransInfoService infoService = new TransInfoServiceImpl();
        List<TransInfo> infoList = infoService.loadMoneyWorkLog(FundMgrApp.currentAcc.getAccNo());

        //清空 dtm 的原有数据
        MoneyWorkFrame.this.dtm.setRowCount(0);
      //填充数据模型
        for(TransInfo info: infoList){
```

```
                Object[ ] data = {
                        info.getTransId( ),
                        this.getTransType( info.getTransType( ) ),
                        info.getTransAmount( ),
                        info.getTransAcc( ).getAccNo( ),

info.getOper( ).getOperName( )+" ( "+info.getOper( ).getOperNo( )+" ) ",
                        info.getTransTime( ).toLocaleString( )
                };
                MoneyWorkFrame.this.dtm.addRow( data);
            }

        }

    private String getTransType( String type) {

        if( type.equals( "O" ) )
            return "开户";
        else if( type.equals( "D" ) )
            return "入金(存款)";
        else if( type.equals( "W" ) )
            return "出金(取款)";

        return null;
    }
```

步骤 2：loadData( )方法定义好后，需要在 MoneyworkFrame 类的构造方法末尾对其进行调用，才能实现交易记录的显示，代码如下。

```
this.loadData( );
```

代码运行效果如图 8-3-2 所示。

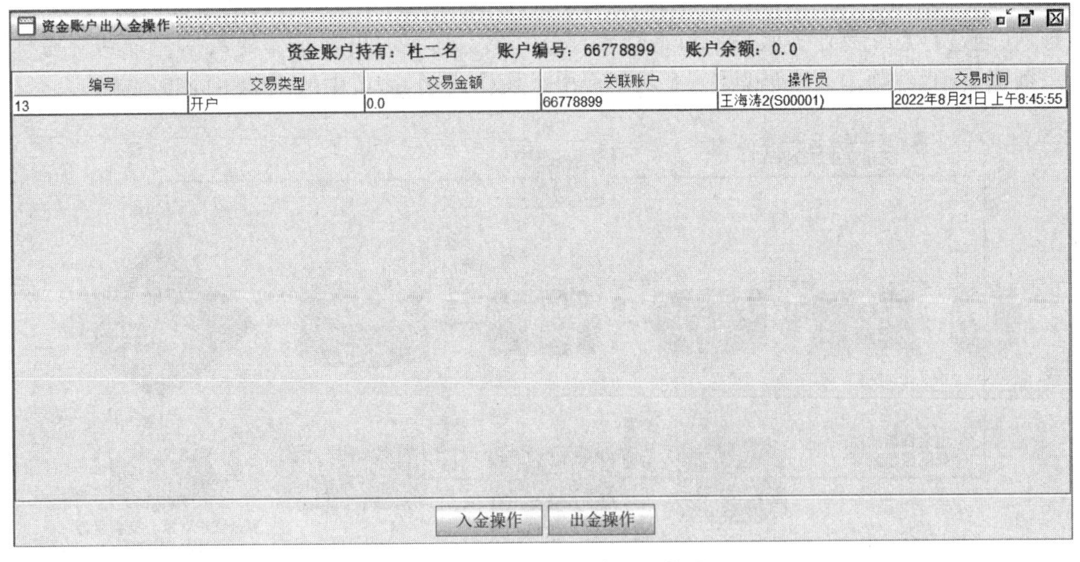

图 8-3-2　交易记录的显示效果

任务4　出入金操作底层业务实现

一、任务目标

1. 掌握数据修改的方法。
2. 掌握异常机制在层间传递数据的方法。
3. 掌握出入金操作底层业务的编程实现方法。

二、任务要求

完成出入金操作的底层业务实现。

三、预备知识

知识 1：基于异常在层间进行数据传递

基于异常在层间进行数据传递即通过异常来向界面层(UI 层)通报出错信息,是一种常见的层间信息传递的方式,最终由界面层通过某种界面形式(如对话框)向操作用户发起提示。

知识 2：出入金业务执行流程

出入金业务的执行流程如图 8-4-1 所示。以出金业务为例,用户点击“出金操作”按钮后,依据身份证号码和出金金额,通过调用资金账户业务服务接口的资金账户数据更新方法,更新前需对账户的余额进行判断,若余额不足,则要通过抛异常的方式提示用户“余额不足,无法完成取款操作”。若余额充足,则需对资金账户的余额数据进行更新(新余额=原余额-出金金额),将资金账户数据、出金交易数据、操作员数据封装到交易日志对象中。最后,通过日志交易业务服务接口将交易日志对象中封装的出金操作的数据记录到交易日志数据表中,并弹出一个消息框,提示用户出金操作成功,窗口中的余额也同步刷新。

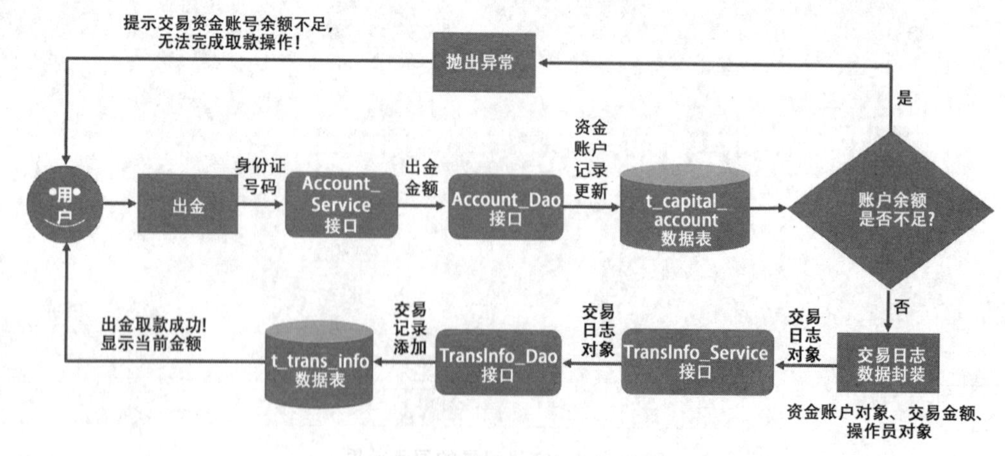

(a) 出金业务执行流程

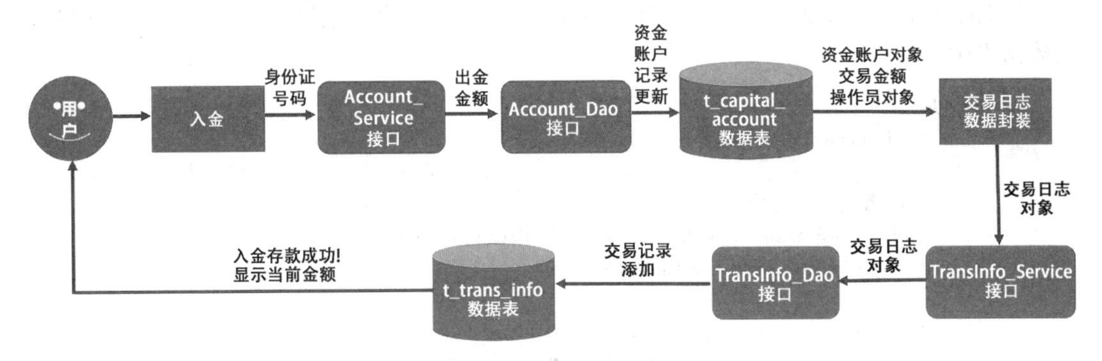

（b）入金业务执行流程

图 8-4-1　出入金业务执行流程

四、任务实施

子任务 1：底层业务的实现

步骤 1：DAO 层方法的编制。在资金账户 Dao 接口及其实现类 AccountDaoJDBCImpl 中，添加更新账户余额的方法 updateAccAmount( )，代码如下，该方法通过账户编号 accNo 和金额 amount 对账户余额进行变更。

```
public int updateAccAmount(String accNo, double amount) {

        Connection conn = DBUtils.getConn();
        PreparedStatement pstmt = null;
        int cnt = 0;

        try {
            pstmt = conn.prepareStatement(SQL_UPDATE_AMOUNT);
            pstmt.setDouble(1, amount);
            pstmt.setString(2, accNo);
            cnt = pstmt.executeUpdate();
        } catch (SQLException e) {
            // TODO Auto-generated catch block
            e.printStackTrace();
        } finally {
            DBUtils.releaseRes(conn, pstmt, null);
        }

        return cnt;

    }
```

步骤 2：业务方法的编制。在资金账户业务服务接口及其实现类 AccountInfoServiceImpl 中，添加入金操作方法 depositMoney( )，代码如下。该方法根据账号编码 accNo、操作员 oper、金额 amount 等数据，对资金账户数据表相关记录的余额进行修改。同时，将账号编码 accNo、操作员 oper、金额 amount 等数据封装到交易日志对象 infoDao 中，接着通过交易日志

dao 接口的添加日志方法 addInfo( ),将交易日志对象封装的入金操作数据,记录到交易日志数据表中。

```
@ Override
    public void depositMoney( String accNo, Operator oper, double amount) {

        //1. 修改账户金额
        double nowAmount=this. loadAccountByNo( accNo) . getAccAmount( ) ;
        double newAmount = nowAmount+amount;

        AccountDao accDao = new AccountDaoJDBCImpl( ) ;
        accDao. updateAccAmount( accNo, newAmount) ;

        System. out. println( " 入金存款成功! 当前金额: " +newAmount) ;

        //2. 增加交易记录
        TransInfo info = new TransInfo( ) ;
        info. setTransAcc( this. loadAccountByNo( accNo) ) ;
        info. setTransAmount( amount) ;
        info. setTransTime( new Date( ) ) ;
        info. setTransType( " D" ) ;
        info. setOper( oper) ;

        TransInfoDao infoDao = new TransInfoDaoImpl( ) ;
        infoDao. addInfo( info) ;

        System. out. println( " 入金交易记录保存成功!" ) ;
    }
```

步骤 3: 在资金账户业务服务接口及其实现类中,添加出金操作方法 withdrawMoney( ),代码如下。该方法根据账号编码 accNo、操作员 oper、金额 amount 等数据,对资金账户数据表相关账户的余额进行判断,如果交易金额大于余额,则无法执行出金操作,并抛出异常,显示相关的异常信息。同时,将账号编码 accNo、操作员 oper、金额 amount 等数据封装到交易日志对象 infoDao 中,接着通过交易日志 dao 接口的添加日志方法,将 infoDao 对象封装的出金操作数据,记录到交易日志数据表中。

```
    @ Override
    public void withdrawMoney( String accNo, Operator oper, double amount) {

        //1. 修改账户金额
        double nowAmount=this. loadAccountByNo( accNo) . getAccAmount( ) ;
        double newAmount = nowAmount-amount;

        if( newAmount<0)
            throw new NotEnoughMoneyException ( " 交易资金账号余额不足,无法完成取款
操作!" ) ;

        AccountDao accDao = new AccountDaoJDBCImpl( ) ;
        accDao. updateAccAmount( accNo, newAmount) ;
```

```
        System.out.println("出金取款成功！当前金额："+newAmount);

        //2.增加交易记录
        TransInfo info = new TransInfo();
        info.setTransAcc(this.loadAccountByNo(accNo));
        info.setTransAmount(amount * -1);
        info.setTransTime(new Date());
        info.setTransType("W");
        info.setOper(oper);

        TransInfoDao infoDao = new TransInfoDaoImpl();
        infoDao.addInfo(info);

        System.out.println("出金取款交易记录保存成功!");

    }
```

步骤 4：使用异常在层间进行数据传递。为了实现用异常类向界面层通报出错信息的功能，需要在项目的 exception 子包中定义一个异常类 NotEnoughException，该类的父类为 Exception，类中以方法重载的方式定义了几种构造方法，并将抛出异常时的提示信息进行设置，类定义代码如下。

```
/**** 余额不足异常 ***/
public class NotEnoughMoneyException extends RuntimeException{

    public NotEnoughMoneyException() {
        super();
        // TODO Auto-generated constructor stub
    }

    public NotEnoughMoneyException(String message, Throwable cause, boolean enableSuppression,
            boolean writableStackTrace) {
        super(message, cause, enableSuppression, writableStackTrace);
        // TODO Auto-generated constructor stub
    }

    public NotEnoughMoneyException(String message, Throwable cause) {
        super(message, cause);
        // TODO Auto-generated constructor stub
    }

    public NotEnoughMoneyException(String message) {
        super(message);
        // TODO Auto-generated constructor stub
    }

    public NotEnoughMoneyException(Throwable cause) {
        super(cause);
        // TODO Auto-generated constructor stub
    }

}
```

步骤 5：测试和验证。编写完上述代码后，继续编写出金、入金操作的测试代码，代码如下。

```
AccountService  accService = new AccountServiceImpl();
OperService operService = new OperServiceImpl();

accService.depositMoney("66778899",operService.getOperByNo("S00001"),1800.0);
accService.withdrawMoney("66778899",operService.getOperByNo("S00001"),800.0);
```

运行脚本，出金、入金操作顺利执行，交易日志数据表实时更新，效果如图 8-4-2 所示。

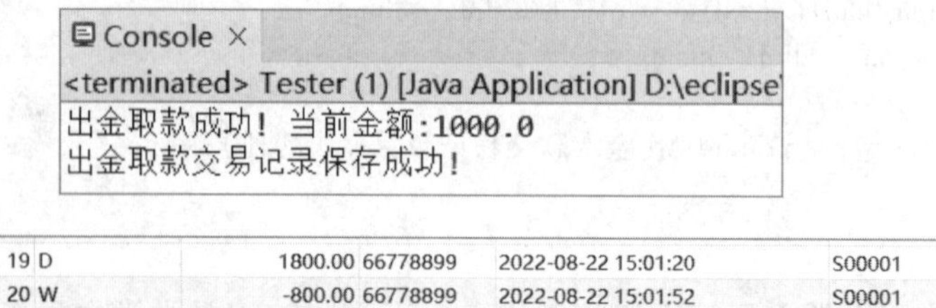

图 8-4-2　出金、入金操作测试结果

然后，查询相关记录，执行出金、入金操作后，“资金账户出入金操作”窗口列表中的信息将更新，效果如图 8-4-3 所示。

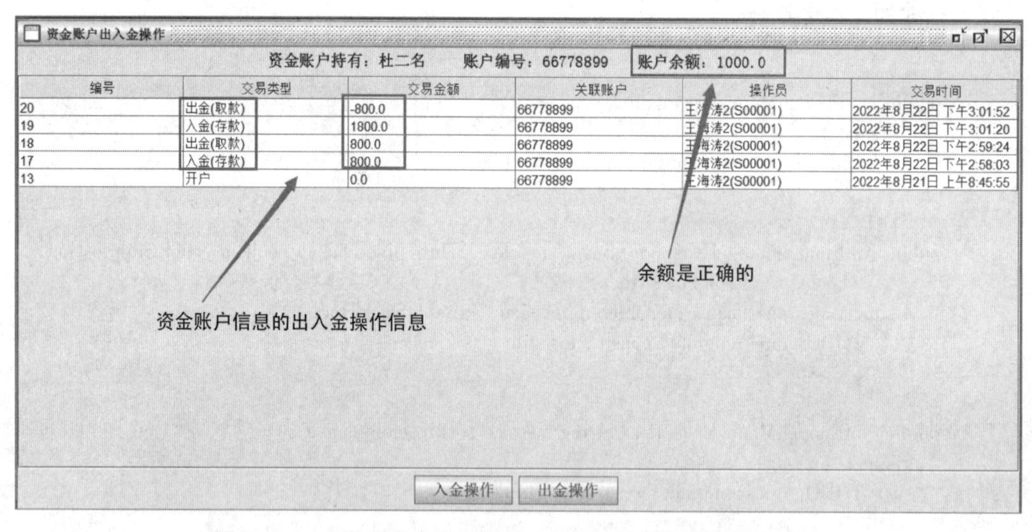

图 8-4-3　“资金账户出入金操作”窗口列表数据的更新结果

任务 5　出入金操作的界面交互实现

一、任务目标

1. 掌握业务异常信息的处理方法。

2. 掌握较为复杂的输入信息校验方法。

二、任务要求

完成出入金操作的界面层交互实现。

三、预备知识

知识1：关于出入金操作业务的补充说明

出入金操作中的输入金额必须是一个正数。

知识2：出入金操作界面交互操作逻辑

例如，以“吕章”的身份打开“资金账户出入金操作”窗口，点击窗口下方的“入金操作”按钮，在弹出的“入金(存款)操作确认”对话框中输入入金金额并点击“确认存款”按钮后，即弹出一个提示“确认入金操作”的系统提示框，点击“是”之后，便完成了入金操作，入金操作记录便会立刻显示在出入金操作信息列表中。在执行出金操作时，如果输入的出金金额超过了账户余额，则会弹出一个消息框，提示“用户交易资金账户的余额不足，无法完成出金操作！”。只有当输入金额小于等于账户余额，才能完成出金操作，同时出入金操作信息列表中也会呈现刚完成的出金操作记录。在完成出入金操作后，相关的数据会记录到交易日志数据表中。

四、任务实施

子任务1：入金业务界面交互

步骤1：入金提示对话框的创建。实现入金操作，需要在项目界面设计包的交易子包transaction下，创建入金操作对话框类DepositMoneyDialog，该类继承JDialog类，对话框的界面设计如图8-5-1所示。窗口的上方要显示资金账户持有人的姓名、账户编号和账户余额等信息，中间有一个关于入金金额输入的文本框，窗口下方提供“确认存款”与“取消”按钮，用于执行或取消入金操作。对话框的参考尺寸为528像素×279像素，标题为“入金(存款)操作确认”。

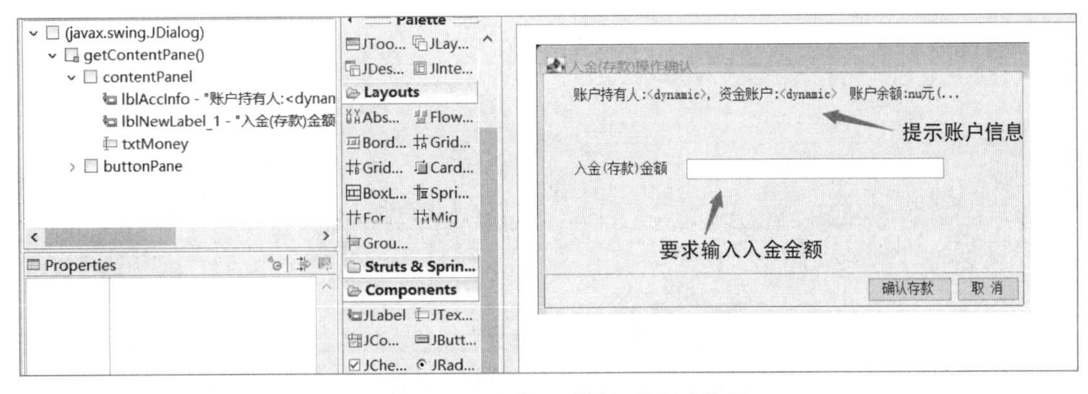

图8-5-1　入金提示对话框的创建结果

步骤2：在入金操作对话框类DepositMoneyDialog的构造方法代码末尾，添加如下代码，主要用于实现：①给对话框添加关闭按钮；②将对话框设置为模态对话框；③设置对话框的居中显示;④设置窗口中的标签控件内容为主启动类静态成员变量——当前账户对象的姓名、账户编号、余额等属性值。

```
//点击"关闭"按钮,则关闭该对话框
this.setDefaultCloseOperation(JDialog.DISPOSE_ON_CLOSE);
//设置为模态对话框,只有本对话框关闭,才能操作应用程序的其他部分
this.setModal(true);
//设置屏幕居中显示
this.setLocationRelativeTo(null);
this.setVisible(true);
```

继续在该构造方法中,添加如下代码,以显示账户的完整信息。

```
lblAccInfo.setText(String.format("账户持有人: %s, 资金账户: %s   账户余额: %.2f 元",
FundMgrApp.currentCust.getCustName(),FundMgrApp.currentAcc.getAccNo(),FundMgrApp.currentAcc.
getAccAmount()));
```

步骤 3:给入金操作对话框的"取消"按钮添加点击事件,事件中编写如下代码,用于实现对话框的关闭。

```
JButton cancelButton = new JButton("取 消");
cancelButton.addActionListener(new ActionListener() {
    public void actionPerformed(ActionEvent e) {
        DepositMoneyDialog.this.dispose();
    }
});
```

步骤 4:入金操作对话框界面设计完成后的预览效果如图 8-5-2 所示。

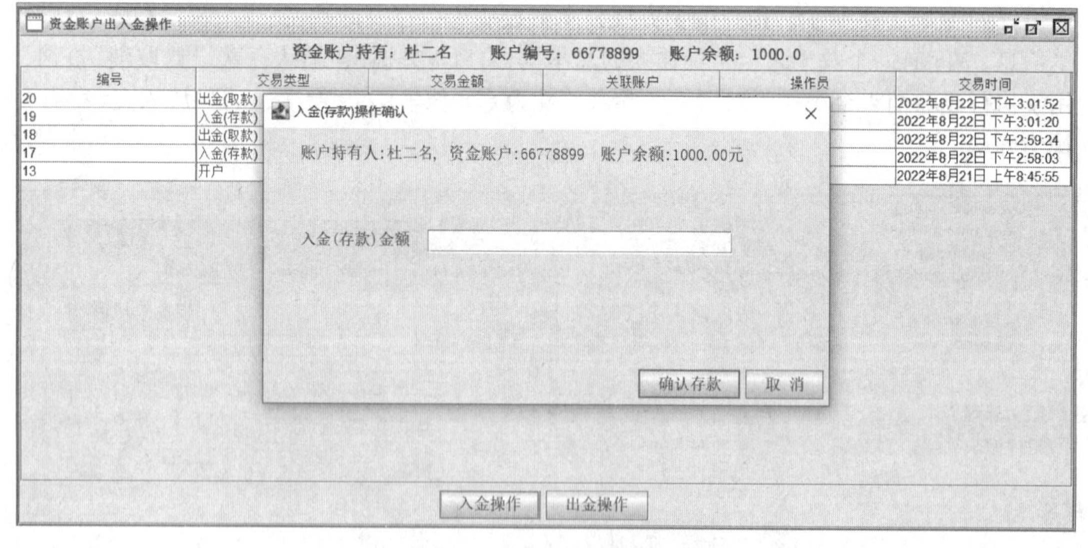

图 8-5-2 入金操作对话框预览效果

步骤 5:存款按钮业务实现。入金操作对话框 MoneyWorkFrame 类的"确认存款"按钮需添加点击事件,代码如下。事件中首先要对输入的入金金额进行判空操作,如果金额为

空，要弹出一个提示“请输入入金金额!”的消息框，提醒用户输入入金金额。如果入金金额非空，则需要将入金金额文本框获取到的字符串数据通过双精度浮点型的包装类转换成浮点型数据。同时，利用异常处理机制，对用户输入的无效金额数据做相应的异常处理，抛出“入金金额输入有误!”的异常信息。当金额输入无误时，需要弹出一个“确认是否执行入金操作”的信息框，当用户确认后，则要调用资金账户业务服务接口的入金操作方法完成入金操作和相关交易日志的记录。同时，需要刷新主启动类的静态成员变量，从而实现出入金操作窗口中当前账户余额数据的更新，并弹出“入金操作成功!”消息框，提示用户操作已完成。

```
JButton okButton = new JButton("确认存款");
okButton.addActionListener(new ActionListener() {
public void actionPerformed(ActionEvent e){

        String moneyStr = txtMoney.getText();

        //空输入检测
        if(moneyStr==null || moneyStr.trim().length()==0) {
                JOptionPane.showMessageDialog(DepositMoneyDialog.this, "请输入入金金额!");
                txtMoney.requestFocus();
                return;
        }

        double money = 0.0;
        //非法输入检测
        try {
            money = Double.parseDouble(moneyStr);
        }catch(NumberFormatException ex) {
            JOptionPane.showMessageDialog(DepositMoneyDialog.this, "入金金额输入有误!");
            txtMoney.requestFocus();
            return;
        }

        AccountService accService = new AccountServiceImpl();
        accService.depositMoney(FundMgrApp.currentAcc.getAccNo(),
FundMgrApp.oper, money);

    FundMgrApp.currentAcc=accService.loadAccountByNo(FundMgrApp.currentAcc.getAccNo());

        JOptionPane.showMessageDialog(DepositMoneyDialog.this, "入金操作成功!");

        DepositMoneyDialog.this.dispose();

}
```

步骤 6：入金操作成功后，需要调用“出入金操作”窗口 MoneyWorkFrame 的加载数据方法，刷新该窗口的界面数据，代码如下。此时，需要将资金账户持有人姓名、账户编号、账户余额设置为全局变量代码。

```
private void loadData(){

        lblCustName.setText("资金账户持有:"+FundMgrApp.currentCust.getCustName());
        lblAccNo.setText("账户编号:"+FundMgrApp.currentAcc.getAccNo());
        lblAccAmount.setText("账户余额:"+FundMgrApp.currentAcc.getAccAmount());

        TransInfoService infoService = new TransInfoServiceImpl();
        List<TransInfo> infoList = infoService.loadMoneyWorkLog(FundMgrApp.currentAcc.getAccNo
());

        //清空 dtm 的原有数据
        MoneyWorkFrame.this.dtm.setRowCount(0);
      //填充数据模型
        for(TransInfo info:infoList){
            Object[] data ={
                info.getTransId(),
                this.getTransType(info.getTransType()),
                info.getTransAmount(),
                info.getTransAcc().getAccNo(),
info.getOper().getOperName()+"("+info.getOper().getOperNo()+")",
                info.getTransTime().toLocaleString()
            };
            MoneyWorkFrame.this.dtm.addRow(data);
        }

    }
```

子任务 2:出金业务界面交互

步骤 1:出金提示对话框的创建。由于出金操作对话框和入金操作对话框的界面布局设计一致,因此可通过复制入金操作对话框类代码快速生成出金操作对话框类,将代码重命名为出金对话框类 WithdrawMoneyDialog,对话框标题改为"出金(取款)操作"、入金金额输入的标签文本改为"出金(取款)金额","确认存款"按钮的文本改为"确认取款",界面设计中的其他内容保存不变,效果如图 8-5-3 所示。

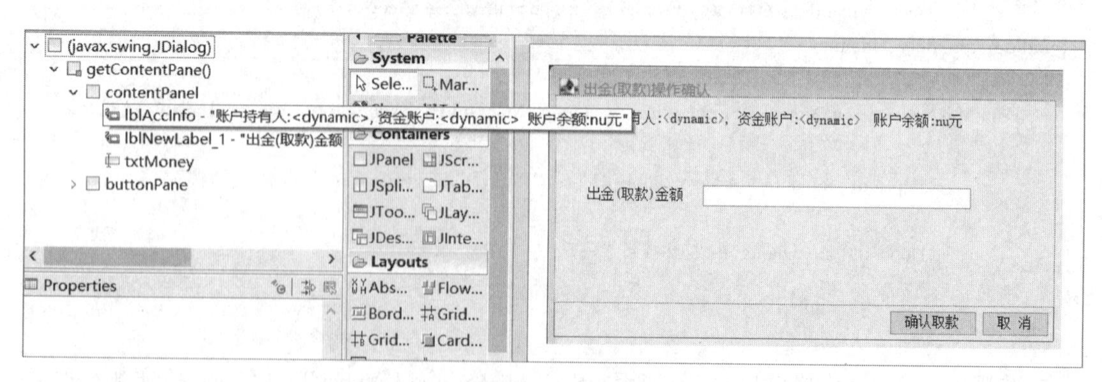

图 8-5-3 出金提示对话框的设计结果

步骤2：将“出金(取款)操作确认”对话框“取消”按钮的点击事件的代码修改为关闭“出金操作对话框”。在“取消”按钮的点击事件中，写入如下代码，以关闭出金操作对话框。

```
JButton cancelButton = new JButton("取 消");
cancelButton.addActionListener(new ActionListener() {
    public void actionPerformed(ActionEvent e) {
        DepositMoneyDialog.this.dispose();
    }
});
```

步骤3：出金操作对话框界面设计完成后的预览效果如图8-5-4所示。

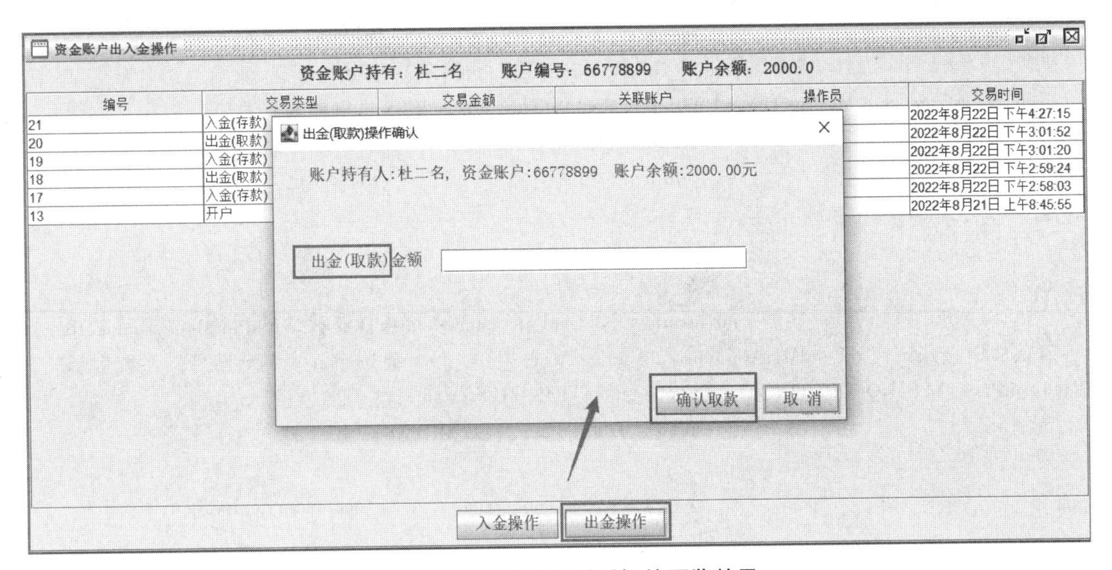

图8-5-4 出金操作对话框的预览效果

步骤4：取款按钮业务实现。在“出金(取款)操作确认”对话框“确认取款”按钮的点击事件中，对输入的出金金额审核，审核的步骤与入金金额的审核一致。若用户输入的出金金额数据无误时，在用户点击“确认出金操作”后，需要通过资金账户业务服务接口的出金操作方法，该方法先查询账户余额数据，并将余额数据和出金金额数据进行比对，若出金金额大于余额，则弹出异常，提示“出金金额大于账户余额，无法执行出金操作!”；反之，则执行出金操作，并对账户余额数据进行变更，并将出金操作的相关数据记录到交易日志数据表中。同时，需要刷新主启动类的静态成员变量，从而实现出入金操作窗口中当前账户余额数据的更新，并弹出“出金操作成功!”消息框，提示用户操作已完成。“确认取款”按钮代码如下。

```
JButton okButton = new JButton("确认取款");
okButton.addActionListener(new ActionListener() {
public void actionPerformed(ActionEvent e) {
```

```
                    String moneyStr = txtMoney. getText( ) ;

                    //空输入检测
                    if( moneyStr= =null || moneyStr. trim( ). length( )= =0) {
    JOptionPane. showMessageDialog( WithdrawMoneyDialog. this, "请输入出金金额!") ;
                        txtMoney. requestFocus( ) ;
                        return;
                    }

                    double money = 0. 0;
                    //非法输入检测
                    try {
                        money = Double. parseDouble( moneyStr) ;
                    } catch( NumberFormatException ex) {
    JOptionPane. showMessageDialog( WithdrawMoneyDialog. this, "出金金额输入有误!") ;
                        txtMoney. requestFocus( ) ;
                        return;
                    }

                    //资金不足
                    int result = JOptionPane. showConfirmDialog( WithdrawMoneyDialog. this,
"确认从资金账户[" +FundMgrApp. currentAcc. getAccNo( ) +"] 出金" +money+"元吗?","系统提示",
JOptionPane. YES_NO_OPTION,JOptionPane. QUESTION_MESSAGE) ;
                    if( result= =JOptionPane. YES_OPTION) {

                        AccountService accService = new AccountServiceImpl( ) ;
                        try {
accService. withdrawMoney( FundMgrApp. currentAcc. getAccNo( ) , FundMgrApp. oper, money) ;
                    } catch( NotEnoughMoneyException ex) {
    JOptionPane. showMessageDialog( WithdrawMoneyDialog. this, ex. getMessage( ) ) ;
                        txtMoney. requestFocus( ) ;
                        return;
                    }

FundMgrApp. currentAcc=accService. loadAccountByNo( FundMgrApp. currentAcc. getAccNo( ) ) ;

    JOptionPane. showMessageDialog( WithdrawMoneyDialog. this, "出金操作成功!") ;

                    WithdrawMoneyDialog. this. dispose( ) ;
                }

            }
    }) ;
```

注意：在执行出金操作时，若账户资金不足(例如图 8-5-5)，则采用异常处理机制来传递消息。同时,执行完出金操作后,也要调用“资金账户出入金操作”窗口的加载数据方法,刷新该窗口的数据,如图 8-5-6 所示。

步骤 5:出金操作的相关代码编写好后,运行并测试出金操作。

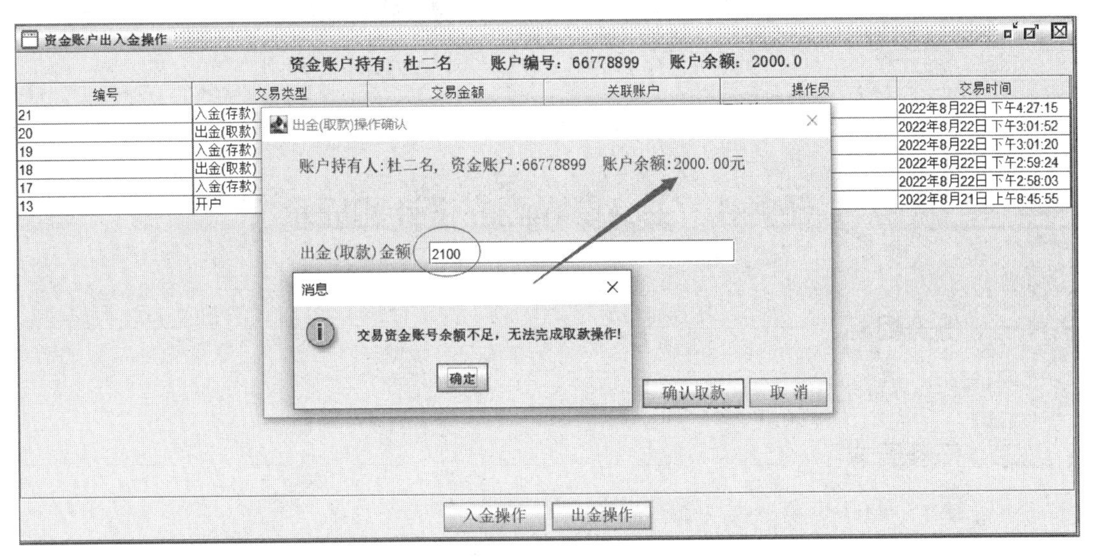

图 8-5-5　账户余额不足时的出金操作执行结果

资金账户出入金操作

资金账户持有：杜二名　账户编号：66778899　账户余额：20.0

编号	交易类型	交易金额	关联账户	操作员	交易时间
27	出金(取款)	-80.0	66778899	王海涛2(S00001)	2022年8月22日 下午5:01:23
26	出金(取款)	-1100.0	66778899	王海涛2(S00001)	2022年8月22日 下午5:00:01
25	入金(存款)	1200.0	66778899	王海涛2(S00001)	2022年8月22日 下午4:59:32
24	出金(取款)	-6200.0	66778899	王海涛2(S00001)	2022年8月22日 下午4:53:51
23	入金(存款)	2100.0	66778899	王海涛2(S00001)	2022年8月22日 下午4:52:21
22	入金(存款)	2100.0	66778899	王海涛2(S00001)	2022年8月22日 下午4:52:10
21	入金(存款)	1000.0	66778899	王海涛2(S00001)	2022年8月22日 下午4:27:15
20	出金(取款)	-800.0	66778899	王海涛2(S00001)	2022年8月22日 下午3:01:52
19	入金(存款)	1800.0	66778899	王海涛2(S00001)	2022年8月22日 下午3:01:20
18	出金(取款)	800.0	66778899	王海涛2(S00001)	2022年8月22日 下午2:59:24
17	入金(存款)	800.0	66778899	王海涛2(S00001)	2022年8月22日 下午2:58:03
13	开户	0.0	66778899	王海涛2(S00001)	2022年8月21日 上午8:45:55

入金操作　出金操作

图 8-5-6　执行出金操作后界面信息更新结果

项目9 主交易界面和基金交易模块的设计和实现

任务1 主交易界面的设计和显示

一、任务目标

掌握复杂界面的窗口布局及实现方法。

二、任务要求

完成基金交易主界面的设计和显示。

三、预备知识

知识1：关于持仓的业务说明

（1）持仓即某个客户资金账户所持有的基金的品种、份额以及当前的价值等信息。

（2）如果某资金账户没有购买任何基金，则为"空仓"状态。

知识2：基金交易人机交互主界面设计

完成持仓相关业务的操作，需要在界面设计包的交易操作子包中创建基金交易人机交互主界面。登录到资金管理系统后，点击"交易管理"→"基金购买赎回"，以打开"基金交易操作"窗口。窗口的左边为可交易的基金列表，用来显示基金数据库中"已上市"的基金信息；窗口的右边，显示客户的账户信息、持仓信息。窗口的下方，提供"购买基金""赎回基金"功能按钮。与之前设计的内部窗口不同的地方是，"基金交易操作"窗口中要设计两个列表，实现不同信息的展示，"基金交易操作"窗口的设计效果如图9-1-1所示。

四、任务实施

子任务1：基金交易主界面的创建

步骤1：主界面结构设计。"基金交易操作"窗口的布局和包含的组件如图9-1-1所示。窗口的参考尺寸为1 230像素×570像素，窗口的标题为"基金交易操作"，窗口的左上角放一个显示"可交易基金列表"的标签控件，右上角放置一个用于显示当前账户基本信息的标签控件。窗口的中部大块区域放置两个滚动面板，左边面板放置可交易基金列表，右边面板放置当前账户持仓记录列表。窗口的下方放置"购买基金"和"赎回基金"两个按钮组件，"基金交易操作"窗口的组件布局结构如图9-1-2所示。

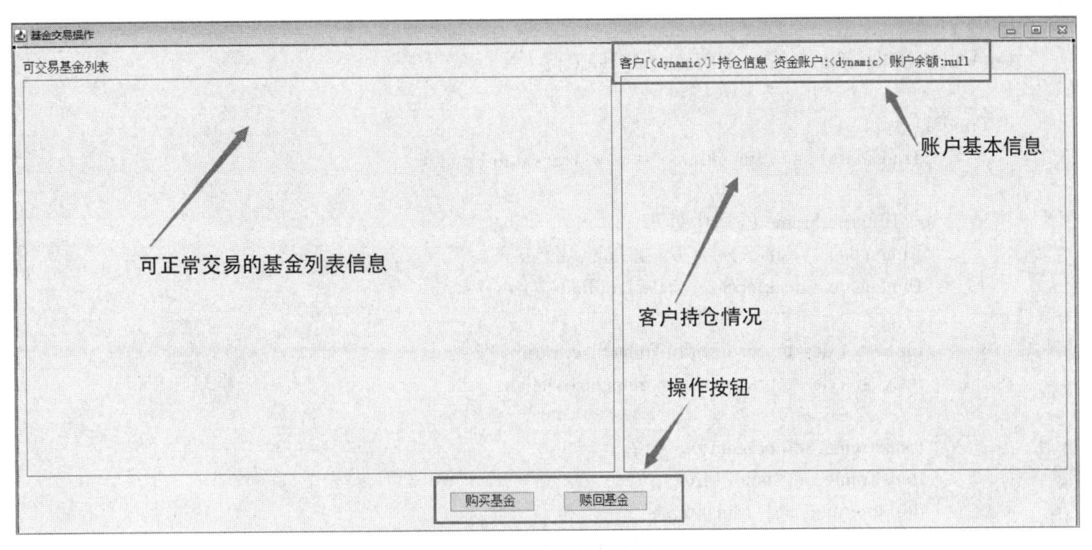

图 9-1-1　基金交易人机交互主界面

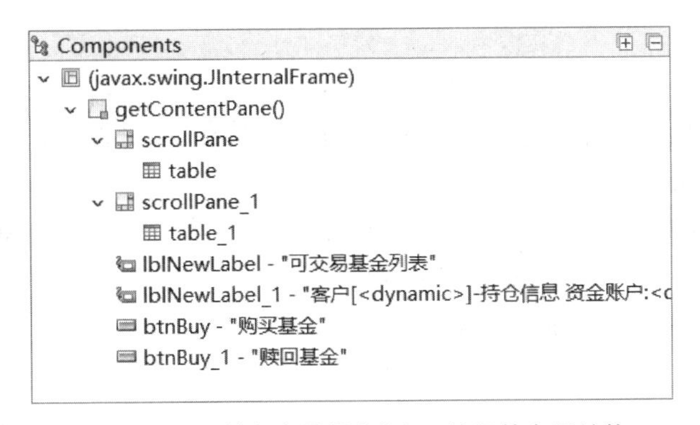

图 9-1-2　“基金交易操作”窗口的组件布局结构

步骤 2：基金交易操作窗口类构造方法的第一行代码如下，代码调用了该窗口类的父类构造方法，为窗口添加最大化、最小化、关闭按钮。

```
super("基金交易操作",true,true,true,true);
```

同时，调用主启动类的静态成员变量——当前账户对象封装的数据，在窗口右上角显示当前账户的基本信息，相关代码如下。

```
JLabel lblNewLabel_1 = new JLabel("客户["+FundMgrApp.currentCust.getCustName()+"]-持仓信息 资金账户:"+FundMgrApp.currentAcc.getAccNo()+" 账户余额:"+FundMgrApp.currentAcc.getAccAmount());
```

步骤 3：界面的显示。“基金交易操作”窗口的打开操作要绑定到“交易管理”→“基金购买和赎回”菜单项的点击事件中，打开前需要通过虚拟桌面、“基金交易操作”窗口的尺寸，计算打开的位置，从而让“基金交易操作”窗口能在虚拟桌面的中央位置被打开。打开窗口后，将主启动类的静态成员变量 isOk 设置为“false”，表示打开窗口操作结束，相关代码如下。

```
GetAccInfoDialog dlg = new GetAccInfoDialog();

if(FundMgrApp.isOk){
        TransMainFrame transFrame = new TransMainFrame();

        //JInternalFrame 的居中处理
        Dimension  frameSize = transFrame.getSize();
        Dimension  desktopSize = desktopPane.size();

        int x = (desktopSize.width-frameSize.width)/2;
        int y = (desktopSize.height-frameSize.height)/2;

        transFrame.setLocation(x, y);
        transFrame.setVisible(true);
        desktopPane.add(transFrame);
        desktopPane.setSelectedFrame(transFrame);

        FundMgrApp.isOk=false;
}
```

步骤 4：与出入金交易操作类似，需要先确认资金账户身份，然后显示主交易界面 TransMainFrame，并做居中显示处理。点击"基金交易操作"菜单项，资金账户信息验证通过后，才可打开"基金交易操作"窗口。

步骤 5：绑定界面表单列信息。在"基金交易操作"窗口类 TransMainFrame 中，创建两个表格模式，分别绑定两个表格组件，代码如下。

```
private DefaultTableModel fundDtm = null;
private DefaultTableModel holdInfoDtm = null;
```

其中，一个表格的表头字段根据基金数据表的字段定义进行设置；另一个表格的表头字段根据持仓信息显示需求进行设置。在 TransMainFrame 构造方法中，编写如下代码，给 dtm 列设置名称，并绑定到 JTable 组件，代码如下。

```
//表头文字列表
String[] header = {"编号","名称","价格","实时份额","状态","设立时间"};
//创建数据模型
fundDtm = new DefaultTableModel(null,header);

table = new JTable(fundDtm);
scrollPane.setViewportView(table);

//表头文字列表
String[] header2 = {"序号","基金编号","名称","每份价格","数量","总价值"};
//创建数据模型
holdInfoDtm = new DefaultTableModel(null,header2);

table_1 = new JTable(holdInfoDtm);
scrollPane_1.setViewportView(table_1);
```

步骤 6：点击“交易管理”→“基金购买赎回”，打开“基金交易操作”窗口，执行效果如图 9-1-3 所示。

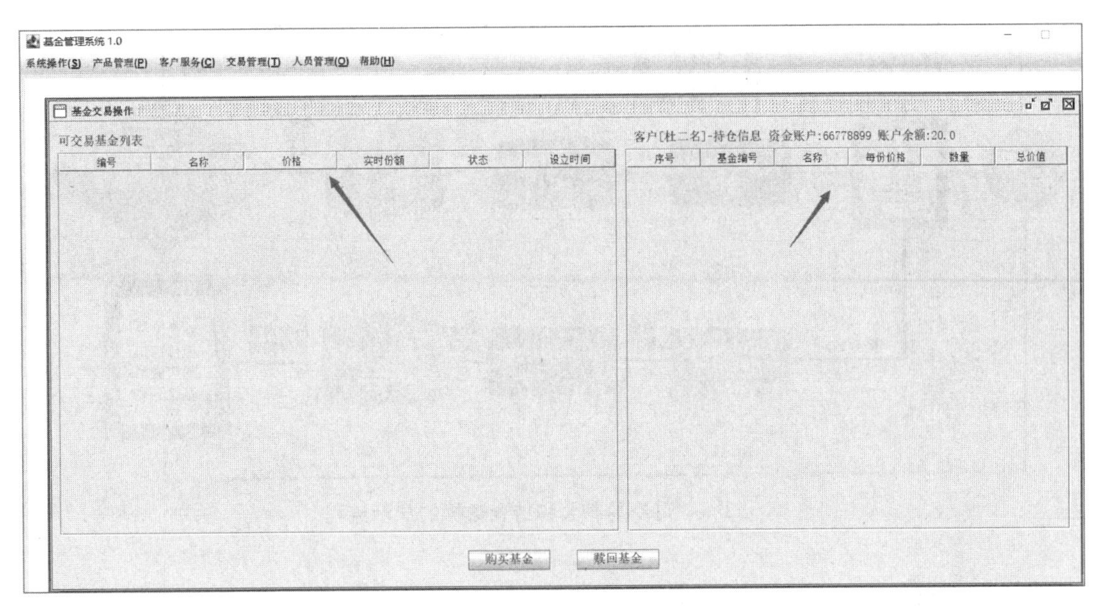

图 9-1-3　“基金交易操作”窗口列表表头设计

任务 2　主交易界面相关交易数据显示

一、任务目标

掌握在主交易界面显示相关交易数据的方法。

二、任务要求

1. 完成可交易基金数据的获取。
2. 完成当前资金账户的持仓信息的获取和显示。

三、预备知识

知识 1：可交易基金和持仓数据的显示流程

可交易基金和持仓数据的显示流程如图 9-2-1 所示。首先，确认用户的资金账户后，通过调用 Fund_Service 接口的查询方法，访问所有的基金记录并以基金对象列表返回；其次，判断每个基金对象的状态是否为“已上市”且实时份额是否非零，如果是，则将该基金对象的数据显示在可交易基金列表中。同时，根据资金账户数据，通过 FundHold_Service 接口，查询在持仓数据表 t_fund_hold 中该账户的持仓记录，并以持仓对象列表返回，最后，将对象中封装的持仓数据显示在持仓信息列表中。

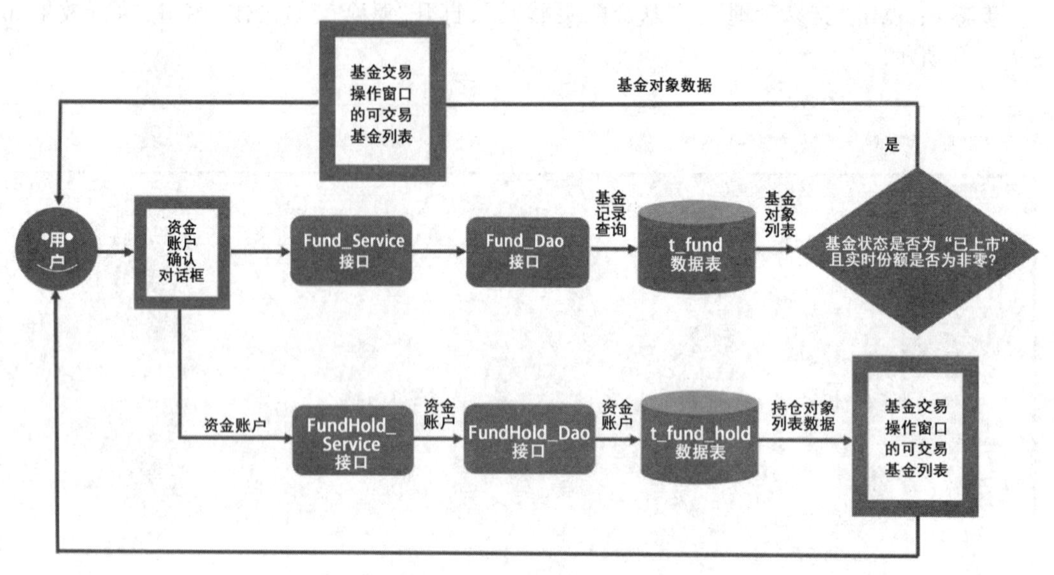

图 9-2-1 可交易基金和持仓数据的显示流程

四、任务实施

子任务 1：可交易基金列表数据呈现

步骤 1：在“基金交易操作”窗口 TransMainFrame 左侧的列表中显示可交易的基金信息，需要在“基金交易操作”窗口类中定义一个加载可交易基金数据的方法，该方法的代码如下所示。此方法中通过循环遍历由 Fund_Service 接口的查询基金方法返回的结果——基金对象列表，对基金对象的状态进行判断，如果为“已上市”（即标识为“a”），则将该对象的数据在列表中显示。

```
/*** 加载可交易的基金数据 ***/
    private void loadAvailableFundData() {

        //清空 dtm 的原有数据
        this.fundDtm.setRowCount(0);

        List<Fund> fundList = new FundServiceImpl().loadFunds();

        for (Fund fund : fundList) {
            if(fund.getFundStatus().equals("a")) {
                Object[] data = {
                        fund.getFundNo(),
                        fund.getFundName(),
                        fund.getFundPrice(),
                        fund.getFundAmount(),
                        fund.getFundStatus().equals("a")?"已上市":"未上市",
                        fund.getFundCreateTime().toLocaleString()
                };
                this.fundDtm.addRow(data);
```

```
            }
        }
    }
```

步骤2：“基金交易操作”窗口类 TransMainFrame 加载可交易基金数据方法定义后，需要在“基金交易操作”窗口类的构造方法代码末尾调用该方法，才能实现可交易基金记录在左侧列表中显示，代码如下。

```
this.loadAvailableFundData();
```

运行代码的效果如图9-2-2所示。

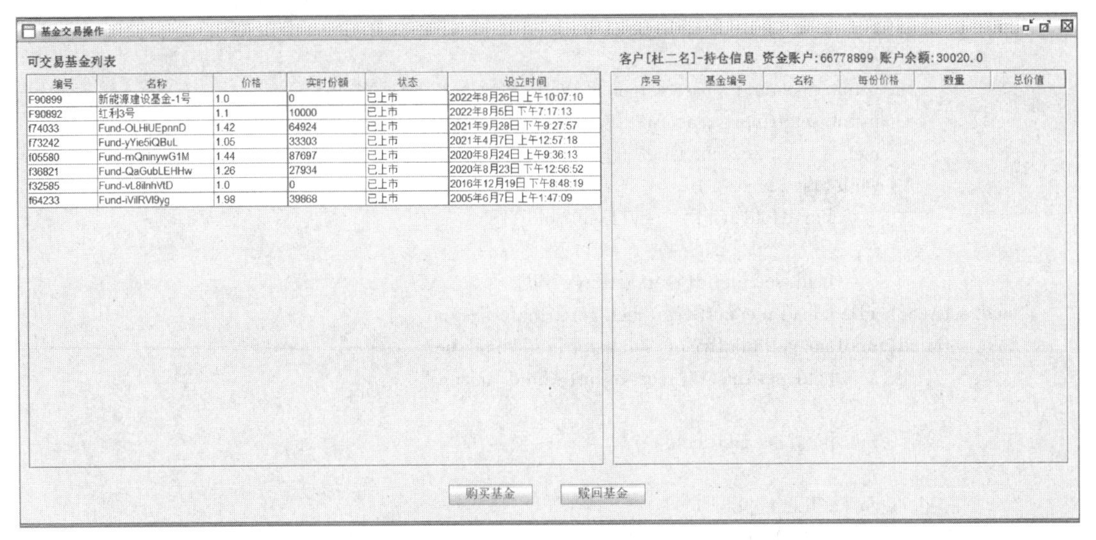

图9-2-2 加载了可交易基金记录的“基金交易操作”窗口

子任务2：持仓信息的显示

步骤1：数据获取DAO层实现。在业务实体包dao中，也需要针对持仓业务操作的需求，定义一个基金持仓类FundHoldDaoImpl，类定义代码如下。该类根据持仓数据的封装、显示需求，定义持仓记录编号、资金账户、基金、账户余额四个私有的成员变量，其中，资金账户、基金在持仓数据表中为外键字段，需将这两个成员变量分别定义为资金账户类、基金类对象。同时，通过快捷方式自动生成这四个私有成员变量的访问方法。

步骤2：业务方法的实现和测试。为了满足持仓业务操作的需求，在dao包下，创建一个基金持仓Dao接口及其实现类FundHoldDaoImpl，代码如下。该接口及其实现类中需要定义一个查询资金账户持仓记录的方法，该方法通过账户信息，访问基金持仓数据表，并将该账户的所有持仓记录数据封装到持仓对象列表中，最后返回该列表。其中，关于持仓对象的资金账户、基金两个成员变量赋值时，需要分别根据持仓数据表中资金账户编号、基金编号这两个外键字段数据，分别调用资金账户Dao接口、基金Dao接口的查询方法返回资金账户对象、基金对象对其加以赋值。

```
/**** 基金账户持仓情况 DAO 实现 ***/
public class FundHoldDaoImpl implements FundHoldDao{
```

```
    private static final String SQL_LOAD_BYACCNO = "select * from t_fund_hold where acc_no=?
order by hid";

    @Override
    public List<FundHold> loadHoldsByAccNo(String accNo) {

        Connection conn = DBUtils.getConn();
        PreparedStatement pstmt = null;
        ResultSet rset = null;
        List<FundHold> holdList = new ArrayList<>();
        AccountDao accDao = new AccountDaoJDBCImpl();
        FundDao fundDao = new FundDaoImpl();

        try {
            pstmt = conn.prepareStatement(SQL_LOAD_BYACCNO);
            pstmt.setString(1, accNo);
            rset = pstmt.executeQuery();
            while(rset.next()) {
                FundHold hold = new FundHold();

                hold.setHoldId(rset.getInt("hid"));
hold.setAcc(accDao.loadAccountByNo(rset.getString("acc_no")));
hold.setFund(fundDao.getFundByNo(rset.getString("fund_no")));
                hold.setAmount(rset.getInt("fund_amount"));

                holdList.add(hold);
            }
        } catch (SQLException e) {
            // TODO Auto-generated catch block
            e.printStackTrace();
        } finally {
            DBUtils.releaseRes(conn, pstmt, rset);
        }

        return holdList;
    }

}
```

步骤 3：相应地，在业务服务包 service 中创建一个基金持仓业务服务接口及其实现类 FundHoldServiceImpl，代码如下。该接口及其实现类中定义一个查询账户持仓记录的方法，该方法调用并返回基金持仓 Dao 接口实现类相应的查询方法获得的持仓对象列表，为前端窗口的数据显示做好准备。同时，在基金持仓数据表中，通过添加记录操作，添加两条模拟持仓记录。

```
public class FundHoldServiceImpl implements FundHoldService{

    @Override
    public List<FundHold> loadHoldsByAccNo(String accNo) {
```

```
        FundHoldDao holdDao = new FundHoldDaoImpl();
        return holdDao.loadHoldsByAccNo(accNo);
    }

}
```

步骤 4：在 t_fund_hold 表中设置好模拟数据，数据如图 9-2-3 所示。

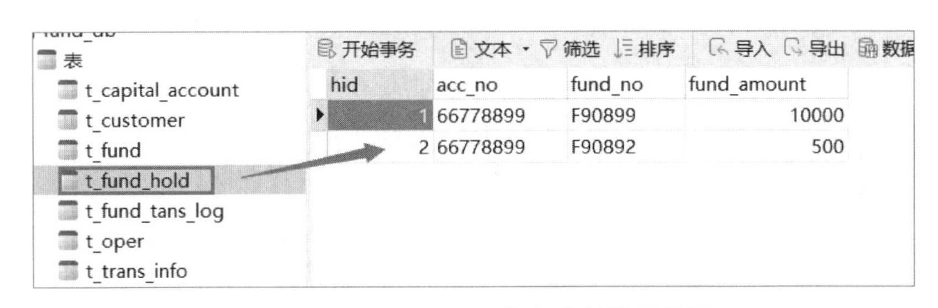

图 9-2-3　t_fund_hold 数据表的模拟数据

编写如下测试代码，测试基金持仓业务服务接口及其实现类、基金持仓 Dao 接口及其实现类定义是否正确。

```
FundHoldService holdService = new FundHoldServiceImpl();
List<FundHold> holdList = holdService.loadHoldsByAccNo("66778899");

for(FundHold hold: holdList)
    System.out.println(hold);
```

测试效果如图 9-2-4 所示。

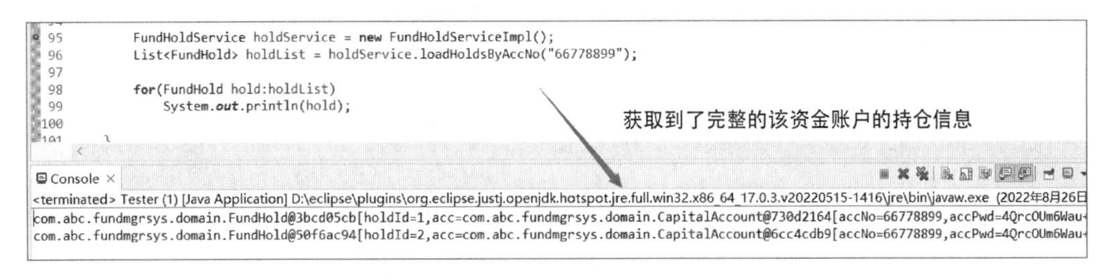

图 9-2-4　基金持仓业务服务接口及其实现类测试结果

步骤 5：界面的显示。在"基金交易操作"窗口 TransMainFrame 右侧的列表中显示账户的持仓信息，需要在"基金交易操作"窗口类中定义一个加载持仓数据的方法，代码如下。方法中通过循环遍历由持仓业务服务接口的查询基金方法返回的结果——持仓对象列表，将账户对应的持仓记录数据在窗口右侧的持仓列表中显示出来。

```
private void loadFundHoldData() {

        //清空 dtm 的原有数据
        this.holdInfoDtm.setRowCount(0);
```

```
        List<FundHold> holdList = new FundHoldServiceImpl( ). loadHoldsByAccNo( FundMgrApp.
currentAcc. getAccNo( ) );

        int i=0;
        String[ ] header2 = {"序号","基金编号","名称","每份价格","数量","总价值"};
        for (FundHold hold : holdList) {
            Object[ ] data = {
                ++i,
                hold. getFund( ). getFundNo( ),
                hold. getFund( ). getFundName( ),
                hold. getFund( ). getFundPrice( ),
                hold. getAmount( ),
                hold. getFund( ). getFundPrice( ) * hold. getAmount( )
            };
            this. holdInfoDtm. addRow( data);

        }

    }
```

步骤 6:“基金交易操作”窗口类加载账户持仓数据方法定义好后,需要在“基金交易操作”窗口类的构造方法代码末尾调用该方法,才能实现账户持仓记录在右侧列表中显示,代码如下。

```
this. loadFundHoldData( );
```

代码效果如图 9-2-5 所示。注意:持仓列表中“总价值”字段的数据是通过“每份价格”字段数据乘以“数量”字段数据获得的。

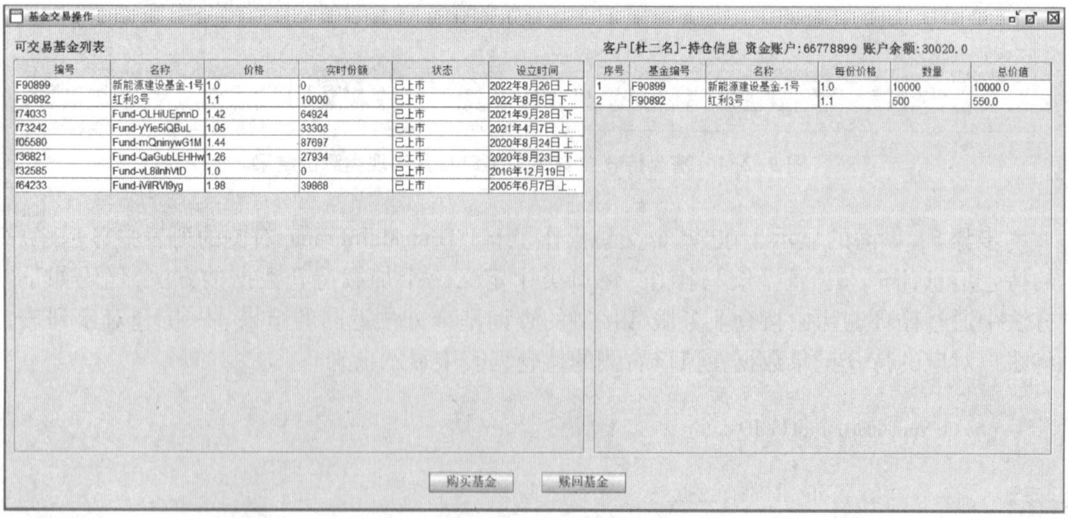

图 9-2-5　加载了账户持仓记录的“基金交易操作”窗口

任务3　基金购买/赎回共用方法实现

一、任务目标

掌握基于 JDBC 的 CRUD 操作技巧。

二、任务要求

1. 完成基金购买和赎回共用 DAO 方法的编码。
2. 编码完成基金购买业务方法并做测试。

三、预备知识

知识1：基金购买/赎回业务的操作规范

（1）基金购买：买入允许进行上市交易的基金。

（2）买入基金时，需要考虑资金账户内现金余额是否足够。若余额不足，则无法执行基金购买操作。

（3）买入基金的操作结果：

① 增加该基金的整体销售份额；

② 产生某资金账户的交易记录；

③ 如果该资金账户原来持有该基金份额，则会导致份额增加，属于修改原记录操作；

④ 如果该资金账户之前不持有该基金份额，则将产生新的基金持仓记录，属于添加新记录操作。

知识2：基于 JDBC 的 CRUD 操作

基于 JDBC 的 CRUD 操作就是指利用 Java 语言编程实现数据库（MySQL）内容的增、删、改、查。实现该操作的关键步骤为：①导包，即需要一个连接数据库的类或文件，里面放对应 url，user，pwd 及驱动；②获取连接，即通过 connection 对象连接数据库；③实现 CRUD 操作，即使用 PreparedStatement，实现数据库的增、删、改、查操作。

知识3：基金购买/赎回的执行流程

基金购买/赎回的执行流程如图 9-3-1 所示。用户通过资金交易操作窗口执行基金购买/赎回操作后，后台程序通过访问调用基金数据表 t_fund、资金账户数据表 t_captial_account 的相关数据，完成基金购买/赎回操作后，除了在前端操作界面中给用户反馈相关的信息外，后台程序也要对数据库中持仓数据表 t_fund_hold、基金数据表 t_fund、交易日志数据表 t_trans_info、资金账户数据表 t_captial_account 的相关数据进行变更。

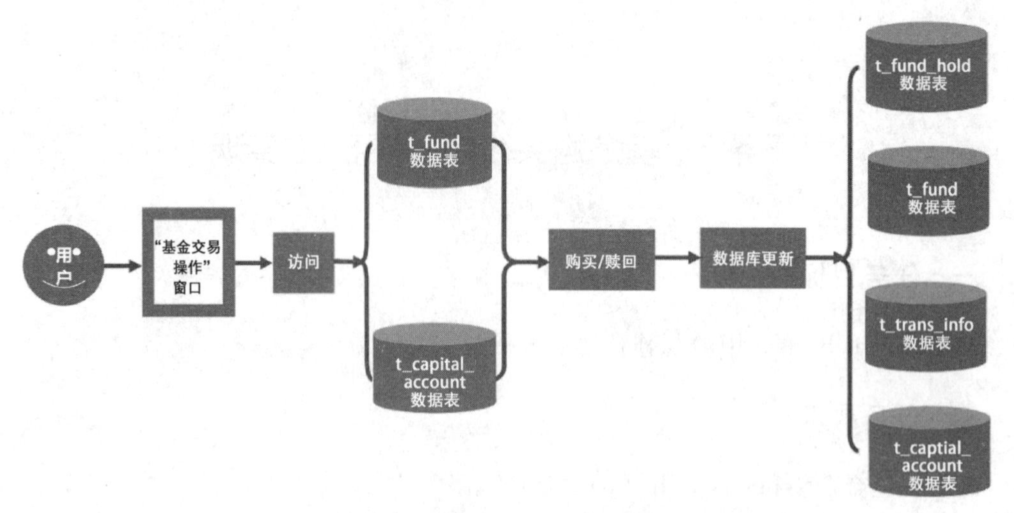

图 9-3-1　基金购买/赎回的执行流程

四、任务实施

子任务 1：底层 DAO 方法的实现

步骤 1：资金账户扣款操作代码。为了实现基金购买操作，在 dao 包中，对资金账户 Dao 接口及其实现类 AccountDaoJDBCImpl 添加一个关于资金账户扣款的方法 updateAccAmount()，在方法中编写如下代码，该方法在完成基金购买操作后，根据资金账户，对账户的余额进行变更。

```
    private static final String SQL_UPDATE_AMOUNT = "update t_capital_account set acc_amount=? where acc_no=?";

    @Override
    public int updateAccAmount(String accNo, double amount) {

            Connection conn = DBUtils.getConn();
            PreparedStatement pstmt = null;
            int cnt = 0;

            try {
                pstmt = conn.prepareStatement(SQL_UPDATE_AMOUNT);
                pstmt.setDouble(1, amount);
                pstmt.setString(2, accNo);
                cnt = pstmt.executeUpdate();
            } catch (SQLException e) {
                // TODO Auto-generated catch block
                e.printStackTrace();
            } finally {
                DBUtils.releaseRes(conn, pstmt, null);
            }

            return cnt;

    }
```

步骤 2：基金总份额增加代码。在 dao 包中，对基金 dao 接口及其实现类 FundDaoImpl 添加一个关于基金份额的修改方法 incFundAmount()，方法的代码如下。该方法在完成基金购买操作后，根据基金编号，对基金的份额进行变更。

```
    private static final String SQL_UPDATE_AMOUNT = "update t_fund set fund_amount=fund_amount+?
where fund_no=?";

    @Override
    public void incFundAmount(int newAmount,String fundNo) {

            Connection conn = DBUtils.getConn();
            PreparedStatement pstmt = null;
            int cnt = 0;

            try {
                pstmt = conn.prepareStatement(SQL_UPDATE_AMOUNT);
                pstmt.setInt(1, newAmount);
                pstmt.setString(2, fundNo);
                cnt = pstmt.executeUpdate();
            } catch (SQLException e) {
                e.printStackTrace();
            } finally {
                DBUtils.releaseRes(conn, pstmt, null);
            }

    }
```

步骤 3：基金持仓记录检测。在 dao 包中，对基金持仓 Dao 接口及实现类 FundHoldDaoImpl 添加一个关于持仓记录的查询方法 getHoldByAccFund()，方法的代码如下。该方法根据账号编号 accNo、基金编号 fundNo，在持仓数据表中查询相关的记录，若找到了，则将持仓记录以持仓对象返回；反之，则返回空。

```
    private static final String SQL_GET_HOLD_BYACC_FUND = "select * from t_fund_hold where acc_no
=? and fund_no=?";

        public FundHold getHoldByAccFund(String accNo, String fundNo) {

            Connection conn = DBUtils.getConn();
            PreparedStatement pstmt = null;
            ResultSet rset = null;
            FundHold hold = null;
            AccountDao accDao = new AccountDaoJDBCImpl();
            FundDao fundDao = new FundDaoImpl();

            try {
                pstmt = conn.prepareStatement(SQL_GET_HOLD_BYACC_FUND);
                pstmt.setString(1, accNo);
                pstmt.setString(2, fundNo);
                rset = pstmt.executeQuery();
```

```
            if(rset. next( ) ) {
                hold = new FundHold( );
                hold. setHoldId( rset. getInt( " hid" ) );

hold. setAcc( accDao. loadAccountByNo( rset. getString( " acc_no" ) ) );

hold. setFund( fundDao. getFundByNo( rset. getString( " fund_no" ) ) );
                hold. setAmount( rset. getInt( " fund_amount" ) );
            }
        } catch (SQLException e) {
            // TODO Auto-generated catch block
            e. printStackTrace( );
        } finally {
            DBUtils. releaseRes( conn, pstmt, rset);
        }

        return hold;

    }
```

步骤 4：编写如下测试代码，利用某一账号、基金编号数据，运行并测试基金持仓 Dao 接口的查询方法的功能，结果如图 9-3-2 所示。

```
FundHoldDao holdDao = new FundHoldDaoImpl( );
FundHold hold = holdDao. getHoldByAccFund( "66778899" , "F90892" );
System. out. println( hold) ;
```

```
 98
 99         FundHoldDao holdDao = new FundHoldDaoImpl();
100         FundHold hold = holdDao.getHoldByAccFund("66778899", "F90892");
101         System.out.println(hold);
102
103     }
```

可以找到持仓记录

```
Console ×
<terminated> Tester (1) [Java Application] D:\eclipse\plugins\org.eclipse.justj.openjdk.hotspot.jre.full.win32.x86_64_17.0.3.v20220515-1416\jre\bin\javaw.exe (2022
:[fundNo=F90892,fundName=红利3号,fundPrice=1.1,fundDesc=dfdf234,fundAmount=10000,fundStatus=a,fundCreateTime=Fri Aug 05 19:17:13 CST 2
```

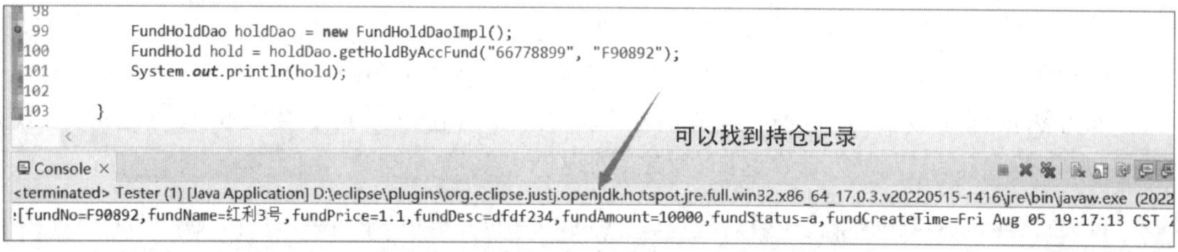

图 9-3-2　基金持仓 Dao 接口查询方法的测试结果

步骤 5：增加持仓量的代码。通过某账户购买某基金后，若该账户之前购买过此基金，则需要增加该账户关于此基金的持仓量。因此，需要在 dao 包中，对基金持仓 Dao 接口及其实现类 FundHoldDaoImpl 增加一个修改现存基金持仓量的方法 incHoldAmount( )，方法的代码如下。该方法根据持仓记录编号，查找持仓数据表的相关记录，并对该记录的持仓量进行变更（新持仓量=旧持仓量+基金购买的数量）。

```
    private static final String SQL_INC_AMOUNT_BYHID = " update t_fund_hold set fund_amount = fund_
amount+? where hid = ?" ;

        @ Override
        public void incHoldAmount( int hid, int amount) {
```

```
        Connection conn = DBUtils.getConn();
        PreparedStatement pstmt = null;

        try {
            pstmt = conn.prepareStatement(SQL_INC_AMOUNT_BYHID);
            pstmt.setInt(1, amount);
            pstmt.setInt(2, hid);
        } catch (SQLException e) {
            // TODO Auto-generated catch block
            e.printStackTrace();
        } finally {
            DBUtils.releaseRes(conn, pstmt, null);
        }

    }
```

步骤 6：增加持仓记录。当某账户购买某基金后，若该账户之前没有购买过此基金，则需要添加该账户购买此基金持仓记录。因此，需要对 dao 包中的基金持仓 dao 接口及其实现类 FundHoldDaoImpl 增加一个添加持仓记录的方法 addHold()，该方法的代码如下。该方法根据将账户购买基金操作的关键数据（如资金账户编号、基金编号、持仓量）添加到持仓数据表中。

```
    private static final String SQL_ADD_HOLD = "insert into t_fund_hold(acc_no,fund_no,fund_amount)
values(?,?,?)";

    @Override
    public int addHold(FundHold hold) {
        Connection conn = DBUtils.getConn();
        PreparedStatement pstmt = null;
        int cnt=0;

        try {
            pstmt = conn.prepareStatement(SQL_ADD_HOLD);
            pstmt.setString(1, hold.getAcc().getAccNo());
            pstmt.setString(2, hold.getFund().getFundNo());
            pstmt.setInt(3, hold.getAmount());
            cnt = pstmt.executeUpdate();
        } catch (SQLException e) {
            // TODO Auto-generated catch block
            e.printStackTrace();
        } finally {
            DBUtils.releaseRes(conn, pstmt, null);
        }
        return cnt;
    }
```

子任务 2：业务方法的实现

步骤 1：账户余额不足的检测。在交易日志业务服务接口及实现类 TransInfoServiceImpl

中，添加一个基金购买的业务方法 buyFund( )，该方法的代码如下。该方法先通过基金 Dao 接口的查询方法，依据账户所购买基金的编号在基金数据表中查找相关的基金记录，并获取该基金的单价，并将账户购买的数量乘以基金单价得到账户本次基金购买的费用，若该费用大于账户余额，则无法进行基金购买，需要抛出余额不足的异常，并在前端界面中显示相关的异常信息告知客户。

```
@ Override
    public int buyFund( CapitalAccount acc, String fundNo, int amount) {

        FundDao fundDao = new FundDaoImpl( );

        //获得当前基金价格
        double price = fundDao. getFundByNo( fundNo). getFundPrice( );
        //购置总费用
        double money = price * amount;

        //账户金额检测
        if( acc. getAccAmount( ) <money)
            throw new NotEnoughMoneyException ( " 资金账户余额不足, 差额为" + ( acc.
getAccAmount( )-money) +"元! 基金购买失败!" );
```

步骤 2：交易记录的保存。若账户余额足够，则可以进行基金购买，此时，需要调用基金 dao 接口的相关方法修改该基金的总销售份额。同时，将新的交易记录数据封装到交易日志对象中，交易类型标识为“B”，并通过交易日志 Dao 接口的添加日志方法 addInfo( )将交易日志对象的数据记录到交易日志数据表中。为实现该功能，需在 TransInfoServiceImpl 类的 buyFund( )方法中增加如下代码。

```
//资金账户扣款
        if( accDao. updateAccAmount( acc. getAccNo( ), acc. getAccAmount( )-money)= =1) {

            //修改该基金的总的销售份额
            fundDao. incFundAmount( amount, fundNo);

            //封装新的交易记录
            TransInfo info = new TransInfo( );
            info. setOper( FundMgrApp. oper);
            info. setTransAcc( acc);
            info. setTransAmount( money);
            info. setTransTime( new Date( ) );
            info. setTransType( "B" );

            //产生交易记录
            infoDao. addInfo( info);

        }
```

步骤 3：持仓记录的保存。TransInfoService 类通过调用基金持仓 Dao 接口的查询方法 getHoldByAccFund( )，在持仓数据表中查找有没有该账户购买此基金的相关记录，若有记录，则变更此记录的持仓量；反之，则再持仓数据表中添加一条新记录，相关代码如下。

```
//保存持仓记录
            FundHold hold = holdDao.getHoldByAccFund(acc.getAccNo(), fundNo);
            if(hold! =null) {
                holdDao.incHoldAmount(hold.getHoldId(), amount);    //存在持仓记录,则增加
持仓量
            }
            else {

                //封装持仓记录
                hold = new FundHold();
                hold.setAmount(amount);
                hold.setFund(fundDao.getFundByNo(fundNo));
                hold.setAcc(acc);

                holdDao.addHold(hold);

            }
```

步骤4：基金购买的相关代码编写完后，运行以下代码，测试基金购买功能是否能正常执行，若能，则其结果如图9-3-3所示。

```
CapitalAccount acc = new  AccountDaoJDBCImpl().loadAccountByNo("66778899");
TransInfoService infoService = new TransInfoServiceImpl();
infoService.buyFund(acc, "F90899", 100);
```

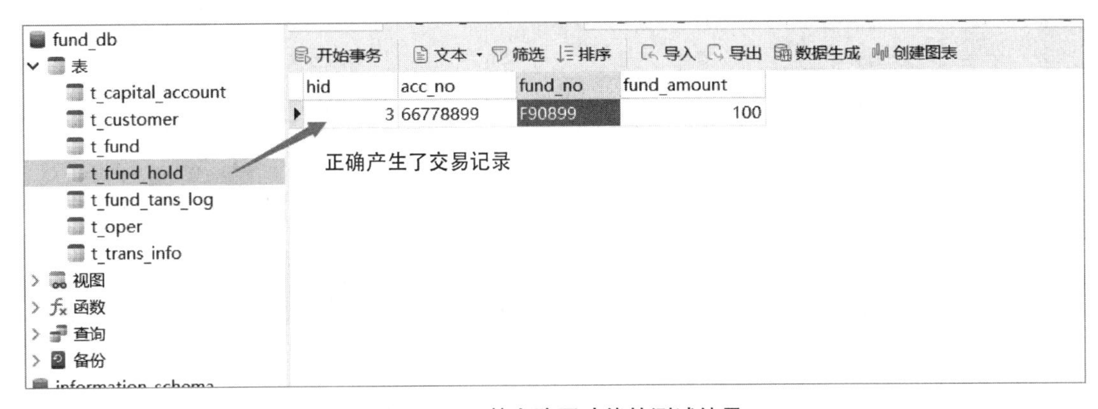

图9-3-3　基金购买功能的测试结果

任务4　基金购买的操作实现

一、任务目标

1. 掌握基金购买业务界面交互方法。

2. 熟练使用对话框工具并掌握类间数据传递方法。

二、任务要求

编程实现基金购买操作的界面交互。

三、预备知识

知识 1：基金购买执行流程

基金购买的执行流程如图 9-4-1 所示。用户选择了基金并执行购买操作后，依据所选基金的编号，通过 Fund_Service 接口、Fund_Dao 接口，在基金数据表 t_fund 中查找相关的基金记录，利用记录中基金单价，获得基金购买所需的费用。如果费用超出账户的余额，则抛出异常，并将余额不足的异常信息反馈到前端界面告知用户；反之，则执行基金购买操作，将基金购买交易数据封装到交易日志对象中，同时，对交易日志数据表 t_trans_info、基金数据表 t_fund、资金账户数据表 t_captial_account、基金持仓数据表 t_fund_hold 进行变更。

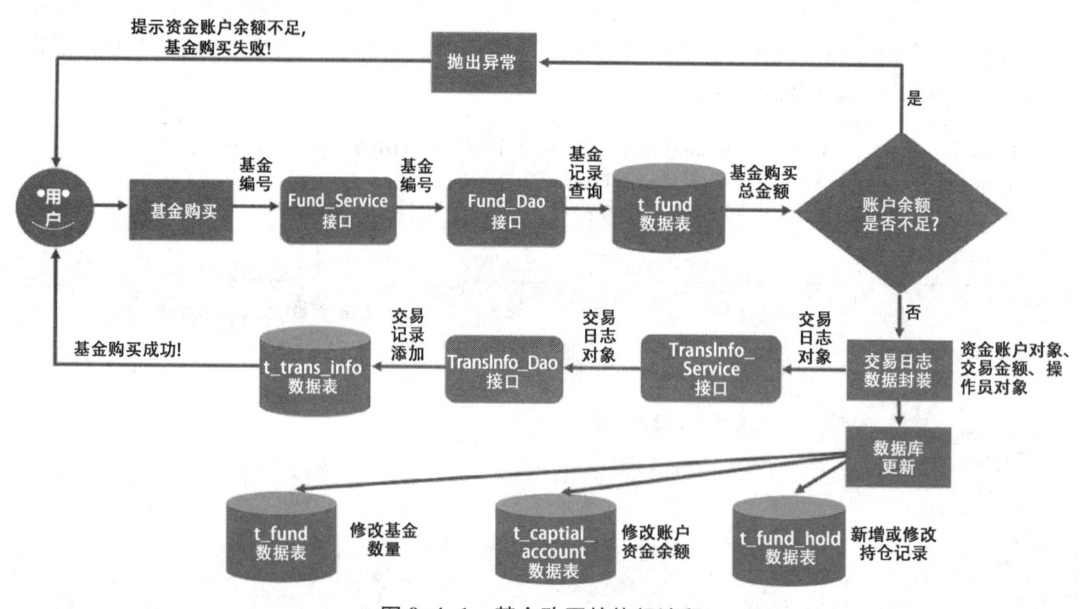

图 9-4-1　基金购买的执行流程

四、任务实施

子任务 1：核心业务方法的实现

步骤 1：实现基金购买业务。在交易日志业务服务接口及其实现类 TransInfoServiceImpl 中，编写一个基金购买的方法 buyFund()，该方法的代码如下。

```
@ Override
    public int buyFund(CapitalAccount acc, String fundNo, int amount) {

        AccountDao accDao = new AccountDaoJDBCImpl();
        FundDao fundDao = new FundDaoImpl();
```

```
        TransInfoDao infoDao = new TransInfoDaoImpl();
        FundHoldDao holdDao = new FundHoldDaoImpl();
        int cnt=0;

        //获得当前基金价格
        double price = fundDao.getFundByNo(fundNo).getFundPrice();
        //购置总费用
        double money = price * amount;

        //账户金额检测
        if(acc.getAccAmount()<money)
            throw new NotEnoughMoneyException("资金账户余额不足,差额为"+(acc.
getAccAmount()-money)+"元!基金购买失败!");

        //资金账户扣款
        if(accDao.updateAccAmount(acc.getAccNo(), acc.getAccAmount()-money)==1) {

            //修改该基金的总的销售份额
            fundDao.incFundAmount(amount, fundNo);

            //封装新的交易记录
            TransInfo info = new TransInfo();

            //测试专用
//          OperatorDao operDao = new OperatorDaoImpl();
//          info.setOper(operDao.getOperByNo("S00001"));

            info.setOper(FundMgrApp.oper);
            info.setTransAcc(acc);
            info.setTransAmount(money);
            info.setTransTime(new Date());
            info.setTransType("B");

            //产生交易记录
            infoDao.addInfo(info);

            //保存持仓记录
            FundHold hold = holdDao.getHoldByAccFund(acc.getAccNo(), fundNo);
             if(hold! =null) {
                holdDao.incHoldAmount(hold.getHoldId(), amount); //存在持有记录,则增加持仓量
             }
             else {

                //封装持仓记录
                hold = new FundHold();
                hold.setAmount(amount);
                hold.setFund(fundDao.getFundByNo(fundNo));
                hold.setAcc(acc);
```

```
                holdDao.addHold(hold);
            }
            cnt=1;
        }
        else
            throw new RuntimeException("基金购买扣款失败!");

        return cnt;
    }
```

步骤2：编写如下测试代码和测试用例，对交易日志业务服务接口的基金购买方法buyFund()进行测试。执行效果如图9-4-2所示。

```
CapitalAccount acc = new  AccountDaoJDBCImpl().loadAccountByNo("66778899");
TransInfoService infoService = new TransInfoServiceImpl();
infoService.buyFund(acc, "F90899", 100);
```

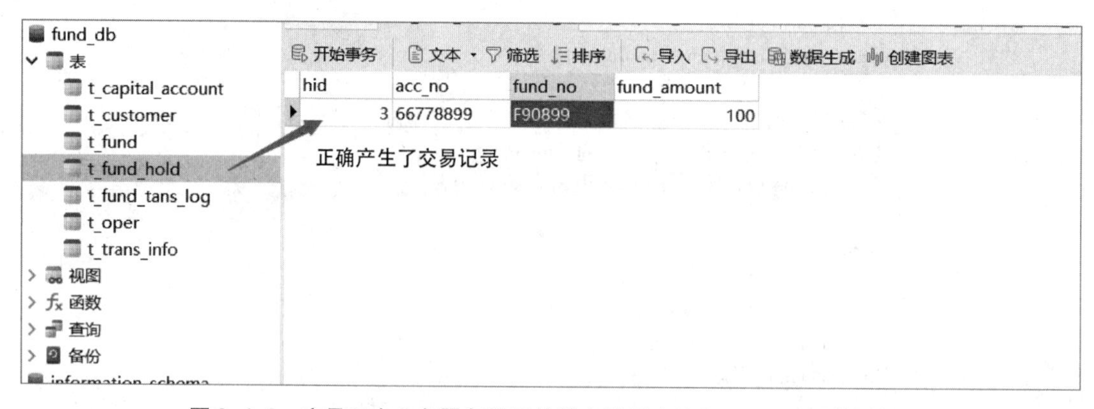

图9-4-2　交易日志业务服务接口的基金购买方法 buyFund()测试结果

子任务2：界面交互实现

步骤1：显示及更新持仓总值。基金购买结束后，需在"基金交易操作"窗口类TransMainFrame构造方法中添加如下代码。该代码首先清空右侧持仓列表的数据，然后，通过调用账户持仓业务服务接口的查询持仓记录的方法loadHoldsByAccNo()，重新载入与账户相关的持仓记录数据并重新在右侧持仓列表中显示。另外，需要刷新持仓账户的持仓总量。

```
    //清空 dtm 的原有数据
            this.holdInfoDtm.setRowCount(0);

            List<FundHold> holdList = new
FundHoldServiceImpl().loadHoldsByAccNo(FundMgrApp.currentAcc.getAccNo());
            double totalMoney = 0.0;
```

```
            int i=0;
            String[ ] header2 = {"序号","基金编号","名称","每份价格","数量","总价值"};
            for (FundHold hold : holdList) {
                    Object[ ] data = {
                            ++i,
                            hold. getFund( ). getFundNo( ),
                            hold. getFund( ). getFundName( ),
                            hold. getFund( ). getFundPrice( ),
                            hold. getAmount( ),
                            hold. getFund( ). getFundPrice( ) * hold. getAmount( )
                    };
                    this. holdInfoDtm. addRow( data);
                    totalMoney +=
hold. getFund( ). getFundPrice( ) * hold. getAmount( );


            }


            lblHoldValue. setText( "持仓总值: " +totalMoney);
```

代码运行效果如图 9-4-3 所示,持仓总值会随着基金价格的波动发生变化。

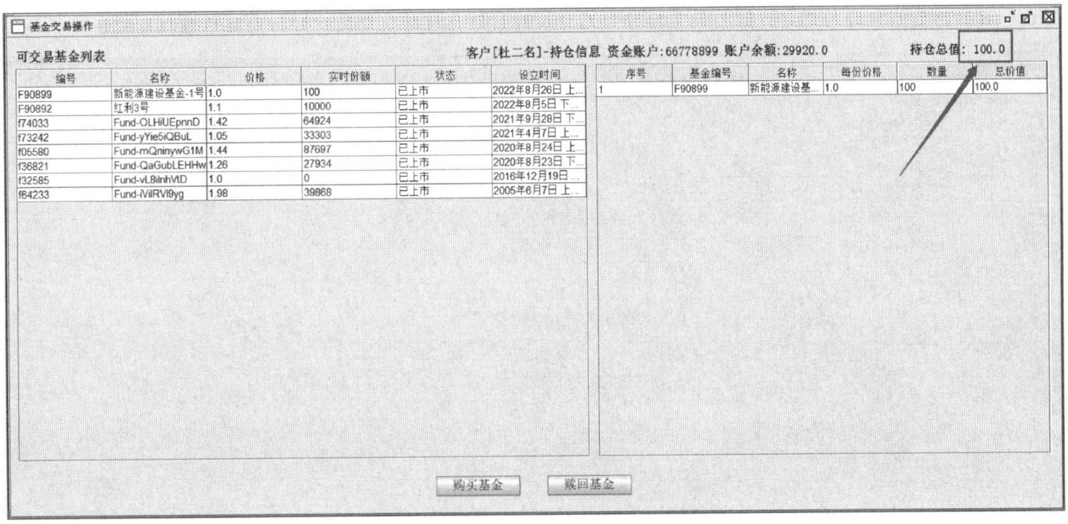

图 9-4-3　持仓总值的变化效果

步骤 2:获取目标基金。将上述的基金购买业务实现代码绑定到“基金交易操作”窗口的“购买基金”按钮的点击事件中,事件的代码如下。事件执行时,先判断用户是否在左侧的基金列表中选择基金记录,若用户没有选择基金,则须在前端弹出相应的信息提示框;反之,则可以根据用户在左侧列表中所选的基金编号,获取到该基金的信息。

```
    JButton btnBuy = new JButton("购买基金");
            btnBuy. addActionListener( new ActionListener( ) {
                    public void actionPerformed( ActionEvent e) {

                            int row = table. getSelectedRow( );
```

```
                if(row==-1) {
                    JOptionPane.showMessageDialog(TransMainFrame.this, "请先选中要购买的基金记录!");
                }
                else {

                    String no = (String)table.getValueAt(row, 0);

                    FundService fundService= new FundServiceImpl();
                    Fund fund = fundService.getFundByNo(no);

//                  System.out.println(fund);

                }

            }
        });
```

“购买基金”按钮的点击事件的运行结果如图 9-4-4 所示。

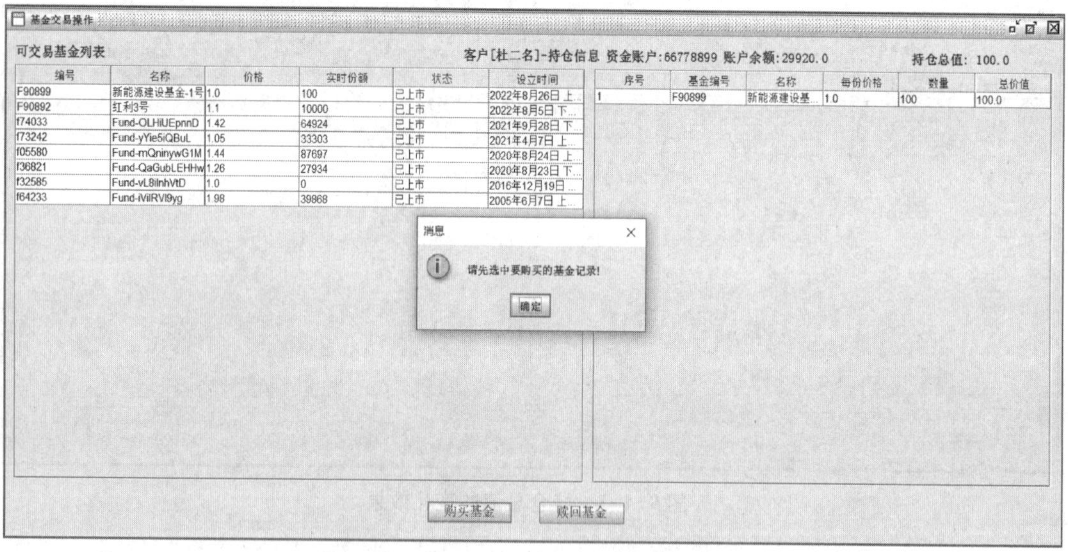

图 9-4-4 “购买基金”按钮点击事件测试结果

步骤 3：获取购买的基金份额。前端平台需要给用户提供一个“购买基金份额确认”对话框，用户可以在这个对话框中输入基金购买的份额。在 view 包的交易操作子包 view.transaction 中创建获取基金购买份额的对话框类 GetBuyAmountDialog，该类继承自 JDialog 类。对话框的标题为“购买基金份额确认”，对话框中将显示所选基金的名称和当前价格，同时还提供一个输入基金购置份额的文本框，对话框的右下角设置“购买”和“取消”按钮。对话框的参考尺寸为 514 像素×245 像素，效果如图 9-4-5 所示。

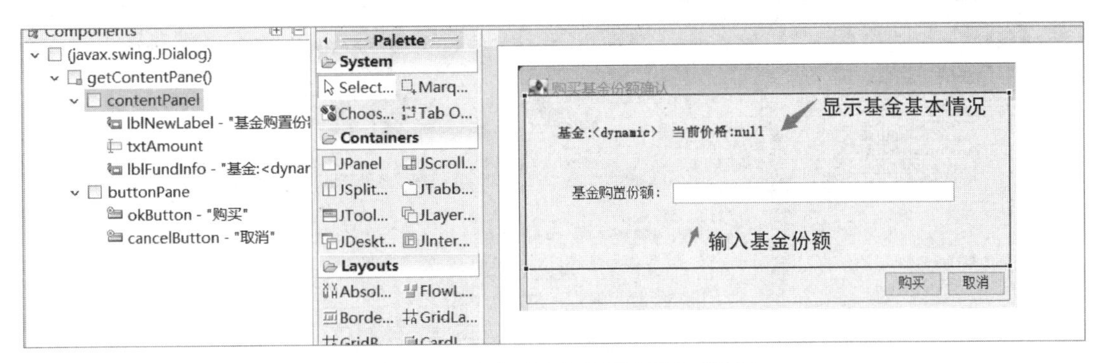

图 9-4-5 “购买基金份额确认”对话框

步骤 4：在“购买基金份额确认”对话框的“购买”按钮的点击事件中编写如下代码，通过调用交易日志业务服务接口的购买基金方法 buyFund( )来实现基金购买业务。

```
JButton okButton = new JButton("购买");
            okButton.addActionListener(new ActionListener() {
                public void actionPerformed(ActionEvent e) {

                    int amount = Integer.parseInt(txtAmount.getText());

                    int result = JOptionPane.showConfirmDialog(GetBuyAmountDialog.this,"
确认买入基金-"+TransMainFrame.workFund.getFundName()+"-"+amount+"份吗?","系统提示",
JOptionPane.YES_NO_OPTION,JOptionPane.QUESTION_MESSAGE);
                    if(result==JOptionPane.YES_OPTION) {
                        TransInfoService infoService = new TransInfoServiceImpl();

                        try{
infoService.buyFund(FundMgrApp.currentAcc,TransMainFrame.workFund.getFundNo(), amount);

JOptionPane.showMessageDialog(GetBuyAmountDialog.this, "基金购买成功!");
                            GetBuyAmountDialog.this.dispose();
                        }catch(NotEnoughMoneyException ex) {

JOptionPane.showMessageDialog(GetBuyAmountDialog.this, ex.getMessage());
                        }
                    }

                }
});
```

步骤 5：设计测试用例，测试在资金账户余额不足的情况下系统基金购买的功能，执行效果如图 9-4-6 所示。

步骤 6：在 TransMainFrame 类中编写如下代码，该代码在对话框关闭后(即基金购买操作执行后)，“可交易基金列表”和“客户持仓信息表”中的数据将同步刷新，运行结果如图 9-4-7 所示。

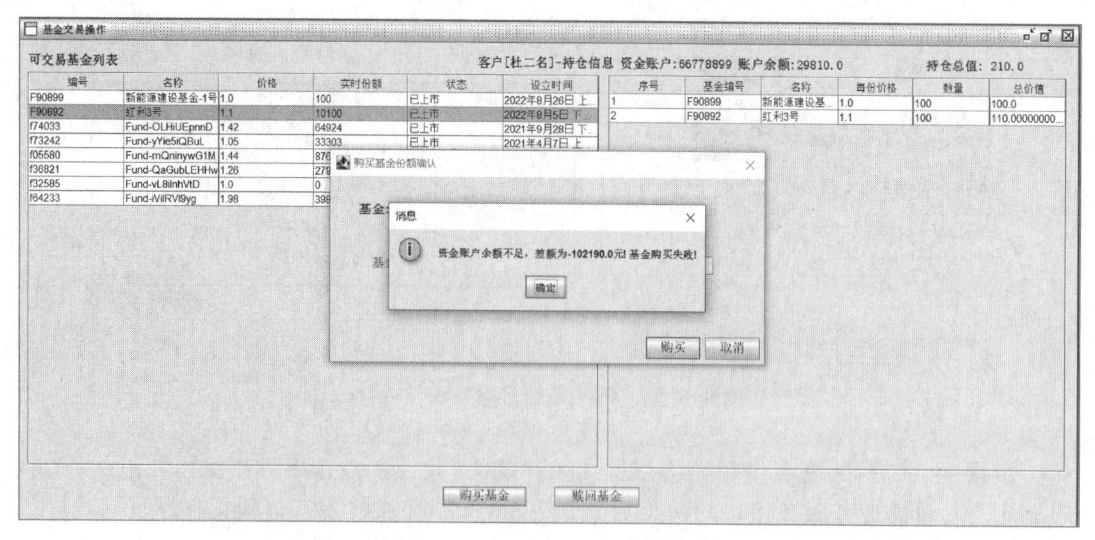

图 9-4-6　基金购买功能的测试结果

```
TransMainFrame. this. loadAvailableFundData( ) ;
TransMainFrame. this. loadFundHoldData( ) ;
```

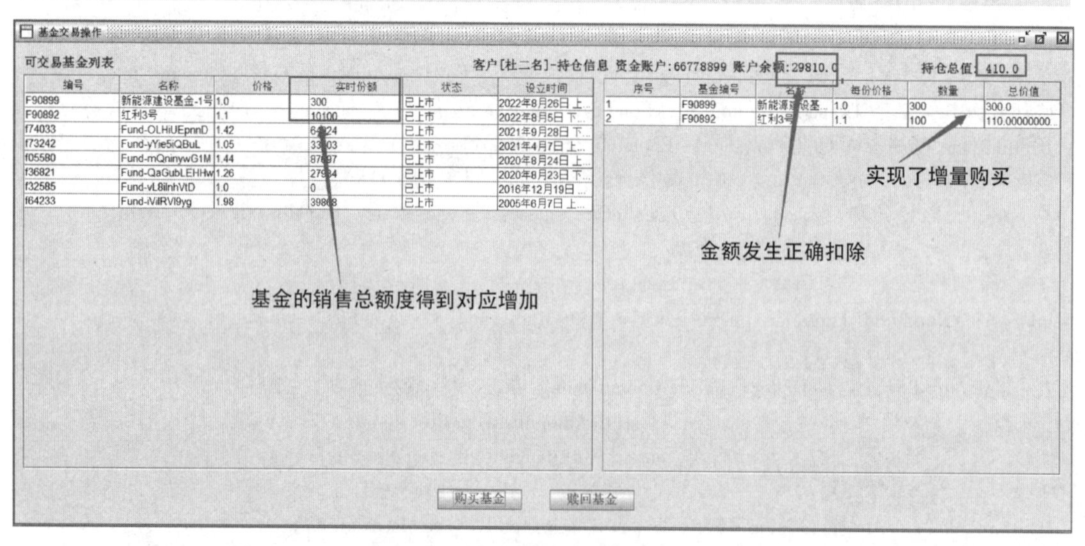

图 9-4-7　“可交易基金列表”和“客户持仓信息表”同步刷新效果

任务 5　基金赎回的操作实现

一、任务目标

1. 掌握基金赎回界面交互方法。

2. 熟练使用对话框工具并掌握类间数据传递方法。

二、任务要求

完成基金赎回操作的界面交互实现。

三、预备知识

知识1：基金赎回的业务说明

（1）基金赎回：卖出允许进行上市交易的基金，获得现金。

（2）赎回基金时，需要考虑赎回份额是否小于等于持仓份额，如果超额，则赎回失败。

（3）赎回基金的操作结果：

① 减少该基金的整体销售份额；

② 增加资金账户的余额；

③ 产生某资金账户的交易记录；

④ 如果赎回份额小于该基金的持仓额度，则会导致份额减少，属于修改操作，修改原持仓记录；

⑤ 如果赎回份额等于该基金的持仓额度，则将删除基金持仓记录，属于删除记录的操作。

知识2：基金赎回的执行流程

基金赎回的执行流程如图9-5-1所示。用户选择了某条持仓记录并执行赎回后，依据所选持仓记录对应的账户编号、基金编号，通过Fund_Hold_Service接口及Fund_Hold_Dao接口，在基金持仓数据表t_fund_hold中查找相关的持仓记录，提取记录中持仓份额。如果赎回份额超出持仓份额，则抛出异常，并将无法执行赎回操作的异常信息反馈到前端界面告知用户；反之，则执行基金赎回操作，将基金赎回交易数据封装到交易日志对象中，同时，对交易日志数据表t_trans_info、基金数据表t_fund、资金账户数据表t_captial_account、基金持仓数据表t_fund_hold进行变更。

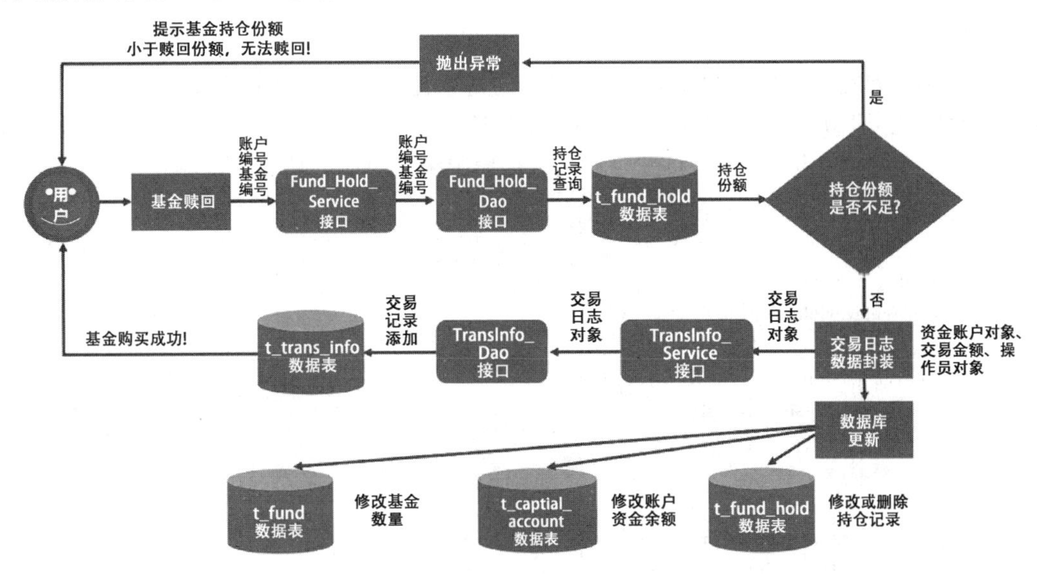

图9-5-1　基金赎回的执行流程

四、任务实施

子任务 1：底层 DAO 方法实现

步骤 1：减少基金总持仓份额。由于基金被赎回后，基金数据表 t_fund 中基金的实时份额需要减少，因此需要在基金 Dao 接口及其实现类 FundDaoImpl 中添加一个减少基金份额的方法 decFundAmount()，代码如下。该方法根据被赎回基金的编号，将基金数据表中基金编号对应的基金记录实时份额的数据变更成新的数据。

```
private static final String SQL_UPDATE_AMOUNT_DEC = "update t_fund set fund_amount=fund_
amount-? where fund_no=?";

    @Override
    public void decFundAmount(int newAmount, String fundNo) {

        Connection conn = DBUtils.getConn();
        PreparedStatement pstmt = null;
        int cnt = 0;

        try {
            pstmt = conn.prepareStatement(SQL_UPDATE_AMOUNT_DEC);
            pstmt.setInt(1, newAmount);
            pstmt.setString(2, fundNo);
            cnt = pstmt.executeUpdate();
        } catch (SQLException e) {
            // TODO Auto-generated catch block
            e.printStackTrace();
        } finally {
            DBUtils.releaseRes(conn, pstmt, null);
        }

    }
```

步骤 2：持仓记录删除。基金赎回操作中，如果赎回的份额等于持仓份额（即基金被完全赎回），则需要在基金持仓数据表中，将对应的持仓记录删掉。这就需要在基金持仓 dao 接口及其实现类 FundHoldDaoImpl 中添加一个删除持仓记录的方法 removeHold()，代码如下。该方法根据持仓记录编号，将基金持仓数据表中编号对应的持仓记录删除掉。

```
private static final String SQL_DEL = "delete from t_fund_hold where hid=?";

@Override
public int removeHold(int hid) {

        Connection conn = DBUtils.getConn();
        PreparedStatement pstmt = null;
        int cnt=0;

        try {
            pstmt = conn.prepareStatement(SQL_DEL);
            pstmt.setInt(1, hid);
```

```
            cnt = pstmt.executeUpdate();
        } catch (SQLException e) {
            // TODO Auto-generated catch block
            e.printStackTrace();
        } finally {
            DBUtils.releaseRes(conn, pstmt, null);
        }

        return cnt;
    }
```

步骤 3：持仓记录减少。基金赎回操作中，如果赎回的份额小于持仓份额（即基金被部分赎回），则需要减少金持仓数据表中对应的持仓记录的持仓份额。因此在基金持仓 Dao 接口及其实现类 FundHoldDaoImpl 中添加一个减少持仓量的方法 decHoldAmount()，代码如下。该方法根据持仓记录编号，将基金持仓数据表中编号对应的持仓记录的原持仓份额扣除基金被赎回的份额。

```
    private static final String SQL_DEC_AMOUNT_BYHID = "update t_fund_hold set fund_amount=fund_
amount-? where hid=?";

    @Override
    public void decHoldAmount(int hid, int amount) {

        Connection conn = DBUtils.getConn();
        PreparedStatement pstmt = null;

        try {
            pstmt = conn.prepareStatement(SQL_DEC_AMOUNT_BYHID);
            pstmt.setInt(1, amount);
            pstmt.setInt(2, hid);
            pstmt.executeUpdate();
        } catch (SQLException e) {
            // TODO Auto-generated catch block
            e.printStackTrace();
        } finally {
            DBUtils.releaseRes(conn, pstmt, null);
        }

    }
```

子任务 2：核心业务方法的实现

步骤 1：在交易日志服务接口及实现类中 TransInfoServiceImpl，添加基金赎回的业务方法 sellFund()，代码如下。通过该方法来实现基金赎回的业务执行流程。执行完基金赎回操作后，账户的余额需要加上基金被赎回后所获得的金额。

```
    public int sellFund(CapitalAccount acc, String fundNo, int amount) {

        FundHoldDao holdDao = new FundHoldDaoImpl();
```

```
            FundDao fundDao = new FundDaoImpl( );
            TransInfoDao infoDao = new TransInfoDaoImpl( );

            FundHold hold = holdDao. getHoldByAccFund( acc. getAccNo( ), fundNo);

            //持仓份额小于提出的赎回份额
            if( hold. getAmount( )<amount) {
                throw new RuntimeException("基金持仓份额小于赎回份额,无法赎回!");
            }

            //修改基金总份额
            fundDao. decFundAmount( amount, fundNo);

            //增加资金账户现金
            AccountDao accDao = new AccountDaoJDBCImpl( );
            double accNewAmount = acc. getAccAmount( )+fundDao. getFundByNo( fundNo). getFundPrice
( ) * amount;
            accDao. updateAccAmount( acc. getAccNo( ), accNewAmount);

            //持仓记录的改变
            if( amount<hold. getAmount( ) )
                holdDao. decHoldAmount( hold. getHoldId( ), amount);
            else if( amount= =hold. getAmount( ) )
                holdDao. removeHold( hold. getHoldId( ) );

            //封装新的交易记录
            TransInfo info = new TransInfo( );
            info. setOper( FundMgrApp. oper);
            info. setTransAcc( acc);
    info. setTransAmount( fundDao. getFundByNo( fundNo). getFundPrice( ) * amount);
            info. setTransTime( new Date( ) );
            info. setTransType( "G");

            //产生交易记录
            infoDao. addInfo( info);

            return 1;
        }
```

子任务 3: 赎回基金界面交互

步骤 1: 为了给用户提供一个基金赎回份额的输入窗口,在 view 包的交易操作子包 view. transaction 中,创建一个获得赎回份额的对话框类 GetSellAmountDialog,该类继承自 JDialog 类。对话框的标题设置为“赎回基金份额确认”,并显示被选持仓记录对应的基金名称及当前的价格,对话框需提供一个输入的基金赎回份额文本框,下方需提供“赎回”“取消”两个按钮。对话框的参考尺寸为 514 像素×245 像素。对话框的显示效果如图 9-5-2 所示。

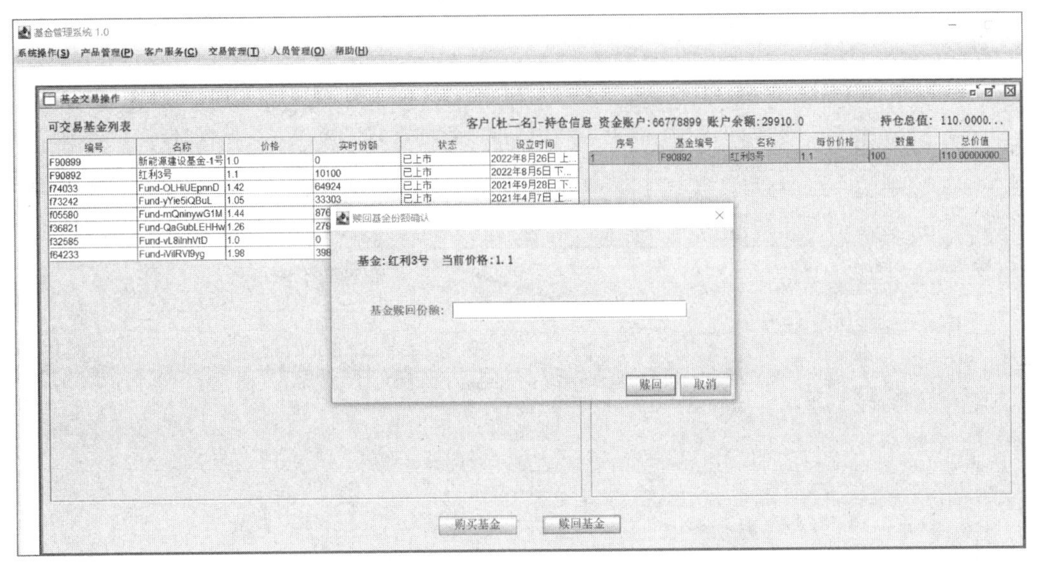

图 9-5-2　“赎回基金份额确认”窗口

步骤 2：在“赎回基金份额确认”对话框 GetSellAmountDialog 的“赎回”按钮的点击事件中编写如下代码，通过调用交易日志业务服务接口的基金赎回业务方法 sellFund( )来实现基金的赎回。

```
    JButton okButton = new JButton("赎回");
                okButton.addActionListener(new ActionListener() {
                    public void actionPerformed(ActionEvent e) {

                        int amount = Integer.parseInt(txtAmount.getText());

                        int result = JOptionPane.showConfirmDialog(GetSellAmountDialog.this,"
确认赎回基金-"+TransMainFrame.workFund.getFundName()+"-"+amount+"份吗?","系统提示",
JOptionPane.YES_NO_OPTION,JOptionPane.QUESTION_MESSAGE);
                        if(result==JOptionPane.YES_OPTION) {
                            TransInfoService infoService = new TransInfoServiceImpl();

                            try{
infoService.sellFund(FundMgrApp.currentAcc,TransMainFrame.workFund.getFundNo(), amount);

JOptionPane.showMessageDialog(GetSellAmountDialog.this, "基金赎回成功!");

                                GetSellAmountDialog.this.dispose();
                            }catch(RuntimeException ex) {

JOptionPane.showMessageDialog(GetSellAmountDialog.this, ex.getMessage());
                            }
                        }

                    }
                });
```

步骤 3：基金赎回功能相关代码编写完后，设计测试用例，测试在基金持仓份额小于赎回份额情况下调用赎回基金业务逻辑，操作结果如图 9-5-3 所示。

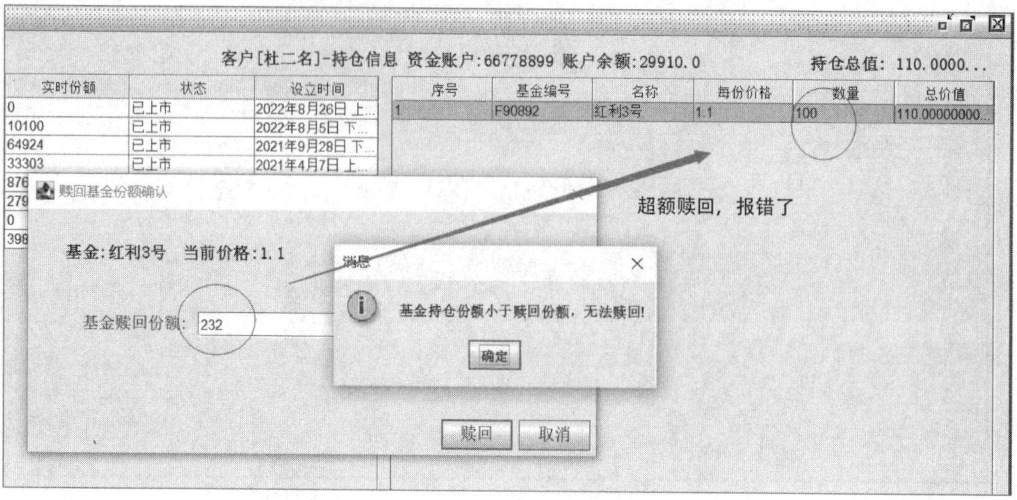

图 9-5-3　持仓基金数额不足的基金赎回测试结果

步骤 4：在“基金交易操作”窗口类 TransMainFrame 的构造方法中，执行完基金赎回操作后，需要通过重新调用窗口的加载可交易基金方法 loadAvailableFundData()、加载基金持仓记录方法 loadFundHoldData()刷新左、右两边的列表，并刷新用于显示资金账户余额、持仓总额的标签组件的文本数据，相关代码如下。

```
TransMainFrame.this.loadAvailableFundData();
TransMainFrame.this.loadFundHoldData();

FundMgrApp.currentAcc = new AccountServiceImpl().loadAccountByNo(FundMgrApp.currentAcc.
getAccNo());

lblCustInfo.setText("客户["+FundMgrApp.currentCust.getCustName()+"]-持仓信息 资金账户："+
FundMgrApp.currentAcc.getAccNo()+" 账户余额："+FundMgrApp.currentAcc.getAccAmount());
```

基金赎回功能的测试结果如图 9-5-4 所示。

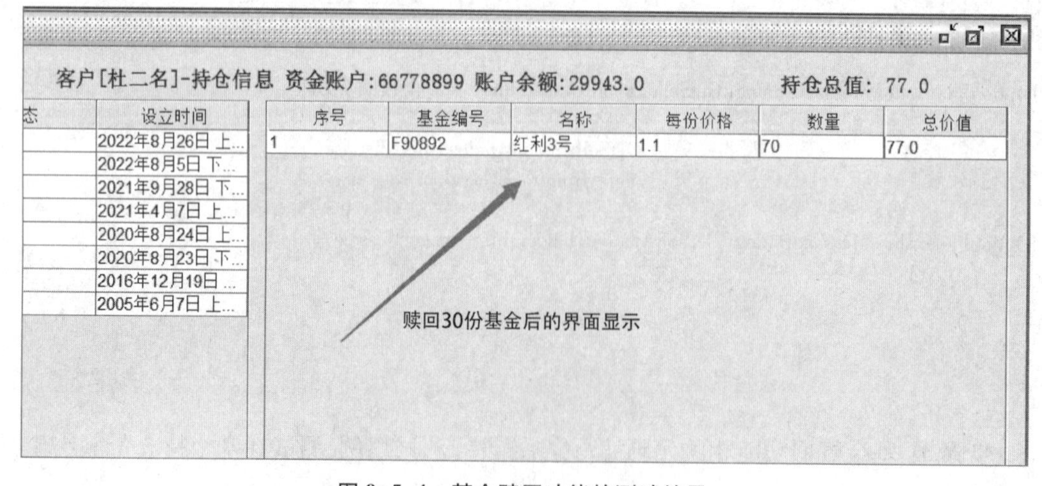

图 9-5-4　基金赎回功能的测试结果

任务 6　基金交易记录的存储

一、任务目标

1. 提升基金业务的实操能力。
2. 掌握基金交易记录存储的实现方法。

二、任务要求

完成基金交易日志的信息存储。

三、预备知识

知识 1：关于基金交易记录存储业务

用来记录资金账户交易操作数据的交易日志数据表只记录了资金账户的情况，如开户、入金、出金、基金交易金额等，该表仅体现基金的购买/赎回行为对资金账户产生变动，无法直观地看到资金变动和基金交易行为之间的关系，如图 9-6-1 所示。

29	B	-100.00	66778899	2022-08-26 16:00:05	S00001
30	B	-110.00	66778899	2022-08-26 17:11:31	S00001
31	B	-200.00	66778899	2022-08-26 17:19:57	S00001
32	G	100.00	66778899	2022-08-29 21:01:37	S00001
33	G	50.00	66778899	2022-08-29 21:17:53	S00001
34	G	100.00	66778899	2022-08-29 21:21:34	S00001
35	G	50.00	66778899	2022-08-29 21:21:59	S00001
36	G	33.00	66778899	2022-08-29 22:01:06	S00001

只能体现基金的购买和赎回对资金账户的产生的变动

图 9-6-1　交易日志数据表记录

为了能直观地反映资金变动和基金交易行为之间的关系，需要设计一张数据表 t_fund_trans_log，表格结构设计如图 9-6-2 所示。该表专门用来记录基金的具体购买历史记录。该表详细记录了资金账户的基金交易的关键数据，如交易所属账户 acc_no、交易的基金品种 fund_no、基金单价 fund_price、基金份额 fund_amount、交易金额 trans_amount、交易时间 trans_time、交易操作员 trans_oper 等。

log_id	int			☑	☐	1	基金交易流水
trans_type	char	1		☑	☐		基金交易类型
acc_no	char	8		☑	☐		交易所属账户
fund_no	char	6		☑	☐		交易的基金品种
fund_price	decimal	5	2	☑	☐		基金单价
fund_amount	int			☑	☐		基金份额
trans_amount	decimal	12	2	☑	☐		交易金额
trans_time	datetime			☑	☐		交易产生时间
trans_oper	char	6		☑	☐		交易操作员

图 9-6-2　t_fund_trans_log 数据表结构

四、任务实施

子任务 1：业务实体类的构建

步骤 1：为了满足交易历史记录数据表与基金管理系统之间的数据传送需求，根据交易历史记录数据表定义，相应地在业务实体类包 domain 中定义一个基金交易历史记录类 FundTransLog，类的定义代码如下。该类的父类为 ValueObject，类中定义的私有成员变量与交易历史记录数据表定义的字段相对应，其中，数据库中的外键字段：交易资金账户 acc、交易基金 fund、交易操作员 oper，用相应的实体类对象来定义。

```
/**** 基金交易记录 ****/
public class FundTransLog extends ValueObject{

    /** 记录流水 */
    private int logId;

    /** 交易类型 */
    private String transType; // 交易类型：b-buy s-sell

    /** 交易资金账户 */
    private CapitalAccount acc;

    /** 交易基金 */
    private Fund fund;

    /** 交易价格 */
    private double fundPrice;

    /** 交易份额 */
    private int fundAmount;

    /** 交易总金额 */
    private double transAmount;

    /** 交易时间 */
    private Date transTime;

    /** 操作员 */
    private Operator oper;

    //这里...省略 getter 和 setter 方法
}
```

子任务 2：DAO 层方法的实现

步骤 1：为了满足基金管理系统访问交易历史记录数据表的需求，在 dao 包中，构建基金交易历史 Dao 接口 FundTransLogDaoImpl 及其实现类,代码如下。接口中定义了一个添加历史记录方法 addLog( ),该方法主要用来保存基金交易历史记录,将基金交易的关键数据封装到基金交易历史记录类对象中。其中,交易资金账户 acc、交易基金 fund、交易操作员 oper 的外键字段数据需要调用对应实体类对象的访问方法获取。

```
public class FundTransLogDaoImpl implements FundTransLogDao{

    private static final String SQL_ADD = "insert into t_fund_trans_log(trans_type,acc_no,fund_no,
fund_price,fund_amount,trans_amount,trans_time,trans_oper) values(?,?,?,?,?,?,?,?)";

    @Override
    public int addLog(FundTransLog log) {

        Connection conn = DBUtils.getConn();
        PreparedStatement pstmt = null;
        int cnt=0;

        try {
            pstmt = conn.prepareStatement(SQL_ADD);
            pstmt.setString(1, log.getTransType());
            pstmt.setString(2, log.getAcc().getAccNo());
            pstmt.setString(3, log.getFund().getFundNo());
            pstmt.setDouble(4, log.getFundPrice());
            pstmt.setInt(5, log.getFundAmount());
            pstmt.setDouble(6, log.getTransAmount());
            pstmt.setTimestamp(7, new Timestamp(log.getTransTime().getTime()));
            pstmt.setString(8, log.getOper().getOperNo());
            cnt = pstmt.executeUpdate();
        } catch (SQLException e) {
            // TODO Auto-generated catch block
            e.printStackTrace();
        } finally {
            DBUtils.releaseRes(conn, pstmt, null);
        }

        return cnt;

    }

}
```

子任务3: 业务层方法的实现

步骤1: 在业务服务包 service 中,需要构建一个基金交易历史记录业务服务接口 FundTransLogService 及其实现类 FundTransLogServiceImpl,相关代码如下。方便前端界面调用相应的 Dao 接口，接口的 addLog( ) 方法用于实现系统对交易历史记录数据表的访问。

```
public class FundTransLogServiceImpl implements FundTransLogService{

    @ Override
    public int addLog( FundTransLog log) {
        FundTransLogDao logDao = new FundTransLogDaoImpl( );
        return logDao. addLog( log);
    }

}
```

子任务 4：系统应用整合

步骤 1： 基金购买操作记录存储。修改"获取基金购买份额"对话框类 GetBuyAmountDialog"购买"按钮的点击事件代码，添加如下将基金购买的交易数据存储到交易历史记录表中的代码。

```
if( result= =JOptionPane. YES_OPTION) {
        TransInfoService infoService = new TransInfoServiceImpl( );
        FundTransLogService logService = new FundTransLogServiceImpl( );

        try{
infoService. buyFund( FundMgrApp. currentAcc,TransMainFrame. workFund. getFundNo( ), amount);

        FundTransLog log = new FundTransLog( );
        log. setAcc( FundMgrApp. currentAcc);
        log. setFund( TransMainFrame. workFund);
        log. setFundPrice( TransMainFrame. workFund. getFundPrice( ));
        log. setFundAmount( amount);
        log. setTransAmount( TransMainFrame. workFund. getFundPrice( ) * amount);
        log. setTransTime( new Date( ));
        log. setOper( FundMgrApp. oper);
        log. setTransType( "B");
        logService. addLog( log);

        JOptionPane. showMessageDialog( GetBuyAmountDialog. this, "基金购买成功!");
        GetBuyAmountDialog. this. dispose( );
    }catch( NotEnoughMoneyException ex) {
        JOptionPane. showMessageDialog( GetBuyAmountDialog. this, ex. getMessage( ));
    }
}
```

步骤 2： 基金赎回操作记录存储。修改"获取基金赎回份额"对话框类 GetSellAmountDialog"赎回"按钮的点击事件代码，并添加如下将基金赎回的交易数据存储到交易历史记录表中的代码。

```
TransInfoService infoService = new TransInfoServiceImpl( );
FundTransLogService logService = new FundTransLogServiceImpl( );
```

```
    try{
infoService. sellFund(FundMgrApp. currentAcc,TransMainFrame. workFund. getFundNo(), amount);

        FundTransLog log = new FundTransLog();
        log. setAcc(FundMgrApp. currentAcc);
        log. setFund(TransMainFrame. workFund);
        log. setFundPrice(TransMainFrame. workFund. getFundPrice());
        log. setFundAmount(amount);
        log. setTransAmount(TransMainFrame. workFund. getFundPrice() * amount);
        log. setTransTime(new Date());
        log. setOper(FundMgrApp. oper);
        log. setTransType("S");
        logService. addLog(log);

        JOptionPane. showMessageDialog(GetSellAmountDialog. this, "基金赎回成功!");
        GetSellAmountDialog. this. dispose();
    }catch(RuntimeException ex){
        JOptionPane. showMessageDialog(GetSellAmountDialog. this,
ex. getMessage());
    }
```

运行上述代码,测试执行基金购买、赎回交易,交易数据是否记录到基金交易历史数据表中,测试结果如图 9-6-3 所示,从表中的数据可以直接看出两笔资金账户的金额变动的具体情况。

34	G	100.00	66778899	2022-08-29 21:21:34	S00001
35	G	50.00	66778899	2022-08-29 21:21:59	S00001
36	G	33.00	66778899	2022-08-29 22:01:06	S00001
37	B	-200.00	66778899	2022-09-04 21:42:23	S00001
38	B	-300.00	66778899	2022-09-04 21:45:44	S00001
39	G	100.00	66778899	2022-09-04 21:47:40	S00001
40	B	-1000.00	66778899	2022-09-04 21:49:04	S00001

可以看到这两笔资金账户的金额变动的具体情况

图 9-6-3　t_fund_trans_log 数据表记录

任务 7　基金价格随机波动功能实现

一、任务目标

1. 掌握随机数的应用方法。
2. 掌握 Java 线程技术。

二、任务要求

实现基金价格随机波动功能。

三、预备知识

知识 1：Random 类及其应用

Java 的 java. util 包中提供了一个随机类名为 Random，它可以在指定的取值范围内随机产生数字。Random 类中提供了两个构造方法。

（1）Random( )：用于创建一个伪随机数生成器。

（2）Random(long seed)：使用一个 long 型的 seed 种子创建伪随机数生成器。

Random 类提供了许多方法来生成各种伪随机数，不仅可以生成整数类型的随机数，还可以生成浮点类型的随机数。Random 类常用的生成伪随机数的方法见表 9-7-1。

表 9-7-1　Random 类常用的方法

方法	功能描述
double nextDouble( )	随机生成 double 类型的随机数
float nextFloat( )	随机生成 float 类型的随机数
int nextInt( )	随机生成 int 类型的随机数
int nextInt(int n)	随机生成 0～n 之间 int 类型的随机数

知识 2：基于线程的基金价格随机波动

基金价格随机波动业务的主要需求：

（1）编制一个线程，模拟基金价格的波动。目前暂定基金价格会在原有价格的基础上执行 0～5%之间正负波动，波动周期为 5 min。

（2）代码测试期间，为方便测试，波动周期可以设置为 15 s，即每隔 15 s，完成一次波动操作，对所有的正常上市交易的基金完成一次价格变动。

（3）在操作过程中，将对每只基金都设置属于自己的专有波动值。

四、任务实施

子任务 1：底层逻辑的实现

步骤 1：DAO 层方法的实现。为了实现基金随机波动效果，需要在 dao 包中的基金 Dao 接口 FundDaoImpl 及其实现类中，增加实现基金价格随机波动的方法 setRandFundAmount( )，代码如下。方法中，根据波动比率数据，对基金数据表中每条已上市的基金的价格做相应的调整，调整时用到随机数生成方法 round( )。

```
public int setRandFundAmount(String fundNo, double ratio) {

        Connection conn = DBUtils.getConn();
        PreparedStatement pstmt = null;
        int cnt = 0;

        String sql = null;
        if(ratio>=0)
            sql = "update t_fund set fund_price = round((1+"+ratio+") * fund_price,2) where fund
_no=? and fund_status='a'";
```

```
        else
            sql = "update t_fund set fund_price = round((1-"+(ratio * -1)+") * fund_price,2)
where fund_no=? and fund_status='a'";

        System.out.println("setRandAmount: "+sql);

        try {
            pstmt = conn.prepareStatement(sql);
            pstmt.setString(1, fundNo);
            cnt = pstmt.executeUpdate();
        } catch (SQLException e) {
            // TODO Auto-generated catch block
            e.printStackTrace();
        } finally {
            DBUtils.releaseRes(conn, pstmt, null);
        }

        return cnt;

    }
```

步骤 2：业务层方法的实现。在业务服务包 service 中，在基金业务服务接口及其实现类 FundServiceImpl 中添加实现基金价格随机波动的方法 setRandFundAmount()，供前端操作界面调用，代码如下。

```
public int setRandFundAmount(String fundNo, double ratio){
        FundDao fundDao = new FundDaoImpl();
        return fundDao.setRandFundAmount(fundNo, ratio);
}
```

编写如下测试代码，对基金价格随机波动的功能进行测试。

```
FundService fundService = new FundServiceImpl();
int cnt = fundService.setRandFundAmount("f73242", 0.041);
System.out.println(cnt);
```

测试代码执行结果如图 9-7-1 所示。

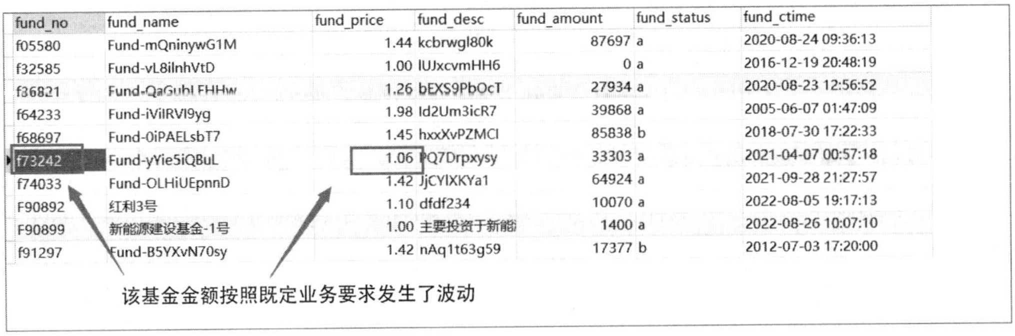

fund_no	fund_name	fund_price	fund_desc	fund_amount	fund_status	fund_ctime
f05580	Fund-mQninywG1M	1.44	kcbrwgl80k	87697	a	2020-08-24 09:36:13
f32585	Fund-vL8ilnhVtD	1.00	lUJxcvmHH6	0	a	2016-12-19 20:48:19
f36821	Fund-QaGubLFHHw	1.26	bEXS9PbOcT	27934	a	2020-08-23 12:56:52
f64233	Fund-iVilRVl9yg	1.98	Id2Um3icR7	39868	a	2005-06-07 01:47:09
f68697	Fund-0iPAELsbT7	1.45	hxxXvPZMCl	85838	b	2018-07-30 17:22:33
f73242	Fund-yYie5iQBuL	1.06	PQ7Drpxysy	33303	a	2021-04-07 00:57:18
f74033	Fund-OLHiUEpnnD	1.42	JjCYlXKYa1	64924	a	2021-09-28 21:27:57
F90892	红利3号	1.10	dfdf234	10070	a	2022-08-05 19:17:13
F90899	新能源建设基金-1号	1.00	主要投资于新能	1400	a	2022-08-26 10:07:10
f91297	Fund-B5YXvN70sy	1.42	nAq1t63g59	17377	b	2012-07-03 17:20:00

该基金金额按照既定业务要求发生了波动

图 9-7-1　基金价格随机波动效果

步骤 3：基金的价格随机波动实现。在业务服务包 service 中，在基金业务服务接口及实现类 FundServiceImpl 中添加一个生成随机基金价格的方法 randFundsPrice( )，代码如下。方法中利用随机数类对象，对上市基金的价格进行上下调整，调整的方向及比例都由随机数对象生成的随机值来决定。最后，对调整后的基金价格进行显示输出。

```
public void randFundsPrice( ){

        List<Fund> fundList= this. loadFunds( );
        Random r = new Random( );

        for( Fund fund: fundList) {
            if( fund. getFundStatus( ). equals( "a" ) ) { //如果该基金能上市交易
                double ratio = r. nextInt( 51)/1000. 0;

                if( r. nextBoolean( ) )
                    ratio = -1 * ratio;

                System. out. printf( "基金->%s, 价格波动比率: %f" ,fund. getFundNo( ),ratio);
              int result = this. setRandFundAmount( fund. getFundNo( ), ratio);
                if( result= =1)
                    System. out. println( " 操作成功!" );
                else
                    System. out. println( " 操作失败!" );
            }
        }

    }
```

该代码实现了对所有有效的上市交易基金的价格的随机双向波动，波动价格比率在 0 到 5%之间，执行效果如图 9-7-2 所示。

```
<terminated> Tester (1) [Java Application] D:\eclipse\plugins\org.eclipse.justj.o
基金->F90899, 价格波动比率:-0.040000 操作成功!
基金->F90892, 价格波动比率:0.032000 操作成功!
基金->f74033, 价格波动比率:0.020000 操作成功!
基金->f73242, 价格波动比率:0.004000 操作成功!
基金->f05580, 价格波动比率:-0.040000 操作成功!
基金->f36821, 价格波动比率:-0.033000 操作成功!
基金->f32585, 价格波动比率:-0.030000 操作成功!
基金->f64233, 价格波动比率:-0.027000 操作成功!
```

图 9-7-2　上市交易基金价格随机双向波动效果

子任务 2：定时器线程编制

步骤 1：编制定时器任务载体。在业务服务包 service 中，编制 RandFundPriceTimer 类，代码如下。该类通过 run( )方法实现了每隔 15 s 完成所有上市基金价格的随机双向波动。

```
public class RandFundPriceTimer implements Runnable{

    @ Override
    public void run( ) {
```

```
        FundService fundService = new FundServiceImpl();
        System.out.println(new Date().toLocaleString()+": 基金价格随机波动程序执行!");

        while(true) {

            System.out.println("========"+new Date().toLocaleString()+" ==========\n");
            fundService.randFundsPrice();
            try {
                Thread.sleep(15000);
            } catch (InterruptedException e) {
                // TODO Auto-generated catch block
                e.printStackTrace();
            }

        }

    }

}
```

步骤 2：线程的执行。在主启动类 FundMgrApp 的 main( )方法中添加如下调用 RandFundPriceTimer 类 run( )方法的代码，以实现每隔 15 s 对所有上市基金价格进行随机双向波动调整，执行效果如图 9-7-3 所示。

```
new Thread(new RandFundPriceTimer()).start();
```

```
34    public static void main(String[] args) {
35
36        new Thread(new RandFundPriceTimer()).start();
37
38        EventQueue.invokeLater(new Runnable() {
39            public void run() {
40                try {
41                    LoginFrame frame = new LoginFrame();
42                    frame.setVisible(true);

Problems  Javadoc  Declaration  Progress  Console  Coverage
FundMgrApp [Java Application] D:\eclipse\plugins\org.eclipse.justj.openjdk.hotspot.jre.full.win
基金->f36821, 价格波动比率:-0.004000 操作成功!
基金->f32585, 价格波动比率:0.024000 操作成功!
基金->f64233, 价格波动比率:-0.009000 操作成功!
=================  2022年9月14日 下午9:12:42 =====================

基金->F90899, 价格波动比率:0.042000 操作成功!
基金->F90892, 价格波动比率:0.008000 操作成功!
基金->f74033, 价格波动比率:-0.000000 操作成功!
基金->f73242, 价格波动比率:-0.012000 操作成功!
基金->f05580, 价格波动比率:0.019000 操作成功!
基金->f36821, 价格波动比率:0.042000 操作成功!
基金->f32585, 价格波动比率:-0.000000 操作成功!
基金->f64233, 价格波动比率:-0.021000 操作成功!
=================  2022年9月14日 下午9:12:57 =====================

基金->F90899, 价格波动比率:0.021000 操作成功!
基金->F90892, 价格波动比率:0.012000 操作成功!
基金->f74033, 价格波动比率:0.012000 操作成功!
基金->f73242, 价格波动比率:-0.044000 操作成功!
基金->f05580, 价格波动比率:-0.008000 操作成功!
```

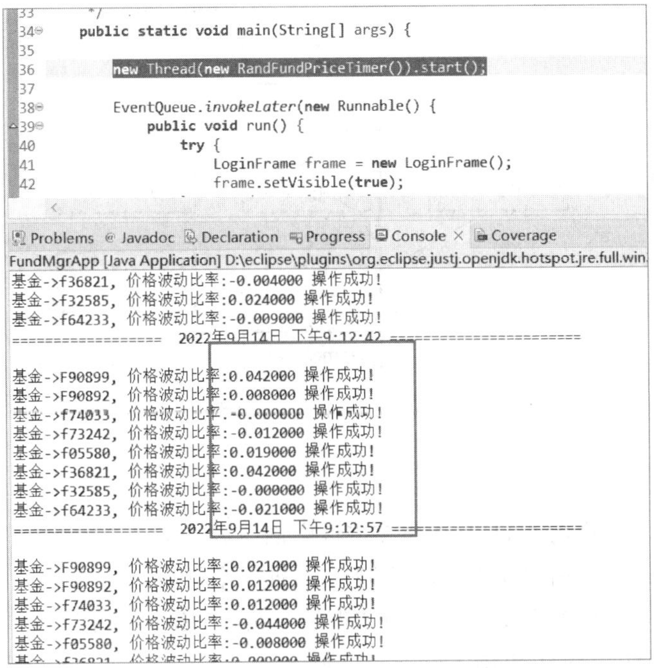

图 9-7-3　RandFundPriceTimer 类 run( )方法的执行结果

任务 8　客户资产实时趋势分析

一、任务目标

1. 掌握 JFreechart 类的应用方法。
2. 熟练掌握 Java 多线程技术应用方法。

二、任务要求

完成基金客户资产实时趋势分析图的创建。

三、预备知识

知识 1：JFreechart 类及其应用

JFreeChart 类是 Java 平台上的开放的图表绘制类库。它完全使用 Java 语言编写，是为 applications、applets、servlets、JSP 等所设计。JFreeChart 类可生成饼图（Pie charts）、柱状图（Bar charts）、散点图（Scatter plots）、时序图（Time series）、甘特图（Gantt charts）等多种图表，并且可以产生. png 和. jpeg 格式的输出，还可以与. pdf 和. excel 格式的文件相关联。JFreeChart 的类级结构如图 9-8-1 所示。

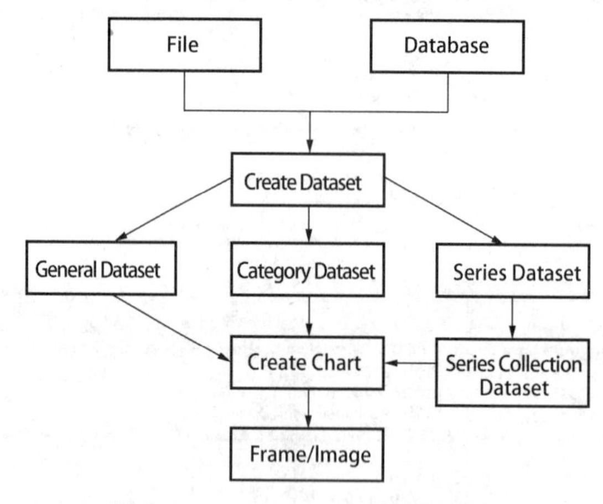

图 9-8-1　JFreeChart 的类级结构

说明：

（1）File：具有用户输入的源，用于在文件中创建数据集。

（2）Database：具有用户输入的源，用于在数据库中创建数据集。

（3）Create Dataset：接受数据集并将数据集存储到数据集对象中。

（4）General Dataset：主要用于饼图的绘制。

（5）Category Dataset：用于条形图、折线图等绘制。

（6）Series Dataset：用于存储一系列数据和构建折线图。

（7）Series Collection Dataset：将不同类别的系列数据集添加到系列集合数据集中，用于XY线图。

（8）Create Chart：创建最终图表。

（9）Frame/Image：显示在一个Swing框架或创建映像中。

为了实现基金数据曲线图的绘制，需要引入JFreeChart组件。JFreeChart组件是一个免费开放的Java图表库，使程序开发者可以很轻松地在应用程序中集成并展示专业图表。JFreeChart的功能包括：

（1）具有一个一致的、记录良好的API，支持广泛的图表类型。

（2）设计灵活、易于扩展，同时针对服务器端和客户端的应用。

（3）支持多种输出类型，包括Swing和JavaFX组件、图像文件（包括PNG和JPEG）和矢量图形文件格式（包括PDF、EPS和SVG）。

欲使用该组件，需要将组件对应的jar包导入项目中，如图9-8-2所示。

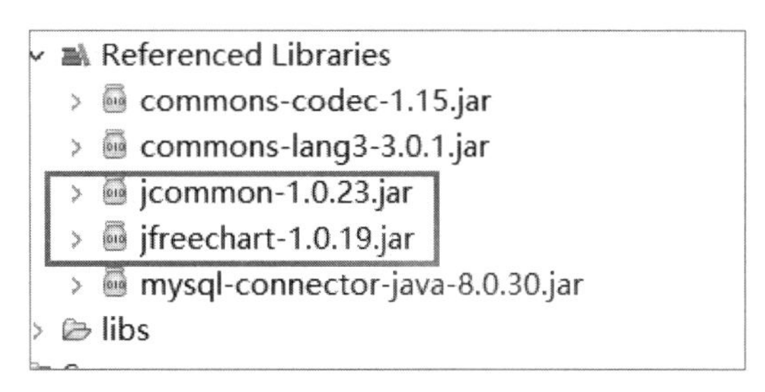

图9-8-2 jar包的导入

四、任务实施

子任务1：基金价格波动的表格显示

步骤1：在TransMainFrame类的构造方法中，添加如下代码，通过应用线程技术，实现每隔3 s，刷新基金的每份额价值和持仓总值的实时统计。

```
new Thread(new Runnable() {

        @Override
        public void run() {

            while(true) {

                FundMgrApp.currentAcc = new AccountServiceImpl().loadAccountByNo
(FundMgrApp.currentAcc.getAccNo());

                lblCustInfo.setText("客户["+FundMgrApp.currentCust.getCustName()+"]-
持仓信息 资金账户："+FundMgrApp.currentAcc.getAccNo()+" 账户余额："+FundMgrApp.currentAcc.
getAccAmount());

                TransMainFrame.this.loadAvailableFundData();
                TransMainFrame.this.loadFundHoldData();

                try {
                    Thread.sleep(3000);
                } catch (InterruptedException e) {
                    // TODO Auto-generated catch block
```

```
                        e. printStackTrace( ) ;
                    }
                }
            }
        }). start( ) ;
```

基金价格波动的列表显示效果如图 9-8-3 所示。在“基金交易操作”窗口左侧的“可交易基金列表”中,所有上市且可销售的基金的价格会在价格波动虚拟线程的作用下,每隔 3 s 就发生一次波动。同时,窗口右侧的客户持仓数据也会根据最新的基金价格发生调整,客户的持仓总值会被再次统计。

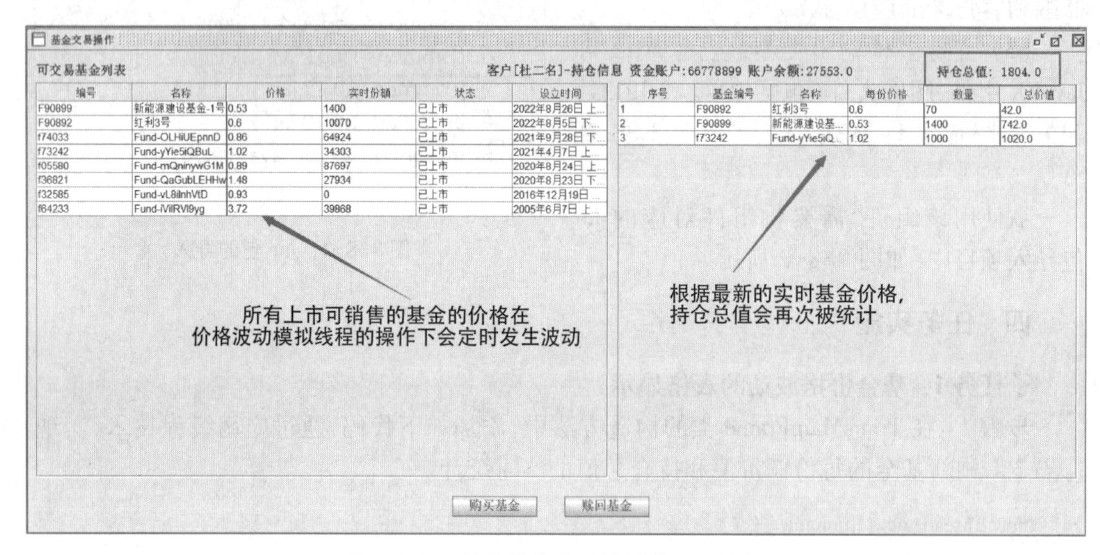

图 9-8-3　基金价格波动的列表显示效果

子任务 2: 资产总值的曲线图绘制

步骤 1: 对话框的构建。在 com. abc. fundmgrsys. view. transaction 包下构建 MoneyGraphShowDialog 对话框类,为后续实时生成的基金数据曲线图的显示做好准备,该对话框构造方法的代码如下。

```
package com. abc. fundmgrsys. view. transaction;

import java. awt. BorderLayout;
import java. awt. FlowLayout;

import javax. swing. JButton;
import javax. swing. JDialog;
import javax. swing. JPanel;
import javax. swing. border. EmptyBorder;
import java. awt. event. ActionListener;
import java. awt. event. ActionEvent;
```

```
public class MoneyGraphShowDialog extends JDialog{

    private final JPanel contentPanel = new JPanel();

    /**
     * Launch the application.
     */
    public static void main(String[] args) {
        try {
            MoneyGraphShowDialog dialog = new MoneyGraphShowDialog();
            dialog.setDefaultCloseOperation(JDialog.DISPOSE_ON_CLOSE);
            dialog.setVisible(true);
        } catch (Exception e) {
            e.printStackTrace();
        }
    }

    /**
     * Create the dialog.
     */
    public MoneyGraphShowDialog() {

        setTitle("客户资产实时趋势分析图");
        setBounds(100, 100, 749, 470);
        getContentPane().setLayout(new BorderLayout());
        contentPanel.setLayout(new FlowLayout());
        contentPanel.setBorder(new EmptyBorder(5, 5, 5, 5));
        getContentPane().add(contentPanel, BorderLayout.CENTER);
        {
            JPanel buttonPane = new JPanel();
            buttonPane.setLayout(new FlowLayout(FlowLayout.RIGHT));
            getContentPane().add(buttonPane, BorderLayout.SOUTH);
            {
                JButton okButton = new JButton("关闭");
                okButton.addActionListener(new ActionListener() {
                    public void actionPerformed(ActionEvent e) {
                        MoneyGraphShowDialog.this.dispose();
                    }
                });
                okButton.setActionCommand("OK");
                buttonPane.add(okButton);
                getRootPane().setDefaultButton(okButton);
            }
        }

        //点击关闭按钮,则关闭该对话框
        this.setDefaultCloseOperation(JDialog.DISPOSE_ON_CLOSE);
        //设置为模态对话框,只有本对话框关闭,才能操作应用程序的其他部分
        this.setModal(true);
        //设置屏幕居中显示
```

```
        this.setLocationRelativeTo(null);
        this.setVisible(true);

    }
}
```

上述代码的运行效果如图 9-8-4 所示，中间留有大块空白，作为用户账户权益总额波动曲线图的绘制区。

图 9-8-4 “客户资产实时趋势分析图”窗口初步设计效果

步骤 2：引入 JFreeChart 组件。

步骤 3：曲线图表绘制类编制。在 com.abc.fundmgrsys.view.transaction 包中，构建 MoneyChart 类，设置中文风格方案，并绘制时间序列图标，对 x 轴和 y 轴的风格做了设置，代码如下。

```
public class MoneyChart extends ChartPanel{

    private static TimeSeries timeSeries;

    public MoneyChart(String chartContent,String title, String yaxisName) {
        super(createChart(chartContent, title, yaxisName));
    }

    private static JFreeChart createChart(String chartContent, String title, String yaxisName) {

        //中文处理
        StandardChartTheme theme = new StandardChartTheme("name");
        theme.setLargeFont(new Font("宋体",Font.PLAIN,12));
        theme.setRegularFont(new Font("宋体",Font.PLAIN,12));
        theme.setExtraLargeFont(new Font("宋体",Font.PLAIN,12));
        ChartFactory.setChartTheme(theme);
```

```
        //创建时序图对象
        timeSeries = new TimeSeries( chartContent, Millisecond. class) ;
        TimeSeriesCollection seriesCollection = new TimeSeriesCollection( timeSeries) ;

        JFreeChart chart = ChartFactory. createTimeSeriesChart ( title, "时间(秒)", yaxisName,
seriesCollection, true, true, false) ;
        XYPlot xyplot = chart. getXYPlot( ) ;

        //纵坐标设定
        ValueAxis valueAxis = xyplot. getDomainAxis( ) ;
        valueAxis. setAutoRange( true) ;

        return chart;
    }

}
```

步骤 4：获取实时账户资金总额。在 transaction 包里的 TransMainFrame 类中，设置公有静态属性 totalAccMoney，用于保存实时账户资金总额，作为图表数据的来源，相关代码如下。

```
public static double totalAccMoney=0.0; //账户用户资金总额
TransMainFrame. totalAccMoney = totalMoney + FundMgrApp. currentAcc. getAccAmount( ) ;
System. out. println( "账户总金额: " + TransMainFrame. totalAccMoney) ;
```

步骤 5：图表数据填充线程编制。在 transaction 包里的 MoneyChart 类，实现 Runnable 接口，代码如下。

```
@Override
    public void run( ) {

        while( true) {
            try {
                timeSeries. add( new Millisecond( ), TransMainFrame. totalAccMoney) ;
                Thread. sleep( 3000) ;
            } catch ( InterruptedException e) {
                // TODO Auto-generated catch block
                e. printStackTrace( ) ;
            }
        }

    }
```

步骤 6：图表的绘制。修改 MoneyGraphShowDialog 类，在构造方法中增加如下代码，使得绘制的用户账户权益总额的波动曲线图能在该对话框中显现。

```
contentPanel. setLayout( new BorderLayout( ) ) ;

        MoneyChart chart = new MoneyChart( "用户权益总额", "资金量", "金额") ;
        contentPanel. add( chart, new BorderLayout( ). CENTER) ;

        new Thread( chart). start( ) ;
```

最终执行效果如图 9-8-5 所示，图表中呈现了用户账户权益总额的波动情况。

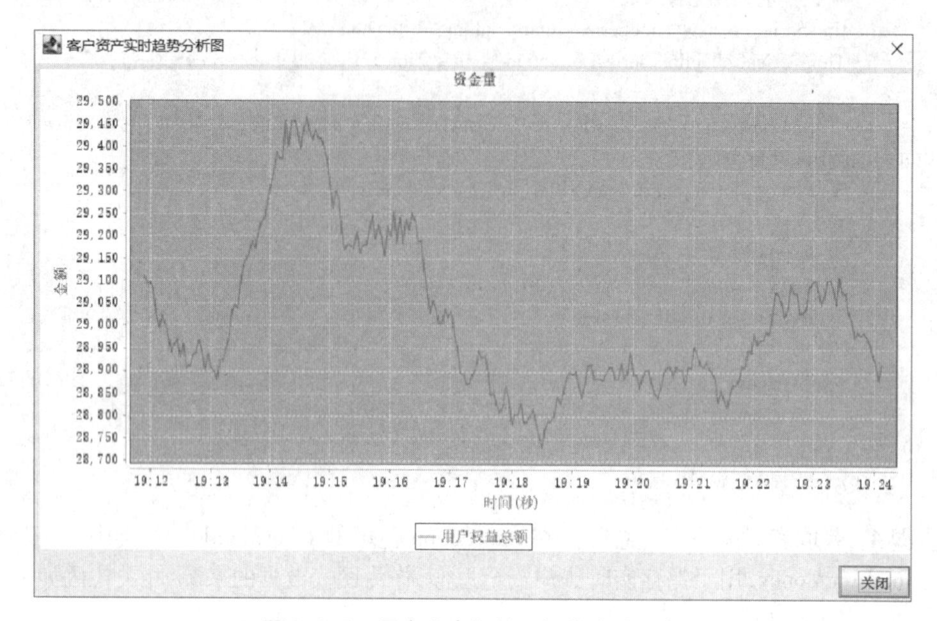

图 9-8-5　用户账户权益总额的波动图表

项目 10　项目调优和总结

任务 1　数据库连接池技术和 DAO 层开发技术优化

一、任务目标

1. 掌握 DBCP 技术的使用方法。
2. 掌握 DBUtils JDBC 封装库的使用方法。

二、任务要求

1. 使用 DBCP 改进 DBUtils 工具类开发。
2. 使用 DBUtils JDBC 封装库改进 OperatorDaoImpl 类的开发。

三、预备知识

知识 1：DBCP 概述

数据库连接是一种关键的、有限的、昂贵的资源，这一点在多用户的应用程序中体现得尤为明显。对数据库连接的管理不仅能显著影响整个应用程序的伸缩性和健壮性，还影响程序的性能。数据库连接池（DataBase connection pool，DBCP）正是针对这个问题提出来的。

设置数据库连接池的连接数量时要考虑到以下 3 个因素。

（1）最小连接数：连接池一直保持的数据库连接数。DBCP 在初始化时将创建一定数量的数据库连接放到连接池中，这些数据库连接的数量被最小数据库连接数制约。无论这些数据库连接是否被使用，连接池都将一直保证至少拥有这么多的连接数量。如果应用程序对数据库连接的使用量不大，将会有大量的数据库连接资源被浪费。

（2）最大连接数：连接池能申请的最大连接数。如果数据库连接请求超过此数，后面的数据库连接请求将被加入到等待队列中，这会影响之后的数据库操作。

（3）最小连接数与最大连接数差距：若最小连接数与最大连接数相差太大，那么最先的连接请求将会获利，之后超过最小连接数量的连接请求等价于建立一个新的数据库连接。不过，这些大于最小连接数的数据库连接在使用完后不会马上被释放，它将被放到连接池中等待重复使用或空闲超时后再被释放。

知识 2：DBCP 的基本原理

数据库连接池基本的思想是在系统初始化的时候，将数据库连接作为对象存储在内存中，当用户需要访问数据库时，并非建立一个新的连接，而是从连接池中取出一个已建立的空闲连接对象。使用完毕后，用户也并非将连接关闭，而是将连接放回连接池中，以供下一个请求访问使用。而连接的建立、断开都由连接池自身来管理。同时，还可以通过设置连接池的参数来控制连接池中的初始连接数、连接数量的上下限以及每个连接的最大使用次数、最大空闲时间等，也可以通过其自身的管理机制来监视数据库连接的数量、使用情况等。

知识 3：关于 DBUtils 简介

Commons DBUtils 是 Apache 组织提供的一个对 JDBC 进行简单封装的开源工具类库，使用它能够简化 JDBC 应用程序的开发，同时也不会影响程序的性能。在 DAO 层编制过程中，依托 DBUtils 可以大幅降低 DAO 层代码的冗余度。

四、任务实施

子任务 1：使用 DBCP

步骤 1： DBCP 是一个依赖 Jakarta commons-pool 对象池机制的数据库连接池，Tomcat 的数据源使用的就是 DBCP。登录 https：//commons. apache. org/proper/commons-dbcp 下载 DBCP 及其配套数据包，并加入项目的包路径，如图 10-1-1 所示。

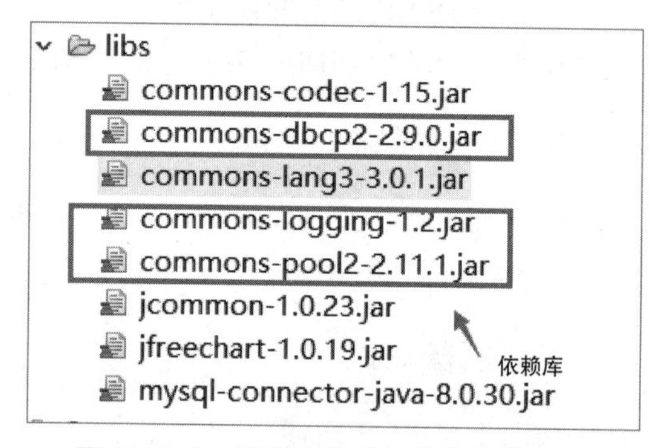

图 10-1-1　数据库连接池技术包的导入

步骤 2： 在 utils 包中，编制 database. properties DBCP 模块的配置文件，代码如下。

```
#database acces info
driverClassName=com. mysql. cj. jdbc. Driver

url = jdbc: mysql: //localhost: 3306/fund _ db? useUnicode = true&characterEncoding = utf8&useSSL = true&serverTimezone=GMT%2B8
username=fund
password=abc123

#connection info
initialSize=4
maxActive=10
#max connection nums
maxIdle=5
minIdle=2
maxWait=6000
```

步骤 3： 在工具类包中重新定义一个 DBUtils2 类，替代原来的 DBUtils 类，该类代码如下。代码中通过直接读取配置文件 database. properties，识别该文件中的配置信息后，由 DBCP 直接创建 BasicDataSource 类对象，进而获得 Connection 对象。

```
/ *** 数据库工具类(负责数据库的连接的获取和资源的释放) *** /
public class DBUtils2{

    private static DataSource dataSource;

    static {
        try {
              InputStream in = DBUtils2. class. getClassLoader( ). getResourceAsStream( " com/abc/
fundmgrsys/util/database. properties" ) ;
             System. out. println( in) ;
             Properties props = new Properties( ) ;
             props. load( in) ;
             dataSource = BasicDataSourceFactory. createDataSource( props) ;
             System. out. println( " load commons dbcp datasource is ok! " ) ;
        } catch (IOException e) {
             // TODO Auto-generated catch block
             e. printStackTrace( ) ;
        } catch (Exception e) {
             // TODO Auto-generated catch block
             e. printStackTrace( ) ;
        }
    }


    / **
     * 获得连接对象
     * @ return
     * /
    public static Connection getConn( ) {

        Connection conn = null;

        try {
             conn = dataSource. getConnection( ) ;
        } catch (SQLException e) {
             // TODO Auto-generated catch block
             e. printStackTrace( ) ;
        }

        return conn;

    }

    / **
     * 释放资源
```

```
     * @param conn
     * @param pstmt
     * @param rset
     */
    public static void releaseRes( Connection conn, PreparedStatement pstmt, ResultSet rset) {

            try {
                if( rset! =null) rset. close( ) ;
                if( pstmt! =null) pstmt. close( ) ;
                if( conn! =null) conn. close( ) ;
            } catch (SQLException e) {
                // TODO Auto-generated catch block
                e. printStackTrace( ) ;
            }

    }

}
```

步骤 4：数据库连接与关闭。Connection 对象的获得不是向数据库获得新连接，而是从连接池中获得连接对象，数据库连接方法的代码如图 10-1-2 所示。

```
@Override
public int updateOper(Operator oper) {

    Connection conn = DBUtils2.getConn();
    PreparedStatement pstmt = null;
    int cnt = 0;

    try {
        pstmt = conn.prepareStatement(SQL_UPDATE);
        pstmt.setString(1, oper.getOperPwd());
        pstmt.setString(2, oper.getOperName());
        pstmt.setString(3, oper.getOperType());
        pstmt.setString(4, oper.getOperNo());
        cnt = pstmt.executeUpdate();
    } catch (SQLException e) {
        // TODO Auto-generated catch block
        e.printStackTrace();
    } finally {
        DBUtils2.releaseRes(conn, pstmt, null);
    }

    return cnt;
}
```

直接替换即可

图 10-1-2　数据库连接代码

对 Connection 的关闭操作，也不是真正关闭连接对象，而是把 Connection 对象重新放回池中。

步骤 5：DBUtils2 类定义完毕后，在项目源代码中，将所有 DBUtils 类替换成 DBUtils2

类,从而提高连接的获取效率。

子任务 2: DAO 层开发优化

步骤 1: 通过观察,不难发现 DAO 层方法内容的头尾都极其相似,基本都是创建连接、构建准备语句以及创建结果集等,最后执行释放各类资源操作,如图 10-1-3 所示,代码存在冗余。Commons DBUtils 是 Apache 组织提供的一个对 JDBC 进行简单封装的开源工具类库,使用它能够简化 JDBC 应用程序的开发步骤,同时也不会影响程序的性能。在 DAO 层编制过程中,依托 DBUtils 可以大幅降低 DAO 层代码的冗余度。

```
public List<Customer> loadCustomers(CustomerQuery query) {

    String sql = this.genSql(query);

    Connection conn = DBUtils.getConn();
    PreparedStatement pstmt = null;
    ResultSet rset = null;
    List<Customer> customerList = new ArrayList<>();
    OperatorDao operDao = new OperatorDaoImpl();

    try {
        pstmt = conn.prepareStatement(sql);
        rset = pstmt.executeQuery();
        while(rset.next()) {

            Customer cust = new Customer();
            cust.setIdcard(rset.getString("idcard"));
            cust.setCustName(rset.getString("cust_name"));
            cust.setCustSex(rset.getString("cust_sex"));
            cust.setCustPhone(rset.getString("cust_phone"));
            cust.setCustAddr(rset.getString("cust_addr"));
            cust.setCustCreateTime(new Date(rset.getTimestamp("cust_ctime").getTime()));
            cust.setCustCreateMan(operDao.getOperByNo(rset.getString("cust_create_man")));
            cust.setCustStatus(rset.getString("cust_status"));

            customerList.add(cust);

        }
    } catch (SQLException e) {
        // TODO Auto-generated catch block
        e.printStackTrace();
    } finally {
        DBUtils.releaseRes(conn, pstmt, rset);
    }

    return customerList;
}
```


图 10-1-3 DAO 层方法代码示例

步骤 2: DBUtils 库实践应用。在 DBUtils 基础上针对 OperatorDaoImpl 类代码做了以下几点改进。

(1) 新增操作员

```
private static final String SQL_ADD = "insert into t_oper values(?,?,?,?,?)";

    @ Override
    public int addOper( Operator oper) {

        QueryRunner runner = new QueryRunner( DBUtils2. getDataSource( ) );

        int cnt=0;
        try {
```

```
                cnt = runner.update(SQL_ADD, oper.getOperNo(), oper.getOperPwd(), oper.
getOperName(), oper.getOperType(), new Timestamp(oper.getOperCreateTime().getTime()));
            } catch (SQLException e) {
                // TODO Auto-generated catch block
                e.printStackTrace();
            }
            System.out.println("add oper is ok!");

            return cnt;

        }
```

该方法中不仅无须构建 Connection,准备语句,也无须释放各类资源,还提升了运行效率。

(2) 删除操作员

```
    private static final String SQL_DEL = "delete from t_oper where oper_no=?";

        @Override
        public int delOperByNo(String operNo) {

            QueryRunner runner = new QueryRunner(DBUtils2.getDataSource());
            int cnt = 0;

            try {
                cnt = runner.update(SQL_DEL, operNo);
            } catch (SQLException e) {
                e.printStackTrace();
            }

            System.out.println("delete oper is ok!");

            return cnt;

        }
```

(3) 根据 id 获取特定操作员信息

```
    @Override
        public Operator getOperByNo(String operNo) {

            QueryRunner runner = new QueryRunner(DBUtils2.getDataSource());

            Operator operator=null;

            try {
                    operator = runner.query(SQL_GET_OPER_BYNO, operNo, new ResultSetHandler<
Operator>() {
```

```
            @ Override
            public Operator handle( ResultSet rset) throws SQLException {

                Operator oper = null;

                if( rset. next( ) ) {
                    oper = new Operator( ) ;
                    oper. setOperNo( operNo) ;
                    oper. setOperName( rset. getString( "oper_name" ) ) ;
                    oper. setOperPwd( rset. getString( "oper_pwd" ) ) ;
                    oper. setOperType( rset. getString( "oper_type" ) ) ;
                }

                return oper;
            }

        } ) ;
    } catch ( SQLException e) {
        // TODO Auto-generated catch block
        e. printStackTrace( ) ;
    }

    System. out. println( "select oper is here, oper: " +operator) ;

    return operator;
}
```

该操作连接获取和释放以及准备语句和结果集的释放均无需接入，提升了编码效率。

(4) 获得操作员列表信息

```
@ Override
    public List<Operator> loadOperList( ) {

        QueryRunner runner = new QueryRunner( DBUtils2. getDataSource( ) ) ;

        List<Operator> opers=null;

        try {
            opers = runner. query( SQL_LOAD_OPERS, new ResultSetHandler<List<Operator>>( ) {

                @ Override
                public List<Operator> handle( ResultSet rset) throws SQLException {

                    List<Operator> operList = new ArrayList<Operator>( ) ;

                    while( rset. next( ) ) {
                        Operator oper = new Operator( ) ;
```

```
                        oper.setOperNo(rset.getString("oper_no"));
                        oper.setOperName(rset.getString("oper_name"));
                        oper.setOperPwd(rset.getString("oper_pwd"));
                        oper.setOperType(rset.getString("oper_type"));
                        oper.setOperCreateTime(new Date(rset.getTimestamp("oper_ctime").
getTime()));
                        operList.add(oper);
                    }

                    return operList;
                }

            });
        } catch (SQLException e) {
            // TODO Auto-generated catch block
            e.printStackTrace();
        }

        System.out.println("oper list is ok! total: "+opers.size());

        return opers;

    }
```

列表数据的获取和封装较为简单,各类资源无需亲自编码来进行构建和释放。

任务2　项目总结

一、任务目标

1. 掌握项目分层设计的思路。
2. 理解 MVC 设计模式。
3. 理解 JDBC 接口标准。
4. 实践代码规范化开发。
5. 理解和实践测试驱动的开发。

二、任务要求

对项目整体设计和制作关键技术进行回顾和总结。

三、预备知识

知识1:代码规范化

(1) 包名、类名、变量名和方法名要做到顾名思义,符合规范,如图 10-2-1 所示。

（2）尽量增加合理有效注释。

（3）不同部分的代码进行分段，注意代码段落化。

```java
/**
 *
 * 操作员类
 *
 * @author samyu
 *
 */
public class Operator extends ValueObject {

    /** 操作员编号 */
    private String operNo;
    /** 操作员编号 */
    private String operPwd;
    /** 操作员姓名 */
    private String operName;
    /** 操作员类型 */
    private String operType;
    /** 操作员创建时间 */
    private Date operCreateTime;

    public String getOperNo() {
        return operNo;
    }

    public void setOperNo(String operNo) {
        this.operNo = operNo;
    }

    public String getOperPwd() {
        return operPwd;
    }

    public void setOperPwd(String operPwd) {
        this.operPwd = operPwd;
    }
```


图 10-2-1　代码规范化示例

知识 2：测试驱动的开发

在本项目制作过程中，在写完较为复杂的模块后，立即书写测试案例，模块测试成功后，再做其他模块的开发。模块叠加应用后，继续做增量测试，走测试驱动的开发道路。

本项目专门提供一个 test 包，用于编写测试类，如图 10-2-2 所示。

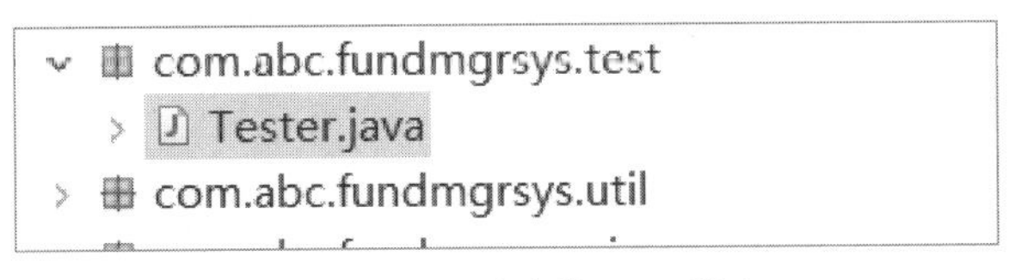

图 10-2-2　测试类 Java 脚本

如果业务较为复杂，可以编制不同的测试类来测试项目的各个部分，也可以使用 JUnit 专业库来进行各项单元测试。

参 考 文 献

[1] 黑马程序员 .Java 基础入门[M]. 3 版. 北京：清华大学出版社,2024.
[2] 李兴华 .Java 从入门到项目实战(全程视频版)[M]. 北京：水利水电出版社,2019.
[3] 罗依 .Java Swing [M]. 2 版. R&W 组,译. 北京：清华大学出版社,2004.
[4] 加勒德多 .Java Oracle 数据库开发指南[M]. 董庆霞,译. 北京：清华大学出版社,2023.
[5] 闻思源. 管理信息系统开发技术基础[M]. 北京：电子工业出版社,2023.